Die Röntgentechnik

in Diagnostik und Therapie

Ein Lehrbuch für Studierende und Ärzte

von

Dr. S. Glasscheib

Spezialarzt für Röntgenologie
Berlin-Warschau

Mit einem Geleitwort von

Dr. Max Cohn

Dirigierendem Arzt der Röntgenabteilung des Städtischen
Krankenhauses im Friedrichshain, Berlin

Mit 145 Abbildungen

Berlin
Verlag von Julius Springer
1929

ISBN-13:978-3-642-89752-8   e-ISBN-13:978-3-642-91609-0
DOI: 10.1007/978-3-642-91609-0

Zum Geleit.

Die Anwendung der Röntgenstrahlen auf diagnostischem und therapeutischem Gebiet wächst lawinenartig. Kaum eines der medizinischen Fachgebiete kann die Bereicherung unseres Wissens und Könnens entbehren, die täglich aus der Anwendung der Zauberstrahlen fließt. Kein Arzt kann sich anheischig machen, das Gesamtgebiet der Röntgenwissenschaft zu beherrschen. Inzwischen streiten sich die Gelehrten weiter darum, ob die Röntgenologie ein Spezialfach der Medizin oder eine Methode sei, die als Untersuchungs- und Behandlungsmittel in den Einzelfächern der Medizin zu gelten habe und dementsprechend zu lehren sei. Über diesem Streit vergißt man überhaupt zu lehren, und so wächst eine Ärztegeneration heran, die in der klinischen Ausbildung Röntgenbilder in Unzahl lediglich als Bestätigung der medizinischen Diagnose zu sehen bekommt, ohne etwas darüber zu erfahren, wie das Röntgenbild entsteht und welche Grundlagen dieses vielangewandte Verfahren hat. Ganz zu schweigen von der Röntgenbehandlung: die Gefahren, die dieser Therapie eigen sind, umgeben sie mit einem frommen Schauer. Wer nicht während der Ausbildung als Assistenzarzt Gelegenheit hat, an einer strahlentherapeutischen Abteilung zu arbeiten, steht vor einem Buch mit sieben Siegeln. Als Student hört er nur vom klinischen Lehrer: Wir werden den Kranken einer Strahlenbehandlung unterziehen oder Ähnliches. Die so ausgebildeten Ärzte wissen in der praktischen Tätigkeit mit den Röntgenstrahlen nichts anzufangen. Da sie keine richtige Einstellung zur Röntgenologie haben, schicken sie oft ohne genaue klinische Untersuchung ihre Fälle zum Röntgenologen und sind erstaunt, daß ihnen die Röntgenuntersuchung wenig bietet. Die therapeutische Anwendung meidet der Allgemeinpraktiker fast ganz, weil er aus dem im klinischen Unterricht Gezeigten keine Indikationen zur Behandlung zu stellen wagt. Nach der Ausdehnung, die die Anwendung der Röntgenstrahlen allein schon heute hat, habe ich keinen Zweifel, daß mit der Zeit eine weitgehende Spezialisierung Platz greifen wird. Die Kostspieligkeit der Apparaturen, die Vielgestaltigkeit der technischen Anforderungen zum speziellen Zweck, die Heranziehung schwieriger Hilfsverfahren (ich nenne nur den Ureterenkatheterismus, die Ventrikelpunktion, die Bronchoskopie, das Pneumoperitoneum) erheischt Spezialkenntnis im medizinischen Einzelfach und in der Röntgenologie. Alle Ärzte gemeinsam müssen aber Vorkenntnisse in der *allgemeinen Röntgenologie* haben; sie hat dieselbe Bedeutung wie die allgemeine Chirurgie für die chirurgische Technik, wie die physikalisch-chemischen Untersuchungsmethoden für die Ausübung der inneren

Medizin. Auf der Universität muß sie, wenn sie nicht zur toten Wissenschaft werden soll, von einem Arzt gelehrt werden. Im Schrifttum haben wir bisher keine brauchbare Grundlage. Entweder existiert diese Disziplin als lästiges Anhängsel für spezielle medizinisch-röntgenologische Abhandlungen: man merkt auf Schritt und Tritt, daß sich der Bearbeiter beim Physiker oder Techniker Rat geholt hat und die Materie nicht beherrscht. Die Diktion ist schwerfällig, nicht frei, um ja nichts Falsches zu sagen. Oder die allgemeine Röntgenologie ist mit der Technik so vermischt, daß beide Teile nicht voll zu ihrem Recht kommen. Die Zusammenfassung einer allgemeinen Röntgenologie für den Studenten und Arzt ist eine verdienstvolle Aufgabe. Ihre Lösung durch meinen Schüler GLASSCHEIB scheint mir in vorbildlicher Weise gelungen zu sein. Das Buch ist — ich möchte sagen — voraussetzungslos. Es erfordert weder besondere medizinische noch physikalische Vorkenntnisse, setzt kein Wissen in der höheren Mathematik voraus, die uns so oft die entsprechenden Abhandlungen der Physiker unverdaulich macht. Was hier geschrieben wurde, ist vom Mediziner nur für den Mediziner geschrieben und mit einem gewissen Stolz möchte ich sagen: der Autor beherrscht nicht nur die Materie, sondern auch die Kunst, sein Wissen anderen mitzuteilen.

Berlin, Dezember 1928.   MAX COHN.

Vorwort.

Das Thema des vorliegenden Buches ist ein für die Bearbeitung sehr sprödes; treffen doch drei Spezialfächer aus drei verschiedenen Wissensgebieten hier zusammen, um dem *einen* Ziel zu dienen: der Anwendung der Röntgenstrahlen in der Medizin. Während die Entwicklung der Gelehrsamkeit wegen der Fülle und Kompliziertheit der Erscheinungen den Weg der Spezialisierung geht, erfordert die Röntgenologie eine Zusammenfassung sehr heterogener Wissensgebiete unter *eine* Direktive. Die Darstellung wird daher verschieden ausfallen, je nachdem, ob ein Techniker, ein Physiker oder ein Arzt den Stoff formt. Der Gesichtspunkt, der jeden der drei leitet, ist ein anderer. Es kann sein, daß ein Buch, dessen physikalisch-technische Darstellung vielleicht einen Ingenieur nicht befriedigt, dem Arzt, der sich röntgenologisch betätigen will, wertvoll sein wird. Umgekehrt aber kann es geschehen, daß der Arzt den glänzendsten physikalisch-mathematischen Ableitungen verständnislos gegenübersteht, ohne aus ihnen Nutzen ziehen zu können.

Das Buch verfolgt nur praktische Zwecke. Der Arzt muß den Mechanismus und die Wirkungsweise seiner Apparatur verstehen, soll er sie beherrschen und nicht von ihr beherrscht werden. Er muß auch Photograph sein, um seine Diagnostik auf eine sichere technische Basis zu stellen; er muß auch Physiker sein, um seine Strahlung exakt messen zu können. Doch er braucht die Dinge nicht auf breiter, wissenschaftlicher Grundlage zu erfassen. Von einer wissenschaftlichen Durchführung ist daher abgesehen worden.

Noch eins: Viele Vorurteile haben sich im Betriebe mancher Röntgeninstitute eingenistet. Oft findet man einen Widerstand gegen treffliche Neuerungen, der einfach unerklärlich erscheint. Man sei nur objektiv und prüfe, ob man das Neue auch richtig angewendet habe. Nicht selten wird nämlich die Unzulänglichkeit des Neuen in das Ding und nicht in die eigene Unkenntnis seiner Anwendung geschoben.

Berlin-Warschau, Herbst 1928.   **S. Glasscheib.**

Inhaltsverzeichnis.

Erster Teil.
Röntgenphysik.

Zweiter Teil.

Die diagnostische Technik.

Dritter Teil.

Die therapeutische Technik.

Röntgenphysik.

I. Das Wesen der X-Strahlen.

Die Strahlenenergien.

Die X-Strahlen, späterhin allgemein *Röntgen*strahlen genannt, waren bei ihrer Entdeckung im Jahre 1895 durch C. W. Röntgen eine außerordentliche und rätselhafte Naturerscheinung, die die ganze wissenschaftlich interessierte Welt in Erstaunen versetzte, ein neuartiges Phänomen der unergründlichen Natur, dessen Einreihung in die bisher bekannte Erscheinungswelt den Physikern fast zwei Jahrzehnte hindurch große Schwierigkeiten bereitete. Der Grund dieser Schwierigkeiten, den man damals noch nicht ahnen konnte, liegt darin, daß die X-Strahlen die erste Art von Äußerungen sind, die aus dem Atom*innern* stammen, während die bis dahin bekannten Strahlungserscheinungen (Wärme, Licht) von der *Außen*schale der Atome ausgehen.

Erst die Forschung der letzten Jahrzehnte hat die Wellennatur der X-Strahlen erwiesen und sie damit ihres X-Charakters entkleidet. Die klassischen Versuche der Physiker von Laue, Friedrich und Knipping, denen es gelang, Interferenzerscheinungen an der neuen Strahlung nachzuweisen und auf diese Weise die Gleichartigkeit von Licht und Röntgenstrahlen darzutun, haben mit einem Schlage die rätselhaften Strahlen zu einer Erscheinung der gleichen Gattung gestempelt, wie sie uns als Wärme- und Lichtstrahlen, sowie als elektromagnetische Wellen lange bekannt und vertraut sind.

Es mutet eigenartig an, sich zu vergegenwärtigen, daß Erscheinungen scheinbar so verschiedener Art, wie Wärme, Licht, Röntgen- und Radiumstrahlen hinter den Kulissen der uns erfaßbaren Erscheinungswelt, wohin nur die kühnsten mathematisch-physikalischen Spekulationen dringen, im Grunde genommen ein und dasselbe sind: *elektromagnetische Schwingungen*. Nur die Größenordnung und Frequenz der Schwingungswellen ist eine verschiedene; dies allein hat eine andere Erscheinungsform für unsere Sinnenwelt zur Folge. So unterscheiden rotes und blaues Licht sich lediglich dadurch voneinander, daß rotes Licht eine etwa doppelt so große Wellenlänge hat als blaues Licht. Die Röntgenstrahlen wiederum unterscheiden sich von den Lichtstrahlen *nur* dadurch, daß ihre Wellenlänge mehr als 10000mal kleiner ist als die kürzeste Wellenlänge der sichtbaren Lichtstrahlen. Eine noch viel kleinere Größenordnung kommt den γ-Strahlen des Radiums zu.

Tab. 1 gibt einen Überblick über sämtliche hierher gehörenden Energieformen, die man als *Strahlen*energien bezeichnet, weil sie alle das Gemeinsame haben, vom Entstehungsorte, dem *Strahlungszentrum*, auszugehen und an einem andern Orte als absorbierte Energie wieder in Erscheinung zu treten. Den Weg, den die Energie dabei zurücklegt, bezeichnet man als „*Strahl*". So geht von der Sonne Strahlenenergie aus und erscheint auf der Erde durch Absorption als Licht und Wärme wieder.

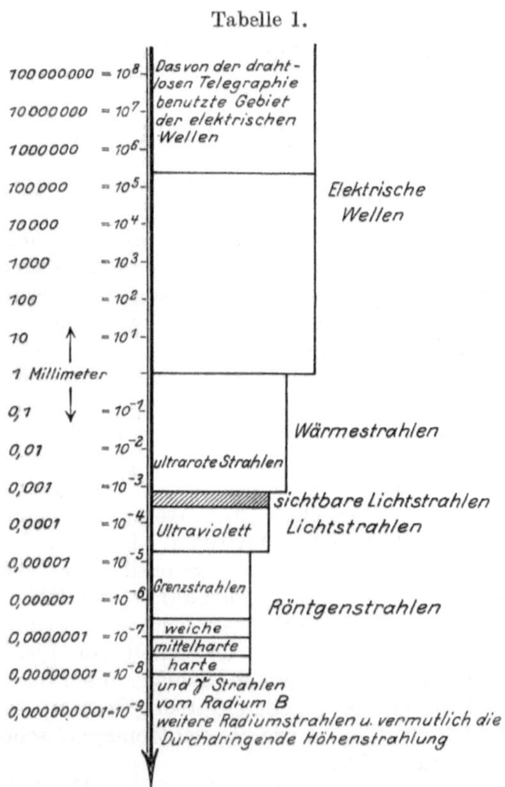

Tabelle 1.

Ordnet man alle diese Energieformen nach der Länge ihrer Welle, so stehen an erster Stelle die *elektrischen Wellen* von der Art, wie sie bei der drahtlosen Telegraphie Verwendung finden; man kennt solche von 10 km und mehr; die kürzesten messen 1 mm. Danach folgen unmittelbar die *Wärmestrahlen*, vom Ultrarot bis zum Ultraviolett reichend; sie fassen die *Lichtstrahlen* vom sichtbaren Rot bis zum sichtbaren Violett in sich. An das Ultraviolett schließen sich die weichsten *Röntgenstrahlen*, die sogenannten *Grenzstrahlen* an. Von der Gruppe der Röntgenstrahlen ist durch die Begrenztheit der technischen Möglichkeiten der kurzwelligste Anteil noch nicht dargestellt worden, so daß uns ein Zwischenraum von der kurzwelligsten Strahlung dieser Art, der γ-Strahlung des Radiums trennt. In neuerer Zeit wurde eine Strahlung noch weit kürzerer Wellenlänge nachgewiesen, die sog. *durchdringende Höhenstrahlung*, die von bestimmten Teilen des Sternhimmels ihren Ursprung nehmen soll.

Es ist nicht anders denkbar, als daß Wellen unendlich vieler Wellenlängen, sämtlicher theoretisch möglichen Größenordnungen von Null bis Unendlich existieren; denn die Natur macht keine Sprünge. Aber nur ein Teil dieses unendlichen Erscheinungsgebietes, das uns umflutet und umringt, ist uns bekannt. Nur ein kleiner Ausschnitt davon (Wärme- und Lichtstrahlen) wird uns durch Transformation in unseren Sinneswerkzeugen unmittelbar bewußt; der weitaus überwiegende Teil (elektrische Wellen, Röntgen-Radiumstrahlen) tritt nur mittelbar in Erscheinung.

Atomtheorie. Alle elektromagnetischen Schwingungen gehen von den kleinsten Bestandteilen der Atome aus. Die Forschungen der letzten Jahre haben uns mit Hilfe der Röntgenstrahlen eine Vertiefung unseres Einblicks in den Bau der toten Materie und den Mechanismus ihrer Kräftebewegungen gebracht. Als Ergebnis dieser Forschungen haben wir uns das Atom als ein Gebilde von astronomischer Kompliziertheit und Mannigfaltigkeit zu denken. Die einst letzte und unteilbare Einheit und Kleinheit — das Atom — löst sich auf in ein mikrokosmisches Planetensystem von vibrierenden Sonnen, die in rasender Rotation von elektrischen Planeten umkreist werden. Jedes Atom ist ein kleines Planetensystem für sich, dessen Zentralgestirn ein *positiv* elektrisch geladener *Kern* ist, dem die Masse des Atoms zukommt. Dieser wird umkreist von kleinen, negativ geladenen Teilchen, den *Elektronen*, welche von der positiven Ladung des Kerns elektrisch angezogen werden.

Abb. 1 gibt uns als Beispiel einen Einblick in den Atombau des Aluminiums; auf drei Ringe verteilt, rotieren um den Atomkern ($+Al$) 13 negativ geladene Elektronen ($-e$). Die elektrischen Anziehungskräfte, die zwischen dem Atomkern und den Elektronen herrschen, wirken und

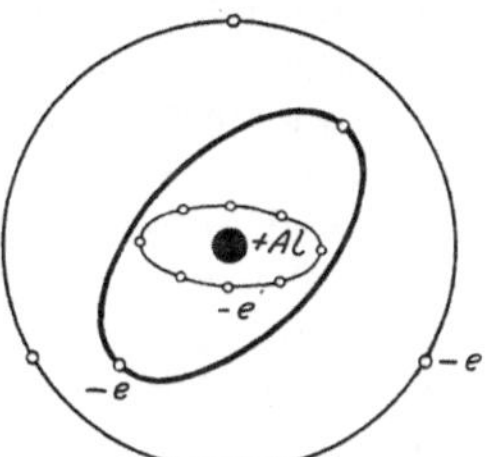

Abb. 1. Atommodell des Aluminiums.

verhalten sich ebenso wie die Gravitationskräfte; wie diese die Bewegungen in der Himmelsmechanik, so regeln jene das Kreisen der Atomgestirne. Die Analogie geht aber noch viel weiter; auch die Größen- und Entfernungsverhältnisse der Atombestandteile untereinander sind die gleichen wie die des Makrokosmos. Würde man sich ein Atom so weit vergrößert denken, daß ein Elektron dabei die Größe der Erdkugel hätte, so wäre die Entfernung eines Elektrons des inneren Ringes vom Atomkern ebenso groß, wie die Entfernung der Erde von der Sonne. Die Größenordnungen sind dabei so, daß ein Atom, wie auch unser Sonnensystem, fast ausschließlich aus Zwischenraum und nur zu einem 100 millionsten Teil aus der Masse der Atombestandteile besteht. (Daher kommt es, daß aus anderen Atomen stammende, losgerissene Elektronen ein Atom durchfliegen können, ohne dabei mit einem Atombestandteil zusammenzustoßen, wie auch ein Komet unser Sonnensystem durchfliegen kann, ohne dabei notwendigerweise mit einem Gestirn zusammenzutreffen.)

Abb. 2a zeigt das einfachste Atommodell, den Aufbau eines Wasserstoffatoms: um den positiven Kern mit der Masse 1 und der Ladung $+e$ kreist ein Elektron mit der Ladung $-e$. Beide Ladungen sind entgegengesetzt gleich, und daher erscheint das Atom nach außen elektrisch neutral. Wesentlich gegliederter (Abb. 2 b) ist schon ein Kohlenstoffatom: dessen Kern besitzt sechs positive Ladungen und wird umkreist

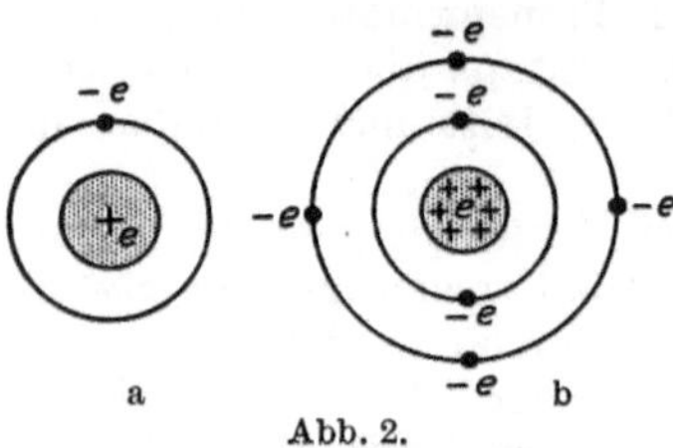

a

b

Abb. 2.
a Atommodell des Wasserstoffs.
b Atommodell des Kohlenstoffs.

von sechs Elektronen mit der Gesamtladung — 6 e, die auf zwei Bahnen verteilt um ihn rotieren. Mit jedem Schritt vorwärts im periodischen System der Elemente wird das Atom um *ein* Elektron reicher und nimmt die positive Ladung des Kerns um eine gleiche positive Einheit zu. Das in diesem System letzte und schwerste Element, das Uran (Stellenzahl 92), muß, wie man sich leicht ausmalen kann, mit seinem schweren Zentralkern und den 92 Planeten schon ein recht kompliziertes Atomgebilde sein.

Die positive Ladung des Kerns und die negative Ladung der Elektronen halten sich in ihrer gegenseitigen Anziehung im Gleichgewicht, wodurch der Zusammenhang des Atomgebäudes gewährleistet wird. Die Anziehungskraft ist um so stärker, je näher dem Atomkern ein Elektron kreist (*gebundene Elektronen* der inneren Ringe), und um so schwächer, je weiter entfernt vom Atomkern die Elektronenbahn liegt (*freie Elektronen* der äußeren Ringe). Durch Einwirkung strahlender Energie oder durch Bewegungsenergie kleinster elektrischer Teilchen können Elektronen aus dem Atomverbande herausgerissen werden, durch geringere Energieeinwirkung die freien, durch stärkere Energien auch die gebundenen Elektronen. Diese als selbständige elektrische Wesen auftretenden Teilchen bezeichnet man, namentlich wenn sie in größeren Mengen vorhanden sind, auch als *Kathodenstrahlen*. Die Elektronen oder Kathodenstrahlenteilchen sind also nichts anderes als losgerissene, negativ geladene Atomteile; sie sind reine Elektrizität; sie stellen das kleinste Quantum negativer Elektrizität dar. Der verkrüppelte Atomrest, der eine negative Ladung verloren hat, besitzt jetzt einen Überschuß an positiver Ladung und wird als *Ion* bezeichnet.

Die innere Elektronenhülle der Atome ist die Region, in der Röntgenstrahlen angeregt resp. absorbiert werden. Auch die den Röntgenstrahlen analogen γ-Strahlen haben ihren Ursprung zum Teil in der Elektronenhülle, zum Teil im Atomkern selbst. Alle diese Vorgänge sind verknüpft mit einer Zertrümmerung der Elektronenhülle bzw. des Atomkerns. Diese Zertrümmerung ist das Grundphänomen, von dem sich die Strahlenenergie der Röntgen- bzw. Radiumstrahlen sowie ihre Umsetzung in andere Energieformen ableitet. Die Atome sind nicht mehr das, was sie einst waren: etwas Letztes, Unteilbares. Wir leben im Zeitalter einer modernen Alchimie — der Atomzertrümmerung.

Die elektromagnetischen Schwingungen, ihre Entstehung und ihre Erscheinungsformen.

Elektromagnetische Schwingungen. Alle elektromagnetischen Schwingungen gehen von den um den Atomkern kreisenden Elektronen aus. Wird nämlich der Bewegungszustand dieser allerkleinsten Teilchen durch eine äußere Energieeinwirkung (z. B. durch Zusammenstoß mit einem fremden Elektron oder durch Strahlenenergie) in irgendwelcher Weise plötzlich gestört, so teilen sich diese Störungen dem elektromagnetischen Kraftfeld, das sie umgibt, mit. Kleine Energien treten schon an den *äußeren* Rotationsringen, also an der Oberfläche der Atome in Wechselwirkung; dann kommen nur Wärme- und Lichtwirkungen zustande. Erst größere Energien sind imstande, bis nahe an den Atomkern heranzudringen und Änderungen in der Bewegung der in der Nähe des Atomkerns rotierenden Elektronen herbeizuführen. Dabei kommt es zur Emission von Röntgenstrahlen.

Die plötzlichen Erschütterungen, die von solchen Störungen ausgehen, pflanzen sich mit einer Geschwindigkeit von 300000 km in der Sekunde fort. Diese Geschwindigkeit, die zuerst am Licht gemessen wurde, wird auch *Lichtgeschwindigkeit* genannt, obwohl sie für *sämtliche* elektromagnetische Wellen, also auch für die Röntgenstrahlen, die gleiche Größe aufweist. Es schreitet hierbei die Schwingungsenergie vom Schwingungserreger durch den Raum, der Energieträger aber, das elektromagnetische Kraftfeld, bleibt, abgesehen von seinen Schwingungsbewegungen, am Platze. Wir haben es hier mit analogen Verhältnissen zu tun wie bei den akustischen Wellenbewegungen in Luft, wo die Wellen vom Schallerreger nach allen Seiten hin mit konstanter Geschwindigkeit (333 m in der Sekunde) durch die Luft sich ausbreiten. Auch hier schreitet die Energie durch den Raum, der Energieträger aber — diesmal die Luft — bleibt, abgesehen von seinen Schwingungsbewegungen, am Platze.

Da nun die Fortpflanzungsgeschwindigkeit der Schwingungswellen konstant ist, so folgt, daß die Schwingungswellen um so kürzer ausfallen werden, je frequenter und kurzzeitiger die Schwingung des sie erregenden Elektrons ist, und umgekehrt. Ruft beispielsweise ein Elektron 1000 Billionen Schwingungen in der Sekunde hervor, so haben sich in der gleichen Zeit die von dieser Schwingung erzeugten Wellen auf 300000 km im Umkreis verteilt; die einzelne Welle ist daher $\dfrac{300 \cdot 000 \text{ km}}{1000 \text{ Billionen}} = 0{,}0003 \text{ m}$ lang. Unser Auge empfindet Schwingungen von dieser Wellenlänge als violettes Licht. Ist die Frequenz des schwingenden Elektrons beispielsweise 350 Billionen in der Sekunde, so entsteht eine langwelligere Strahlung, die wir als rotes Licht wahrnehmen. Ist die Schwingung eine noch langsamere, so entspricht ihr eine Strahlung, die wir als ultrarote oder Wärmestrahlung bezeichnen. Beträgt die Zahl der vom Elektron in der Sekunde vollführten Schwingungen nur einige Millionen oder Hunderttausende, so haben wir es mit elektrischen Wellen zu tun, wie man solche für die Diathermie oder für die drahtlose Telegraphie und Telephonie zu verwenden pflegt.

Ist aber die Schwingungsfrequenz eine sehr hohe, z. B. 600000 Billionen in der Sekunde, so sind die dabei entstehenden Wellen äußerst kurz; ihre Amplitüde beträgt nur $^1/_2$ Millionstel Millimeter. Solche enorm kurzwelligen Lichtstrahlen werden vom Auge nicht mehr als Licht perzipiert. Röntgenstrahlen sind also unmittelbar nicht sichtbar, (sie können nur indirekt durch Fluorescenz oder photographische Wirkung in Erscheinung treten). Dagegen vermag sich jetzt das feine Beben der Schwingungswellen durch das Atomgefüge eines flüssigen oder festen Körpers hindurch in größere Tiefen fortzupflanzen, ohne dabei notwendigerweise an die Bausteine der Atome sogleich die Energie abzugeben und von ihnen absorbiert zu werden. Und das ist das zunächst Großartige und Neue an den Röntgenstrahlen: sie sind Lichtstrahlen, die für gewöhnliches Licht undurchdringliche Körper zu durchdringen vermögen. Unseren Blicken ist kein Hindernis mehr gesetzt. Wir belauschen den Pulsschlag des Herzens, die Arbeit der Eingeweide; das Gewebe der Lunge, die Struktur der Knochen liegt vor unseren Augen in einer Klarheit und Übersichtlichkeit bloß, die vom Schnitt eines anatomischen Präparates nicht erreicht wird. Abseits vom medizinischen Gebiet besitzen die Röntgenstrahlen durch diese ihre Eigenschaft die größte Bedeutung in der Erforschung der Struktur der Materie; hier haben sie eine neue und ungeahnte Phase der Entwicklung eingeleitet, und heutigestags ist fast jedes größere Werk der Schwerindustrie bereits mit einem gut eingerichteten Röntgenlaboratorium ausgestattet, in dem die Materialprüfung vorgenommen wird.

Die Quantentheorie. — Der photoelektrische Effekt.

Bisher haben wir die Licht- und Röntgenstrahlen, gestützt auf Beugungs- und Interferenzerscheinungen, als *Wellen* wechselnder elektromagnetischer Felder betrachtet. Nun sind in den letzten Jahrzehnten Erscheinungen bekannt geworden, die mit der uns gewohnten Vorstellung der Wellentheorie des Lichtes sich nicht vereinigen und sich nur so deuten lassen, daß die Wellenenergie zu *Ballungen* neigt und nicht kontinuierlich, sondern *diskontinuierlich* in solchen Anhäufungen — *Wirkungsquanten* — abgegeben wird.

Dieser Doppelcharakter einer Welle ist unserem Vorstellungsvermögen nur schwer zugänglich. Man könnte eine weitläufige Analogie bei einer Wasserwelle erblicken, die bei raschem Gang eines Schiffes sich am Bug immer mehr zuspitzt, d. h. ihre Energie zusammendrängt. Wir müssen solche Vorstellungen zu Hilfe nehmen, um uns das Geschehen bei der Abtrennung eines Elektrons vom Atom durch die Strahlungsenergie zu erklären. Nach dem Gesetz der kontinuierlichen Wellenausbreitung würde die vorhandene Energie nicht genügen, um solche Wirkungen zustande zu bringen. Anders, wenn wir uns nach der obigen Auffassung die Wellenenergie auf einen Punkt zusammengeballt denken. Dann wird uns auch verständlich, wie die Energie an ein so kleines Gebilde, wie es das Elektron ist (das Elektron mißt 10^{-13} cm im Durchmesser), ihren Hebel anzusetzen vermag.

Noch krasser tritt dies zutage beim Comptoneffekt (s. später Kap. V, S. 70), wo wir geradezu gezwungen sind, *punktförmige Energieanhäufungen — Quanten —* anzunehmen, die sich mit Lichtgeschwindigkeit von der Strahlenquelle weg fortbewegen (*Nadelstrahlung* nach EIN-

STEIN). (Es versteht sich von selbst, daß durch die Anschauung von den Energieballungen nichts an der Fortpflanzungsgeschwindigkeit von 300000 km pro Sekunde geändert wird.)

Stößt ein Strahlenwirkungsquant mit den Gebilden eines Atoms zusammen, so kommt es zu einer Abgabe der Energie an das Atom. Das Ergebnis eines solchen Zusammenstoßes ist ein verschiedenes, je nach der Größe des vom Wellenstrahl mitgeführten Energiequants; diese ist abhängig von der Wellenlänge der Strahlung, und zwar ist sie ihr umgekehrt proportional; je kleiner die Wellenlänge, um so größer das Energiequant des Wellenstrahles. Bei den Wärmestrahlen reicht es eben dazu aus, die Elektronen der äußeren Ringe in eine andere Lage zum Atomgefüge zu bringen; die sichtbaren Lichtstrahlen vermögen schon peripher kreisende Elektronen auf den äußersten Ring zu werfen; erst das Ultraviolett kann solche Elektronen ganz aus dem Atomverband loslösen und mit einer mäßigen Geschwindigkeit abschleudern. Man nennt diesen Vorgang *„photoelektrischer Effekt"*. Die Röntgen- und Radiumstrahlen führen infolge ihres hohen Energiequants bei ihrer Einwirkung auf Atome fast immer zur Abschleuderung von Atombestandteilen (Elektronen), die mit großer Geschwindigkeit (beinahe Lichtgeschwindigkeit) fortgeschleudert werden können, lösen also fast stets einen photoelektrischen Effekt aus.

Mit diesen Vorgängen eng verbunden haben wir uns die *biologische Wirkung* der Licht- und Röntgenstrahlen zu denken, obwohl uns das unmittelbare Bindeglied zwischen physikalischem und biologischem Geschehen noch unbekannt. ist. Mit der Zunahme des Energiequants, d. h. also mit der Abnahme der Wellenlänge der Strahlung, nimmt die biologische Wirkung zu. Von der Wellenlänge des Ultravioletts angefangen, gesellt sich noch der Einfluß der abgeschleuderten Elektronen hinzu, die eine selbständige Wirkung entfalten. Bei der Röntgen- und Radiumstrahlung tritt dieser Effekt in den Vordergrund. Während die Lichtstrahlen physikalisch aber nur an der *Oberfläche* wirksam sind, tragen letztere ihre Energie auch in die *Tiefe*. Es ist also nicht verwunderlich, daß die Lichtreaktion und die Reaktion auf Röntgen- und Radiumstrahlen auch biologisch einige gemeinsame Berührungspunkte haben. Man kann dies etwas pointiert auch so ausdrücken, daß die Röntgenstrahlenwirkung eine in die Tiefe gehende Lichtwirkung ist; dadurch wird die allgemeine Wirkung potenziert. Bei beiden finden wir einige manifeste Erscheinungen wieder, so namentlich das nach einer gewissen Inkubationszeit im bestrahlten Hautbezirk auftretende Erythem. Interessanterweise verlängert sich die Inkubationsfrist im gleichen Maße, wie die Wellenlänge der Strahlung abnimmt. Die langwelligen Wärmestrahlen, z. B. die Strahlung eines geheizten Ofens, rufen sofort ein (flüchtiges) Erythem hervor; die Ultraviolettstrahlen haben schon eine ausgesprochene Latenz von 4—6 Stunden, die weichsten Röntgenstrahlen, die sog. Grenzstrahlen, weisen schon eine Inkubationszeit von 1—7 Tagen auf. Diese nimmt mit der Abnahme der Wellenlänge der Strahlung bedeutend zu und kann für die härteste Tiefentherapiestrahlung nach mehreren Wochen zählen.

Auch die unmittelbar nach einer Bestrahlung auftretenden Veränderungen des Blutbildes sind für die einzelnen Strahlengattungen nicht unähnlich.

Ebenso wie sich der Grad der physikalischen und biologischen Wirksamkeit der Strahlung von den Wärme- über die Licht- bis zu den Röntgentrahlen in etappenartiger Potenzierung kontinuierlich entwickeln läßt, kann man sich auch die Entstehung der Strahlungsarten in ähnlicher Weise abgeleitet denken: Die Umwandlung mechanischer, chemischer oder elektrischer Energie in Strahlungs- (Wärme-)energie ist ein uns geläufiger, alltäglicher Vorgang, der uns weiter nicht wundernimmt. Jeder warme Körper sendet eine Strahlung aus, deren Wellenlänge sich nach seiner Temperatur richtet. Ein Metallstab von beispielsweise Zimmertemperatur sendet Wärmewellen aus, denen die Größenordnung von etwa $10\,\mu$ zukommt. Steigern wir seine Temperatur durch Zufuhr von Energie auf etwa 1000^0 C, so wird er glühend, d. h. er sendet jetzt auch Lichtstrahlen aus. Die Wärmestrahlung hat sich dabei, wie man sich aus der starken Wärmewirkung des glühenden Drahtes überzeugen kann, *auch* beträchtlich vergrößert. Es sind also mit der Temperaturzunahme zwei Veränderungen in der Strahlung eingetreten: 1. ist sie bedeutend intensiver geworden, 2. ist sie in das Gebiet der kurzen Wellenlängen vorgerückt (s. Tab. 1). Temperatur und Kürze der ausgestrahlten Wellenlänge stehen in umgekehrter Proportionalität. Die Wellenlänge[1], die die Sonne, deren Temperatur auf 6000^0 C zu bewerten ist, aussendet, ist sechsmal kleiner als die, die vom glühenden Metalldraht bei 1000^0 C ausgeht.

Man könnte also theoretisch jeden Körper durch hinreichende Temperatursteigerung dazu bringen, daß er Strahlen von beliebig kurzen Wellenlängen emittiert. Die Möglichkeiten sind in dieser Beziehung nur dadurch begrenzt, daß wir über Temperaturen von ca. 4000^0 C auf gewöhnliche Weise nur schwer hinausgehen können, da es keine Stoffe gibt, die dabei nicht in den gasförmigen Zustand übergehen. Um aber so kurze Wellenlängen zu erhalten, wie sie den Röntgenstrahlen entsprechen, müßten wir Temperaturen von einigen hundert Millionen Graden erzeugen. Diese Möglichkeit kann nur unter ganz besonderen Umständen erreicht werden, wie sie in der *Röntgenröhre* verwirklicht sind.

II. Die Röntgenröhre.

Konstruktionsprinzip.

In der Röntgenröhre wird die kinetische Energie rasch fliegender Elektronen (der sog. Kathodenstrahlen) dazu benutzt, Röntgenstrahlen zu erzeugen. Bei der plötzlichen Abbremsung der Elektronen, die mit einer an die Lichtgeschwindigkeit heranreichenden Beschleunigung sich bewegen, entstehen unter geeigneten Umständen im Atom, in dem der

---

[1] Es handelt sich um die Wellenlänge, die dem Intensitätsmaximum des Spektrums entspricht.

Zusammenprall stattfindet, diejenigen Energieumsetzungen, die zur Aussendung von Röntgenstrahlen Veranlassung geben. (Rechnerisch können dabei am Orte des Zusammenstoßes ca. 800 Mill. Grad Celsius entstehen.) Röntgenstrahlen entstehen also überall dort, wo Kathodenstrahlen, deren Teilchen eine gewisse Beschleunigung besitzen (mindestens aber $1/_{10}$ Lichtgeschwindigkeit) an Atomen plötzlich abgebremst werden.

Folgendes ist also zur Erzeugung von Röntgenstrahlen notwendig: 1. Elektronen, 2. die die Elektronen treibende Kraft, 3. eine geeignete Bahn für die Elektronen, 4. ein Prellbock, an dem der Aufprall der Elektronen stattfindet.

Elektronen sind bekanntlich Bestandteile der Atome und in kleinen Mengen überall frei vorhanden; sie werden von den Atomen losgelöst durch Licht, ultraviolette Strahlen, radioaktive Substanzen usw.

Die die Elektronen treibende Kraft ist das elektrische Feld; die Elektronen sind Träger jeglicher elektrischen Strömung; ohne Elektronen gibt es keinen elektrischen Strom. Unter Einwirkung eines elektrischen Feldes setzen sich die Elektronen in strömende Bewegung. Ihre Bewegungsgeschwindigkeit ist abhängig von der Stärke des elektrischen Feldes und der Art des Mediums, in dem sie sich bewegen.

Im Metalle beispielsweise liegen die Atome sehr eng aneinander. Von den um den Atomkern kreisenden Elektronen wird ein gewisser Teil sich losreißen und in den Räumen zwischen den Atomen frei hin und her vagabundieren. Denken wir uns den Durchmesser eines metallischen Leiters riesig vergrößert. Abb. 3 stelle einen ganz kleinen Teil eines solchen Leiters dar; die schwarzen Punkte seien die Atome. Die Atome schwingen an ihrer Stelle im Metall hin und her, während in den Zwischenräumen die freien Elektronen sich gleichmäßig nach allen Richtungen bewegen. Lassen wir nun einen Strom den Draht durchfließen, so werden die negativ geladenen

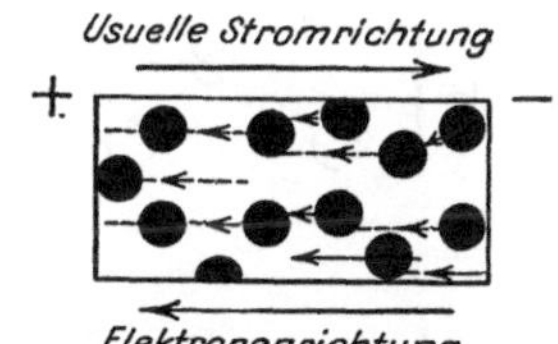

Abb. 3. Atome und Elektronen in einem metallischen Leiter (schematisch).

Elektronen nach dem positiven Pol wandern (der usuellen Stromrichtung entgegen), um dort ihre Ladung abzugeben. Dabei stoßen sie auf die im Wege stehenden Atome, und es entsteht Wärme.

Da die Elektronen wegen der Kleinheit des freien Weges bei dem dichten Atomgefüge schon nach einer sehr kleinen Wegstrecke von den im Wege stehenden Atomen abgebremst werden, können sie nie recht in kräftige Bewegung kommen. Ihre Durchschnittsgeschwindigkeit bleibt in jeglicher Materie sehr gering. So zählt ihre mittlere Geschwindigkeit bei den zum Telegraphieren benutzten Strömen nur Bruchteile von Millimetern pro Sekunde. Daher kommt es dabei nur zu mäßigen Energieumsetzungen, die uns als JOULEsche Wärme bekannt ist, nie aber zu einem wuchtigen Aufprall der Elektronen und zur Entstehung von kurzwelligen Ätherschwingungen. Um dies zu erreichen, müssen wir den Elektronen freie Bahn schaffen, also die störenden, dicht stehenden Atome aus dem Wege räumen. Frei von jeglichen Atomen, d. h. von Materie, ist aber nur das Vakuum.

Ein absolutes Vakuum läßt sich nicht erzielen; doch genügt für unsere Zwecke ein bis auf Bruchteile von Tausendstel Millimeter Quecksilber-Atmosphärendruck verdünnter Luftraum. Bei solcher Verdünnung sind die Gasatome so spärlich gesät, daß Elektronen fast ungehindert den Raum durchfliegen können. Schließt man den luftverdünnten Raum durch eine Glashülle, in die zwei Metallelektroden eingeschmolzen sind, so haben wir bereits das primitive Modell der Röntgenröhre vor uns (Abb. 4). Schickt

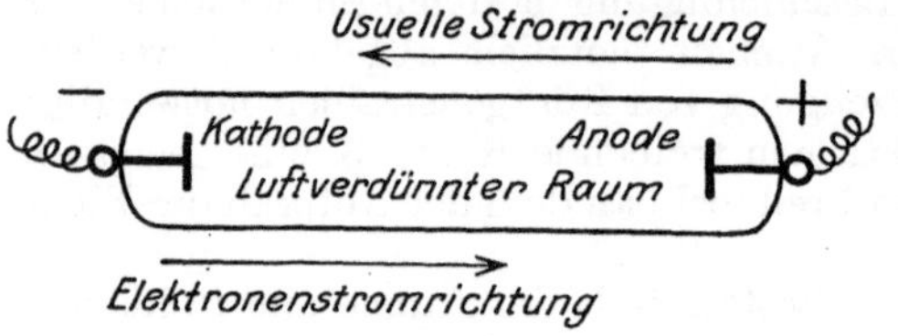

Abb. 4. Die elektrischen Vorgänge in einer luftverdünnten Glasröhre.

man jetzt durch diese Röhre einen elektrischen Strom, so wird diejenige Elektrode, an der die Elektrizität in das Vakuum eintritt, zur *Anode* ($+$-Pol), der Metallstab aber, an dem sie die Röhre wieder verläßt, zur *Kathode* ($-$-Pol). (Notabene fließt die Elektrizität, d. h. der Elektronenstrom, in Wirklichkeit von der Kathode zur Anode.)

Betrachten wir nun den Raum zwischen Anode und Kathode unter einer ganz exorbitanten Vergrößerung (Abb. 5), so daß wir die Atome, Ionen und Elektronen gut wahrnehmen können. In der stark verdünnten Luft zwischen A und K sind stets einige Ionen und eine geringe Anzahl von Elektronen vorhanden; solche entstehen überall in geringer Menge durch Licht, ultraviolette Strahlen und radioaktive Substanzen infolge des photoelektrischen Effekts. Solange die Röntgenröhre sich selbst überlassen ist (Fall I), vagabundieren die Atome, Ionen und Elektronen planlos hin und her; wir können keinerlei gerichtete Bewegung an ihnen wahrnehmen, denn es herrscht elektrisches

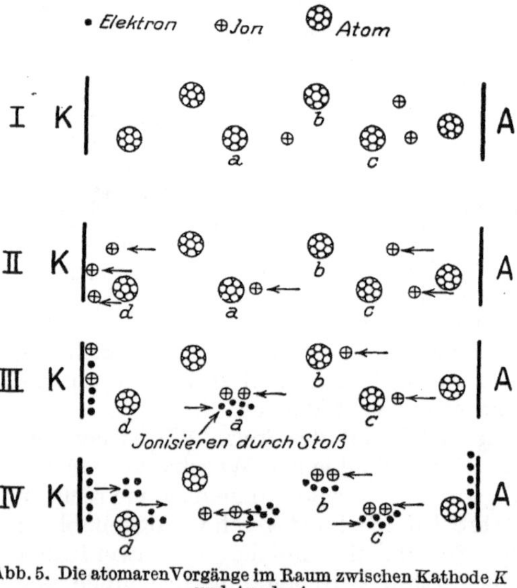

Abb. 5. Die atomaren Vorgänge im Raum zwischen Kathode K und Anode A.

Gleichgewicht. Sobald wir aber die elektrische Spannung eines Transformators an die Röhre legen, findet, ähnlich wie im Elektrolyten, eine Sonderung und Strömung der Teilchen je nach ihrer Ladung statt, und zwar wandern die Ionen, die positiv elektrisch geladen sind, zur Kathode K, um dort ihre Ladung abzugeben (Fall II). Auf ihrem Wege treffen sie jedoch mit Gasatomen zusammen, die sie entweder zur Seite drängen oder, falls ihre kinetische Energie groß genug ist, zerschmettern (Fall III). So werden beispielsweise die Atome *a, b* und *c* in ihre Bestandteile, Ion und Elektronen, zersprengt. Es tritt also eine *Ionisation* ein, die man nach der Art ihrer Entstehung als *Stoßionisation* bezeichnet. Die dabei freigewordenen Elektronen werden unter der Einwirkung des elektrischen Feldes, da sie negativ geladen sind, zum positiven Pol, also zur Anode geschleudert (Fall IV), wo sie entsprechend der Beschleunigung, die sie durch die elektrische Spannung erhalten, mit großer Wucht auftreffen. Hier wird der größte Teil ihrer kinetischen Energie in Wärme und (vorausgesetzt, daß die Geschwindigkeit der bombardierenden Elektronen eine gewisse untere Grenze überschreitet) ca. nur ein Tausendstel in Röntgenstrahlenenergie umgewandelt.

Der Wirkungsgrad der Röhre ist also ein sehr niedriger. Er kann etwas gebessert werden durch passende Wahl der Auftrefffläche der Elektronen, die man als *Antikathode* bezeichnet. Je dichter das Atomgefüge des die Antikathode bildenden Materials ist, desto wirksamer der Elektronenaufprall, desto größer die Röntgenstrahlenausbeute. Diese nimmt also mit dem Atomgewicht des Antikathodenmaterials zu. Da aber auch dann noch der weitaus größte Teil der Elektronenenergie in Wärme umgewandelt wird, muß für deren Ableitung durch besondere Vorrichtungen Sorge getragen werden. Dies, wie die Abhängigkeit der Röntgenstrahlenemission von dem Atomgewicht des Antikathodenspiegels, führte notwendigerweise durch technische Änderungen, die diesen beiden Umständen Rechnung tragen, zu der heutigen Form.

Die Gas(Ionen-)röhre.

Die erste von Röntgen benutzte Röhre, deren Antikathode die Glaswand in *B* bildete, zeigt Abb. 6. Die Röhre besteht aus einem Glasrohr, in welchem zwei Aluminiumelektroden *A* und *K* an je einem in das Glas eingeschmolzenen Platindraht befestigt sind. Als Elektrodenmetall dient Aluminium, weil dieses von allen metallischen Leitern im Vakuum am wenigsten zur Zerstäubung neigt. Für die Einschmelzungsdrähte dagegen kommt nur Platin in Frage, weil es den gleichen Wärme-

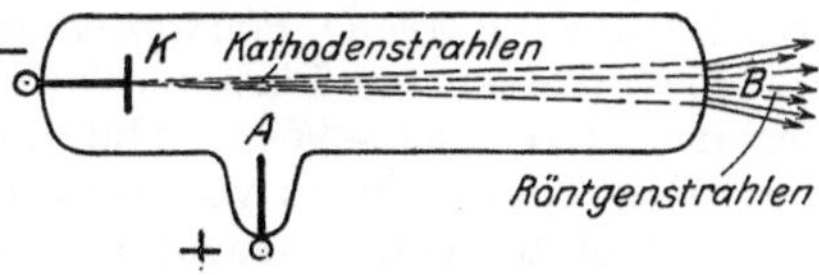

Abb. 6. Urmodell der Röntgenröhre.

ausdehnungskoeffizienten wie Glas hat und dieses beim Abkühlen nicht sprengt. Von der Glaswand *B*, die von Elektronen getroffen wird, gehen diffuse Röntgenstrahlen aus, die natürlicherweise nur verschwommene Schattenbilder liefern können.

Die Antikathode.

Die Medizin braucht für ihre Zwecke eine konzentrierte Röntgenstrahlenquelle. Die Konzentration wird erreicht, indem man der Kathode eine geeignete konkave Form gibt, so daß die ihre Oberfläche senkrecht verlassenden Elektronen sich wie von einem Hohlspiegel reflektierte Lichtstrahlen in *einem* Punkt, dem *Brennpunkt (Fokus)*, treffen. In diesem Punkt errichtet man die Fläche der Antikathode, die in diesen Fällen schon aus Metall bestehen muß, da eine einfache Glas wand die enorme Wärmeentwicklung der auf *einen* Punkt konzentrierten Kathodenstrahlen nicht vertragen könnte (Abb. 7).

Auch die metallische Antikathodenfläche bedarf einer guten Wärmeableitung, da sie sonst unter dem heftigen Elektronenbombardement in kurzer Zeit schmelzen würde. Die Antikathode A wird deshalb zweckmäßig von einem massiven Stab aus Kupfer, Nickel

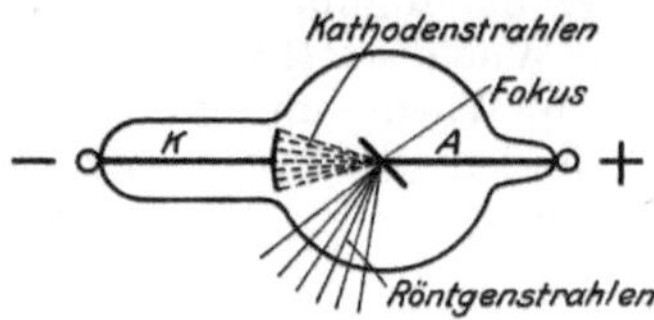

Abb. 7.
Primitives Modell einer Röntgenröhre.

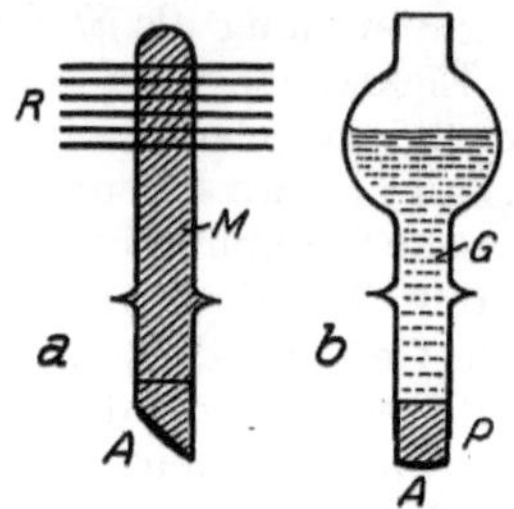

Abb. 8. Kühlung der Antikathode.
a Metallkühlung. *b* Wasserkühlung.

oder Eisen M getragen, der die an der Platin- oder Iridiumplatte, der eigentlichen Antikathode, entstehenden Wärmemengen nach außen ableitet. Unterstützt wird die Wärmeableitung noch dadurch, daß der Metallstab an seinem freien Ende von einem Radiator R gekrönt ist (Abb. 8a). (*Metallkühlung-Trockenröhre.*)

Eine andere Möglichkeit der Wärmeableitung von der Antikathode ist die *Wasserkühlung.* Bei den ersten Röhren, die nach diesem Prinzip konstruiert waren, bestand die Antikathode aus einem dünnwandigen, zylindrischen Platingefäß P, das an seinem offenen Ende in eine Glasröhre G eingeschmolzen ist. Abb. 8b zeigt eine solche Antikathode. Eine zu starke Erhitzung des dünnen Antikathodenbleches wird dadurch verhindert, daß das an seiner Rückseite befindliche Wasser bei seiner Verdampfung große Wärmemengen verbraucht. Allerdings darf die Erwärmung der Antikathode keine hohen Grade erreichen, da sonst das sog. LEIDENFROSTsche *Phänomen* auftritt, das darin besteht, daß sich zwischen Wasser und Platinblech eine Dampfhülle bildet; dadurch verliert das letztere seine Wärmeableitung und schmilzt durch. Deshalb hat man diese Konstruktion verlassen und kombiniert die Wasserkühlung, die zwar große Wärmemengen aufzunehmen vermag, aber sie nur langsam wegleitet, mit der rasch ableitenden Metallkühlung. Die modernen Wasserkühlröhren sind durchweg mit einer schweren metallreichen Antikathode ausgestattet.

Trotzdem muß man bei dieser Art von Kühlung das Eintreten des LEIDENFROSTschen Phänomens nach Tunlichkeit vermeiden, da die Antikathode, auf bloße Metallkühlung angewiesen, thermisch überlastet werden kann. Die Gefahr ist besonders dann vorhanden, wenn die Röhre in horizontaler Stellung benutzt wird, da die entstandenen Dampfblasen dann nicht die Möglichkeit haben, rasch zu entweichen. Man vermeide deshalb eine absolute Horizontallage und stelle die Röhre leicht schräg mit dem Kühlgefäß nach oben.

Als Antikathodenplatte verwendet man *Platin* oder *Iridium*. Diese beiden Metalle eignen sich wegen ihrer hohen Atomgewichte (Pt 195,

Ir 193) und ihres hohen Schmelzpunktes (bei ca. 1750⁰ C) ganz besonders als Antikathodenmaterial. Hinsichtlich ihrer Hitzebeständigkeit werden sie aber von einem dritten Metall, dem *Wolfram*, das erst bei Temperaturen von über 3000⁰ C schmilzt, weit übertroffen. Demgegenüber ist der Nachteil, der sich aus dem niedrigeren Atomgewicht (184) ergibt, nämlich geringere Röntgenstrahlenausbeute bei gleicher durch die Röhre geschickter Energie, als gering zu erachten. Röhren mit Wolframantikathoden vertragen stärkste Beanspruchung.

Die jetzt übliche Gestaltung und Bauart der Gas- oder Ionenröhren ist aus Abb. 9 ersichtlich. Das Glasgehäuse einer solchen Röhre trägt folgende drei Teile:

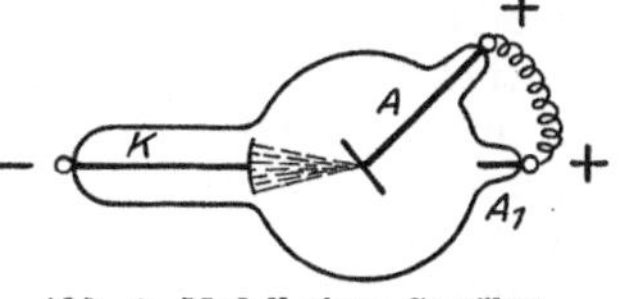

Abb. 9. Modell einer Gasröhre.

1. Die im Kathodenhals (nahe an seiner Mündung in die Röhrenkugel) sitzende, aus Aluminium gefertigte, am freien Ende hohlspiegelförmig gekrümmte *Kathode K = Minuspol*;

2. die in die Mitte der Glaskugel hineinragende *Antikathode A* (= Pluspol), deren mit Platin oder Wolfram belegter Spiegel 45⁰ zur Kathodenachse geneigt ist;

3. die in einem Rohransatz der Kugel untergebrachte stift- oder scheibenförmige Anode A_1, die mit der Antikathode leitend verbunden ist und somit einen Teil des Pluspols der Röhre darstellt.

Betrieb der Gasröhre.

Der Durchgang von Elektrizität durch diese Röhren wird ermöglicht durch ihren spärlichen Gasgehalt. Das in ihnen enthaltene Gas bildet einen integrierenden Bestandteil dieser Röhrenart.

Schalten wir eine solche Röhre in den sekundären Stromkreis eines Induktor- oder Transformatorapparates, und zwar so, daß wir den + -*Pol mit der Antikathode* bezw. Anode[1], *den — -Pol mit der Kathode* verbinden, so werden die im verdünnten Gase vorhandenen Träger positiver Elektrizität, die Ionen, zur Kathode, das ist zum — -Pol, die Träger negativer Elektrizität, die Elektronen zur Antikathode, das ist + -Pol getrieben. Die Ionen prallen auf die Kathode auf und spalten aus ihr sowie auch aus den Gasmolekülen, mit denen sie auf ihrem Wege zusammenstoßen, Elektronen ab. Diese werden unter dem Einfluß der zwischen Kathode und Antikathode herrschenden Spannung zur Antikathode geschleudert, wo sie, da ihre Geschwindigkeit bei hoher elektrischer Spannung an die Lichtgeschwindigkeit heranreicht, mit ungeheurer Wucht $\left(\dfrac{m\,v^2}{2}\right)$ aufprallen. Ihre Endgeschwindigkeit ist der der Röhre aufgedrückten Spannung proportional und läßt sich aus dieser mathematisch ableiten.

---

[1] Um die für die Röhre schädliche Wirkung eventueller verkehrter Stromimpulse zu mindern, polt man stets an der Hilfsanode (s. S. 19).

Manche Elektronen stoßen unterwegs auf Gasmoleküle, die sie entweder durchfliegen oder zertrümmern, und tragen so ebenfalls zur Ionisierung bei. So wächst die Spaltung der Gasatome in positive Ionen und negative Elektronen immer mehr an, bis ein stationärer Zustand erreicht ist. Im Raume zwischen Kathode und Antikathode fliegen nun die Ionen in der einen, die Elektronen in der anderen Richtung. Von dem Punkt der Antikathode aber, wo die Elektronen auftreffen, gehen mit Lichtgeschwindigkeit die Röntgenstrahlen aus. Die dem Antikathodenspiegel gegenüberliegende Hemisphäre leuchtet grün auf, die der Rückseite der Antikathode entsprechende Kugelhälfte dagegen zeigt nur eine schwache grünliche Fluorescenz. Die Hohlkugel der Röntgenröhre ist also deutlich in zwei verschieden stark leuchtende Halbkugeln geteilt. Diese Fluorescenz wird nicht etwa durch die die Glaswand durchsetzenden Röntgenstrahlen, sondern durch reflektierte Kathodenstrahlen erzeugt. Ein Teil der aufprallenden Elektronen wird nämlich von der Antikathode reflektiert, und diese diffus reflektierten Elektronen, die auf die Glaswand auftreffen, rufen die Fluorescenz des Glases hervor. Da auch hinter die Antikathode abundierende Elektronen gelangen, tritt auch hier ein schwaches Leuchten der Glaswand auf.

Die *normale Belastung* einer Röntgenröhre, d. h. Anpassung des Stromes nach Intensität und Spannung an den jeweiligen elektrischen Widerstand, das ist Gasgehalt der Röhre, zeigt sich an der gleichmäßigen Teilung der Glaskugel und an dem schönen hellgrünen Leuchten der dem Antikathodenspiegel gegenüberliegenden Hälfte an. Der Röhrenstrom hält sich konstant. (Achte auf das Milliamperemeter!)

Eine Röntgenröhre ist *hart*, wenn ihr Gasgehalt sehr gering ist, und daher nur wenig Elektronen zum Durchgang des elektrischen Stromes zur Verfügung stehen. Solche Röhren haben einen großen elektrischen Widerstand, und es bedarf schon höherer Spannungen, daß der Strom sich Bahn bricht (*Durchbruchsspannung*) und die Röhre „anspricht". Die Entladung geht dabei zum Teil außen längs der Glaswand vor sich; man hört ein starkes Knistern; das Fluorescenzlicht ist grellgrün und flackernd, die Teilung nicht deutlich ausgesprochen.

Weiche Röhren enthalten hingegen zu viel Luft; ihr elektrischer Widerstand ist nur gering. Ihr Fluorescenzlicht ist fast gelb, die Teilung sehr in die Augen springend. Um die Anode herum ist ein großer bläulicher Lichthof sichtbar. Von der Kathode zur Antikathode zieht ein blaßblauer Lichtstreifen, der von der dichten Schar der fliegenden Elektronen gebildet wird.

Die genannten Zeichen, insbesondere die Abstufung des Fluorescenzlichtes von Blaugrün (hart, gasarm) über Grün (mittelhart, normaler Gasgehalt) bis Gelbgrün (weich, zu großer Gasgehalt), lassen bei einiger Übung den ungefähren Härtegrad bzw. Luftgehalt der Röhre abschätzen.

Bei längerem Gebrauch findet man, daß die Röhren ihren Gasgehalt ändern. Für den praktischen Betrieb spielt diese nicht beabsichtigte Änderung des Gasgehaltes, das sog. „*Atmen*" der Röhre, eine wichtige Rolle. Zwei physikalische Phänomene, nämlich die *Adsorption* und die *Okklusion*, werden zur Erklärung dieser Erscheinung herangezogen.

Die Adsorption: Feste Körper sind befähigt, an ihrer Oberfläche Gase zu binden. Die Adsorptionsfähigkeit der festen Körper nimmt mit der Größe ihrer Oberfläche zu, mit der Höhe ihrer Temperatur aber ab. Feste Körper, z. B. Metalle, binden bei niederer Temperatur an ihrer Oberfläche große Mengen von Gasmolekeln, die sie beim Erwärmen wieder abgeben. Eine Röntgenröhre, die längere Zeit nicht im Betrieb und in einem kühlen Raum gelagert war, wird daher infolge Adsorption von Gasmolekeln an der Glaswand und an dem Metall der Kathode und Antikathode in ihrem Gasgehalt etwas zurückgehen. Durch vorsichtiges Erwärmen kann man die adsorbierten Gase wieder frei machen. Viel wichtiger, da unwiederbringlich, ist der Gasverlust, der durch Adsorption der Gasmolekel an die Metallteilchen, die bei Zerstäubung der Kathode entstehen, bewirkt wird. Die Zerstäubung des Kathodenmetalls, die auch beim normalen Betrieb der Röntgenröhre eintritt und nicht zu verhindern ist, ist vor allem für die allmähliche Abnahme des Gasgehaltes anzuschuldigen.

Die Okklusion: Während der Vorgang der Adsorption sich an der *Oberfläche* fester Körper abspielt, versteht man unter Okklusion das Eindringen von Gasmolekeln in das *Innere* fester, im gemeinen Sinne nicht poröser Körper, wie Metalle. Wird z. B. eine leergepumpte Glasröhre durch eine Metallwand abgeschlossen, so dringen Molekel der Außenluft in die unsichtbaren Poren des Metalls ein. Von da aber können sie, durch Erhitzen frei gemacht, in das Vakuum eindringen. Es ist auf diese Weise zu einer *Diffusion* von Gas durch das erhitzte Metall hindurch in das Innere der Röhre gekommen. Die Okklusion ist also nur eine Etappe in dem viel wichtigeren Vorgang der Diffusion von Gas durch Metalle hindurch.

Auf den konkreten Fall bezogen, haben diese Erscheinungen folgende Bedeutung: Bei den Kühlanordnungen sind sehr verschiedene Metallmengen in die Röntgenröhre eingeschmolzen, was auf die Konstanz des Gasinhalts einen großen Einfluß ausübt. Bei Erhitzung der Metallmassen der Antikathode einer Trockenkühlröhre während des Gebrauchs kommt es zu einer erheblichen Diffusion von Außenluft durch das Metall in das Innere der Röhre. Die metallreichen Röhren neigen daher besonders stark zu einer Änderung des Gasinhalts und bei stärkerer Beanspruchung zum Weichwerden. In metallarme Röhren dagegen kann, da nur wenig Metall zur Diffusion vorhanden ist, kaum etwas Gas eindringen, weshalb diese Röhren viel konstanter sind. Darum verwendet man metallarme und Wasserkühlröhren mehr für Dauerbetrieb (Therapie, Durchleuchtung), metallreiche Röhren aber nur für kurze, starke Belastung (Photographie).

Die genannten beiden Vorgänge, nämlich die Adsorption von Gas an das zerstäubte Kathodenmetall einerseits und die Diffusion von Außenluft durch die Poren des erhitzten Antikathodenmetalls andererseits, machen das *Atmen der Röhre* aus. Um die Analogie zu vervollständigen, können wir sagen, daß dabei die Adsorption, die einen Verlust an Gas mit sich bringt, dem Ausatmen, die Diffusion aber, die mit einer Zufuhr von Gas verbunden ist, dem Einatmen gleichzusetzen ist.

Kommt die Einatmung der Ausatmung gleich, so bleibt der Gasgehalt
der Röhre unverändert. Wir haben einen stationären Zustand vor uns;
die Röhre hält sich konstant. Dieser Idealfall ist im praktischen Betriebe
nur selten für längere Zeit verwirklicht. Alle unsere guten Röhren neigen
bei normaler Belastung nach längerem Gebrauch stets zu einer allmählichen Abnahme des Gasgehalts.

Als *normale Belastung* betrachten wir diejenige Stromenergie, mit der
belastet die Röhre sich längere Zeit konstant hält. Die Stromenergie ist
gegeben durch das Produkt aus Stromstärke × Spannung, was wohl zu
beachten ist. Bei Erhöhung der Spannung muß die maximale Stromstärke entsprechend reduziert werden, umgekehrt aber kann man bei
Verminderung der Spannung der Röhre bedenkenlos größere Strommengen zumuten. Die genaueren Daten sind für jedes Röhrenexemplar
aus dem von der Fabrik beigegebenen sog. *Röhrenpaß* ersichtlich. Wird
unter Beachtung dieser Vorschriften die Röhre rasch weich, so ist ihre
Konstruktion fehlerhaft.

Überbelastung, d. h. Hinausgehen über die obere Grenze des zulässigen Stromdurchgangs, macht die Röhre rasch weich. Es überwiegt
in diesem Falle die Zufuhr von Gas aus der stark erhitzten Antikathode
über die Bindung durch Adsorption. Der Röhrenstrom nimmt zu
(achte auf das Milliamperemeter!).

Unterbelastung, d. h. Verwendung geringerer Stromenergien als dem
elektrischen Widerstand der Röhre entspricht, führt hingegen zu einer
Abnahme des Gasinhalts, also zum Hartwerden der Röhre. Es wird
nämlich durch die Metallzerstäubung der Kathode, die eine stete Begleiterscheinung des Stromdurchgangs ist, wohl Gas adsorbiert, dagegen
reicht die Erwärmung der Antikathode bei der schwachen Belastung
nicht dazu aus, Gas in nennenswerter Weise aus dem Metall frei
zu machen. Es überwiegt also der Adsorptionsvorgang die Gasdiffu-
sion: die Röhre wird hart, der Röhrenstrom nimmt ab. (Milliamperemeter!)

Regeneriervorrichtungen.

Da dem Hartwerden der Röhre durch künstliche Zufuhr von Gas
leichter zu begegnen ist als dem entgegengesetzten Vorgang, sind gute
Gasröhren so konstruiert, daß sie im Gebrauch hart werden. Zugleich
aber sind sie mit Vorrichtungen versehen, die es ermöglichen, den ver-
lorengegangenen Gasinhalt zu ersetzen. Von den zahlreichen *Regeneriervorrichtungen*, die dazu dienen, den nach längerem Betrieb erschöpften
Gasinhalt zu erneuern, seien als die wichtigsten und in der Praxis angewendeten hier erwähnt: 1. die *Osmoregenerierung*, 2. die *Kohle-
(Glimmer)regenerierung*, 3. die *Kondensatorregenerierung*, 4. das *Bauersche Luftventil.*

Bei der *Osmoregenerierung* wird von der Diffusion von Gasen durch
glühende Metalle Gebrauch gemacht. Zu diesem Zwecke ist in einem
Rohransatz der Röntgenröhre ein Platin- oder besser Palladiumstäbchen
eingeschmolzen (Abb. 10a), das in glühendem Zustand für Wasserstoff-
atome (die kleinsten und mit der größten Geschwindigkeit begabten

Atome) durchlässig ist. Wird das Palladiumstäbchen durch eine Gasflamme erhitzt, so diffundiert der in der Flamme reichlich vorhandene Wasserstoff durch die Poren des Metalls in das Innere der Röhre.

Die *Kohle-(Glimmer-)Regenerierung* ist folgendermaßen angeordnet: (Abb. 10b). In einem kleinen Glasansatz der Röntgenröhre sind zwei Elektroden eingeschmolzen. Die eine Elektrode besteht aus Platin, die Gegenelektrode aber aus Glimmer oder Kohle. Glimmer und Kohle halten bei gewöhnlicher Temperatur große Mengen Gas adsorbiert, die sie beim Erhitzen wieder

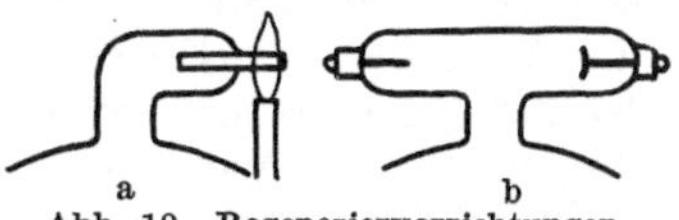

Abb. 10. Regeneriervorrichtungen.
a Osmo-, b Kohle-Regenerierung.

abgeben. Mit Hilfe zweier um *a* und *b* drehbarer Drähte, *A* und *B*, kann man einen Zweigstrom durch die Regeneriervorrichtung schicken, der das am Glimmer bzw. an der Kohle haftende Gas frei macht (Abb. 11).

In ganz ähnlicher Weise ist die *Kondensatorregenerierung* arrangiert, nur daß man sich an Stelle der Elektroden eines kleinen Kondensators bedient, dessen isolierende Belegungen ebenso wie die vorhin genannten Stoffe bei den während Stromschluß stattfindenden stillen Entladungen adsorbierte Gase freigeben.

Die beiden letztgenannten Regeneriervorrichtungen kann man dadurch zu automatischer Funktion bringen, daß man den Metalldraht *A* nicht dicht an die Kathode *K* anlegt (Abb. 11), sondern so weit zurückbiegt, daß sein freies Ende eine gewisse Strecke (beispielsweise 6—8 cm) von ihr entfernt bleibt (in Abb. 11 strichliert). Die Regeneriervorrichtung ist auf diese Weise in eine Parallelleitung eingeschaltet, deren

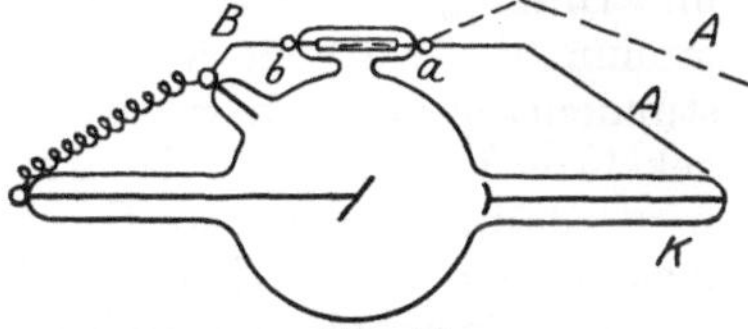

Abb. 11.
Funktion einer Elektroden-Regenerierung.

Widerstand der eingestellten Luftfunkenstrecke *A K* entspricht. Der elektrische Strom wählt stets den Weg des kleineren Widerstandes. Ist die Röhre von richtiger Härte, so fließt die Elektrizität vom + -Pol zum — -Pol durch die Röhre selbst. Wird diese aber durch Selbstevakuierung zu hart, d. h. ihr Widerstand zu groß, so bahnt sich der Strom, durch einen Funken den Parallelstromkreis schließend, den Weg durch die Regeneriervorrichtung solange, bis durch das frei gemachte Gas der Widerstand der Röhre kleiner als die eingestellte Funkenstrecke zwischen Metalldraht und Kathode wird. Dabei sinkt die Röhre beiläufig auf den Härtegrad, der in der Funkenstrecke eingestellt ist.

Das *Bauersche Luftventil* erlaubt, durch sinnreiche Anordnung eines Kapillarrohres mit Hilfe einer Luftpumpe Luft in das Innere der Röhre zu pressen.

In der Wirksamkeit und Brauchbarkeit der angegebenen Regeneriervorrichtungen bestehen nur geringe Unterschiede. Die Osmoregenerierung eignet sich mehr für harte, das BAUERsche Luftventil dagegen mehr für weiche und mittelharte Röhren. Ferner hat man die Beobachtung gemacht, daß die mit Wasserstoff regenerierten Röhren länger

halten als diejenigen, denen atmosphärische Luft zugeführt wird. Das
BAUERsche Luftventil und die Osmoregenerierung können *während* des
Betriebes betätigt werden, wobei man ihre Wirkung beobachten und
einigermaßen dosieren kann, was bei Glimmer- und Kohleregenerierung
nicht möglich ist. Hier erlaubt uns aber die Bildung einer Funkenstrecke zwischen Metalldraht der Regeneriervorrichtung und der Kathode
die Wirkung des Regenerierens abzustufen. Doch sei man mit der
Kohleregenerierung sehr vorsichtig, da Kohle, besonders wenn sie zu
diesem Zwecke noch nicht benutzt wurde, also bei einer neuen Röhre,
während des Stromdurchgangs ganz überschüssig viel Gas abgibt, so daß
die Röhre überweich werden kann. Eine solche neue Kohle gibt auch
spontan kleine Mengen Gas an das Vakuum ab und trägt dazu bei, daß
die Röhre schon von selbst weich wird, wenn sie längere Zeit unbenutzt
liegt.

Das Härten gashaltiger Röhren.

Schwieriger ist das Entgegengesetzte zu erreichen, nämlich eine zu
weiche Röhre härter zu machen. Der natürliche, wenn auch nicht
rasch zum Ziele führende Weg ist der, die Röhre längere Zeit bei sehr
schwacher Belastung zu betreiben, wobei durch Adsorption von Gas
an das zerstäubte Kathodenmetall die Röhre gasarm wird, während
durch die schwache Belastung eine stärkere Erhitzung der Antikathode
und Diffusion von Gas in das Innere der Röhre ausbleibt. Da das Aluminium der Kathode aber nur wenig zerstäubt, läßt die Härtung oft
stundenlang auf sich warten. Schickt man dagegen den Strom in umgekehrter Richtung durch die Röhre, so daß die Antikathode zur Kathode
wird, dann werden aus den großen und leichtzerstäubenden Metallmassen der Antikathode zahlreiche Metallmoleküle fortgeschleudert,
die den Gasinhalt der Röhre rasch an sich reißen.

Diese Härtungsmethode führt denn auch in kurzer Zeit zum Ziele;
nichtsdestoweniger mache man nur sparsam und ausnahmsweise von
ihr Gebrauch, da öfter derart behandelte Röhren sich mit einem braunen
Metallbelag im Innern überziehen, der eine Inkonstanz im Betriebe
herbeiführt. Dennoch wird man die genannte Methode der Härtung
nicht entbehren können, wenn der Gasgehalt der Röhre so groß ist, daß
die Anode von einem blauen Lichthof umgeben ist. Man führe diese
Härtung sehr vorsichtig bei schwächster Belastung mit einigen kurzen
Stromstößen durch. Bei stärkerer Belastung könnte das Glas der
Röhrenwandung durch die abgeschleuderten und auf die Glaswand aufprallenden Elektronen durchgeschmolzen und defekt werden.

Verkehrt gerichtete Stromimpulse gehen aber auch unbeabsichtigt
durch die Röhre und gefährden sie sehr, zumindest tragen sie zur Verkürzung ihrer Lebensdauer bei. Die Ursachen der verkehrten Stromimpulse werden uns bei Schilderung der Hochspannungsmaschine noch
eingehend beschäftigen. Hier sei nur vorweggenommen, daß die Gefahr
der verkehrt gerichteten Stromstöße bei den Induktorapparaten am
größten ist. Man bezeichnet diese Impulse als *„Schließungsstrom“* und
die dabei auftretenden Erscheinungen in der Röhre als *„Schließungs-*

licht". Dieses äußert sich in flecken- und ringförmigen Fluorescenzerscheinungen an der der Antikathode gegenüberliegenden Glaswand. Es ist dies für den Röntgenologen ein warnendes Symptom, das ihn auffordert, seine Apparatur zu revidieren, wenn ihm an der Schonung seines Röhrenmaterials gelegen ist.

Verkehrt gerichtete Stromimpulse werden der Röhre dadurch gefährlich, daß die Elektronen, die bei normalem Betrieb auf die Antikathode aufprallen, jetzt in entgegengesetzter Richtung fliegend die Glaswand in irgendeinem Punkte treffen und durch ihre Wärmewirkung zum Einschmelzen bringen können. Die Folge davon ist eine Implosion der Röhre: unter zischendem Geräusch dringt durch den Defekt des Glases die Außenluft in das Vakuum ein; die Röhre ist unbrauchbar. Dies ereignet sich natürlich erst dann, wenn der verkehrte Stromimpuls eine gewisse Stärke und Spannung hat, oder längere Zeit einwirkt. Sonst aber kommt es nur zur Zerstäubung des Antikathodenmetalls mit seinen Folgen (s. oben).

Um die Gefahr, die der Schließungsstrom für die Röhre bedeutet, herabzumindern, verbinde man den $+$ -Pol stets mit der Hilfsanode (und nicht mit der Antikathode). Diese (die Hilfsanode) ist mit Absicht klein gehalten und aus schwer zerstäubendem Aluminium gefertigt. Im Falle, daß der Strom verkehrt durchtritt, sind dann die Folgen für die Röhre nicht weiter schlimm; denn die kleine Aluminiumanode zerstäubt nur wenig, und die Elektronenbildung ist auch eine sehr geringe.

Man wird es sich auch zur Regel machen, eine für Transformatorbetrieb gearbeitete Röhre, die gegen Schließungsstrom nicht gesichert ist, nur mit einem Transformator, niemals aber mit einem Induktorapparat zu betreiben, wo ihre Lebensdauer sehr beschränkt wäre. Umgekehrt aber besteht kein Grund, eine für Induktorbetrieb gearbeitete Röhre nicht auch am Transformator „laufen" zu lassen.

Bestimmte Röhrentypen, z. B. die sog. *Blendenröhren*, die um die Antikathode einen Metallzylinder tragen (Abb. 12),

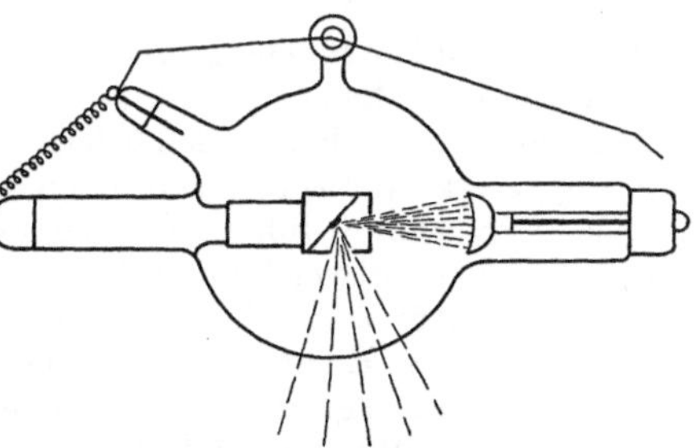

Abb. 12. Die Blendenröhre.

der das vom Fokus ausgehende Röntgenlicht einblendet, sind von vornherein für Induktorbetrieb nicht geeignet, da sie Ströme verkehrter Richtung sehr leicht durchlassen. Dagegen sind alle Röhren, deren Antikathode von Isolation (z. B. Glas) umgeben ist, sowohl für Induktor- als auch für Transformatorbetrieb geeignet.

Abnützung der Röhren.

Als Folge häufig auftretender, verkehrter Stromimpulse, sowie durch Zerstäubung des Antikathodenmaterials bei überstarker Beanspruchung tritt eine *Braunfärbung* des Glases ein, die vom *Metallniederschlag* herrührt. Der Metallniederschlag überzieht gleichmäßig die *ganze* Glaskugel. Solche Röhren arbeiten, da sich die Glaswand auflädt, inkonstant und sind bezüglich ihrer weiteren Leistungsfähigkeit als Invaliden zu betrachten. Dagegen ist die *nur* in der der Antikathode gegenüberliegenden Glashälfte auftretende *Violettfärbung* des Glases, die wahrscheinlich durch Kathodenstrahlen hervorgerufen wird, ohne pathologische Bedeutung, also eine normale Alterserscheinung. Der braune Metallniederschlag, der die ganze Glaskugel überzieht, wird durch die die *eine* Halbkugel betreffende Violettfärbung gewöhnlich in dieser verdeckt.

Das Ende der Gasröhren wird, abgesehen von mechanischer Zerstörung, herbeigeführt 1. durch Durchschmelzen des Antikathodenspiegels bei zu starker Belastung, 2. durch Sprung des Glases infolge innerer Spannungen, meist bei Metallniederschlag an der inneren Glaswand, und 3. durch verkehrt gerichtete Stromstöße.

Die Elektronen- oder Hochvakuumröhre.

Solange man vom Gas als Elektronenquelle abhängig ist, stellt die Röntgenröhre ein unsicher arbeitendes, ja launisches Instrument dar, dessen richtige Behandlung große Erfahrung erfordert. Aber auch abgesehen von der Schwierigkeit ihrer Behandlung weisen die Gasröhren Mängel auf, die die Technik vor die Aufgabe stellten, neue Konstruktionsprinzipien ausfindig und vor allem, sich vom Gas als dem unbeständigsten Bestandteil der klassischen Röhre unabhängig zu machen.

Thermionisation. — Die Glühkathode.

In der drahtlosen Telegraphie sind schon seit geraumer Zeit Hochvakuumröhren, denen glühende Metalldrähte als Elektronenquelle dienen, als Verstärker-, Gleichrichter- und Senderöhren in Gebrauch. Den Physikern war schon seit langem bekannt, daß einem glühenden Körper, z. B. dem Glühfaden einer elektrischen Lampe, negativ elektrische Teilchen entweichen, und zwar in um so größerer Menge, je höher seine Temperatur ist. Diese vom Glühkörper emittierten Teilchen sind nichts anderes als Elektronen, und den Vorgang der Elektronenemission durch hohe Wärmegrade bezeichnet man als *Thermionisation.* Wir besitzen also im glühenden Metall eine schier unerschöpfliche Elektronenquelle, deren Ergiebigkeit sich mit der Temperatur beliebig ändern läßt. Nichts lag nun näher, als dieses Prinzip auch auf die Röntgenröhre auszudehnen. In der *Coolidgeröhre* und der ihr konstruktiv verwandten *Lilienfeldröhre* ist dies auch geschehen. Als Kathode dient an Stelle der konkaven Aluminiumscheibe eine Metallspirale, die sog. *Glühkathode*, die durch einen eigenen Stromkreis, den *Heizstromkreis*, zum Glühen gebracht werden kann. Die Anode hat ihre alte Form beibehalten und ist als Antikathode ausgebildet. Zum Erzeugen von Elektronen ist nun das Gas nicht mehr nötig, im Gegenteil, dieses ist jetzt so weit als möglich zu entfernen. Es ist nicht nur entbehrlich, sondern sogar von Nachteil, da die Gasatome den Flug der Elektronen vielfach aufhalten würden. Überdies würde es dabei zu einer Stoßionisation kommen (s. S. 11), wodurch die Anzahl der schon durch Thermionisation gebildeten Elektronen bedeutend vermehrt würde. Man sucht daher diese Röhren, soweit es sich technisch erreichen läßt, möglichst luftleer zu machen.

Zwei grundlegende Änderungen sind also bei der Konstruktion der neuen Röhrentypen vorgenommen worden: an Stelle der kalten Kathode der Gasröhre die *Glühkathode*, anstatt des Gasgehalts der Gasröhre ein *möglichst hohes Vakuum*.

Der jetzt gebräuchliche Typus der Glühkathodenröhre stellt sich folgendermaßen dar (Abb. 13 a und b): Die Kugelform des Glasgehäuses

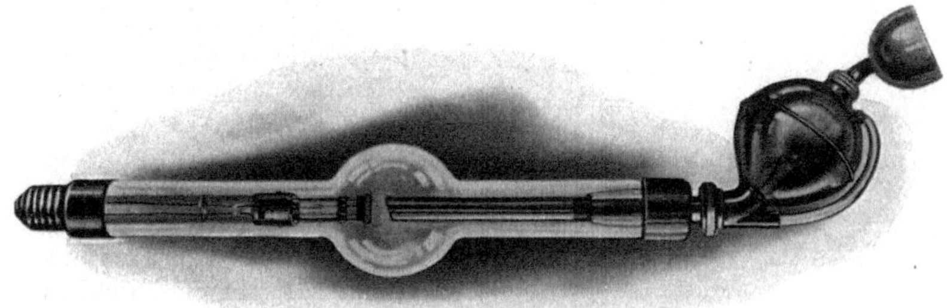

Abb. 13 a.
Coolidge-Diagnostikröhre (C. H. F. Müller) mit Wasserkühlung. Links die Glühkathode, rechts die Antikathode.

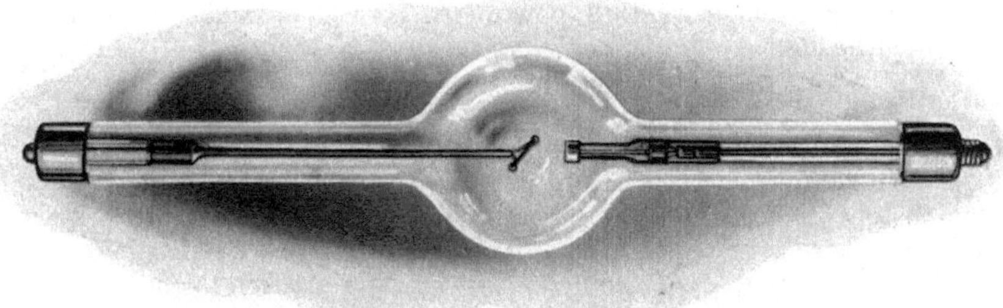

Abb. 13 b.
Coolidge-Therapieröhre (C. H. F. Müller) mit plattenförmiger Wolframantikathode. Links die Antikathode, rechts die Glühkathode.

ist beibehalten, der Durchmesser der Kugel bei den meisten Diagnostikröhren beträchtlich kleiner gewählt, bei den Therapieröhren groß dimensioniert. Die Antikathode zeigt im allgemeinen die gleiche Bauart, wie bei den klassischen Röhren (nur bei den Therapieröhren mußten Änderungen eintreten). Die Glühkathode der Hochvakuumröhre weicht dagegen ganz bedeutend von der Kathode der Gasröhre ab (Abb. 14). Den wesentlichsten Teil dieser Kathode stellt der Glühdraht G dar, ein zu einer Spirale oder Rosette geformter Wolfram- oder Tantaldraht, der in einen Molybdenkelch S eingesetzt ist, und zwar so, daß zwischen beiden leitende Verbindung besteht. Daher lädt sich bei Stromdurchgang der Molybdänkelch negativ auf und übt durch elektrostatische Kräfte auf die dem Glühdraht entweichenden Elektronen eine Wirkung aus, derart, daß sie sich sammeln und in geschlossener Bahn zur Antikathode fliegen. Man pflegt deshalb den Kelch als *Sammelvorrichtung* oder *Richtzylinder* zu bezeichnen. Sobald die Elektronen aber den Bereich des Kelches verlassen haben, ist eine Divergenz der Bahn schwer zu vermeiden. Man beugt dem vor, indem man die Elektronenbahn möglichst kurz gestaltet, d. h. die Kathode der Antikathode bis auf wenige Zentimeter nähert. Eine direkte Entladung der Spannung ist trotz der groß n Nähe der beiden Pole infolge des hohen Vakuums nicht möglich. Dia-

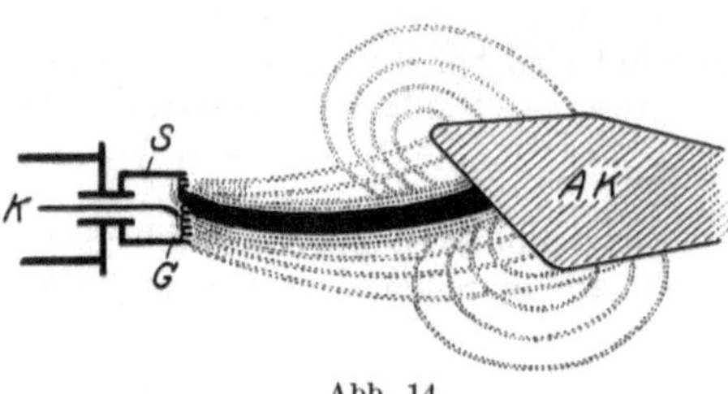

Abb. 14.

K = Kathode; AK = Antikathode.

Der größte Teil der von Glühdraht G emittierten Elektronen zieht in geschlossener Bahn (in der Abb. schwarz ausgezogen) zur Antikathode AK, ein kleiner Teil (in der Abb. punktiert) weicht von der Bahn ab, oder diffundiert von der Antikathode zurück. Diese Elektronen beschreiben bogenförmige Linien und treffen auf die Mantelfläche und den Stiel der Antikathode auf, wo sie zur Entstehung der Stielstrahlung Veranlassung geben.

gnostikröhren, die sich durch einen scharfen Brennfleck auszeichnen müssen, haben eine sehr kleine, Therapieröhren, bei denen ein scharfer Brennfleck unerwünscht ist, eine größere Kathoden-Antikathoden-Distanz. Durch besondere Gestaltung des Richtzylinders kann man auf die Formung der Elektronenbahn und somit auf die Größe und Gestaltung des Brennflecks Einfluß gewinnen. So gibt es ovale, ringförmige und bandförmige Brennflächen.

Betrieb der Elektronenröhre.

Die Strömungsverhältnisse in der Elektronenröhre sind die denkbar einfachsten; es findet eine Strömung nur nach *einer* Richtung statt, und zwar bewegt sich ein Elektronenstrom von der Glühkathode zur Antikathode. Wegen des hohen Vakuums ist die Wahrscheinlichkeit eines Zusammenpralls von Elektronen mit Gasatomen, also Stoßionisierung, nur sehr gering. Daher gibt es in der Coolidgeröhre keinen Anlaß zur Entstehung positiver Ionen. Das Fehlen positiver Ionen ist der Grund, weshalb das an der Gasröhre zu beobachtende Fluorescieren der Glaswand bei den Elektronenröhren nicht auftritt. Wir wissen bereits, daß die Fluorescenz durch den Aufprall von Elektronen auf die Glaswand hervorgerufen wird. Bei Inbetriebsetzen der Coolidgeröhre tritt Fluorescenz zwar für kurze Zeit auf (Notabene: gewöhnliches Glas gibt grüne, Bleiglas blaue Fluorescenz). Erreger dieser Fluorescenz sind von der Antikathode reflektierte und abundierende Elektronen, die die Glaswand treffen. Doch da positive Ionen fehlen, die diese Elektronen neutralisieren könnten, lädt sich die Glaswand negativ auf. Ihre negative Ladung stößt alle weiteren auf sie zufliegenden Elektronen ab. Das

Fluorescieren bleibt daher aus. Durch die elektrostatische Ladung des der Glaswand benachbarten Raumes gezwungen, beschreiben die Elektronen einen Bogen (Abb. 14) und treffen auf die Mantelfläche und den Stiel der Antikathode auf, wo sie zur Entstehung von Röntgenstrahlen Veranlassung geben. Diese Strahlung wird *Stielstrahlung* genannt. Die Elektronenröhre sendet also nicht nur vom Brennfleck, sondern auch (in allerdings viel geringerem Grade) von der Mantelfläche und vom Stiel der Antikathode Röntgenstrahlen aus.

Das Fluorescieren der Elektronenröhre zeigt an, daß positive Ionen entstehen, also Stoßionisation stattfindet. Es ist das für uns ein Zeichen, daß das Vakuum der Röhre nicht auf der erforderlichen Höhe ist. Bei den Diagnostikröhren mit schwerer, metallreicher Antikathode ist infolge Diffusion von Gas durch das Metall in das Röhreninnere das Vakuum nicht absolut haltbar; man wird deshalb meist einen geringen Grad von Fluorescenz bemerken. Zeigt dagegen ein Therapierohr, dessen Metallteile nur aus Wolfram und Molybdän konstruiert sind, Fluorescenz, so mahnt dieses Symptom zur Vorsicht in der Behandlung der Röhre (s. S. 26).

Die elektrophysikalischen Vorgänge in der Röhre werden durch zwei Erscheinungen erklärt und gesetzmäßig beherrscht, und zwar durch 1. *die Thermionisation,* 2. *den Sättigungsstrom.*

ad 1. Die Untersuchungen der Physiker haben gezeigt, daß die Elektronenemission der Glühkathode von der Temperatur der Glühspirale abhängig ist und nach einer steil ansteigenden Kurve mit dieser ansteigt. Da der Transport der Elektrizität durch das Vakuum der Röhre nur mit Hilfe der Elektronen geschieht, ist die Röhrenstromstärke durch die Menge der verfügbaren Elektronen bestimmt. *Man hat es also in der Hand, die Röhrenstromstärke durch Änderung der Temperatur der Glühspirale beliebig zu ändern.*

ad 2. Es muß aber auch der Fall berücksichtigt werden, daß mehr Elektronen vorhanden sind, als zum Stromtransport nötig ist. Für diesen Fall ist das OHMsche Gesetz gültig, d. h. je stärker die Spannung, desto größer die Stromstärke. Läßt man die Spannung immer weiter ansteigen, so steigt auch die Stromstärke an, bis sie ein Maximum erreicht, das trotz Erhöhung der Spannung unverändert bleibt. Dies tritt dann ein, wenn sämtliche Elektronen in den Dienst des Elektrizitätstransportes gestellt sind. Eine höhere Spannung kann nicht mehr Strom liefern, weil eben keine weiteren Elektronen da sind. Man sagt, der Strom ist gesättigt, und spricht von *Sättigungsstrom.* Eine Röhre, die im Sättigungsstrom arbeitet, ist daher bezüglich ihrer Stromstärke von der Spannung vollständig unabhängig. Die Röhrenstromstärke ist, solange Sättigungsstrom herrscht, nur noch von der willkürlich veränderlichen Temperatur der Glühspirale bestimmt. Während Röhrenstrom und Spannung bei der Gasröhre ungefähr durch das OHMsche Gesetz determiniert werden, also jede Änderung der Röhrenspannung eine ungewollte Änderung des Röhrenstromes zur Folge hat und diese auch nur auf diese Weise herbeizuführen ist, sind bei der Elektronenröhre *Spannung und Stromstärke ganz voneinander unabhängig und jede für sich regulierbar.* Wie wir später sehen werden, setzt uns dies in den Stand, in gewissen Grenzen jede beliebige Qualität und Quantität der Röntgenstrahlung von der Röhre zu erzwingen.

Kleine Abweichungen von den genannten Gesetzen kommen vor: Die Stromstärke steigt mit der Röhrenspannung ganz allmählich an, trotz gleichbleibender Temperatur der Glühspirale. Das hat in folgendem seinen Grund: die Glühspirale emittiert Elektronen nach allen Richtungen, also auch nach hinten in den Sammelkelch. Von diesen hinter der Spirale befindlichen Elektronen werden bei niedrigen Spannungen zahlenmäßig weniger herausgeholt als bei hohen, wodurch es zu einem langsamen Ansteigen des Röhrenstroms mit steigender Spannung kommt. Ferner: die Glühspirale empfängt strahlende Wärme von der glühenden Antikathode und reagiert darauf mit einer vermehrten Elektronenemission.

Die in der Therapie Verwendung findenden Typen sind, damit das hohe Vakuum in ihnen konstant bleibe, metallarm gebaut. Sie sind durchweg mit einer massiven keulen- oder plattenförmigen Wolframantikathode ausgestattet, die keinerlei künstlicher Kühlmittel bedarf, da sie Erhitzung bis zur Weißglut dank dem hohen Schmelzpunkte, der dem Wolfram eigen ist, ohne Schaden verträgt. Die entwickelte Wärme wird bloß durch Strahlung abgeführt. Für die Zwecke der Diagnostik sind Röhren mit massiver Wolframantikathode nicht zu gebrauchen, da ihre Stielstrahlung eine zu große Intensität hat; diese würde die photographische Platte vollständig verschleiern. Die Antikathode muß deshalb bei Diagnostikröhren von einem Metall getragen werden, das einen niederen Rang im periodischen System der Elemente einnimmt und dabei doch ein guter Wärmeableiter ist. Als solches kommt hauptsächlich Kupfer in Betracht. Viel radikaler kann man die Stielstrahlung unterdrücken, indem man die Elektronenbahn vom Sammelkelch bis zur Antikathodenfläche mit einem Kupfermantel umgibt, der alle gestreuten Elektronen abfängt, ehe sie schädliche Röntgenstrahlung erzeugen können (sog. *Selbstschutzröhren*) (Abb. 15). In diesem

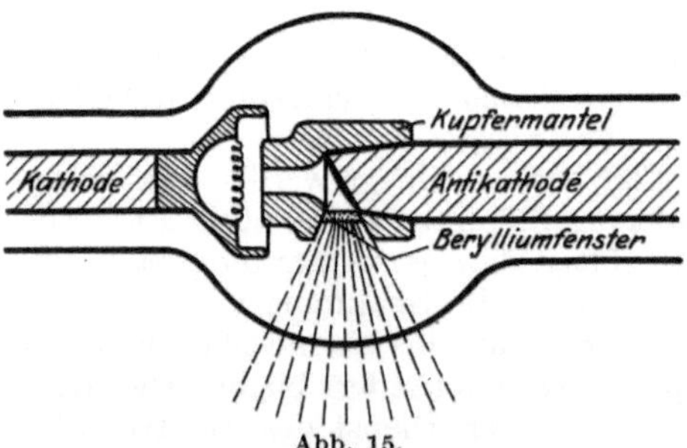

Abb. 15.
Schematische Darstellung der Selbstschutzröhre.

Metallmantel ist ein seitliches, rundes Fenster aus Beryllium vorgesehen, das die Röntgenstrahlung passieren läßt, die Elektronen aber zurückhält. Es tritt aus einer solchen Röhre nur durch das dem Brennpunkt gegenüberliegende Fenster ein scharf begrenzter Röntgenstrahlenkegel aus.

Die Röhren mit massiver Wolframantikathode haben den Nachteil, daß sie, sobald die Antikathode ins Glühen gekommen ist, in beiden Richtungen stromdurchlässig werden. Die glühende Antikathode wirkt nämlich genau so wie eine Glühkathode und emittiert Elektronen. Der von ihr ausgehende Elektronenstrom kann die Röhre aufs äußerste gefährden. Solche Röhren dürfen daher nur mit gleichgerichteter Spannung betrieben werden.

Die Dauerhaftigkeit der Elektronenröhren ist im Idealfall von der Lebensdauer des Glühfadens der Kathode abhängig. Sie beträgt bei einer guten und richtig behandelten Röhre ca. 800 Betriebsstunden, wenn die zulässige Belastung nicht überschritten wird, entsprechend der Lebensdauer des Glühfadens einer Metallfadenlampe. Abgesehen davon können die Röhren vorzeitig durch Schäden zugrunde gehen, wie Sprünge durch innere Glasspannungen, Kathodendefekte usw. Die an der Glaswand zu beobachtenden Altersveränderungen sind dieselben wie bei den Gasröhren (s. diese). Eine Erscheinung, die uns aber bei den Elektronenröhren in verstärktem Maße entgegentritt und sich besonders im diagnostischen Betrieb unangenehm fühlbar macht, ist das sog. „*Altern der Röhre*": Man bemerkt, daß nach mehr oder weniger langem Gebrauch die Röhre in ihrer Leistung erheblich nachläßt; in der Diagnostik müssen die Expositionszeiten, in der Therapie die Bestrahlungszeiten verlängert werden. Zu Unrecht wird häufig die Apparatur beschuldigt. Untersucht man die Röhre, so findet man, daß der Brennfleck rauh und rissig ist, oftmals förmlich ein Krater an seiner Stelle eingebrannt ist. Die Gestaltung des Brennflecks wird dadurch sehr ungünstig; die von ihm ausgehende Röntgenstrahlung wird ungleichmäßig in den Raum verteilt, ein Teil bereits in den vorspringenden Kanten der rauhen Brennfläche absorbiert. Daher die Verluste an Röntgenstrahlung.

Bei *Übernahme* eines Coolidgerohres achte man 1. auf das Vakuum, 2. auf den Brennfleck, 3. auf die gläsernen und metallischen Teile, 4. auf Fluorescenz, 5. auf die Unabhängigkeit des Röhrenstroms von der Spannung.

ad 1. Bei Empfang einer neuen Röhre von der Fabrik ist sofort eine Prüfung des Vakuums vorzunehmen, indem man die Röhre ohne Heizstrom bei ganz geringer Spannung einschaltet. Leuchtet die Röhre bei dieser Probe blau oder rot auf, so ist ein Vakuumfehler vorhanden; leuchtet sie nicht auf, oder zeigt sie nur einige wenige grüne Punkte, so ist das Vakuum in Ordnung.

ad 2. Der Antikathodenspiegel muß blank sein; der Brennfleck ist als matte, aber vollständig ebene und glatte Stelle in ihm erkennbar. Keinesfalls aber darf er rauh und rissig erscheinen oder stärker eingebrannt sein.

ad 3. Das Glas der Kugel soll von gleichmäßiger Dicke sein und nirgends kleine Buckel oder gar Eindellungen aufweisen. Letztere verraten, daß an dieser Stelle die Glaswand von Elektronen getroffen und stark erwärmt wird. Diese Stellen sind sehr gefährdet; an ihnen kann es zu einer Implosion der Röhre kommen. Das Glas soll farblos sein. Braunfärbung deutet darauf hin, daß Wolfram verdampft ist, die Röhre also über Gebühr belastet worden ist. Die metallischen Teile, namentlich die Kathode und Antikathode, müssen fest eingeschmolzen sein. Man überzeugt sich davon durch leichtes Hin- und Herbewegen der Röhre.

ad 4. Diagnostikröhren mit schwerer metallreicher Antikathode zeigen meist im Antikathodenhals (und seltener auch im Kathodenhals) Fluorescenz. Bei stärkerer Belastung (Momentaufnahme) ist fast stets Fluorescenz zu bemerken. Es ist dem keine besondere Bedeutung beizumessen. Metallarme Therapieröhren mit massiver Wolframantikathode sollen dagegen frei von Fluorescenz sein. Ist dies nicht der Fall, so ist das Vakuum der Röhre nicht auf der erforderlichen Höhe.

ad 5. Ein Zusammenhang zwischen Röhrenstromstärke und Röhrenspannung soll nicht bestehen. Eine Röhre, die im Sättigungsstrom arbeitet (und eine richtig konstruierte Röhre arbeitet im Sättigungsstrom), zeigt bei Einstellung einer bestimmten Heizstromstärke auf jeder Spannungsstufe den gleichen Röhrenstrom.

Behandlung der Röhre. Die Röntgenröhren sind vor der Inbetriebnahme aufs sorgfältigste von der sich auf ihnen niederlagernden Staubschicht zu befreien (Abwischen mit trockenem Lappen oder Abwaschen mit Alkohol). Beim Befestigen der Röhre im Stativ ziehe man die Klemmschraube nicht zu stark an, sonst könnte der Röhrenhals eingedrückt werden. Man klemme womöglich die Röhre an ihren Metallteilen ein. Man verhüte sorgfältigst, daß auf der Glaskugel und den Hälsen, insbesondere dem Antikathodenhals, Kratzer entstehen. Man achte darauf, daß die Leitungskabel nicht zu nahe an der Glaswand vorbeiziehen, sonst kann der elektrische Strom bei genügend hoher Spannung den kürzeren Weg durch die Glaswand hindurch zur Antikathode bzw. Kathode nehmen. Der überspringende Funke schlägt dabei in die Glaskugel ein Loch, das meist so fein ist, daß es mit bloßem Auge nicht bemerkt wird. Erst das Verhalten der Röhre, Abnahme ihres Widerstandes (Weichwerden), Fluorescenz, Auftreten blauer oder violetter Lichterscheinungen, verraten den Defekt. Selbstverständlich ist, daß das Kühlgefäß einer Wasserkühlröhre vor Gebrauch bis zu der am Steigrohr angebrachten Marke mit Wasser gefüllt werden muß. Als Kühlwasser verwende man womöglich destilliertes Wasser, um ein Absetzen von Kalksalzen beim Sieden im Innern der Kühlvorrichtung zu verhüten. Abgesetzte Kalksalze lassen sich durch Ausspülen mit verdünnter Salzsäure entfernen. Die mit Steigrohr ausgestattete Wasserkühlröhre soll *nicht* in absolut *horizontaler* Lage, sondern nur bei leichter Erhöhung der Antikathode benutzt werden. Die beim Sieden des Wassers entstehenden Dampfblasen können nämlich bei horizontaler Lage der Röhre nicht sofort aufsteigen. Die Folge davon ist, daß die Antikathode vom kühlenden Wasser getrennt wird, wobei der Brennpunkt thermisch überlastet und geschädigt werden kann.

Der Röhre soll nicht mehr zugemutet werden, als sie entsprechend ihrer Konstruktion vertragen kann. Man beachte den Röhrenpaß (s. S. 16). Einige besondere Vorsichtsmaßregeln sind beim Betrieb von Therapieröhren ins Auge zu fassen: Man steigere die Spannung *ganz allmählich* unter ständigem Beobachten des Rohres. Zeigt sich Fluorescenz an der Glaskugel in der hinter der Antikathode liegenden Hälfte oder im Kathodenhals, so gehe man mit der Spannung nicht eher vor, als bis die Fluorescenz verschwunden ist oder wesentlich abgenommen hat. Ist man noch weit von der erforderlichen Spannungsstufe entfernt, so kann man die Röhrenstromstärke verdoppeln. Es wird dadurch die Fluorescenz rascher zum Schwinden gebracht.

Zeigt eine Coolidgeröhre Fluorescenz auf der ganzen Glaskugel, selbst auf der Kathodenseite, so kann man noch damit rechnen, daß sie, mit mäßiger Spannung betrieben, sich in einiger Zeit erholt. Auch wenn die Röhre blaues Licht zeigt, ist noch nicht alles verloren; längere Zeit mit geringer Spannung betrieben, kann sie unter Umständen wieder gebrauchsfähig werden. Nur wenn eine Röhre beim Einschalten violettes Licht zeigt, kann man mit Bestimmtheit sagen, daß sie defekt ist.

Die Metallröhre.

Ein interessanter und aussichtsreicher Röhrentyp wird von einer holländischen Firma (N. V. PHILIPS) auf den Markt gebracht. Es handelt sich um eine Metallröhre, die aus einer bestimmten Chromeisenlegierung besteht. Diese Legierung (der rostfreie Stahl ist auch eine Chromeisenlegierung) zeichnet sich dadurch aus, daß sie an Glas anschmelzbar und überdies vakuumdicht ist, was die Konstruktion einer solchen Röhre ermöglichte. Die Abb. 16 belehrt über ihren Aufbau. In dem Zylindergefäß aus Chromeisen befindet sich die Glühkathode G. Über ihr, durch ein Diaphragma D_1 getrennt, steht die Antikathode A. Die Röntgenstrahlen, die dort erzeugt werden, gelangen, das Diaphragma D_1 und D_2 passierend, durch das Fenster ins Freie. Die übrige Konstruktion ist in der gewohnten Weise durchgeführt.

Da nur durch das Fenster der Nutzstrahlenkegel Austritt hat, ist man vor schädlicher Strahlung sicher. Die Möglichkeit, den Kathodenteil zu erden, erlaubt es, mit der Röhre während des Betriebes beliebig nahe an den Körper heranzugehen, ohne daß es dabei zu Funkenüberschlägen kommt. Umhüllungen aus Pertinax und Blech verleihen der Röhre, die schon durch ihre Form sehr handlich ist, einen hohen Grad von mechanischer Festigkeit.

Außer diesen handgreiflichen Vorteilen zeigt die Röhre auch in photographisch-optischer Beziehung einige Besonderheiten. Bei gleicher Belastung ist der Nutzeffekt der Röhre an Strahlung, verglichen mit den anderen Röhrentypen, größer. Dies erklärt sich damit, daß die Anti-

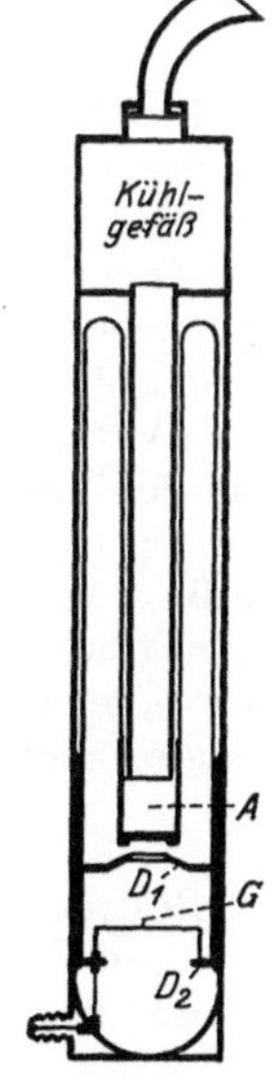

Abb. 16.
Schematische
Darstellung der
Metallröhre.

kathode mit ihrer Brennfläche voll dem Fenster zugekehrt ist. Nun ist die Intensität der Strahlung senkrecht zur Antikathodenfläche größer als unter einem Winkel von 45 bzw. 75°, wie ihn die obengeschilderten Typen haben. Mit der Stellung der Antikathodenfläche hängt es auch zusammen, daß der Brennfleck nicht in dem Maße dem Altern unterliegt, da Unebenheiten den Austritt der Strahlen in senkrechter Richtung nur wenig behindern.

Weiter stoßen wir auf die ungewöhnliche und wertvolle Erscheinung, daß die Schärfe des Brennpunktes mit der Höhe der Belastung zunimmt, während wir gewöhnlich eine Abnahme der Schärfe mit zunehmender Belastung bei den oben geschilderten Röhrentypen zu verzeichnen haben. Diese wertvolle Eigenschaft setzt leider der Belastbarkeit der Röhre rasch eine Grenze. Wir führen diesen Effekt auf die Wirkung des Diaphragmas zurück. Die Ladung, die sich um das Diaphragma ausbildet, führt mit wachsender Belastung (da die Ladung zunimmt) zu einer immer engeren Einschnürung des Elektronenbündels; daher die Verkleinerung des Brennfleckes. Andererseits kann diese Ladung, wenn wir hohe Belastung an die Röhre legen, die Spannung aber niedrig wählen, die Elektronen am Durchtritt durch das Diaphragma verhindern — es kommt kein Röhrenstrom zustande. Erst durch höhere Spannungen wird die Raumladung überwunden. Wir finden hier ein Verhalten, das an die Durchbruchsspannung der Gasröhren erinnert. Die Metallröhren zeigen also manche Eigenschaften, durch die sie nicht nur als eine Abart, sondern als ein besonderer Röhrentyp aufzufassen sind.

III. Hochspannungsgeneratoren.

Die Elektronen müssen, sollen sie auf der Antikathode auftreffend Röntgenstrahlen erzeugen, mit ungeheurer Wucht auf diese aufprallen. Bei ihrer geringen Masse[1] kann es nur die enorme Geschwindigkeit sein, die sie zu diesen so außerordentlichen Wirkungen befähigt. Die Elektronengeschwindigkeit ist von der an der Röntgenröhre liegenden Spannung abhängig; sie beträgt beispielsweise bei 100 kV[2] 165000 km/s, bei 200 kV ca. 200000 km/s, das ist $^1/_2$ bzw. $^2/_3$ der Lichtgeschwindigkeit. Um den Elektronen diese große Beschleunigung zu erteilen, sind Spannungen nötig, die das Tausendfache der Netzspannnung betragen. Es muß deshalb zur Röntgenstrahlenerzeugung die Netzspannung auf ihren tausendfachen Wert heraufgeschraubt werden. Apparate, die das bewirken, nennt man *Transformatoren*; diese bilden mithin den wesentlichsten Bestandteil des Röntgenapparates.

Die elektromagnetische Induktion.

Bestreut man einen Kupferdraht mit Eisenfeilspänen, so bleiben diese nicht an ihm haften, da Kupfer im allgemeinen nicht magnetisch ist. Schickt man aber einen kräftigen Strom durch den Draht, so zieht er alsbald die Eisenteilchen an sich; ein stromdurchflossener Leiter wird magnetisch. Man kann sich weiterhin überzeugen, daß die Eisenfeilspäne sich kreisförmig um den Kupferdraht anordnen, die Kraftlinien also in konzentrischen Kreisen um den Leiter verlaufen (Abb. 17). Bringt man nun eine

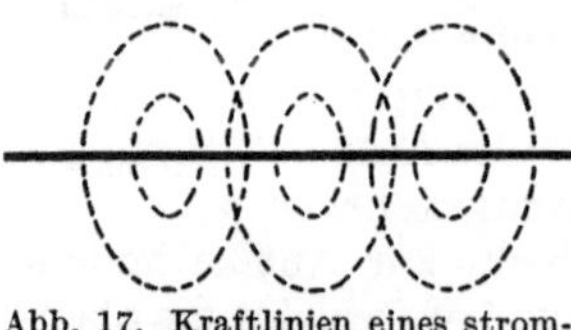

Abb. 17. Kraftlinien eines stromdurchflossenen Leiters.

---

[1] Das Elektron stellt die kleinste bekannte Masseneinheit dar; sein Gewicht beträgt 10^{-27} g, d. h. 0,00 . . . . . . 1 an 26. Stelle hinter dem Dezimalpunkt.
[2] kV = Kilovolt = 1000 Volt.

Magnetnadel in die Nähe des Drahtes, so vollführt sie eine Drehung, bis ihre Kraftlinien (jeder Magnet ist bekanntlich von einem Kraftlinienfeld umgeben) parallel zu denen des Kupferdrahtes stehen. Halten wir umgekehrt den Magneten fest und machen den Draht drehbar, so wird letzterer sich genau so wie der Magnet benehmen: er wird seine Kraftlinien parallel zu denen des Magneten zu richten suchen. Woher die Bewegungsenergie, und wer leistet die Arbeit?

Drehen wir nun den Magneten, wobei der stromdurchflossene Leiter fixiert sei, so haben wir dabei einen Widerstand zu überwinden, der um so stärker wird, je mehr sich die gegenseitigen Kraftlinien schneiden (Maximum bei 90°) und je mehr der Leiter von Kraftlinien geschnitten wird. Wir müssen demnach bei mechanischer Bewegung zweier von einem magnetischen bzw. elektrischen Kraftfeld umgebener Körper *innerhalb* der Kraftfelder *mehr* Arbeit leisten, als *außerhalb* der Kraftzone. Energie kann nicht verlorengehen. Was ist mit dem Plus an Energie, das wir zur Drehung im Kraftfeld aufwenden mußten, geschehen?

Der Magnet, ein permanenter Magnet, bleibt ungeändert. Verbinden wir aber den Draht mit einem Strommeßinstrument, so zeigt dieses im Momente, da der Draht von Kraftlinien geschnitten wird, einen plötzlichen Stromanstieg in ihm an. Die Bewegungsenergie ist hier also in elektrische Energie umgewandelt worden.

Im Kupferdraht entsteht im Augenblick, da er von Kraftlinien geschnitten wird, ein Stromstoß. Man nennt diese Ströme *Induktionsströme*. Die hier erzeugte Stromenergie ist ein Äquivalent der aufgewendeten mechanischen Energie.

Wir kommen zu folgenden Gesetzen:

In einem Leiter entsteht im Augenblick, da er von magnetischen Kraftlinien geschnitten wird, eine elektromotorische Kraft.

Die erzeugte elektromotorische Kraft ist der pro Sekunde geschnittenen Kraftlinienzahl proportional, wächst also mit der Stärke des magnetischen Feldes und der Schnelligkeit seiner Bewegung.

Die bei der beschriebenen Versuchsanordnung induzierten Ströme wären minimal, da das Kraftfeld des gewöhnlichen Eisenmagneten niemals eine große Stärke erreicht. Man verwendet deshalb in der Technik nur die Kraftfelder von Elektromagneten.

Elektromagnete sind stromdurchflossene Drähte, denen eine solche Form gegeben ist, daß ihre Kraftlinien in der gleichen Art verlaufen wie um einen Stabmagneten. Konstruieren wir beispielsweise

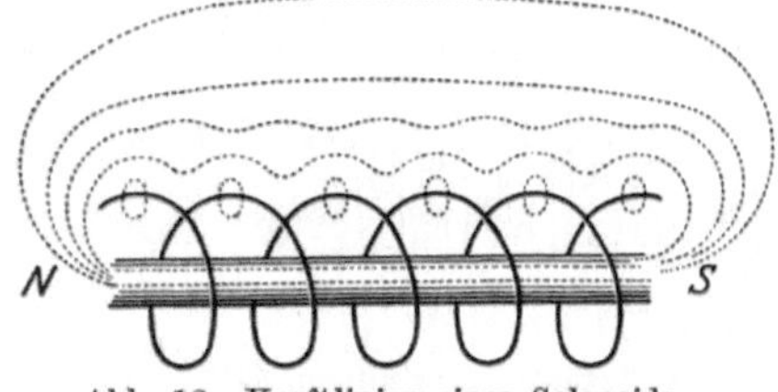

Abb. 18. Kraftlinien eines Solenoids.

die Kraftlinien eines Drahtes, der wie in Abb. 18 spiralig gewunden ist: Die dem Draht zunächst gelegenen Kraftlinien umgeben jede einzelne Windung ähnlich wie es Abb. 17 zeigt. Die einen größeren Bogen beschreibenden Kraftlinien hingegen fließen bereits mit denen der Nachbarwindung zu einer einheitlichen Linie zusammen. Schließlich gibt es auch

Kraftlinien, die in weitem Bogen von N zu S ziehen, mithin dieselbe
Form haben wie beim Stabmagneten und natürlich auch dieselben Wirkungen hervorrufen. Es wirkt daher N wie ein Nordpol und S wie ein
Südpol. Man nennt eine solche Anordnung ein *Solenoid*. Da die Kraftlinien im Eisen viel dichter verlaufen und sich auch viel leichter ausbilden, kann man die Wirkung des Solenoids bedeutend verstärken, wenn
man in sein Inneres einen Eisenstab bringt. Es gesellt sich dadurch zum
elektrischen Kraftfeld das magnetische Kraftfeld des Eisens hinzu, das
konform gestaltet ist und sich auf diese Weise zu ersterem in seiner
Wirkung hinzuaddiert. Das Eisen wird nämlich unter der Einwirkung
der elektrischen Kraftlinien selbst zum Magneten.

Die elektromagnetische Wirkung der ganzen Anordnung besteht nur
so lange, als Strom durch den Draht fließt, wobei sich sofort das die magnetische Wirkung übende Kraftfeld ausbildet. Hört der Strom zu fließen
auf, so verschwindet das Kraftfeld, und das Solenoid ist nichts anderes
als ein Stück Eisen, um das einige Windungen Draht gelegt sind. Ein
solches Solenoid ist die primitivste Form des Elektromagneten; in weiterer
Vollendung, und um kräftige magnetische Wirkungen zu erzielen, ist
der Elektromagnet so gestaltet, daß die durch Seideumspinnung voneinander isolierten Drähte eng aneinander gewickelt sind, ganz wie Zwirn
auf einer Spule. Man spricht deshalb auch von den Drahtwindungen
als von einer „*Spule*" und bezeichnet das Eisen in der Mitte als „*Eisenkern*".

Prinzip der Transformierung.

Ein solcher Elektromagnet, bestehend aus Spule und Eisenkern,
bildet einen wichtigen Bestandteil des Transformators. Stülpen wir
nämlich über das Ganze noch eine zweite Spule, deren Windungen sich
sowohl durch ihre Anzahl
als auch durch die Dicke
des Drahtes von denen
der ersten Spule unterscheiden, so ist der Transformator im wesentlichen
bereits fertig (Abb. 19);
denn was geschieht, wenn

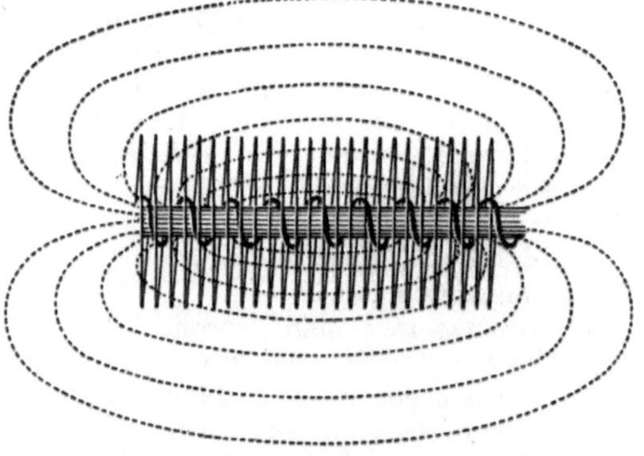

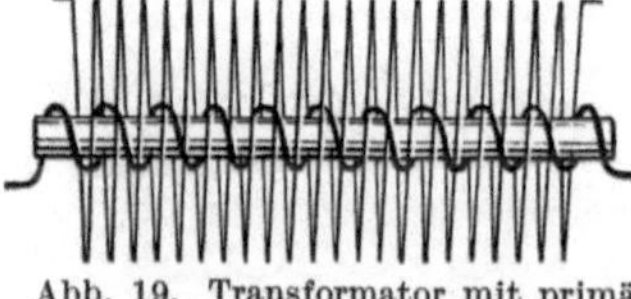

Abb. 19. Transformator mit primären und sekundären Windungen.

Abb. 20. Transformator mit Kraftfeld.

wir durch den Draht des Elektromagneten einen Strom schicken?
Es dauert, wie sich auch experimentell nachweisen läßt, eine meist
nach tausendstel Sekunden zählende Zeit, bis der Strom durch die zahlreichen Windungen hindurch sich Bahn bricht und seine volle Stärke
erreicht. Dies ist nicht sogleich der Fall, weil es ihn Arbeit kostet, um

sich herum das magnetische Kraftfeld zu schaffen. Und das Entstehen des Kraftfeldes muß man sich folgendermaßen vorstellen (Abb. 20): Zunächst sind nur einige magnetische Kraftlinien vorhanden; diese sind klein und entfernen sich nur wenig von den Windungen der Spule. Erst mit Anwachsen der Stromstärke dehnen sie sich weit in den Raum aus, indes von innen in ungemessener Zahl neue Kraftlinien entstehen und den erstentstandenen in konzentrischer Schichtung sich einordnend nachfolgen. Sie wachsen zeitlich hintereinander. Erst wenn der Strom seine maximale Stärke erreicht hat, hört ihr Wachstum auf, und es kommt zu einem gleichförmigen Endzustand. Diesen Vorgang hat man sich auf tausendstel Sekunden zusammengedrängt zu denken. Unterbricht man den Strom, so schrumpfen die Kraftlinien ebenso schnell, wie sie entstanden sind (genau genommen etwas schneller), in entgegengesetzter Reihenfolge wieder ein und verschwinden.

Betrachten wir den ganzen Vorgang nochmals, aber diesmal unter Berücksichtigung der darübergestülpten zweiten Spule, der sog. *Sekundärspule*, die vom Elektromagneten, der sog. *Primärspule*, elektrisch *vollständig* isoliert ist: Bei Stromschluß werden durch die bei der Entwicklung des Kraftfeldes hinauswachsenden Kraftlinien die Windungen der Sekundärspule in der *einen*, bei Stromöffnung in der *entgegengesetzten* Richtung geschnitten. Die Isolation bildet für die Kraftlinien kein Hindernis, da diese als eine besondere Spannung des Äthers (FARADAY-sche Fäden) zu denken sind. Ist der Strom in der Primärspule stationär, so findet keine Bewegung der Kraftlinien statt, und es bleibt daher jede Wirkung auf die Windungen der Sekundärspule aus; denn Induktionsstrom wird nur erzeugt, wenn ein Leiter Kraftlinien *schneidet* oder wenn (da im Transformator der Leiter unbeweglich ist) durch die beweglichen Kraftlinien eines wechselnden magnetischen Kraftfeldes der fixe Leiter geschnitten wird. Ein Wechseln des Kraftfeldes eines Elektromagneten findet aber nur dann statt, wenn der seine Windungen durchfließende Strom eine wechselnde Stärke hat, also bei *Wechselstrom* oder bei *Öffnen* und *Schließen* eines *Gleichstromes*.

Primär- und Sekundärspule sind, was elektrische Leitung anlangt, voneinander vollständig isoliert. Dennoch besteht zwischen beiden infolge der gegenseitigen Induktion ein inniger Konnex. Man bezeichnet diesen Induktionszusammenhang als *magnetische Koppelung*. Je enger diese ist, desto mehr Kraftlinien kommen zur Wirkung, desto stärker ist die gegenseitige Induktion. Da die Spannung des Induktionsstroms der Anzahl der pro Sek. in der Sekundärspule geschnittenen Windungen proportional ist, wird seine Spannung um so höher ausfallen, je mehr Windungen die Sekundärspule im Verhältnis zur Primärspule zählt. Die Transformierung der Spannung geschieht also in dem Verhältnis:

Windungszahl der Sekundärspule (N_2) : *Windungszahl der Primärspule* (N_1).

Zählt letztere beispielsweise 100, erstere dagegen 100000 Windungen, so wird durch einen solchen Transformator die Spannung vertausendfacht. Das Verhältnis der Windungszahlen der beiden Wicklungen $\dfrac{N_2}{N_1}$ nennt man die *Übersetzungszahl* des Transformators.

Für unser Beispiel wäre also die Übersetzungszahl $\frac{100\,000}{100} = 1000$, d. h. ein solcher Transformator ist imstande, die Netzspannung von 220 Volt auf 220000 Volt zu verwandeln. Natürlich geht diese Umwandlung auf Kosten der Stromstärke. Vergrößert sich die Spannung auf den tausendfachen Betrag, so sinkt die Stromstärke auf ein Tausendstel ihres ursprünglichen Wertes. Unser Transformator verwandelt also beispielsweise einen Primärstrom von 45 Amp. und 220 Volt, dessen Stromenergie 45×220 Voltamp., also ca. 10000 Watt beträgt, in einen Sekundärstrom von 220000 Volt und 0,045 Amp., dessen Stromenergie unverändert geblieben ist, nämlich 10000 Watt. Es wurde also in dem Produkt $A \times V$ der eine Faktor auf Kosten des andern vergrößert. Energie wurde dabei theoretisch weder gewonnen noch verloren. Praktisch tritt natürlich immer durch Bildung von JOULEscher Wärme ein Verlust ein.

Ein Teil der Energie geht also bei der Transformation verloren. Man bezeichnet in der Technik den Verlust, der durch Erwärmung der Kupferdrahtwicklungen der Primär- und Sekundärspule sowie des Eisenkerns eintritt, je nach dem Ort der Entstehung als primären und sekundären Kupferverlust, bzw. als Eisenverlust. Die gesamten Energieverluste, die in einem Transformator eintreten, setzen sich also zusammen aus primärem Kupferverlust $+$ sekundärem Kupferverlust $+$ Eisenverlust. Diese betragen bei einem hochwertigen Transformator, wie er für einen großen Therapieapparat Verwendung findet, ca. 10—20%. Die Verluste äußern sich in einer Erwärmung der Drahtwicklung. Die maximale Erwärmung, die man einem Transformator bei Belastung zumuten kann, ohne ihn zu schädigen, setzt seiner Leistung eine obere Grenze, die nicht überschritten werden darf.

Der Transformator.

Das Prinzip des Transformators ist also ein recht einfaches, seine praktische Durchbildung und Gestaltung aber ist ein Kunstwerk der Industrie. Für seinen zweckentsprechenden Ausbau ist ein genaues Errechnen der Funktion aller seiner Teile notwendig. Die Wirksamkeit der Primärspule wird durch das Produkt aus Windungszahl $\times$ Stromstärke, die sog. *Amperewindungszahl* bestimmt. Man kann dieselbe Kraftlinienzahl mit vielen Windungen und kleiner Stromstärke und mit wenigen Windungen und großer Stromstärke erreichen. Die Drahtstärke ist so zu wählen, daß die Wicklung durch den Strom nicht zu stark erwärmt wird. Ausschlaggebend für die Ausmaße der Primärspule ist schließlich die Anpassung an ihre elektrische Beanspruchung: soll der Transformator viel Strom liefern, ohne daß dabei besonders hohe Spannungen erforderlich sind (wie eben für diagnostische Zwecke), so wird man *wenige* Windungen eines *dickeren* Drahtes wählen, und umgekehrt, wenn (wie für therapeutische Zwecke) hohe Spannungen notwendig sind, große Stromstärken dagegen entbehrt werden können, *mehrere* Windungen eines *dünneren* Drahtes. Daher im allgemeinen die Teilung des Apparatebaues in *Diagnostik-* und *Therapieapparate.*

Ganz ähnlich verhält es sich mit den Abmessungen für die Sekundär-spule; auch hier sind gleiche Gesichtspunkte ausschlaggebend. Nur treten noch besondere Schwierigkeiten bei der isolationstechnischen Ausführung hinzu. Die Spannungsdifferenzen, die in der Sekundär-spule auftreten, sind am größten zwischen dem Anfang und dem Ende des aufgewickelten Drahtes. Sie sind kleiner, können aber noch sehr beträchtlich sein zwischen zwei beliebigen andern Punkten. Würde man den Draht wie Garn auf eine Rolle wickeln, so könnte es geschehen, daß Drahtteile übereinander zu liegen kommen, zwischen denen er-hebliche Spannungsdifferenzen herrschen. Die Folge davon wäre, daß innerhalb der Spule Funken übersprängen, durch die die Umspinnung verbrannt und die Spule unbrauch-bar würde. Man teilt deshalb die Wicklung der Sekundärspule in ein-zelne dünne Scheiben, die in der Art, wie Abb. 21 zeigt, aufgespult sind. Indem man diese Scheiben neben-einander reiht, vermeidet man, daß

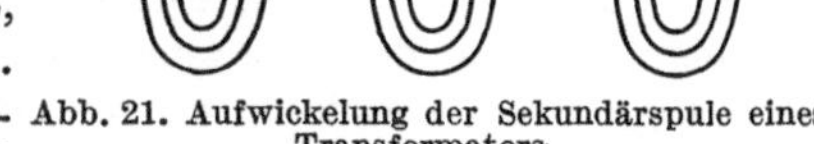

Abb. 21. Aufwickelung der Sekundärspule eines Transformators.

Drahtteile, die größere Spannungsdifferenzen aufweisen, nebeneinander zu liegen kommen. Die größte Betriebssicherheit erreicht man da-durch, daß man den ganzen Transformator in ein Bad isolierenden *Öles* taucht, wodurch alle seine Hohlräume, auch der schmalste Zwischen-raum zwischen den einzelnen Windungen, von sicherer Isolation um-geben wird. Man spricht dann von einem „*Öltransformator*".

Auch bei der Konstruktion des Eisenkerns ist manches zu beachten. Da in einem massiven Eisenkern durch die hin und her wogenden Kraft-linien unregelmäßige *Wirbelströme* induziert werden, die zu schädlicher Erwärmung und unnützem Energieverlust im Eisen führen würden, setzt man diesen zweckmäßig aus Bündeln von Eisendrähten oder Eisen-blechen zusammen, die durch Oxydation oder Lackanstrich gegenseitig voneinander isoliert sind: *unterteiltes* oder *lamelliertes Eisen*. Auf diese Weise werden Wirbelströme mit Sicherheit vermieden. Ferner kann man nur bestimmte Eisensorten als Transformatoreisen verwenden, und zwar nur solche, die entsprechend dem elektrischen Feld der Spule auch ihrerseits ihren Magnetismus rasch zu wechseln bzw. abzugeben imstande sind. Man wählt Eisen mit möglichst kleiner „*Hysterese*".

Nach der Gestaltung des Eisenkerns unterscheidet man Transforma-toren mit *offenem* und solche mit *geschlossenem Eisenkern*. Wie schon erwähnt, verlaufen die Kraftlinien in Eisen viel dichter als in Luft (in guten Eisensorten bis 4000mal dichter als in Luft), da Luft den Kraft-linien des Magnetismus einen großen Widerstand bietet. Der stab-förmige Eisenkern ist jedoch nur ein unzureichendes Hilfsmittel, da die Kraftlinien wohl einen kleinen Teil ihres Weges durch diesen verlaufen, den größeren aber durch die Luft hindurch nehmen müssen, wobei in-folge des großen Luftwiderstandes ihre Anzahl beträchtlich herabgesetzt wird. Anders ist es, wenn, wie in Abb. 22, der Eisenkern rechteckig gestaltet, also vollständig in sich geschlossen ist; dann verlaufen die Kraft-linien auf ihrem ganzen Wege durch das permeable Eisen und sind an

Dichte und Anzahl sehr groß. Die Kraftlinienverkettung beider Spulen ist bei dieser Anordnung eine sehr enge, die gegenseitige Induktion sehr groß. Nicht so beim stabförmigen Eisenkern, an dessen Enden eine starke Streuung des magnetischen Kraftfeldes stattfindet, das überdies zu seiner Entstehung infolge des großen Luftwiderstandes viel mehr Primärstrom erfordert.

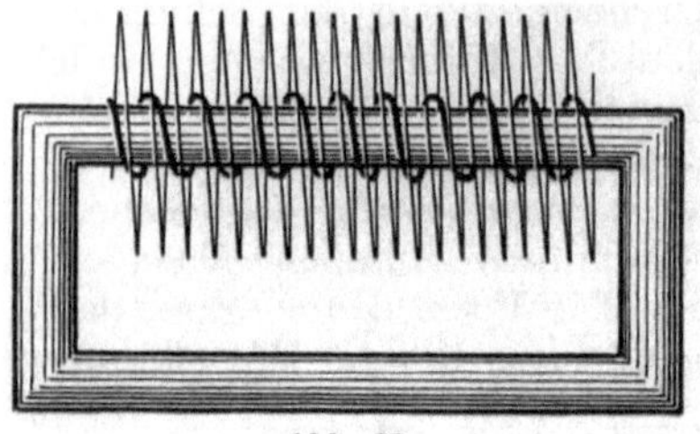

Abb. 22.
Transformator mit geschlossenem Eisenkern.

Der geschlossene Eisenkern zeichnet sich weiter dadurch aus, daß er schnell wechselnden elektrischen Kraftfeldern seinerseits rasch nachfolgt, d. h. die Polarität und Stärke seines Magnetismus hurtig umstellt. Er folgt ohne weiteres den Phasen eines Wechselstroms; er ist deshalb das Gegebene für den *Transformatorapparat*, bei dem die Kraftlinienbewegung durch Beschickung der Primärspule mit Wechselstrom erreicht wird. Dagegen gibt er bei Ausschaltung des Primärstroms nicht sofort seinen Magnetismus ab, seine Hysterese ist groß. In dieser Hinsicht ist ihm der stabförmige Eisenkern überlegen, der bei Unterbrechung des Primärstroms sogleich seinen Magnetismus abgibt. Er ist deshalb für diejenige Apparatur geeignet, die einen Wechsel des Kraftfeldes durch Öffnen und Schließen des Primärstroms zu erreichen trachtet. Man bezeichnet Apparate dieser Art als *Induktorapparate*. Wir unterscheiden also die *Induktorapparate*, die durch Unterbrechung eines Gleichstroms hochspannen, von den *Transformatorapparaten*, die Wechselstrom transformieren. Erstere müssen mit einem *offenen*, letztere mit einem *geschlossenen* Eisenkern ausgestattet sein.

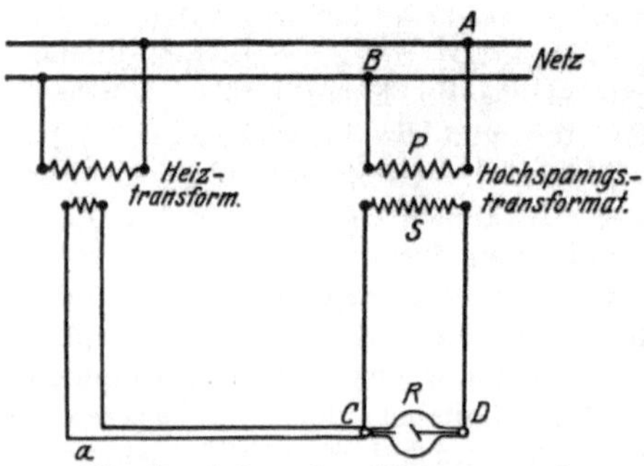

Abb. 23. Anlage einer Röntgenapparatur.

Die Anlage einer Röntgenapparatur zeigt uns in schematischer Weise die Abb. 23. Es bilden APB den *Primärkreis*, $SCRD$ den *Sekundärkreis* der Leitung. Man bezeichnet auch den niedrig gespannten Primärkreis als *Niederspannungs-*, den hochgespannten Sekundärkreis als *Hochspannungsseite* der Leitung. Soll mit der Apparatur eine Coolidgeröhre betrieben werden, so brauchen wir noch eine Energiequelle zur Heizung ihrer Glühspirale. Obwohl für diesen Zweck geringe Energiemengen genügen (die maximale Heizleistung beträgt für Coolidgeröhren nur 60 Watt), verwendet man doch Transformatoren, die für kleine Leistung bemessen sind, weil — wie aus dem folgenden ersichtlich wird — Transformatoren in einfacher und gefahrloser Weise von ihrer Niederspannungsseite aus zu regulieren sind. Es tritt also noch der sog. *Heizstromkreis a* hinzu.

Der praktische Röntgenbetrieb verlangt vom Transformator recht variable Leistungen. Verwendet der Diagnostiker Spannungen von 40—100 kV, so benötigt der Therapeut solche von 90 (Hauttherapie) bis 200 kV (Tiefentherapie) und darüber. Der Transformator muß also über ein ganzes Spannungsregister verfügen, das übersichtlich und einfach wie eine Klaviatur beherrscht werden kann. Die Spannungsregulierung wird zweckmäßig immer durch Änderung der Primärspannung erwirkt, da der Niederspannungskreis für die schaltende Person keine Gefahren birgt und eine solche Regulierkurbel ohne weiteres in den Schalttisch eingebaut und mitten im Betrieb gefahrlos betätigt werden kann. Die Regulierung kann prinzipiell auf zwei Arten geschehen: 1. durch einen der Primärspule *vorgeschalteten Widerstand*, der einen beliebig großen Teil der Netzspannung abzudrosseln vermag (Abb. 24) oder 2. durch einen sog. *Regulier-* oder *Stufentransformator*: zwischen Netz und Primärspule ist ein Transformator eingeschaltet, dessen Windungen im Ver-

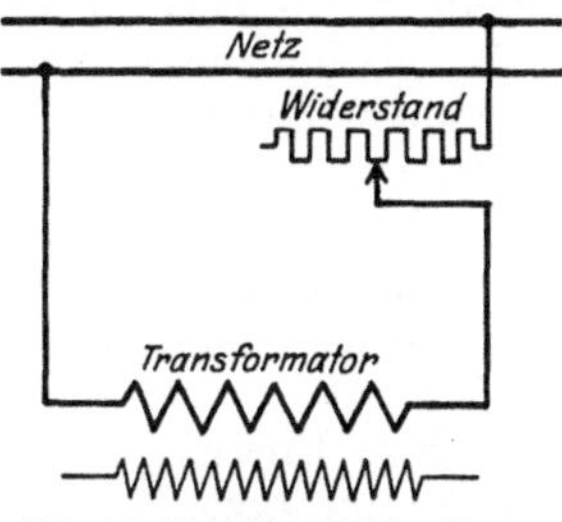

Abb. 24. Regulierung der Transformatorkräfte mittels eines vorgeschalteten Widerstandes.

hältnis 1 : 1 gehalten sind und durch eine im Schalttisch eingebaute Kurbel stufenweise abschaltbar sind (Abb. 25). Dieser Transformator setzt, da seine Übersetzungszahl 1 ist, die Spannung *nicht* herauf; er hat einzig und allein nur die Aufgabe, mit seiner Isolation die Netzspannung auf sich zu nehmen und in bestimmter, wählbarer Abstufung an die Primärspule abzugeben.

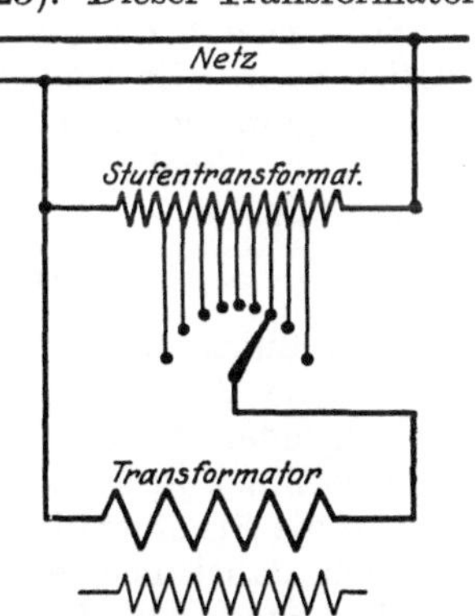

Abb. 25. Regulierung der Transformatorkräfte mittels eines Stufentransformators.

Während der vorgeschaltete Widerstand eine *kontinuierliche* Regelung der Spannung gestattet, ist diese beim Stufentransformator nur *sprungweise* von Spannungsstufe zu Spannungsstufe abstufbar. Die erstgeschilderte Art der Regelung findet Verwendung beim *Betrieb von Gasröhren*. Hier ist der vorgeschaltete Regulierwiderstand nötig, da er den primären Strom im Falle des Weichwerdens einer Röhre im Betriebe nur so hoch ansteigen läßt, als seinem Widerstandswert entspricht. Die Röhre ist vor den Energiemengen des Netzes geschützt; ein Durchschlagen der Röhre oder Kurzschluß kann nicht eintreten. Dagegen wird im Widerstand elektrische Energie unnütz verbraucht; die Anlage ist nicht wirtschaftlich. Anders bei den Coolidgeröhren: hier ist uns ein hohes Vakuum gewährleistet. Die Röhre stellt, solange die Heizspirale nicht glüht, einen unüberwindlichen Widerstand dar; ihr Widerstand sinkt mit steigender Temperatur der Heizspirale. Verlangen wir von der Röhre eine hohe Stromleistung, so sucht der Transformator diese aus dem Netz zu schöpfen. Er wäre im ersten Falle durch den vorgeschalteten Widerstand, der einen großen Teil der Energie aufnimmt und langsam zu glühen beginnt, daran gehindert. Deshalb sinkt in diesem Falle die Röhrenspannung bei erhöhter Stromleistung. Wir g hen also bei dieser Art der Regulierung des Vorteils der vom Röhrenstrom unabhängigen Spannungsregulierung verlustig. Die zweite Art der Regulierung hingegen gewährleistet eine fast direkte und verlustlose Kommunikation des Transformators mit dem Netz, wodurch dieser erhöhten Ansprüchen gewachsen bleibt. Es ist aus diesem Grunde bei Coolidgeröhrenbetrieb nur diese Regulierung rationell und zweckmäßig.

Im geschlossenen Leiterkreis, den der Hochspannungsgenerator mit der eingeschalteten Röntgenröhre bildet, gehen drei Energieumwandlungen vor sich:

1. Die primär hineingeschickte elektrische Energie setzt sich in der Primärspule in elektromagnetische Energie um.

2. Diese wird durch Induktion auf die Sekundärspule übertragen, welche

3. ihre Energie vermittelst Elektronenbeschleunigung in Röntgenstrahlen umsetzt.

Bei jeder dieser Umwandlungen, besonders aber bei der letzten, kommt es infolge beträchtlicher Wärmebildung zu großen Energieverlusten, so daß nur ein sehr kleiner Bruchteil (Promille) der in die Apparatur hineingeschickten Energie als nutzbare Röntgenstrahlenenergie erscheint und als Heilfaktor bzw. als diagnostisches Hilfsmittel nützlich wird. Die beiden ersten Umwandlungsstufen fallen in ihrem Wirkungsgrad, je nach Bau und Konstruktion der Apparatur verschieden aus. Beginnen wir mit dem historisch ältesten, dem klassischen Induktorapparat.

Der Induktorapparat.

Der Induktorapparat ist im Prinzip ein Transformator für durch mechanische Vorrichtungen unterbrochenen Gleichstrom. Er arbeitet nach folgendem Schema: Der vom Elektrizitätswerk gelieferte Strom wird maschinell in kurzen Zeitabständen unterbrochen und derart zerhackt in die Primärspule des Induktors geleitet. In der Sekundärspule entstehen dabei hochgespannte Induktionsstromstöße. Der bei der Unterbrechung des Stromes entstehende Induktionsstoß überwiegt, was seine Spannung betrifft, bei weitem den bei Stromschluß induzierten Stromimpuls. Nur der erstere wird deshalb zum Betrieb von Röntgenröhren verwendet, während der letztere durch Ventile unterdrückt wird.

Der Induktorapparat setzt sich aus vier wesentlichen Teilen zusammen (Abb. 26): 1. dem Induktor, bestehend aus primärer und sekundärer Spule, die beide auf einen offenen Eisenkern montiert sind, 2. dem Unterbrecher, 3. der Ventilvorrichtung, 4. dem zum Unterbrecher parallel geschalteten Kondensator. Die elektrischen Vorgänge in einem solchen Apparat sind näher betrachtet die folgenden (Abb. 27).

Vermittels eines vorgeschalteten Regulierwiderstandes R (Kurbel am Schalttisch „weich" „hart") hat man es in der Hand, willkürlich abstufbare Mengen Stromes aus dem Netz in die Primärspule zu leiten. Dies setzt uns in den Stand (s. vorhergehenden Abschnitt), das elektro-

Abb. 26. Ölinduktor-Therapieapparat der Firma Siemens & Halske.
1 = Induktorium; 2 = Unterbrecher; 3 = rotierende Ventilfunkenstrecke.

magnetische Kraftfeld der Primärspule in gewissen Grenzen beliebig groß zu gestalten. Natürlich kann man die primäre Stromstärke nicht allzu weit steigern, sondern ist an bestimmte, durch die Konstruktion der Apparatur bedingte Grenzen gebunden, die einerseits durch die Ausmaße der Primärspule, andererseits durch die noch zu besprechende Unterbrechungsvorrichtung, welche bei größeren Stromstärken ihre Dienste versagt, bestimmt werden. Die mittleren, bei Induktoren zur Verwendung kommenden primären Stromstärken bewegen sich zwischen 3 und 15 Amp. Der Primärstrom gelangt nicht direkt in die

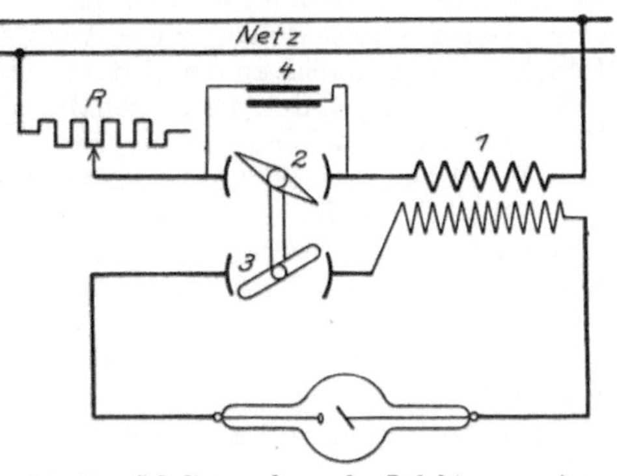

Abb. 27. Schaltungsschema des Induktorapparates.

Primärspule, sondern muß vorher seinen Weg durch den Unterbrecher nehmen, wo die rasch aufeinanderfolgende Öffnung und Schließung des Stromes stattfindet.

Zerlegen wir die dabei im Induktor sich abspielenden Vorgänge. Der Technik ist daran gelegen, eine sehr plötzliche Unterbrechung des Primärstroms zu erreichen, um durch die jähe Bewegung des zusammenfallenden Kraftfeldes recht kräftige Induktionswirkung zu erzielen.

Wir wissen bereits, daß beim Transformator der Strom der Primärspule einen zweiten in der Sekundärspule erzeugt. Man spricht hier von *gegenseitiger Induktion*. Betrachten wir aber die Primärspule für sich allein, so muß im Momente, da wir einen Strom durch sie fließen lassen, jede einzelne Windung, die bereits vom Strom durchflossen ist und ihr Kraftfeld ausgebildet hat, in ihrer Nachbarwindung, die noch stromlos ist, einen Induktionsstrom erzeugen, der dem Hauptstrom entgegengesetzt gerichtet ist, ihn schwächt und daher nur allmählich seinen vollen Wert gewinnen läßt. Der gleiche Vorgang, nur in umgekehrter Reihenfolge, wird sich bei Stromöffnung, wenn die Kraftlinien wieder einschrumpfen, abspielen. Der Induktionsstrom hat jetzt die umgekehrte Richtung, ist also dem Hauptstrom gleichgerichtet, und verstärkt ihn. Da der Hauptstrom diese Induktionsströme in seiner *eigenen* Bahn erzeugt, spricht man von *Selbstinduktion*. Diese in der eigenen Leitung erzeugten Ströme nennt man auch *Extraströme* (*Schließungsextrastrom* und *Öffnungsextrastrom*). Man kann diese Erscheinung, die für das Verständnis der Induktionswirkung von größter Bedeutung ist, energetisch auch folgendermaßen erklären: wenn ein Strom durch eine Induktionsspule zu fließen beginnt, muß er das magnetische Feld im umliegenden Raume erzeugen, und das kostet Energie. Dieser verlorengegangene Energiebetrag erscheint beim Zusammensinken des Kraftfeldes als Plus wieder.

Da der Primärstrom in einer Induktionsspule infolge des entgegengesetzten Schließungsextrastromes nur *allmählich* seinen vollen Wert erreicht, ist ein plötzliches Auswirken des Stromschlusses wegen des langsamen Stromanstieges unmöglich. Wohl aber kann man ein fast momentanes Zusammenfallen des Kraftfeldes beim Öffnen des Stromes erzielen. Das einzige Hindernis bei der Unterbrechung ist der durch den Öffnungsextrastrom hervorgerufene, lichtbogenförmige *Öffnungsfunke*, der die Unterbrechungsstelle leitend überbrückt und die Öffnung zu vereiteln sucht. Dem hilft man ab, indem man die Energie des Öffnungsextrastromes in einen parallel zur Funkenstrecke liegenden Kondensator leitet. Sobald diese Anordnung getroffen ist, nimmt die Helligkeit des Funkens an der Unterbrechungsstelle ab.

Wir haben aber durch die Einschaltung des Kondensators ein anderes Übel geschaffen: die Einbringung einer großen Kapazität (Kondensator) in die Primärleitung, die durch eine Funkenstrecke unterbrochen ist und in der Wickelung der Primärspule eine hohe Selbstinduktion besitzt, führt zur Bildung eines sog. *Schwingungskreises*, der zur Entstehung von *Hochfrequenzschwingungen* führt (s. Kap. VII dieses Teiles, S. 89). Diese sind Wechselströme von sehr hoher Frequenz, deren Periode bei den in der Röntgentechnik gebräuchlichen Induktorien 1/500 sek. beträgt. Diese Hochfrequenzschwingungen verändern ganz erheblich den Verlauf der Primärspannung und wirken sich auch entsprechend in der Sekundärspule aus.

Die idealisierte Strom- und Spannungskurve eines Induktors stellt sich folgendermaßen dar (Abb. 28): O sei der Moment des Stromschlusses, B der Moment der Stromöffnung. Von O bis A haben wir langsamen Stromanstieg wegen der Selbstinduktion der Primärspule. Von A bis

B konstanten Gleichstrom, von *B—C* plötzliche Öffnung. Aus dem Verlauf der Primärkurve läßt sich der Verlauf der Spannung des in der Sekundärspule induzierten Stromes ableiten. Die Sekundärspannung wird nach dem Induktionsgesetz dann am größten sein, wenn der Primärstrom zeitlich sich am schnellsten ändert. Es wird daher der zeitliche Verlauf der sekundären Spannung die Form der gestrichelten Kurve haben. Es entsteht von *O—A* durch das wachsende Kraftfeld des Schließungsstromes ein entgegengesetzt gerichteter Induktionsstrom, der so verläuft, daß er im Anfang, entsprechend dem steilen Anstieg des primären Stromes, den größten Wert hat, gegen *A* hin aber abnimmt. Dann bleibt eine Zeitlang die

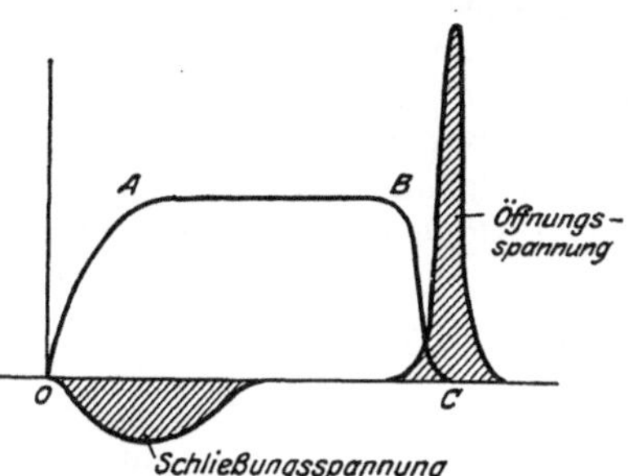

Abb. 28. Idealisierte Primär- und Sekundärspannungskurve eines Induktors.

Sekundärspule stromlos, weil der Primärstrom konstant ist, das Kraftfeld also nicht wechselt. Dem schnellen Stromabfall im Augenblick der Unterbrechung (*B—C*) entspricht der kurzdauernde sekundäre Stromstoß, dessen Spannung sehr hohe Werte erreichen kann. Die Stromenergien beider Induktionsstöße sind, wenn wir von den Extraströmen absehen, einander gleich, ihre Spannungen jedoch sehr verschieden. Der Induktor liefert also eine Schließungsspannung und eine ihr entgegengesetzte, bedeutend *höhere Öffnungsspannung*.

Durch die Hochfrequenzschwingungen wird diese Stromkurve aber wesentlich kompliziert. In Wirklichkeit nämlich bricht die Öffnungsspannung nicht plötzlich ab, sondern läuft (Abb. 29) in eine Schwingung

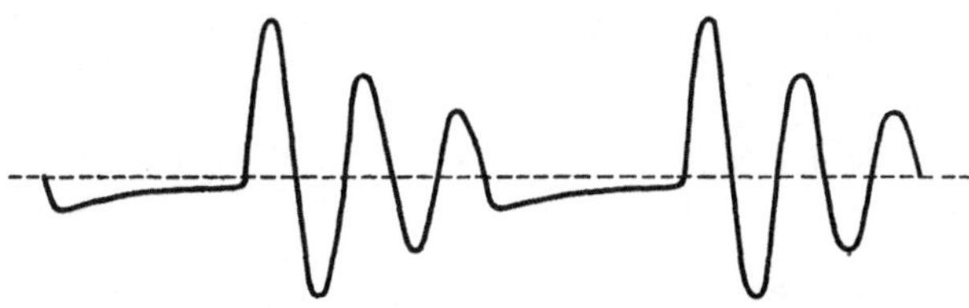

Abb. 29.
Die Öffnungsspannung des Induktors läuft in eine Wechselspannung aus.

(sehr raschen Wechselstrom) aus. Die Öffnungsspannung ist also eine *Wechselspannung*, deren erste negative Halbwelle recht beträchtliche Werte erreichen kann. Abgesehen davon, daß diese Schwingungen einen Energieverlust darstellen, bedeuten sie eine Unübersichtlichkeit und Unsicherheit der Betriebsverhältnisse, da sie bei Hinzutreten anderweitiger Störungen, wie Stoßionisierung, zu Überspannungen Anlaß geben, die der Apparatur, insbesondere der Röhre gefährlich werden können. Man hat es in der Hand, durch Abstimmung der Kapazität des Kondensators die Schwingungen zu dämpfen.

Der Unterbrecher.

Da die Funktion des Induktors im hohen Maße von der Exaktheit und Plötzlichkeit der Unterbrechung des Primärstromes abhängig ist, kommt der Konstruktion des Unterbrechers eine große Bedeutung zu. Je sorgfältiger nämlich der Unterbrechungsfunke vermieden wird, je steiler der Abfall des Primärstromes erfolgt, desto größer ist auch die nutzbare Öffnungsspannung im Sekundärstromkreis. Von den zahlreichen Konstruktionen hat sich als leistungsfähigster und geeignetster der sog. **Gasquecksilberunterbrecher** erwiesen. Er gehört zu der Gruppe

Abb. 30.
Schema eines Gasquecksilber-
unterbrechers.

der Quecksilberstrahlunterbrecher (Abb. 30). Ihr Konstruktionsprinzip besteht darin, daß aus einer feinen Düse ein Quecksilberstrahl zentrifugal ausgespritzt wird, der an einigen im Kreise angeordneten Kontaktstücken K bei Drehung den Strom schließt, während in den Zwischenräumen der Strom geöffnet bleibt. An Stelle der früher verwendeten Deckflüssigkeiten (Petroleum, Alkohol), die den bei Stromunterbrechung entstehenden Funken löschen sollen, verwendet man jetzt zu seiner Unterdrückung Wasserstoff oder Leuchtgas, das nur in geringem Grade zur Verschlammung des Quecksilbers führt, ein Umstand, der bei Verwendung von Deckflüssigkeiten sehr störend ist. Bei den Gasunterbrechern ist der Raum, in dem die Unterbrechungen stattfinden, mit Gas gefüllt. Das einfachste ist, den Unterbrecher an eine Leuchtgasleitung anzuschließen. Man hat aber darauf zu achten, daß sich *ausschließlich Leuchtgas* über dem Quecksilber befindet. Tritt infolge Undichtigkeit des Gehäuses atmosphärische Luft hinzu, so entsteht ein explosibles Gasgemisch, das durch den Öffnungsfunken zur Explosion gebracht werden kann. Das Undichtwerden des Unterbrechergefäßes, zu dem es infolge allmählicher Ausschleifung der Achse des Unterbrechermotors kommen kann, bedeutet eine Gefahr. Diese zeigt sich sofort durch Gasgeruch an. Ein solcher Unterbrecher muß außer Betrieb gesetzt und repariert werden. Um sich vor Unglücksfällen zu schützen, leite man stets *vor Ingebrauchnahme des Apparates Leuchtgas durch den Unterbrecher* und zünde das austretende Gas an. Brennt die Flamme *bläulich*, so ist dies ein Zeichen, daß das *Gas mit Luft untermischt* ist. Erst wenn die Flamme *gelbliche* Farbe annimmt, kann man sicher sein, daß die atmosphärische Luft aus dem Unterbrecher vertrieben ist, und erst dann darf man ihn benutzen.

Die Gasquecksilberunterbrecher sind nach dem heutigen Stand die besten und leistungsfähigsten. Ihr Vorteil gegenüber den alten Quecksilberunterbrechern besteht darin, daß in der Gasatmosphäre auch ein sehr intensiver Primärstrom exakt unterbrochen werden kann. Ihr einziger Nachteil ist, daß sie — wenn auch verhältnismäßig selten — gereinigt werden müssen. Das Leuchtgas scheidet nämlich mit der Zeit Kohlenstoffe ab, die sich als Schicht auf dem Quecksilber absetzen und zur Verstopfung der Düsen führen, durch die das Quecksilber gespritzt wird. Der Stromschluß wird dadurch vielfach behindert. Die Verschlammung des Quecksilbers äußert sich daher in Unregelmäßigkeit des Betriebes, die sich in starkem Schwanken der Spannung und der Stromstärke kundtut (ohne daß es dabei zu auffallenden Funken an der Ventilfunkenstrecke kommt). Sobald sich diese Symptome zeigen, muß man zur *Reinigung des Unterbrechers* schreiten. Diese Prozedur, die nicht gerade zu den Annehmlichkeiten des Röntgenbetriebes zählt, wird derart ausgeführt, daß man das Quecksilber filtriert und die Düsen mittels eines Drahtes säubert. Die Filtration geschieht am einfachsten mit Hilfe eines Trichters, dessen Rohr am Ausfluß mit Wildleder umbunden ist. Durch die Poren des letzteren tritt das Quecksilber gereinigt aus. Im Notfalle kann man auch einige Lagen Leinen nehmen. (Vorsicht vor Quecksilbervergiftung!! Der ganze Vorgang hat bei offenen Fenstern zu geschehen; Finger nicht unnötig ins Quecksilber tauchen! Nach Beendigung Hände mit Seife gut waschen!)

Ein weiterer Nachteil ist, daß bei dieser Art Unterbrecher die Einschaltung eines *Kondensators* zur Unterdrückung des Öffnungsfunkens notwendig ist. Dadurch wird ein Schwingungskreis gebildet, der zu Hochfrequenzschwingungen führt, die, wie erwähnt, die Primär- und Sekundärspannung wesentlich beeinflussen. Dieser Nachteil wird bei den sog. *Elektrolytunterbrechern* vermieden. Die Stromunterbrechung geschieht bei diesen lediglich durch elektrolytische und Verdampfungsprozesse, wobei eine Frequenz erreicht wird, wie sie keine Unterbrecherart sonst zustande bringt.

Der von WEHNELT angegebene **Elektrolytunterbrecher** ist folgendermaßen zusammengesetzt (Abb. 31). In einem großen Zylinderglas befindet sich verdünnte Schwefelsäure. Der Strom tritt durch die Platinspitze p ein, die bis auf ihr unterstes Ende durch ein Porzellanrohr I isoliert ist. Als Kathode dient eine große Bleiplatte. Um p bildet sich infolge Elektrolyse ein Sauerstoffbläschen; auch entsteht hier infolge der großen Stromdichte, die zur Bildung JOULEscher Wärme führt, ein Dampfbläschen, welches isoliert und somit den Strom unterbricht. Der durch die Stromöffnung entstehende Funke zerreißt die Gashülle, wodurch der Strom wieder geschlossen wird. Der Unterbrechungsfunke, der bei den mechanischen Unterbrechern eine lästige und störende Erscheinung ist, hat bei den Elektrolyt-

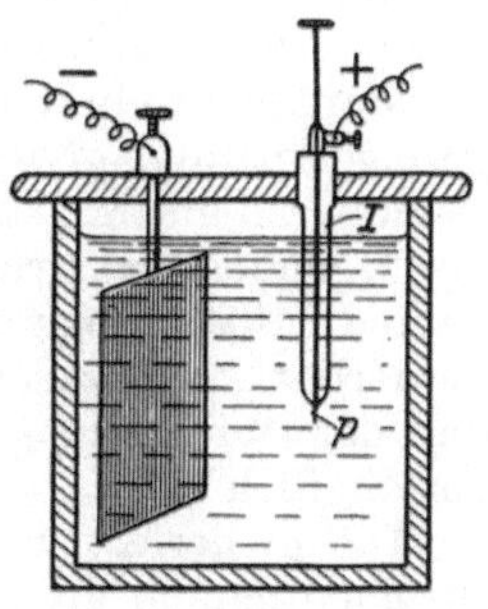

Abb. 31.
Der Elektrolytunterbrecher.

unterbrechern eine nützliche und wesentliche Funktion. Den Funken durch einen Kondensator zu unterdrücken, wäre also verfehlt. Durch den Fortfall des Kondensators haben wir klare elektrodynamische Vorgänge vor uns; die Primär- und Sekundärstromkurve gleicht nahezu der idealisierten Kurve der Abb. 28.

Ist der Vorgang der Stromunterbrechung bei diesen Unterbrechern ein recht vollkommener, so bereitet wiederum die Regulierung der

Unterbrechungszahl bei ihnen große Schwierigkeiten. Man bekommt nämlich um so mehr Unterbrechungen in der Sekunde, je kleiner die Selbstinduktion der eingeschalteten Primärspule ist. Durch Verwendung bestimmter Schaltungen kann man nun Teile der Primärspule ausschalten, bzw. in Serie oder hintereinander schalten, wodurch man durch Änderung der Selbstinduktion Einfluß auf die Unterbrechungszahl gewinnt. Höheren Anforderungen, was Spannung und Stromstärke betrifft, ist der Elektrolytunterbrecher nicht gewachsen.

Die Leistungsfähigkeit eines Induktoriums wird nach der sog. *Schlagweite* beurteilt. Darunter versteht man den maximalen Polabstand (Spitze-Platte), den die Spannung des Induktors durch einen Funken noch gerade zu überbrücken vermag. Im Beginn der Entwicklung der Röntgentechnik ging alles Streben dahin, möglichst hohe Funkenschlagweiten zu erreichen, und es entstand ein heißer Konkurrenzkampf zwischen den einzelnen Firmen um die größte erzielte Schlagweite. Erst allmählich erkannte man diese als minder wichtig und ließ es bei Diagnostikapparaten mit 30—35 cm Funkenstrecke, bei Therapieapparaten bei 60 cm bewenden. Dagegen trat eine andere Anforderung in den Vordergrund, nämlich die sekundäre Stromleistung des Induktors.

Und das ist gerade eine schwache Stelle des Induktorapparates. Diese seine Schwäche ist in seiner Arbeitsweise begründet. Die primär hineingeschickte elektrische Energie stapelt sich im Elektromagneten als magnetische Energie auf, die im Moment der Stromöffnung durch Induktion an den Sekundärstromkreis abgegeben wird. Dieser in der Primärspule während der Stromschlußperiode aufgehäufte Energievorrat bildet aber auch *alles*, was der Apparat im Moment geben kann, da er durch die Stromunterbrechung vom Netz abgetrennt ist und nicht, wie die später zu schildernden Apparaturen, aus ihm Reserven holen kann. Der begrenzte Energievorrat verteilt sich demnach nach dem konstanten Produkt von A mal V entweder auf große Stromstärke und geringe Spannung oder umgekehrt. Bei größerer Stromentnahme kommt es daher zu einem Zusammenbruch der Spannung. Verringert sich aber aus irgendeinem Grunde plötzlich die sekundäre Stromentnahme, so kann die Spannung auf eine Höhe hinaufschnellen, die der Röntgenröhre verderblich werden kann. Diese Verhältnisse machen es auch erklärlich, daß der Induktorapparat Netzspannungsschwankungen gegenüber sehr empfindlich ist.

Die moderne Diagnostik stellt gerade in bezug auf die sekundäre Stromentnahme an die Apparatur sehr hohe Ansprüche. Um nämlich Momentaufnahmen bewegter Organe anfertigen zu können, sind für einen Bruchteil einer Sekunde enorme Röntgenstrahlenintensitäten erforderlich. Man ist in Entwicklung dieses Gedankens beim Induktor zum sog. *Einzelschlagverfahren* gekommen, d. h. man exponiert die Platte mit jener Röntgenstrahlenmenge, die durch einen einzigen sehr intensiven Stromstoß bei *einer* Unterbrechung erzeugt wird. Damit die im Sekundärkreis induzierte Energie dabei möglichst groß werde, muß der Primärkreis große Energiemengen aufnehmen. Der Primärstrom steigt bei diesen Apparaten, die eigens für solche Zwecke gebaut sind, bis 300 Amp. an; der Eisenkern, der eine möglichst große Kraftlinienzahl in sich aufnehmen soll, ist von exorbitanten Dimensionen; er wiegt 150 und mehr Kilogramm. Auf den Kondensator muß man wegen der schädlichen Hochfrequenzschwingungen verzichten. Zur Stromunterbrechung verwendet man meist eine Schmelzpatrone, wie sie in elektrischen Anlagen allgemein zur Sicherung gegen übergroße Stromstärken dient. Der Stromkreis braucht bei solcher Anordnung nur geschlossen zu werden, die Unterbrechung erfolgt durch die durchbrennende Schmelzpatrone von selbst.

Der Induktorapparat ist den Anforderungen eines modernen Röntgenbetriebes gegenüber immer mehr ins Hintertreffen gekommen. Obwohl er im Laufe der Zeit technisch wesentliche Vervollkommnung erfuhr, bleibt er nichtsdestoweniger mit Eigenschaften behaftet, die ihm gegenüber den zu schildernden Gleichrichter- und Kondensatorapparaten eine niedrigere Rangordnung zuweisen. Schuld daran trägt seine hohe Empfindlichkeit gegenüber Netzspannungsschwankungen und die unsicheren und komplizierten elektrodynamischen Verhältnisse im Unterbrecher. Während er als Diagnostikapparat immer weniger Verwendung findet, behauptet er als billiger und dabei doch leistungsfähiger Therapieapparat noch seinen Platz.

Ventilvorrichtungen.

Bau und Funktion der Röntgenröhre erfordern, daß Stromstöße nur *einer* Richtung die Röhre passieren. Es sei nur nochmals daran erinnert, daß die Elektronenbahnen der usuellen Stromrichtung entgegengesetzt verlaufen und daß der Elektronenflug von der Kathode zur Antikathode stattfindet. Dabei ist also vorausgesetzt, daß die Antikathode Pluspol, die Kathode Minuspol ist. Verkehrte Stromstöße würden zu verkehrtem Elektronenflug mit allen seinen für die Röhre schädlichen Folgen führen (s. S. 19). Es muß deshalb durch besondere Vorrichtungen dafür gesorgt werden, verkehrte Stromimpulse von der Röhre fernzuhalten. Als solche Ventile sind in Verwendung: 1. die *rotierende Ventilfunkenstrecke*, 2. *die feststehende Ventilfunkenstrecke*, 3. *die Ventilröhre*. Alle Ventile sind im Sekundärstromkreis *in Reihe* mit der Röntgenröhre, die sie schützen sollen, geschaltet.

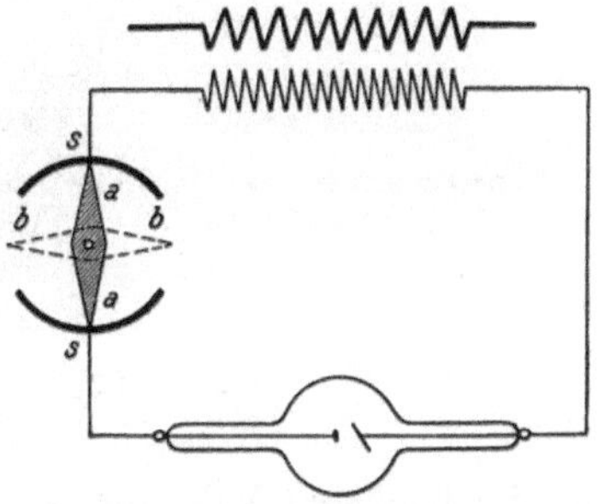

Die rotierende Ventilfunkenstrecke (Abb. 32), die bei Induktor- und älteren Gleichrichterapparaten Verwendung findet, besteht aus einer Metallnadel, die auf der Achse des Unterbrechermotors bzw. auf einem mit dem Wechselstrom im Takt laufenden Synchronmotor aufmontiert zwischen zwei feststehenden Metallsegmenten SS rotiert. In der Stellung a ist der Strom geschlossen, in Stellung b unterbrochen. Die Nadel ist so justiert, daß beim Induktor im Moment des Stromschlusses, beim

Abb. 32.
Die rotierende Ventilfunkenstrecke.
In Stellung a ist der Stromkreis geschlossen, in Stellung b unterbrochen.

Transformator im Moment der negativen Phase die Nadel die Stellung *b*
hat, also der Sekundärkreis unterbrochen ist. Die Stromschlußdauer
hängt von der Länge der Metallsegmente ab

Die feststehende Ventilfunkenstrecke ist als unsymmetrische Funkenstrecke ausgebildet, d. h. die eine Elektrode besteht aus einer Spitze,
die andere aus einer Platte (Abb. 33). Da der
Stromübergang von Spitze zu Platte schon
bei niedrigeren Spannungen erfolgt als umgekehrt, spricht eine solche Funkenstrecke,
je nach der Polarität ihrer Elektroden, bei
zwei verschieden hohen Spannungen an. Sie
ist also imstande, beim Induktorapparat den
hochgespannten Öffnungsimpuls durchzulassen, den verkehrt gerichteten schwächeren
Schließungsimpuls aber zu sperren. Um das
Geräusch zu dämpfen und die nitrosen Gase,
die beim Funkenübergang entstehen, unschädlich zu machen, ist die Ventilfunkenstrecke in ein Glasgehäuse, das mit Stick-
stoff gefüllt ist, eingeschlossen. Die feststehende Ventilfunkenstrecke ist, wie aus

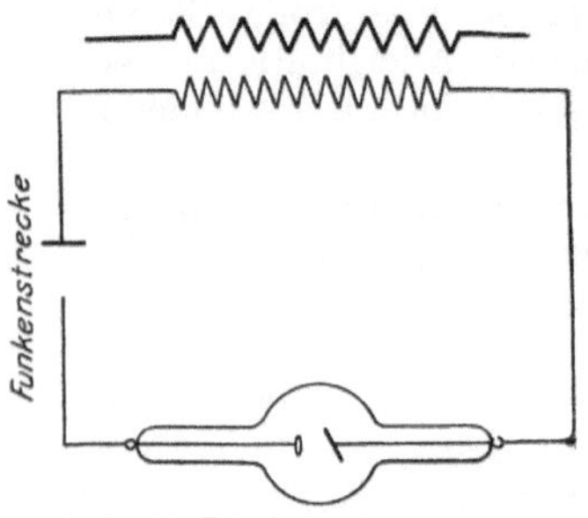

Abb. 33. Die feststehende Ventilfunkenstrecke.

In der Richtung von der Platte
zur Spitze ist der Widerstand der
Funkenstrecke bedeutend höher
als in der entgegengesetzten Richtung.

ihrer Wirkungsweise hervorgeht, nur für den Induktor verwendbar.

Die genannten Ventilvorrichtungen haben den Nachteil, daß sie 1. im
Betrieb viel Geräusch verursachen, 2. zur Entstehung von Ozon und
nitrosen Gasen Veranlassung geben, 3. daß durch den Funkenübergang
Hochfrequenzschwingungen entstehen, die, abgesehen von den kurz-
dauernden Überspannungen, 4. zu einem Spannungsabfall führen, der
einen Energieverlust bedeutet.

Die Ventilröhre. Man war daher schon lange bemüht, Ventilvorrichtungen zu schaffen, die die genannten Nachteile nicht aufweisen. Man
kam dabei auf die Eigenschaft der Glühkathodenröntgenröhre zurück, den
elektrischen Strom, so-
lange die Antikathode
nicht zu stark erhitzt
ist, nur in *einer* Richtung
durchzulassen. Die jetzt
immer mehr in Ge-
brauch kommenden
Glühkathodenventilröh-
ren (Abb. 34) sind alle
nach dem Prinzip der
einseitigen Leitfähigkeit

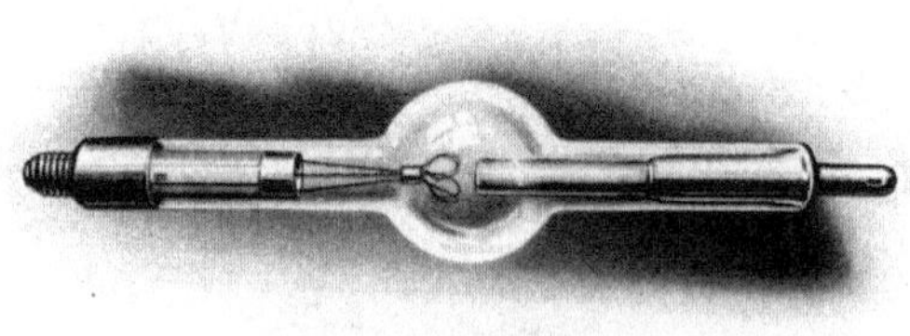

Abb. 34. Glühkathodenventilröhre (C. H. F. Müller).
Links die aus drei Wolfram-Drahtschlingen bestehende Glühkathode, rechts die Anode.

der im höchsten Vakuum befindlichen Glühkathode konstruiert. Das
Glühventil ist also eine Elektronenröhre, die ihrem Zwecke entsprechend umgestaltet ist. Vor allem muß eine Erhitzung der Antikathode hintangehalten werden, da die Röhre sonst ihre Eigenschaft,
als Ventil zu wirken, verliert und nach beiden Seiten stromdurchlässig
wird. Dies zu vermeiden wird schon dadurch erleichtert, daß eine

Konzentration der Elektronen auf *einen* Punkt nicht nötig ist, der Elektronenstoß also von einer breiten Anodenfläche aufgefangen wird. Das Wichtigste aber ist, daß man die Röhre, im Gegensatz zur Röntgenröhre, weit *unterhalb des Sättigungsstromes* arbeiten läßt, damit es nicht zu einer größeren Beschleunigung der Elektronen und zur Entstehung von Röntgenstrahlen komme. Die Leitfähigkeit der Ventilröhre ist nämlich von der Temperatur der Glühspirale abhängig. Sobald die Stromstärke so groß wird, daß der Elektronenvorrat an der Kathode völlig verbraucht und der sog. Sättigungsstrom erreicht ist, steigt die Spannung an der Röhre, ohne daß eine weitere Zunahme des Röhrenstromes erfolgt. Die hohe Spannung an den Enden der Ventilröhre erteilt den Elektronen eine erhöhte Geschwindigkeit, wodurch die Antikathode ins Glühen gerät und — wird dieser Umstand nicht rechtzeitig bemerkt — zerstört wird. Die Ventilkathode muß also stets so hoch geheizt sein, daß der maximale Strom, der das Ventil passieren soll, immer unterhalb des Sättigungsstromes liegt. Die richtige Heizung des Ventiles erkennt man am besten daran, daß an der Anode keinerlei Zeichen einer Erwärmung vorliegen (eine schwache Rotglut ist gerade noch zulässig) und daß im Anodenhals kein grünes Licht auftritt. Sowie grüne Fluorescenz sichtbar wird, ist das ein Symptom für das Vorhandensein schnell fliegender Elektronen, wie sie bei Unterheizung entstehen. In solchem Falle muß man entweder mit der Heizung höher gehen, oder, wenn die maximale Heizung erreicht ist, die Betriebsstromstärke herabsetzen.

Die Ventilröhren sind die zur Zeit vollkommensten Ventile. Ihre Vorteile sind: es gehen von ihnen keine Hochfrequenzschwingungen aus; der Spannungsabfall in ihnen ist gering; sie arbeiten geräuschlos. Dem steht gegenüber, daß sie leider ebenso wie die Röntgenröhren der Abnützung unterliegen und von Zeit zu Zeit ersetzt werden müssen. Der Betrieb des Apparates mit Ventilröhren stellt sich daher teurer.

Die Ventilröhren sind für Diagnostik- und Therapieapparate von verschiedener Bauart. In ersterer Konstruktion vermögen sie Ströme von hoher Stromstärke, im Therapieapparat Ströme von hohen Spannungen mit Sicherheit zu sperren.

Der Gleichrichterapparat.

Unter Benutzung der hier aufgezählten Ventile kann man Röntgenröhren mit einem an Wechselstrom angeschlossenen Transformator betreiben. Dabei wirkt das Ventil in der Weise, daß die negativen Phasen (in Abb. 35 schraffiert) unterdrückt werden und nur die positiven zur Wirkung kommen. Von Apparaten dieser Art ist man mehr und mehr abgekommen, aus verschiedenen Gründen: Erstens

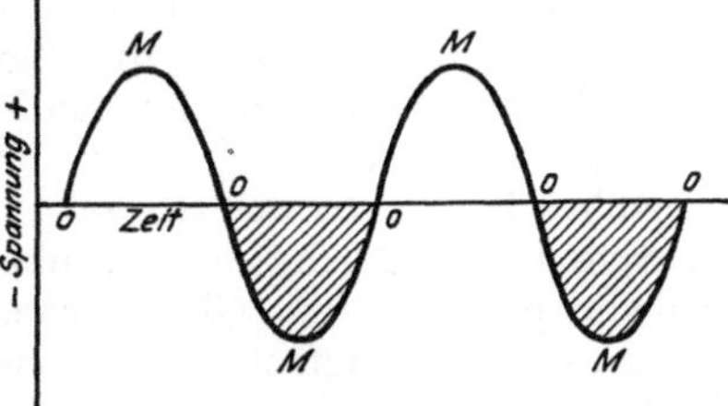

Abb. 35.
Wirkungsweise eines Hochspannungsventils.
Die negativen Phasen (schraffiert) werden unterdrückt, es kommen nur die positiven Phasen zur Geltung.

wird, wie aus dem Bild ohne weiteres ersichtlich, die Energie des Primärstromes nur zur Hälfte ausgenutzt, zweitens ist die Beanspruchungsart des Transformators eine sehr ungünstige; während er in der einen Halbperiode leer läuft und die hochgespannten Ströme, die einen Entladungsweg suchen, die Isolation des Transformators stark beanspruchen, findet in der zweiten Halbperiode eine große Stromentnahme aus ihm statt.

Die mechanische Gleichrichtung.

Die Bestrebungen der Techniker gingen deshalb dahin, auch die negative Phase des Wechselstromes zur Nutzleistung heranzuziehen. Dies wurde schließlich erreicht durch die sinnreiche Konstruktion des sog. *Hochspannungsgleichrichters*. Dieser ist im Prinzip ein automatischer Stromwender, der im Takte des Wechselstromes arbeitet (Abb. 36). Die Enden der Sekundärspule des Wechselstromtransformators M und N wechseln (50 Perioden des Wechselstromes voraus-

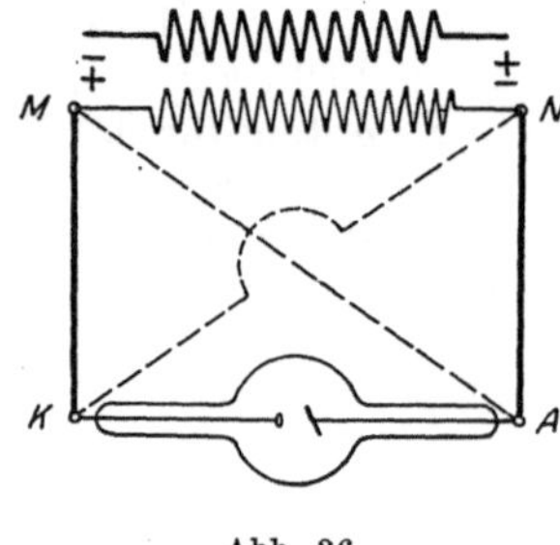

Abb. 36.

Der Hochspannungsgleichrichter ist im Prinzip ein Stromwender. Mit jedem Phasenwechsel werden die Verbindungen zwischen den Klemmen des Transformators $M\,N$ und den Enden der Röntgenröhre $K\,A$ gegenseitig vertauscht.

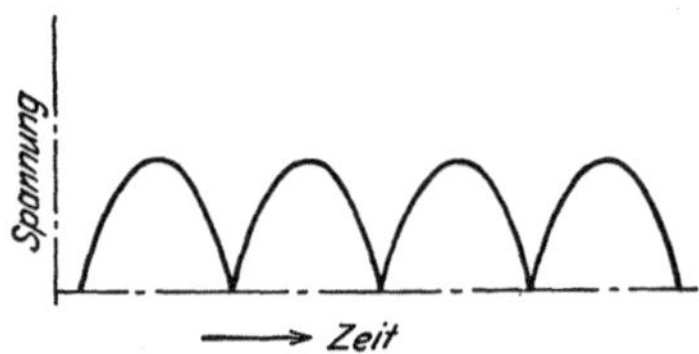

Abb. 37.
Spannungskurve eines gleichgerichteten, hochgespannten Wechselstromes.

Durch Wendung des Stromes in der Zeit der negativen Phase wird der Wechselstrom in pulsierenden Gleichstrom umgewandelt. In der Spannungskurve drückt sich dies darin aus, daß die negative Phase (in Abb. 35 schraffiert) jetzt nach oben geklappt ist.

gesetzt) 50 mal in der Sekunde ihre Polarität. Der Hochspannungsgleichrichter sorgt nun dafür, daß die Verbindung der Kathode K und der Antikathode A mit den Sekundärklemmen des Transformators M und N in demselben Tempo vertauscht werden, so daß die Kathode ständig mit dem Minuspol, gleichgültig ob er bei M oder N liegt, die Antikathode aber in der gleichen Weise stets mit dem Pluspol in Verbindung bleibt. Der Erfolg ist, daß Strom nur *einer* Richtung durch die Röhre fließt. In der Stromkurve drückt sich dies so aus, daß die negative Phase gleichsam nach oben geklappt ist (Abb. 37), die Röhre also von pulsierendem Gleichstrom durchflossen wird.

Von den mannigfachen in Verwendung stehenden Hochspannungsgleichrichtern bietet der sog. *einebenige Gleichrichter* die einfachste Konstruktion (Abb. 38). Er besteht aus vier feststehenden, am Rande einer Kreisfläche in gleichen Abständen angeordneten Segmenten, an denen abermals vier, an einem Holzkreuz befestigte, paarweise miteinander leitend verbundene Segmente dicht vorbeirotieren. Von den feststehenden vier Segmenten sind zwei schräg gegenüberliegende mit den Klemmen des Transformators, die anderen zwei dagegen mit den Enden der Röntgenröhre verbunden. Die Wirkungsweise dieses

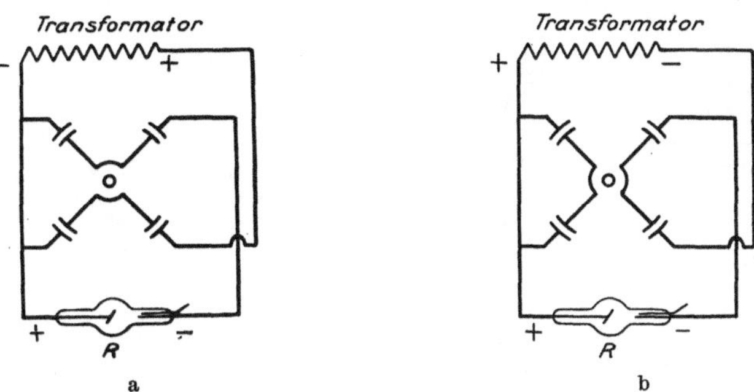

Abb. 38 a u. b. Die Funktion des Hochspannungsgleichrichters.

In der Abb. a ist die positive Klemme des Transformators über die Arme des Gleichrichters mit der Antikathode der Röntgenröhre (+) verbunden; in der gleichen Weise steht die negative Transformatorenklemme mit der Kathode der Röntgenröhre (−) in Verbindung. Durch den Phasenwechsel ändert sich die Polarität der Transformatorklemmen (Abb. b). Infolge Umdrehung des Gleichrichters um 90° bleibt jedoch abermals die positive Klemme mit der Antikathode, die negative mit der Kathode der Röntgenröhre gepolt.

Hochspannungsschalters bei der Rotation ist aus den Abb. a und b (bei b nach erfolgter Drehung um 90°) ersichtlich. Die richtige Periodizität im Umschalten wird dadurch gewährleistet, daß das Holzkreuz auf die Achse eines mit dem Wechselstrom synchron rotierenden Motors (eines sog. *Synchronmotors*) justiert ist.

Da für den Synchronmotor beide Halbwellen des Wechselstroms gleichwertig sind, kann er auch in die negative Phase einlaufen. Das Holzkreuz würde für diesen Fall umgekehrt polen. Die Art der Einstellung läßt eine Polaritätsanzeigevorrichtung erkennen (rote und grüne Scheibe). Durch entsprechende Umpolung des Primärstroms mittels eines Stromwenders wird auch die Einstellung des Motors in die negative Phase benutzbar.

Theoretisch sollte die Umschaltung erfolgen, während die Sinuskurve der Spannung den Nullpunkt passiert (Punkt 0 der Abb. 35), die Spannung also Null ist. Praktisch ist dies mit den mechanischen Hochspannungsschaltern nicht zu erreichen. Die Kontaktsegmente müßten nämlich zu diesem Zwecke so lang gestaltet sein, daß sie sich beinahe berührten. Spannungsüberschläge zu den Nachbarsegmenten wären nicht zu vermeiden. Man muß deshalb von vornherein auf die dem Nullpunkt nahen Teile der Spannungskurve verzichten. Die Umschaltung geht also vor sich, während eine nicht unbeträchtliche Spannung im Sekundärkreise herrscht. Sie wird deshalb von Funkenerscheinungen begleitet. Der Stromschluß wird, sobald sich die beweglichen Segmente den feststehenden auf geringe Distanz genähert haben, durch einen Funken eingeleitet und dauert so lange an, bis die Enden der Segmente sich so weit entfernt haben, daß durch einen Abreißfunken der Strom unterbrochen wird (Abb. 39). Die Stromschlußdauer ist

also in der Hauptsache von der Länge der Segmente abhängig. Diese
kann man aus den oben angeführten Gründen nicht allzu lang gestalten.
Deshalb umfaßt die Stromschlußdauer *nicht* die *ganze* Halbperiode;
Anfangs- und Endteil müssen notwendigerweise wegfallen. Dieser Weg-

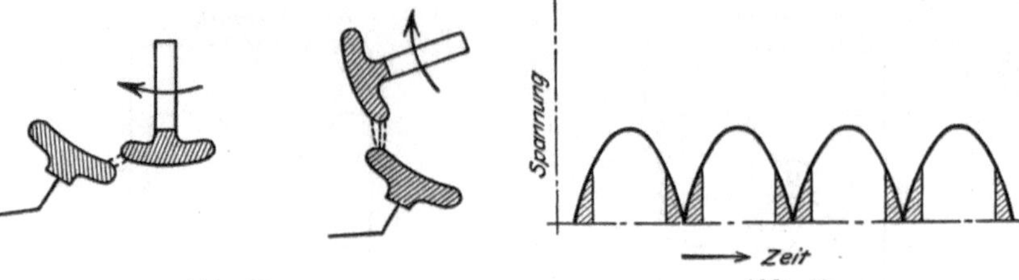

<table>
<tr><td align="center">Abb. 39.
„Begrüßungsfunke“ und „Abschiedsfunke“
an den Segmenten eines rotierenden Hoch-
spannungsgleichrichters.</td><td align="center">Abb. 40.
Bei der mechanischen Gleichrichtung gehen
die niedrig gespannten Anfangs- und End-
teile der Halbperiode (schraffiert) verloren.</td></tr>
</table>

fall ist aber nicht zu betrauern, da die niedrigen Spannungen des An-
fangs- und Endteils der Halbperiode ja doch nur sehr weiche Röntgenstrahlen liefern. Die kurze Strompause aber gewährt der Röhre eine
willkommene Erholungspause. Die Röhrenstromkurve sieht demnach
aus wie in Abb. 40 dargestellt. Es werden also nur die höheren Spannungen der Wechselstromkurve benutzt, während die niedrigeren (in
der Abbildung schraffiert) in Wegfall kommen.

Eine solche idealisierte Stromkurve läßt sich annäherungsweise nur
dann erzielen, wenn die beweglichen Segmente den feststehenden im
Zeitpunkt des Spannungsmaximums (Punkt M der Abb. 35) genau
gegenüberstehen, d. h. der Gleichrichter *richtig justiert* ist, worauf
großes Gewicht zu legen ist. Da bei richtiger Justierung die Segmente
bei niedrigen Spannungen sich nähern und bei niedrigen Spannungen
sich entfernen, sind außer einem kleinen, den Stromschluß einleitenden
Funken, einem ebensolchen stromöffnenden Nachziehfunken und den
bläulichen Büschelentladungen zwischen den fixen und rotierenden
Segmenten sonst keine Entladungen zu bemerken. Zeigen sich hingegen beim Betrieb des Apparates an den Enden der Segmente längere,
tangential zur Rotationsrichtung verlaufende, kräftige Funken, so ist
dies ein Zeichen, daß der Gleichrichter schlecht justiert ist. Der Beginn
des Stromüberganges bzw. Stromabrisses fällt jetzt nicht in die niedrig-
gespannten Phasen der Halbwelle, sondern ist in höhere Spannungs-
gebiete verschoben; der Wirkungsgrad des Apparates ist schlecht, die
starken Funken erregen kräftige hochfrequente Schwingungen. Das
Funkensymptom wird um so deutlicher, je stärker man den Transformator belastet, denn um so kräftiger fallen die Funken aus.

Um dem abzuhelfen, geht man folgendermaßen vor: Man setzt den Apparat
in Gang und beobachtet die Richtung und Länge der Funken, schaltet aus und
dreht den Gleichrichter nach Lösen einer Kuppelungsschelle auf seiner Achse um
den Betrag der Funkenlänge entgegen der Richtung des Funkens zurück, schaltet
wieder ein und vergleicht die jetzige Funkenlänge mit der früheren. Sind die
Abreißfunken länger geworden, so müßte ein Verdrehen der Achsen in um-

gekehrter Richtung vorgenommen werden. Hat die Länge der Abreißfunken abgenommen, so nimmt man eine weitere Verstellung in derselben Richtung vor, und zwar so weit, bis die Funkenlänge auf ein Minimum herabgedrückt ist.

Die im Hochspannungsgleichrichter übergehenden Funken sind die Erreger hochfrequenter Schwingungen, die zu einem Verbrauch elektrischer Energie führen. Es kommt dadurch zu einem Spannungsabfall, der 10—20 kV betragen kann. Um diesen Betrag ist die Röhrenspannung niedriger als die Transformatorspannung.

Die Ventilröhrengleichrichtung.

Die Hochspannungsgleichrichter haben also den Nachteil, daß sie Erreger von Hochfrequenzschwingungen sind und daß in ihnen ein verhältnismäßig großer Spannungsabfall stattfindet. Diese Nachteile werden vermieden durch Verwendung von Ventilröhren, die in geeigneter Anordnung (GRÄTZsche Schaltung Abb. 41) den Wechselstrom ebenso wie der mechanische Gleichrichter gleichzurichten vermögen. Das Gleichrichten geschieht fast ohne Spannungsverlust und in vollständigem Ausmaße, so daß auch die niedrigen Spannungen des Wechselstromes zur Geltung kommen. Diese Apparate liefern deshalb ein an weichen Strahlen reiches Strahlengemisch und sind daher für Tiefentherapie weniger gut geeignet. Für diagnostische Zwecke aber sind die Apparate sehr in Schwung gekommen, da sie den Bedürfnissen der mit hohen Stromstärken auszuführenden Momentphotographie eines modernen röntgendiagnostischen Betriebes gerecht werden. Der mechanische Gleichrichter kann in diesen Fällen infolge des

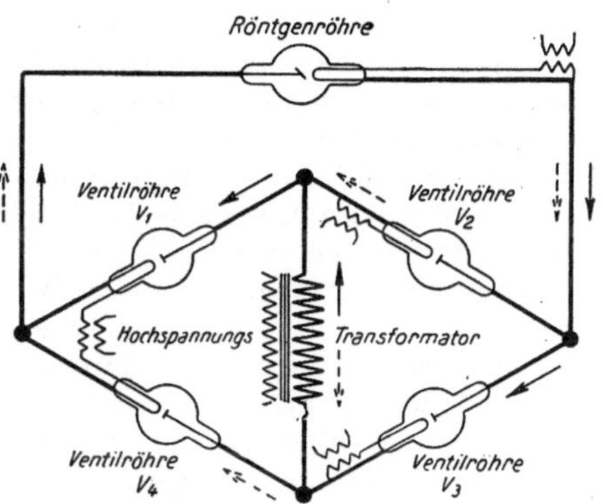

Abb. 41.
Die Ventilröhrengleichrichtung mit Hilfe von vier Ventilröhren in Grätzscher Schaltung.

Für die eine Phase (verfolge den ausgezogenen Pfeil) ist der Stromkreis, der von der einen Klemme des Transformators zur anderen zieht, über V₁ (V₂ sperrt), Röntgenröhre, V₃ geschlossen. Für die entgegengesetzte Phase (verfolge den gestrichelten Pfeil) bleibt nur der Weg über V₄ (V₃ sperrt), Röntgenröhre, V₂ zum anderen Pol des Transformators. Beide Phasen werden also für die Röntgenröhre in dieselbe Richtung geleitet.

Spannungsabfalls, der sich besonders bei hohen Stromentnahmen äußert, zum Mißerfolg, d. h. zur Unterexposition infolge zu weicher Strahlung führen. Ein solcher Spannungsabfall wird im Ventilröhrengleichrichter vermieden. Momentaufnahmen können daher mit ihm mit großer Sicherheit des Erfolges ausgeführt werden. Nicht zu Unrecht ist der Ventilröhrengleichrichter jetzt beliebt und modern. Da der Apparat für den Betrieb vier Ventilröhren benötigt, stellt er sich etwas teuer.

Der Transformator des Gleichrichterapparates ist mit dem Netz in direkter und dauernder Verbindung und kann daher bei größerer Beanspruchung jedes Plus an Energie bis zu den Grenzen, die in seiner

Bauart und in der Zuleitung gelegen sind, mit Leichtigkeit aus dem Netz holen. Aus diesem Grunde ist er Netzspannungsschwankungen gegenüber wenig empfindlich. Die Schwankungen spiegeln sich im gleichen Prozentsatz in der Sekundärspannung wieder, der Heizstromkreis dagegen reagiert in 10—12facher Multiplikation. 1 proz. Sinken der Netzspannung hat also 1 proz. Abnahme der Sekundärspannung und 10—12 proz. Abnahme des Heizstromes zur Folge.

Halbwellenapparate. Sehr einfach in ihrer Handhabung und übersichtlich in ihrer Konstruktion sind die Transformatorapparate, bei denen unter Ausnützung der Ventileigenschaften der Glühkathoden-Röntgenröhre der transformierte, hochgespannte Wechselstrom *direkt* der Röhre zugeführt wird, wobei nur die positiven Stromimpulse ausgenützt werden. Solange die Antikathode nicht allzusehr erhitzt ist und also keine Elektronen aussendet, bleiben die negativen Stromstöße wirkungslos, da an der gekühlten Antikathode keine Elektronen zum Stromtransport zur Verfügung stehen. Die Ventileigenschaften der Röntgenröhre bleiben so lange in Wirkung, als die Antikathode durch die ihr aufgezwungene Leistung thermisch nicht überlastet wird. Tritt dies ein, so werden auch die verkehrten Stromstöße durchgelassen, was für die Röhre verhängnisvoll werden kann.

Arbeitet man mit einem Halbwellenapparat, so muß die Einstellung der Röhrenstromstärke sehr vorsichtig vorgenommen werden; denn durch eine einmalige zu hohe Belastung kann die Antikathode ins Glühen kommen und ebenso wie die Glühkathode Elektronen aussenden. Dadurch wird die Röhre auch für den entgegengesetzten Stromimpuls durchgängig (*Rückzündung*); dieser kann die Röhre zerstören. Man beginne daher, wenn die Röhre ausprobiert werden soll, erst mit kleinen Heizstromstärken und taste sich langsam bis zum gewünschten Röhrenstrom vor.

Die Halbwellenapparate haben in der photographischen Technik einen Nachteil: die *unrationelle Belastung der Röhre*. Bei 50 periodigem Wechselstrom blitzt die Röhre 50 mal in der Sekunde kurz auf, während eine am Gleichrichter unter den gleichen Bedingungen betriebene Röhre (da *beide* Phasen der Periode ausgenützt werden) 100 mal aufleuchtet und daher den doppelten Effekt aufweist. Wollen wir mit dem Halbwellenapparat den gleichen photographischen Effekt erzielen wie mit dem Gleichrichter, so müssen wir die Röhre, um die großen Strompausen auszugleichen, während *einem* Stromimpuls *doppelt so stark* arbeiten lassen.

Dabei ist aber folgendes zu beachten: um den gleichen Röhrenstrom zu erzielen (der durch das Milliamperemeter angezeigte Röhrenstrom stellt den Mittelwert der in der Sekunde durchgehenden Stromimpulse dar [s. S. 59]), muß die am Halbwellenapparat arbeitende Röhre pro Impuls (da nur halb soviel Impulse auf sie einwirken) doppelt so stark belastet werden wie eine bei gleichem Röhrenstrom an einen Gleichrichter angeschlossene Röhre. Abb. 42 zeigt den Unterschied in der Arbeitsweise bei gleichem durch das Milliamperemeter angezeigten Röhrenstrom. Wie wir sehen, ist die einzelne Impulsbelastung am Halbwellenapparat doppelt so groß wie am Gleichrichter, gleichen Röhrenstrom vorausgesetzt. Wir müssen deshalb mit einer Röhre arbeiten, die für doppelte Belastung gebaut ist. Beabsichtigen wir beispielsweise mit Röhrenstromstärken bis 75 mA zu arbeiten, so müssen wir uns mit einer Röhre, die für 150 mA Belastung gebaut ist, versehen. Gehen unsere Bestrebungen noch weiter (100 — 150 mA), so müssen wir zu Höchstleistungsröhren greifen. Wir verschlechtern dadurch die Bild-

qualität (Hochleistungsröhren müssen eine breite Brennfläche haben und zeichnen deswegen nicht scharf, s. S. 123) ganz wesentlich.

Es versteht sich aus obigem von selbst, daß Röhren am Halbwellenapparat nur mit der Hälfte der für den

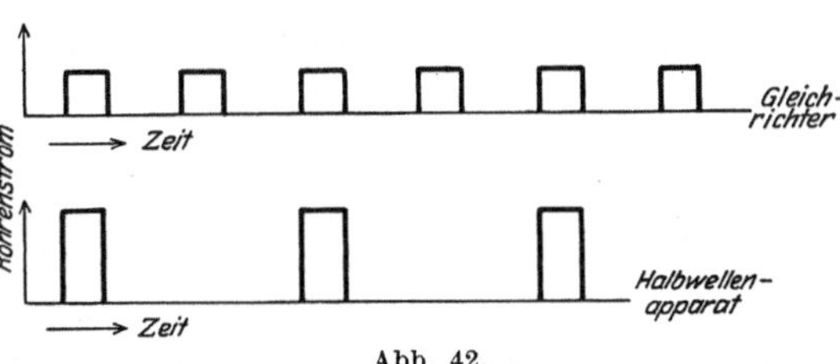

Abb. 42.

Bei gleichem vom Milliamperemeter angezeigten Röhrenstrom wird die Röntgenröhre am Halbwellenapparat pro Impuls doppelt so stark belastet als am Gleichrichter.

Gleichrichter angegebenen Röhrenstromstärke, aber für die doppelte Zeit (infolge der relativ langen Strompause) belastet werden dürfen. Also: am Gleichrichter 150 mA, 1 Sek., am Halbwellenapparat 75 mA, 2 Sek. usw.

Die Halbwellenapparate können durch Zusatz zweier kleiner Kondensatoren und einer Ventilröhre in bestimmter Schaltung zu vollwertigen Tiefentherapieapparaten umgewandelt werden (s. den folgenden Abschnitt). Die Zusatzteile sind jederzeit abschaltbar, so daß ein solches Instrumentarium einen recht billigen und brauchbaren Universalapparat darstellt.

Die Halbwellenapparate sind, da sie im wesentlichen nur aus dem Transformator bestehen, Instrumentarien, die nur wenig Raum einnehmen. Dagegen ist ihr Gewicht noch ganz respektabel, und zwar infolge der großen Metallmassen, die den Transformator zusammensetzen. Von einer leichten Transportmöglichkeit solcher Apparate ist also keine Rede. Aus diesem Grunde bleibt der Röntgenapparat ein schwerfälliges Instrument, das leider nicht zu den leicht handlichen Utensilien des praktischen Arztes gezählt werden kann. Es entspricht einem Bedürfnis, eine Konstruktion ausfindig zu machen, die die Ausmaße und namentlich das Gewicht der Apparatur wesentlich zu verkleinern gestattet, ohne daß dabei ihre Wirksamkeit erheblich herabgesetzt würde.

Ein Schritt in dieser Richtung ist getan durch die *Hochfrequenzapparatur*. Wie schon der Name verrät, werden zum Betrieb der Röntgenröhre Hochfrequenzströme verwendet, die in einem Schwingungskreis erzeugt und mit Hilfe einer Induktorspule (sog. *Teslatransformator*) hochgespannt werden. Da die Hochfrequenzströme sehr rasch hin und her gehen, ist ihre Induktionswirkung gewaltig. Der Transformator kann daher sehr klein gehalten sein und braucht überdies keinen Eisenkern (da dessen Magnetismus dem raschen Wechsel des Kraftfeldes ohnedies nicht nachfolgen könnte). So reduziert sich das Gewicht des Transformators ganz bedeutend. Immerhin beträgt das Gewicht solcher Apparate samt allem Zubehör noch ca. 30 kg. Eine wesentliche Erleichterung (im wahren Sinne des Wortes), aber „der praktische Arzt mit dem Röntgenapparat in der Westentasche" bleibt noch Zukunftsmusik.

Der Kondensatorapparat.

Während für die Diagnostik die Gleichrichterapparate einen derzeitigen Höhepunkt darstellen, ist man in der Therapie durch Konstruktion der sog. *Kondensatorapparate*, was den Wirkungsgrad der Apparatur anbelangt, einen Schritt weiter gekommen. Die bisher geschilderten Apparate weisen eine Stromkurve auf, die ein Anwachsen der Spannung vom Nullwert bis zum Scheitelwert und von da wieder einen Abfall zum Nullwert erkennen läßt. Der durch die Röhre fließende Strom ist diskontinuierlich und läuft alle Spannungswerte von Null bis zum Scheitelwert und zu Null zurück vielmals in der Sekunde durch. Man sah darin früher den Grund für die Komplexität der resultierenden Röntgenstrahlung und war bemüht, um homogene Strahlung zu erzielen, hohe Gleichspannung zu erzeugen und zum Betrieb von Röntgenröhren zu verwenden. Während die Erzeugung homogener Strahlung auf diesem Wege sich als ein prinzipieller Irrtum erwiesen hat, ist die Erzeugung nahezu kontinuierlicher, hochgespannter Gleichspannung geglückt und hat zu einem beträchtlichen Fortschritt in der Technik der Tiefentherapie geführt.

Das wesentlich Neue an der Schaltung der Kondensatorapparate besteht darin, daß die Impulse des Wechselstromtransformators, je nach ihrem Vorzeichen, über zwei entgegengesetzt gestellte Ventile in große Kondensatoren geleitet werden, die ihrerseits die in ihnen gespeicherte Energie in kontinuierlichem Strom der Röntgenröhre zuführen (Abb. 43). Das System erinnert in seinem konstruktiven Gedankengang an die

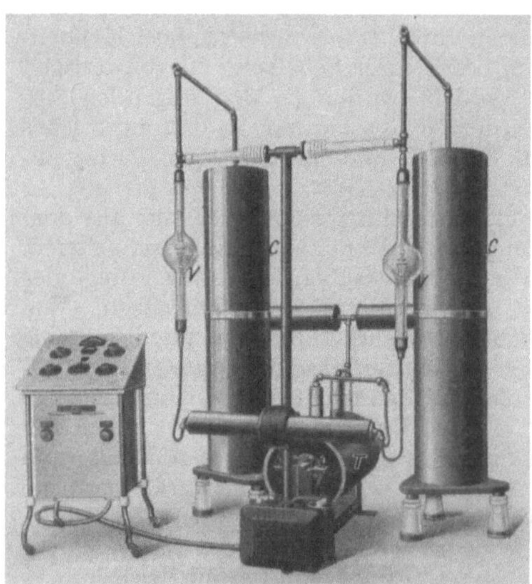

Abb. 43. Der Kondensatorapparat
(Stabilivolt der Siemens-Reiniger-Veifa).
$C\,C$ = Kondensatoren; $V\,V$ = Ventilröhren;
T = Transformator.

Feuerspritze, bei der zwei abwechselnd arbeitende Druckpumpen unter Vorschaltung von Ventilen Wasser in einen Windkessel pressen (der als Reservoir dient), aus dem dann das Wasser nicht stoßweise, sondern in kontinuierlichem Strahl austritt.

Das Schaltungsschema eines solchen Apparates gibt Abb. 44 wieder. Dem im Transformator T hochgespannten Wechselstrom stehen je nach seiner Phase zwei Wege zur Verfügung, und zwar für die eine Phase der Weg über V_1 nach C_1, für die andere über V_2 nach C_2. Es werden also beide Wechselstromhalbwellen nutzbar gemacht. Die Kondensatoren werden während jeder Halbperiode des Wechselstromes bis zum Maximalwert der Transformatorspannung aufgeladen. Eine Rückentladung der Kondensatorbatterie in den Transformator ist durch die Sperrwirkung der Ventilröhren unmöglich gemacht. Da beide Kondensatoren hintereinander geschaltet sind, so summieren sich ihre Spannungen.

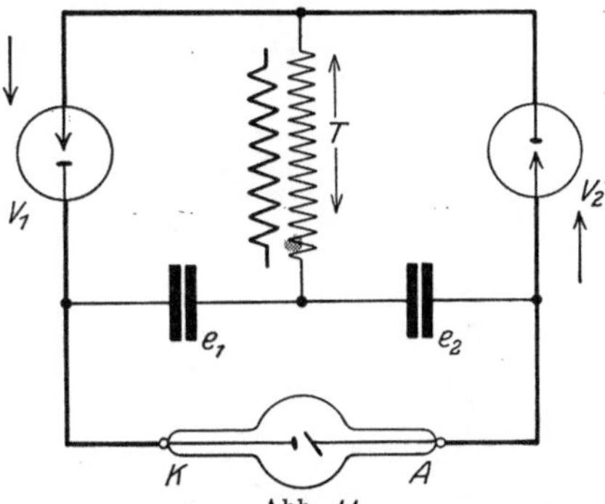

Abb. 44.
Schaltungsschema zum Kondensatorapparat.
Während der einen Phase ist der Stromkreis für den Transformator T über V_1 und C_1 geschlossen, während der anderen Phase bleibt nur der Weg über C_2 und V_2.

An die Röntgenröhre wird der doppelte Betrag der Ladungsspannung abgegeben, weshalb der Transformator nur für die Hälfte der zu erzeugenden Röhrenspannung bemessen zu sein braucht.

Den Verlauf der Kondensatorspannung zeigt Abb. 45. Die Spannung nimmt bei der Stromentnahme durch die Röhre etwas ab, bis sie durch den folgenden Transformatorimpuls wieder auf die ursprüngliche Höhe gebracht ist. Es resultiert ein in engen Grenzen fluktuierender, nahezu konstanter, hochgespannter Gleichstrom.

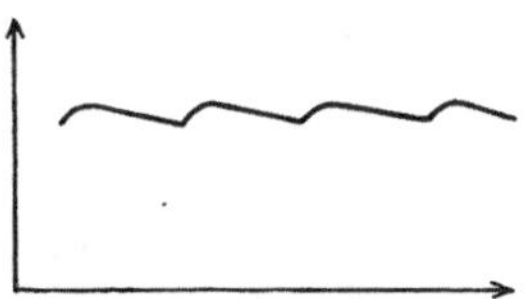

Abb. 45.
Sekundärspannungskurve
des Kondensatorapparates.

Der Halbwellen-Kondensatorapparat.

Der Kondensatorapparat läßt sich auch als Halbwellenapparat durchbilden. Es geschieht dies durch die sog. VILLARDsche Schaltung (Abb. 46 und 47). Dabei sind die Enden der Sekundärspule des Transformators an die inneren Beläge zweier Kondensatoren angeschlossen, deren Außenbeläge an Ventilröhre und Röntgenröhre geführt sind. Ventilrohr und Röntgenrohr sind parallel geschaltet.

In dem so geschlossenen Stromkreis ändert der Strom mit jeder Halbperiode die Richtung. Sind nun Ventilrohr und Röntgenrohr im Gegentakt zueinander eingestellt, so ist der Stromkreis abwechselnd das eine Mal über die Ventilröhre, das andere Mal in der andern Richtung über die Röntgenröhre geschlossen. Während der einen Halbperiode werden daher die beiden Kondensatoren über die Ventilröhre geladen. Während der folgenden Halbperiode sperrt die Ventilröhre

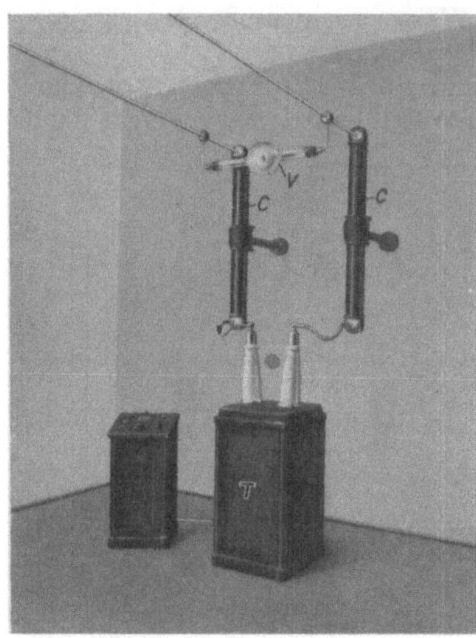

Abb. 46.   Halbwellen-Kondensatorapparat
(Siemens-Reiniger-Veifa).

$C\,C$ = Kondensatoren; V = Ventilröhre;
T = Transformator.

den Stromweg; die in den Kondensatoren während der voraufgegangenen Halbperiode gespeicherte Spannung, zu der noch die der Sekundärspule des Transformators hinzukommt, kann sich jetzt nur über die Röntgenröhre entladen. Diese Entladung findet jede zweite Halbperiode statt. Es resultiert also sog. pulsierende Gleichspannung.

Man sieht ohne weiteres ein, daß der Transformator nur etwa die Hälfte der erforderlichen Spannung zu liefern braucht, da man die andere Hälfte durch Aufladen der Kondensatoren in derjenigen Halbperiode erhält, während der die Röntgenröhre stromlos blieb. Die andere Hälfte der Spannung verteilt sich auf beide Kondensatoren; auf diesen lastet also nur je $^1/_4$ der betriebsmäßig vorkommenden Spannung.

Da aus diesen Gründen sowohl der Transformator als auch die Kondensatoren nur für geringe Spannung bemessen zu sein brauchen, und ferner nur *eine* Ventilröhre zum Betrieb benötigt wird, stellt der *Konden-*

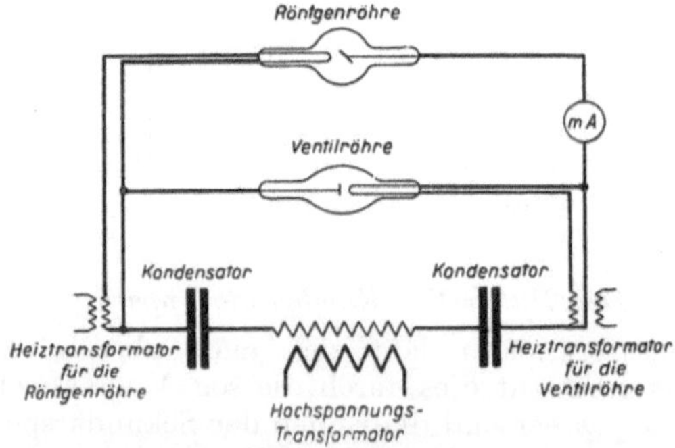

Abb. 47.   Schaltungsschema nach VILLARD zum Halbwellen-Kondensatorapparat.
Ventilröhre und Röntgenröhre sind parallel, aber im Gegentakt zueinander geschaltet. Während der positiven Phase ist der Stromkreis über die Röntgenröhre geschlossen (die Ventilröhre sperrt); während der negativen Phase ist der Stromweg über die Ventilröhre geschlossen (die Röntgenröhre sperrt).

sator-Halbwellenapparat ein relativ billiges und dabei vollwertiges Therapieinstrumentarium dar, das bei 180 kV pulsierender Gleichspannung 4-mA-Röhrenstrom zu liefern vermag. (Durch Abschalten der Kondensatoren wird aus dem Instrumentarium ein Halbwellen-Diagnostikapparat.)

Verwendbarkeit der einzelnen Apparatsysteme.

1. Für die Diagnostik. Die Diagnostik verlangt vom Röntgenapparat als maximale Leistung hohe Röhrenstromstärken bei verhältnismäßig niedrigen Spannungen (40—100 kV).

Zur *Durchleuchtung* ist jeder Apparat, gleichgültig welcher Konstruktion, in gleichem Maße verwendbar. Wir benötigen nur niedrige Spannungen (45—60 kV) und geringe Röhrenstromstärken (5 mA), was unterschiedslos jeder der geschilderten Apparate hergeben kann.

Anders in der *photographischen Diagnostik*. Hier beanspruchen wir, um die Expositionszeiten abzukürzen, hohe Röhrenstromstärken, also große sekundäre Leistung des Transformators bezüglich Stromstärke. Beim Induktorapparat hat diese Forderung zum Bau der sog. *Einzelschlagapparate* geführt. Abgesehen davon, daß ihre Leistungen hinter denen der andern Apparattypen zurückstehen, sind die bei der plötzlichen Stromöffnung entstehenden Hochfrequenzschwingungen so stark, daß sie die Röhre gefährden.

Für *diagnostische Hochleistungen* nimmt der *Transformatorapparat* mit der *Ventilröhrengleichrichtung* derzeit den ersten Rang ein. Er übertrifft den Apparat mit mechanischem Gleichrichter, da dieser in seinen rotierenden Kontaktteilen durch Funkenübergänge zu nicht unbeträchtlichen Spannungsverlusten führt, die sich bei stärkerer Stromentnahme noch vergrößern.

Der *Kondensatorapparat* eignet sich nicht ohne weiteres für diagnostisch-photographische Zwecke. Da die Kondensatoren nicht so groß gemacht werden können, daß sie bei den hohen diagnostischen Leistungen die Spannung in den Ladepausen auf der erforderlichen Höhe zu erhalten imstande wären, so würde man bei starker Belastung auch vom Kondensatorapparat pulsierende Gleichspannung erhalten, die sich nicht sehr wesentlich von der Spannungskurve der Gleichrichterapparate unterschiede. Um die Kapazität der Kondensatoren und die Leitfähigkeit der Ventilröhren für diagnostische Zwecke zu vergrößern, muß man durch eine Umschaltevorrichtung sowohl erstere als auch letztere parallel schalten. Erst dann kann die Anlage für Diagnostik mit Vorteil benutzt werden.

2. Für die Oberflächentherapie. Hierfür gilt dasselbe, was oben von der Durchleuchtung gesagt wurde. Da eine Tiefenwirkung nicht verlangt wird, hohe Spannungen entbehrlich sind, können ohne Einschränkung Apparate aller Systeme diesem Zwecke genügen. Für die Wahl sind, abgesehen vom Kostenpunkt, nur betriebstechnische Gesichtspunkte ausschlaggebend.

3. Für die Tiefentherapie. Hier ist die Tiefenwirkung der Strahlung das wichtigste Erfordernis. Diese ist abhängig von der Höhe der erreichbaren Spannung. Sowohl Induktor- und Transformator-, als auch Kondensatorapparate können bei eigens darauf hinzielender Konstruktion die erforderlichen Spannungen entwickeln.

Kritische Beurteilung der Vor- und Nachteile der einzelnen Apparatsysteme.

Die Induktor- und Transformatorapparate erzeugen einen pulsierenden Strom; dabei wird die Röhre in der Sekunde von zahlreichen Stromimpulsen getroffen. In den *Pausen* zwischen den Stromimpulsen fließt *kein* Strom, und es entstehen auch *keine* Röntgenstrahlen. Da die Spannungskurve an- und absteigt, wird nur in einem einzigen Moment des Stromstoßes die maximale Spannung erreicht, im übrigen aber ist die Spannung niedriger. Da der Charakter der Röntgenstrahlung, wie wir später sehen werden, von der sie erzeugenden Spannung abhängig ist, entsteht als Mittelwert ein weicheres, weniger durchdringungsfähiges Strahlengemisch (s. S. 64).

Beim Kondensatorapparat wird die Röhre *kontinuierlich*, ohne Pause von einem Strom *gleichbleibender Spannung* durchflossen. Die Röntgenröhre sendet daher *dauernd* Röntgenstrahlen aus; das Strahlengemisch ist im Durchschnitt härter, da die Spannung sich am Scheitelwert hält. Aus diesem Grunde (s. S. 64) ist auch die Strahlungsintensität bei gleicher Scheitelspannung und gleicher Milliamperezahl am Kondensatorapparat 1,5—1,6 mal größer, als unter gleichen Bedingungen am Induktor oder Transformatorapparat. Die Vorteile, die dieser Apparat bietet, sind also *Abkürzung der Bestrahlungszeit* in der Therapie bzw. der *Expositionszeit* in der Photographie. Ferner kommt der größere Anteil an kurzen Wellenlängen der Penetranz der Strahlung zugute.

Da rotierende Teile und Funkenstrecken im Hochspannungskreis des Kondensatorapparates fehlen, kommt es auch nicht zu Überspannungen und Hochfrequenzschwingungen. Hierdurch ist eine lange Lebensdauer von Apparat und Röhre gewährleistet. Ein gutes Röntgenrohr verhält sich an der konstanten Gleichspannung sehr gut und erreicht eine lange Brenndauer. (Sowie aber das Vakuum der Röntgenröhre nicht auf der richtigen Höhe ist, kann es, weil die volle Leistung des Kondensatorapparates stets zur Verfügung steht und ein kontinuierlicher hochgespannter Strom durch die Röhre fließt, durch Stoßionisation zu einer schweren Schädigung des Rohres kommen, während bei den andern Betriebsarten das Rohr in den Strompausen sich wieder erholen kann.)

Über den Induktorapparat ist nicht viel zu sagen. Er ist infolge des Unterbrechers und der rotierenden Ventilfunkenstrecke in seiner Arbeitsweise öfters von Störungen heimgesucht, die sich als Überspannungen in knallenden, weißen Funken an der Ventilfunkenstrecke, in Zuckungen und plötzlichen Änderungen der Zeigerstellung des Härtemessers und Milliamperemeters äußern. Auf seine Empfindlichkeit Netzspannungsschwankungen gegenüber wurde bereits hingewiesen.

Die Vervollkommnung der Coolidgeröhre, für die der Transformatorapparat das Gegebene ist, hat den Induktor immer mehr in den Hintergrund treten lassen. Aber schon ist der Transformatorapparat in seiner dominierenden Stellung ernstlich durch den Kondensatorapparat bedroht. In der Therapie steht der Kondensatorapparat derzeit an erster

Stelle. In der Diagnostik behauptet der Gleichrichter (als Ventilröhrengleichrichter) das Feld. Der weitere Fortschritt hängt von den Entwicklungsmöglichkeiten der Kondensatorapparate bezüglich ihrer diagnostischen Leistung ab.

IV. Elektrische Meßinstrumente.

Die momentane Leistung einer Apparatur kann durch Meßinstrumente kontrolliert werden. Die *elektrische Energie* ist definiert durch das Produkt: *Spannung mal Stromstärke* (Volt mal Ampere); also brauchen wir *Spannungsmesser* (Voltmeter) und *Strommesser* (Amperemeter) für den Primärstromkreis und gesondert ebensolche für den Sekundärstromkreis. Wird eine Coolidgeröhre betrieben, so müssen wir auch über die Heizstromstärke durch ein Meßinstrument unterrichtet sein.

Meßinstrumente des Primärkreises.

Das Voltmeter. Das Voltmeter sagt aus, welche Spannung im Primärkreise vorhanden ist, gibt also die *Netzspannung* an. Ist die Apparatur an ein großes Stadtnetz angeschlossen, so schwankt der Starkstrom normalerweise nur sehr wenig. Die Schwankungen werden verursacht durch große Stromentnahmen, wie sie manche Fabriken für ihre Betriebe benötigen. Sie äußern sich deshalb meistens in den Vormittagsstunden, während nach Schluß der technischen Betriebe die Spannung wieder anzusteigen pflegt. In kleinen Industriestädten können die Schwankungen schon beträchtlicher sein. 10—20%ige Schwankungen unter das angegebene Niveau sind nichts Außergewöhnliches; sie führen im Therapiebetrieb zur Unterdosierung, in der Diagnostik mitunter zu Fehlaufnahmen. Wie sie auf die elektrischen Verhältnisse der Röntgenanlage einwirken, wurde bereits erwähnt. Ihre Rückwirkung ist bei Betrieb von Coolidgeröhren besonders nachteilig dadurch, daß die Spannungsschwankungen in der Röhrenstromstärke zehnfach verstärkt sich widerspiegeln. — Das Voltmeter ist, wie alle Spannungsmesser, der Stromleitung parallel geschaltet.

Das Amperemeter. Das Amperemeter gibt die momentane Stromstärke des Primärkreises an; es ist nicht parallel, sondern *in* den Stromkreis geschaltet. Die Primärstromstärke ist je nach den Leistungen, die vom Apparat verlangt werden, verschieden, aber für jede bestimmte Leistung die gleiche. Das Meßinstrument kann also sehr wohl dazu dienen, die Konstanz der Apparatverhältnisse zu kontrollieren.

Meßinstrumente des Sekundärkreises.

Weit mehr beanspruchen unser Interesse die den Sekundärkreis definierenden Meßinstrumente, da sie indirekt auf die Menge und Art der Röntgenstrahlung schließen lassen.

Spannungsmesser.

Man muß grundsätzlich unterscheiden zwischen der *Scheitelspannung* (d. h. dem höchsten Spannungswert, den die Spannungskurve erreicht) und dem Spannungsmittelwert, der sog. *Effektivspannung*. Ausschlaggebend für die Beurteilung der Strahlenqualität ist die Scheitelspannung. Bei Gleichrichterapparaten läßt sie sich durch Multiplikation mit dem sog. *Scheitelfaktor* ($\sqrt{2} = 1{,}414$) aus der Effektivspannung berechnen. An Kondensatorapparaten fällt diese Unterscheidung selbstverständlich weg.

Die Funkenstrecke. Die Röntgentechnik verwendete von Anfang an zu Hochspannungsmessungen eine aus einer Spitzenelektrode (Pluselektrode) und Plattenelektrode (Minuselektrode) bestehende, parallel zur Röhre geschaltete Funkenstrecke (Abb. 48). Die Spannung ist durch die gemessenen Überschlagweiten des Funkens in cm bestimmt. — Bei großer sekundärer Stromstärke können beim Ansprechen der Funkenstrecke Überspannungen entstehen, die die Röhre gefährden. Die parallele Funkenstrecke ist der einzige, *direkt* in den Hochspannungskreis geschaltete Spannungsmesser. Die anderen Meßinstrumente sind in den Niederspannungskreis eingebracht und geben nur indirekt die Spannung des Sekundärkreises wieder; ihre Angaben sind also nur bedingt richtig.

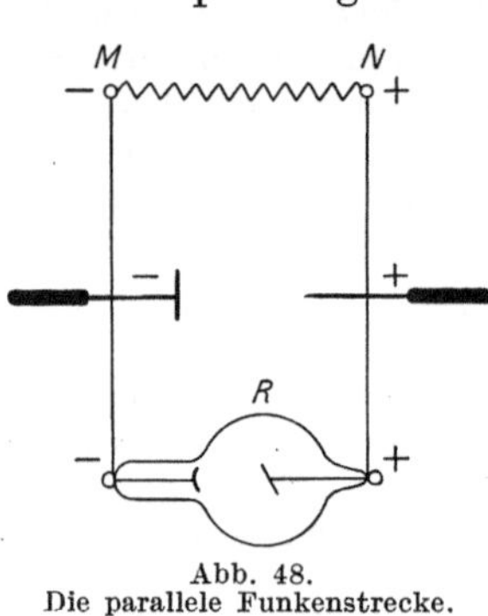

Abb. 48.
Die parallele Funkenstrecke.
MN = Transformator;
R = Röntgenröhre.

Der Härtemesser. Die Induktorapparate sind mit einem sog. *Härtemesser* versehen. Dieser besteht aus einem Voltmeter, das seine Impulse aus den Enden eines auf den Eisenkern des Induktors gewickelten Drahtes erhält. Es zeigt daher die während der Schließung und der Öffnung induzierte Spannung an. Von Interesse ist für uns nur die Spannung der Öffnungsinduktion. Da das Meßgerät von einer Reihe anderer Faktoren abhängig ist, können seine Angaben auch kein annähernd 'eindeutiges Maß für die Induktorspannung abgeben. —

Das Kilovoltmeter. Auf einer höheren Stufe steht schon das *Kilovoltmeter* der Transformatorapparate. Das Kilovoltmeter mißt de facto die Spannung der Enden der *Primärspule* des Transformators. Auf seiner Skala hingegen ist nicht diese, sondern die nach dem Übersetzungsverhältnis des Transformators aus der Primärspannung sich ergebenden *idealen Sekundärspannungswerte* eingetragen. Meist ist dieser Wert noch mit dem Scheitelfaktor multipliziert, so daß es nicht den Effektivwert, sondern den Scheitelwert der Spannung anzeigt.

Das Kilovoltmeter zeigt nur *so lange richtig*, als der Transformator *leer läuft*, d. h. kein Strom dem Sekundärkreis entnommen wird. Dann stimmen Primär- und Sekundärseite nach dem Übersetzungsverhältnis überein. Sowie der Transformator belastet wird, also Strom durch die Röntgenröhre fließt, zeigt das Kilovoltmeter weiterhin so an, als ob der Transformator leer liefe. Die Veränderungen, die die Spannung auf der Sekundärseite erleidet (Spannungsverluste im Nadelschalter, Hochfrequenzschwingungen, evtl. falsche Einstellung des Gleichrichters usw.)

können von ihm nicht erfaßt werden. Auch der Spannungsabfall, der normalerweise auf der Sekundärseite bei Stromentnahme eintritt, bleibt unberücksichtigt. Das Kilovoltmeter zeigt demnach zu hoch an; die Spannung ist in Wirklichkeit niedriger. Je mehr Strom entnommen wird, desto größer wird die Differenz zwischen *wirklich* vorhandener und *angezeigter* Spannung. Bei großen Stromentnahmen, z. B. zu Momentaufnahmen, kann der Meßfehler bis 30 % betragen.

Wären wir auch in der Lage, den Scheitelwert der Sekundärspannung genau zu bestimmen, so ist damit noch nicht gesagt, daß diese Spannung auch an den Röhrenenden herrscht, also an der Röhre wirksam wird. Dieser Idealfall tritt nur dann ein, wenn die Röhre direkt an die Klemmen des Transformators angeschlossen ist; andernfalls kommt es zu einem Spannungsabfall in den zwischen der Röhre und dem Transformator gelegenen Teilen der Apparatur durch Sprüh- und Isolationsverluste der Leitung.

Auch beim Kondensatorapparat, der frei von rotierenden Teilen und Funkenstrecken ist, entspricht der am Kilovoltmeter ablesbare Spannungswert keineswegs der faktischen Spannung. In dem Augenblick nämlich, da der Kondensator mit seiner riesigen Kapazität über eine der Ventilröhren mit dem Transformator in Verbindung tritt, kommt es, da der Kondensator große Strommengen in sich aufnimmt, stets zu einem Spannungsabfall, der ca. 11 % der Leerlaufspannung beträgt. Das Kilovoltmeter zeigt diesen Spannungsabfall nicht an.

Die Angaben des Kilovoltmeters haben nur einen relativen Wert und müssen als solche gewertet werden. Während sie uns über die wirklichen Spannungsverhältnisse im unklaren lassen, können sie doch zur Regelung des Betriebes der Apparatur in ausgezeichneter Weise dienen.

Strommesser.

Das Milliamperemeter. Das Milliamperemeter hat die Aufgabe, die Stromstärke im sekundären Stromkreis anzuzeigen. Es ist *direkt* in den Hochspannungskreis des Apparates eingeschaltet (bei Stromfluß nicht berühren!). Es gibt den Röhrenstrom an und ist daher ein sehr wichtiges Instrument. Um die Anzeigen des Milliamperemeters zu verstehen und richtig zu beurteilen, muß man seine Arbeitsweise kennen.

Das Meßinstrument steht vor der schwierigen Aufgabe, einen Strom zu messen, dessen Stärke inkonstant ist und der in mehr oder weniger großen Pausen durch die Röhre fließt. Das Milliamperemeter zeigt nun den *zeitlichen Mittelwert* aus diesen Strömen an, d. h. es gibt einen so großen Ausschlag, wie die einzelnen Impulsenergien, ohne ihre Gesamtenergie zu ändern, gleichmäßig und kontinuierlich wirkend, in ihm erzeugen würden. Mathematisch ist dies durch Umwandlung der von der Stromkurve umschlossenen Fläche in ein flächengleiches Rechteck dargestellt (Abb. 49), wobei die Höhe des Rechteckes die mittlere, vom Milliamperemeter angezeigte Stromstärke bedeutet. Es ist daraus ohne weiteres ersichtlich, daß die momentane Stromstärke bedeutend höher liegt, als der vom Meßinstrument angezeigte Strom. Die Differenz ist je nach der Apparatur verschieden. Betrachten wir die Verhältnisse an einem Gleichrichterapparat: Die Röntgenröhre empfängt intermittierenden Gleichstrom, und zwar bei 50 periodigem Wechselstrom 100 Impulse in der Sekunde. Von jedem Impuls wird aber durch den Gleichrichter nur die Hälfte der Röhre zugeführt. 100 mal in der Sekunde blitzt die Röhre 1/200 Sekunde lang auf und ebensooft ist sie die gleiche Zeitspanne stromlos. Daher wird der Momentwert der Stromstärke in den Stromflußperioden das Doppelte des vom Milliamperemeter angezeigten Mittelwertes betragen. Krasser sind die Verhältnisse beim Induktorapparat. Hier beträgt der Momentanwert des Röhrenstromes das 4—5fache des abgelesenen Wertes.

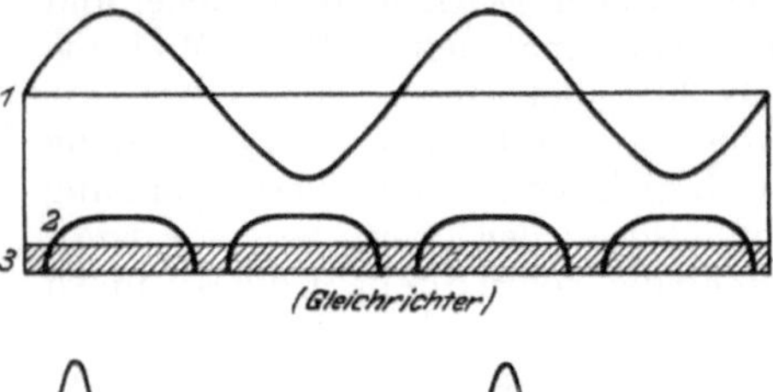

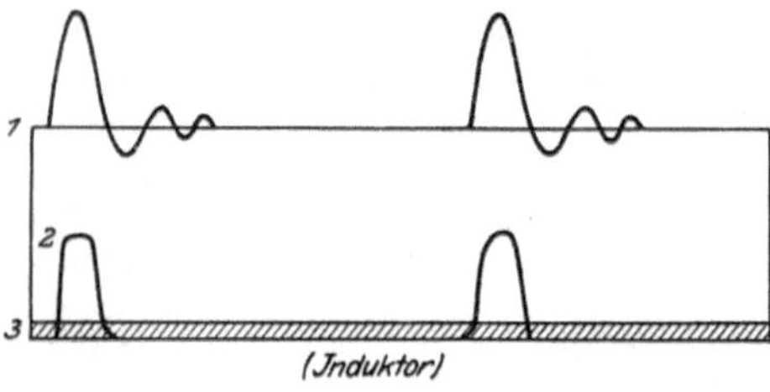

Abb. 49.

1 = Spannungskurve;
2 = Röhrenstromkurve;
3 = Mittelwert des vom Milliamperemeter angezeigten Röhrenstroms.

So wird es verständlich, daß der Induktorbetrieb für die Röhre eine ungleichmäßige schwere Belastung darstellt.

Beim Gebrauch des Milliamperemeters muß man stets daran denken, daß *elektrostatische Aufladungen* des Glasdeckels den Zeiger festhalten können und eine Milliamperezahl vortäuschen, die in Wirklichkeit nicht vorhanden ist. Solche Störungen kommen hauptsächlich bei Meßgeräten mit vollständigem Glasdeckel vor, besonders wenn sich Staub auf ihnen abgesetzt hat. Ist das Instrument in einem Eisengehäuse mit schmalem Skalenausschnitt untergebracht, so werden wir diese Störung seltener beobachten. Die Störung wird dadurch bemerkbar, daß der Zeiger einer vermehrten bzw. verminderten Heizstromstärke der Röhre seinerseits nicht mit einer Veränderung seiner Stellung nachfolgt, sondern unbeirrt an einer Stelle stehenbleibt oder ruckartig sich fortbewegt. Man schafft Abhilfe, indem man die Innenfläche des Glasdeckels mit Glycerin einreibt, oder besser auf der Innenseite der Glasplatte dünne Metalldrähte spannt. — Durch verstellbare Widerstände läßt sich das Instrument für mehrere Maßbereiche benützen.

Das Heizstromamperemeter. Obwohl sämtliche Coolidgeröhren von den Röhrenfabriken mit einem Vermerk über die maximal zulässige Heizstromstärke versehen sind, ist doch an den Apparaten nur in seltenen Fällen ein Heizstromamperemeter vorgesehen. Ein solches Instrument wäre aber im Interesse der Kontrolle der Röhrenfunktion in jedem Falle wünschenswert.

Zur Kontrolle der elektrischen Vorgänge im Sekundärstromkreis dienen also die verschiedenen Spannungsmesser und das Milliamperemeter. Während das letztere absolut getreu die mittleren Stromwerte angibt, sind die Spannungsmesser recht unzuverlässige Meßgeräte. Das zuverlässigste von allen ist die *parallele Funkenstrecke*, besonders in ihrer Ausbildung als **Kugelfunkenstrecke.** Kugelig geformte Elektroden sind nämlich frei von einer Reihe äußerer Einflüsse. Das Ansprechen der Funkenstrecke ist bei gleicher Elektrodendistanz in hohem Grade von der Form der Elektroden abhängig; je spitzer diese sind, um so leichter kommt es zu einem Ausgleich der Spannung in Form eines Überschlagfunkens, und um so mehr sprechen auch andere Einflüsse wie Temperatur, Barometerdruck, Feuchtigkeitsgehalt der Luft usw. mit hinein und setzen die Genauigkeit des Meßverfahrens herab. Alle diese Fehlerquellen lassen sich ausschalten, wenn man den Elektroden Kugelform verleiht. Je größer der Kugeldurchmesser, um so genauer funktioniert die Funkenstrecke. Für die praktisch in Betracht kommenden Spannungen bis 200 kV genügt ein Durchmesser von 15 cm. Die Kugelelektroden sind (Abb. 50) auf einer Schlittenvorrichtung beweglich gegeneinander angebracht.

Vermittelst eines Zahnantriebes und Schnurzug werden die Kugeln einander so weit genähert, bis ein Funke überspringt. Eine Zentimeterskala läßt dann die Spannung in Kilovolt ablesen. Damit die Röhre beim Funkenübergang nicht gefährdet wird, schaltet man zwischen Röhre und Funkenstrecke Hochspannungswiderstände ein.

Abb. 50. Die Kugelfunkenstrecke.

Für diagnostische Zwecke bietet die Kugelfunkenstrecke neben der Spektroskopie die einzige Möglichkeit, über die Sekundärspannung rasch und einfach verläßliche Auskunft zu erhalten. Die Qualifizierung der Strahlenhärte in der Therapie verfolgt andere Ziele; hier geht es mehr um die Tiefenwirkung der Strahlung; diese wird besser als durch Messung der Spannung durch *Absorptionsbestimmungen* (Halbwertschicht) definiert. (Die an Therapietransformatoren angebrachte Funkenstrecke ist nicht als Meßinstrument, sondern mehr als Sicherheitsventil gegen Überspannungen zu betrachten. Treibt man beispielsweise Tiefentherapie mit einer maximalen Spannung von 40 cm Funkenstrecke, so stelle man die Funkenstrecke auf 42 cm ein. Ein Überschreiten der Spannung wird bei dieser Anordnung sich an der Funkenstrecke auswirken und sich durch den lärmenden Funkenübergang anzeigen.)

Erkennung und Lokalisation von Störungen.

Die fortlaufende und genaue Kontrolle der Meßinstrumente, die Beobachtung des Funkenüberganges an den rotierenden Hochspannungsschaltern, das Verhalten der Röhre, lassen eine Störung erkennen und bei einiger Übung auch lokalisieren. Man gehe dabei systematisch vor und notiere die einzelnen Beobachtungen. Man wird dann nach dem beigegebenen Schema (Tabelle II) zu einem Urteil kommen können. Die Beobachtung hat zu umfassen: 1. Netzspannungsmesser, 2. Kilovoltmeter bzw. Härtemesser, 3. Milliamperemeter, 4. Art des Funkenüberganges am Hochspannungsschalter, 5. Funktion der Röhre. Es sind nur fünf, bei Coolidgebetrieb am häufigsten vorkommende und leicht zu beseitigende Störungen aufgezählt. Bei Fehlern, die in das Schema sich nicht einfügen lassen, wird man stets den Röntgentechniker zu Rate ziehen.

Tab. 2.

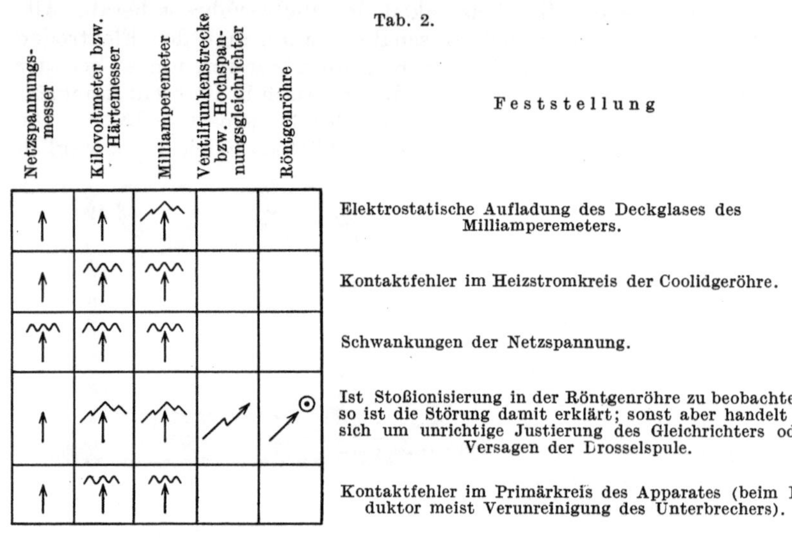

Feststellung

Elektrostatische Aufladung des Deckglases des Milliamperemeters.

Kontaktfehler im Heizstromkreis der Coolidgeröhre.

Schwankungen der Netzspannung.

Ist Stoßionisierung in der Röntgenröhre zu beobachten, so ist die Störung damit erklärt; sonst aber handelt es sich um unrichtige Justierung des Gleichrichters oder Versagen der Drosselspule.

Kontaktfehler im Primärkreis des Apparates (beim Induktor meist Verunreinigung des Unterbrechers).

Zeichenerklärung:

↑ = Zeiger steht still;   = Zeiger schwankt hin und her;

= Zeiger ändert ruckartig seine Stellung;   = Funkenübergang;

= Stoßionisation.

Im allgemeinen ist darauf zu achten, daß alle Klemmen des Leiterkreises fest angezogen, die Verbindungen überall komplett sind. Besonders störend sind lose Kontaktteile der Hochspannungsleitung; der Strom überbrückt diese Stellen in kleinen Fünkchen, die bei Abdunkelung leicht zu sehen sind. Man muß immer auch daran denken, daß eine Störung von einer solchen gelockerten Verbindung herrührt, und versäume nicht, wenn sonst die Störung sich nicht lokalisieren läßt, den kleinen Kontaktfehler zu beheben. Solche kleine, millimeterbreite Funkenstrecken erzeugen Hochfrequenzschwingungen, die die Stromkurve verändern können und zu Spannungsverlusten führen. Spannungsverluste können auch durch Spitzenwirkung, d. h. durch an einer Spitze der Sekundärleitung ausstrahlende Elektrizität hervorgerufen werden. Im verdunkelten Zimmer sind diese Ausstrahlungen in Form von blassen Funkenbüscheln leicht nachweisbar. Um jede Spitzenwirkung zu vermeiden, verwendet man für Hochspannungsleitungen nur noch dicke, runde, an den Enden mit Kugeln armierte Metallrohre. Da sich aber an den Leitungen durch elektrostatische Anziehung der Staub bei mangelhafter Pflege der Anlage in dicken Lagen ansetzt, kommt es auf diesem Wege zu einer Aufrauhung der glatten Flächen und zur Spitzenbildung. Zur Schonung der Apparatur ist daher große Sauberkeit und Achtsamkeit notwendig.

Eine manifeste Störungsäußerung ist das *Durchbrennen* einer *Sicherung*. Das Auswechseln einer Sicherung ist natürlich ohne weiteres möglich. Man wird aber gut tun, dies erst dann vorzunehmen, wenn die Ursache des Kurzschlusses festgestellt ist, oder eine Ursache an und für sich klar ist (z. B. Defektwerden einer Röhre). Ist man nicht im klaren, welche Leitung betroffen ist, so versuche man andere, vom Röntgenapparat unabhängige Stromkreise einzuschalten, etwa die Lichtleitung oder andere Apparatleitungen (Diathermie, Quarzlampen usw.). Erweisen sich auch diese stromlos, so hat man die Störung im Durchschmelzen der Hauptsicherung zu suchen.

V. Die Physik der Röntgenstrahlen.

Da, wie bereits eingangs erwähnt, die Röntgenstrahlen in ihrem Wesen nichts anderes sind als sehr kurzwellige Lichtstrahlen, so ist es verständlich, daß alle Gesetze, die uns aus der Physik des Lichtes bekannt sind, auch für die Röntgenstrahlen in entsprechender Form Geltung haben. Dieser Umstand ermöglicht es uns, durch Analogie mit den Vorgängen der Optik die etwas schwierige Physik der Röntgenstrahlen unserem Verständnis näher zu bringen. Wir wollen von diesem Hilfsmittel im folgenden ausgiebig Gebrauch machen, wobei wir auf jede mathematische Ableitung verzichten.

Das Röntgenstrahlenspektrum.

Untersucht man die von dem Brennfleck einer Röntgenröhre ausgehende Röntgenstrahlung auf ihre Zusammensetzung, indem man die Strahlen (ähnlich wie das Licht durch ein Prisma) an dem Raumgitter von Kristallen zur Beugung bringt und ein Spektrum erzeugt, so kommt man zu dem Ergebnis, daß jede Röntgenröhre ein ganzes *Strahlengemisch* aussendet. Zieht man einen Vergleich mit den Strahlen sichtbaren Lichtes, so kann man sagen: von der Röhre geht kein *ein*farbiges Licht, sondern ein Strahlen*gemisch* aus, vergleichbar dem weißen Licht glühender Körper. Da die weitere Untersuchung zeigt, daß in diesem Gemisch innerhalb bestimmter Grenzen *sämtliche* Wellenlängen, wenn auch in verschiedener Intensität, *lückenlos* vertreten sind, so spricht man von einem *kontinuierlichen* Spektrum der

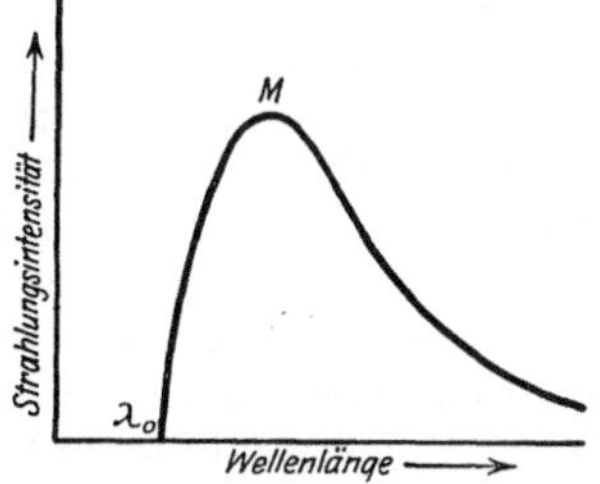

Abb. 51.
Spektrale Energieverteilungskurve der Strahlung einer Röntgenröhre.
λ_0 = Grenzwellenlänge;
M = Stahlungsmaximum.

Röntgenstrahlen. Tragen wir in ein Koordinatensystem die Wellenlängen in Ångströmeinheiten[1] als Abszissen, die Intensität jeder einzelnen als Ordinaten auf, so erhalten wir die spektrale Energieverteilungskurve (Abb. 51). Diese gibt uns Aufschluß darüber, wie groß die ausgestrahlte

---

[1] Eine Ångströmeinheit ist ein Zehnmillionstel Millimeter und wird mit Å bezeichnet.

Energie ist (Flächeninhalt der Kurve), bei welcher Wellenlänge das Energiemaximum liegt (Scheitelpunkt M der Kurve), welche die kürzeste Wellenlänge ist (λ_0 Grenzwellenlänge). Diese drei Größen: *Strahlungsenergie, Strahlungsmaximum, Grenzwellenlänge,* stehen miteinander und mit den elektrischen Vorgängen in der Röhre in gesetzmäßigen funktionellen Beziehungen. Diese Beziehungen zu kennen, ist sowohl für den Therapeuten als auch für den Diagnostiker von fundamentaler Bedeutung, da sie für sein technisches Tun und Lassen ausschlaggebend sind. Die Beziehungen sind die folgenden:

1. *Die Strahlungsenergie*: Die Strahlungsenergie ist ceteris paribus proportional dem *Quadrate* der an der Röntgenröhre liegenden Spannung. Ver*doppeln* wir die Spannung, so ver*vierfacht* sich die von der Röntgenröhre ausgehende Strahlenenergie. Es gibt also eine Röntgenröhre bei beispielsweise 100 kV und 2 mA viermal, bei 200 kV und 2 mA sechzehnmal mehr Strahlung her, als wenn sie bloß mit 50 kV bei 2 mA betrieben wird.

2. *Das Strahlungsmaximum* rückt mit steigender Spannung immer weiter in der Richtung der kurzen Wellenlängen vor. Das Strahlengemisch wird immer reicher an kurzwelligen Anteilen.

3. *Die Grenzwellenlänge* zeigt dieselbe Verschiebung nach dem Nullpunkt des Koordinatensystems hin. Zwischen der kürzesten in der Strahlung vertretenen Wellenlänge und der an der Röhre liegenden Spannung besteht eine einfache gesetzmäßige Beziehung $\lambda_0 = \dfrac{12{,}35}{V}$ (V in kV), woraus sich bei bekanntem λ_0 die Spannung leicht errechnen läßt. (Prinzip des Spektrographen.)

Alle die genannten Gesetze waren noch vor der Entdeckung der Röntgenstrahlen an der Strahlung glühender Metalle erkannt und errechnet worden. Wie hier zwischen *Spannung* und Wellenlänge besteht dort zwischen *Temperatur* und Wellenlänge dieselbe gesetzmäßige Beziehung. Geringe Temperaturen erzeugen nur lange Wellen (Wärmestrahlen), hohe Temperaturen auch kurze Wellen (Lichtstrahlen). Die Vorgänge, die sich bei dem Aufprall der Elektronen an den Atomen der Antikathode abspielen, sind den Vorgängen in den Atomen eines glühenden Metalls verwandt.

Man nahm früher an, daß die Röntgenröhre nur deshalb ein Strahlengemisch aussende, weil die stromerzeugenden Maschinen stets eine periodisch veränderliche Spannung liefern. Mit Ausnahme der Kondensatorapparate erzeugen nämlich sämtliche Maschinen eine pulsierende Spannung. Da das Strahlenspektrum der Röntgenröhre in seiner Zusammensetzung von der Spannung, die an der Röhre liegt, abhängig ist, muß es in seiner Art die Spannungspulsationen mitmachen.

Fassen wir 5 Punkte aus der Halbperiode eines hochgespannten Wechselstroms ins Auge (Abb. 52 a), so entspricht jedem dieser Punkte ein eigenes Strahlenspektrum, das in Abb. 52 b als Kurve 1, 2, 3, 4 und 5 eingezeichnet ist. Diese 5 Kurven sind willkürlich aus der großen Zahl herausgenommen; in Wirklichkeit gehen sie fließend ineinander über, d. h. im Beginn der Halbperiode ist die Spannung noch gering; die Röhre sendet wenig und nur weiche Strahlen aus. Mit Ansteigen der Spannung rückt die Grenzwellenlänge nach den kurzen Wellen vor, die Strahlung wird härter und die Röhre sendet auch im ganzen mehr Röntgenstrahlung aus. Die Strahlenemission erreicht, was ihre Härte und Intensität betrifft, gleichzeitig mit dem Scheitelwert der Sekundärspannungskurve (Punkt 3 der Abb. 52 a) ihren Höhepunkt und nimmt von da an in der gleichen Art wieder ab. Dieser Vorgang wiederholt sich mit jedem Stromstoß in der gleichen Weise.

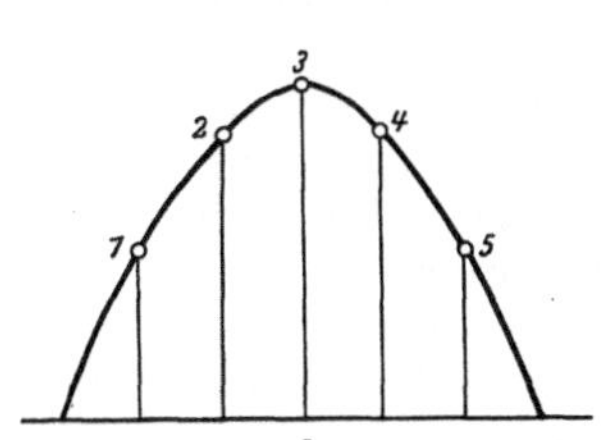
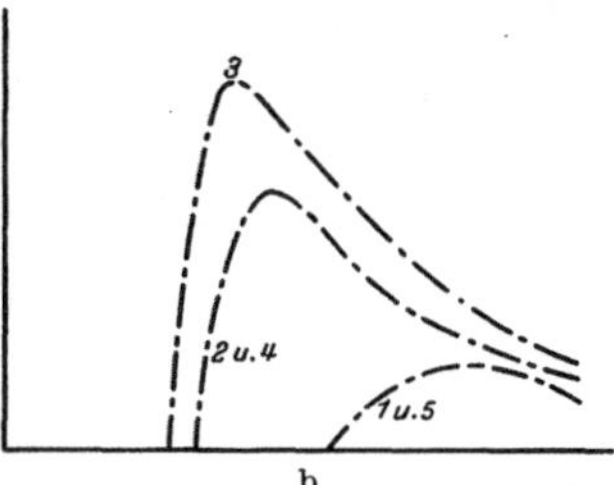

Abb. 52a u. b. Abhängigkeit der Strahlenemission einer Röntgenröhre vom Verlauf der Hochspannungskurve.

Der Verlauf der Sekundärspannung ist also auf den Charakter des erzeugten Strahlengemisches nicht ohne Einfluß: Der flachgebogenen Spannungskurve eines Hochspannungsgleichrichters wird ein Strahlengemisch entsprechen, das relativ reich an weichen Strahlen ist. Die spitze Dreieckform der Induktorkurve gibt zur Entstehung weicher Strahlen weniger Veranlassung. Nach Durchgang durch ein $1/_2$-mm-Kupferfilter, das die weichen Strahlen zurückhält, sind jedoch beide Strahlengemische praktisch vollständig gleich. Der Streit, ob die spitze Induktorkurve der flachen, sinusförmigen Hochspannungskurve der Gleichrichter vorzuziehen sei, ist also für gefilterte Therapiestrahlung gegenstandslos.

Bei pulsierendem Gleichstrom wird der Charakter der Strahlung im wesentlichen von der *Scheitelspannung* bestimmt, der Verlauf der Spannungskurve hingegen ist praktisch ohne Belang. Dieses zunächst überraschende Ergebnis wird verständlich, wenn man bedenkt, daß nach der obengenannten Beziehung die den höchsten Spannungswerten entsprechenden Strahlen an Intensität weitaus überwiegen und daher in erster Linie dem Charakter der Strahlung ihren Stempel aufdrücken.

Viel einfacher liegen die Verhältnisse, wenn die Röntgenröhre mit konstanter Gleichspannung, wie sie die Kondensatorapparate liefern, betrieben wird. Da niedere Spannungsstufen nicht vorhanden sind, fluktuiert auch die Strahlenemission der Röhre nicht, sondern bleibt auf konstanter Höhe. Man erhält auf diese Weise eine größere Strahlenintensität pro Sekunde und mehr harte Strahlen, aber immer noch ein Strahlen*gemisch*.

Wir haben also folgende gesetzmäßigen Beziehungen kennengelernt: Die vom Brennfleck einer Röntgenröhre ausgehende Strahlung ist, was ihre Qualität und Quantität betrifft, in hohem Grade von der an der Röhre liegenden Spannung abhängig. Je höher die Spannung, desto kurzwelliger die Strahlung, desto mehr Strahlung aber sendet die Röhre auch aus. Der Verlauf der Spannungskurve hat bei periodisch veränderlicher Spannung auf die Quantität und Qualität der Strahlung nur wenig Einfluß. Die Scheitelspannung ist ausschlaggebend. Konstante Gleichspannung liefert im Vergleich zu pulsierender Spannung bei gleichem

Scheitelwert ein an harten Strahlen wesentlich reicheres Spektrum. Die vom Brennfleck ausgehende Strahlung ist unter allen Umständen komplex.

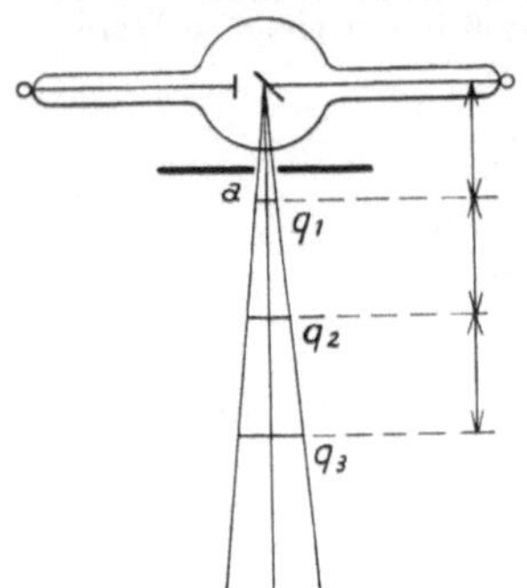

Bisher blieb die Röhrenstromstärke unberücksichtigt. Sie hat nur auf die Quantität der Strahlung Einfluß, mit der sie in *direkter proportionaler* Beziehung steht. Doppelte Röhrenstromstärke hat doppelte Strahlungsintensität zur Folge, ohne daß sich an der spektralen Verteilung des Strahlengemisches etwas ändert.

Da die Röntgenstrahlenenergie, wie das Licht, von der punktförmigen Energiequelle nach allen Richtungen im Raume sich ausbreitet, also die gleiche Energie sich mit wachsender Entfernung auf immer größere Flächen verteilt, nimmt in dem gleichen Maße die Flächenenergie ab. Abb. 53 veranschaulicht dies zur Genüge. Durch die kreisrunde Öffnung in a tritt ein schmaler Strahlenkegel hindurch, dessen Intensität wir in Abständen

Abb. 53. Die räumliche Ausbreitung der von einer punktförmigen Strahlenquelle ausgehenden Röntgenstrahlung. Im Zusammenhang damit steht die Abnahme der Flächenenergie mit wachsendem Abstand von der Strahlenquelle.

vom Brennpunkt, die sich wie $1:2:3$ verhalten, bestimmen wollen. Jeder der Kegelquerschnitte q_1, q_2 und q_3 wird von der gleichen Energie getroffen. Weil sich aber ihre Flächen wie die Quadrate der Abstände vom Brennpunkt, also wie $1:4:9$ verhalten, fällt auch die pro Flächeneinheit (cm²) gemessene Energie (*Intensität*) in dem gleichen Maße ab, beträgt also 1, 1/4, 1/9. *Die Röntgenstrahlenintensität ist dem Quadrat der Entfernung vom Brennpunkt umgekehrt proportional.*

Eine bestrahlte Fläche erhält ein Maximum an Strahlung, wenn sie senkrecht im Strahlengang steht; bei jeder anderen Stellung von Strahlenquelle und Fläche zueinander wird die Bestrahlung eine geringere, bis sie bei Stellung parallel zum Strahlengang gleich Null wird. Die von einer bestrahlten Fläche aufgefangene Strahlenenergie ist dem sin des Einfallswinkels proportional (Abb. 54).

In der gleichen Weise ist umgekehrt die Strahlenemission einer Strahlen aussendenden Fläche vom Ausstrahlungswinkel abhängig. Die stark geneigte Brennfläche einer nach dem GOETZE-Prinzip (s. S. 123)

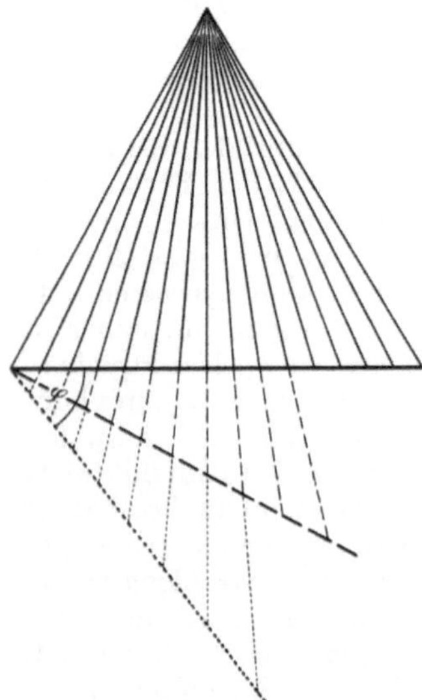

Abb. 54. Abhängigkeit der Flächenenergie von der Größe des Einfallswinkels der Strahlung.

konstruierten Röhre sendet daher in der Richtung des Hauptstrahls weniger Strahlenenergie aus, als ein anderer nur wenig geneigter Brennfleck von gleicher Flächenausdehnung.

Energieumsetzung beim Durchgang von Röntgenstrahlen durch die Materie.

Läßt man Röntgenstrahlen durch Materie hindurchtreten, so erscheint nur ein Bruchteil der Energie nach Durchgang durch die Materie wieder, ein mehr oder minder großer Teil ist zurückgehalten, bzw. in andere Energieformen verwandelt worden. Man sagt: *Röntgenstrahlen werden beim Durchgang durch Materie geschwächt.* Der als *Schwächung* bezeichnete Verlust tritt hauptsächlich durch zwei Vorgänge, nämlich durch die *Absorption* und die *Streuung* ein. *Schwächung = Absorption + Streuung.* Die Schwächung ist das Grundphänomen der Diagnostik und der Therapie. Durch die schattengebende Wirkung absorbierender Körper wird ihre Abbildung auf dem Fluorescenzschirm bzw. auf der photographischen Platte möglich. Die zurückgehaltene Röntgenstrahlung vermag aber ihrerseits im lebenden Organismus, in physikalische und chemische Energieformen umgesetzt, ihre heilenden Wirkungen zu entfalten.

Tiefer analysierend spielen sich die Vorgänge folgendermaßen ab:

Bekanntlich wird heute jedes Atom als eine Art Sonnensystem betrachtet, in dem der positiv elektrisch geladene Kern von mehreren Elektronen umkreist wird, die negative Elektrizitätsteilchen sind. Es ist klar, daß die Anziehung der entgegengesetzten Elektrizitäten hier die Gravitation ersetzt. Auch sieht man ohne weiteres ein, daß die äußeren, vom Kern weiter entfernten Elektronen weniger stark durch Anziehung von ihm festgehalten werden, als die inneren Elektronen. Kern und Elektronen bilden zusammen nur einen verschwindend kleinen Bruchteil des Atomvolumens, so daß zwischen diesen Gebilden noch reichlich Raum vorhanden ist.

Materie müssen wir uns demnach als eine zahlenmäßig ins Immense gehende, stereometrische Anordnung solcher Atome denken. Diese stellt also ein kompliziertes räumliches Netzwerk dar, in dem als Punkte die winzigen Atombestandteile (Kerne und Elektronen) in ihren Systemen schweben. Dieses Atomnetz müssen Röntgenstrahlen, deren Energie wir uns nach der Quantentheorie in einzelnen punktförmigen Ballungen zusammengedrängt denken, durchsetzen.

Dabei können sie zum Teil ungehindert passieren, zum Teil aber treten sie in Wechselwirkung mit den Atombestandteilen, wobei sie ihre Energie an diese abgeben. Die absorbierte Energie wird umgewandelt in 1. *Elektronenenergie* (Energie der Photo- und Streuelektronen), 2. *Strahlungsenergie* (Charakteristische Strahlung und Streustrahlung). Ein dritter, nur geringfügiger Bruchteil der absorbierten Energie wird in 3. *Wärme* umgewandelt. Von diesem letzteren abgesehen bleibt von der absorbierten Energie nichts im Atom stecken, da sowohl die Elektronen als auch die wachgerufene Strahlung mitsamt ihrer Energie das Atom verlassen.

ad 1. *Die Photo- und Streuelektronen.*

Die in die Materie eindringenden Röntgenstrahlenquanten reißen aus den Atomen Elektronen los und erteilen ihnen eine Beschleunigung.

Wir begegnen hier demselben Vorgang, der uns vom Licht und von den ultravioletten Strahlen als sog. lichtelektrischer Effekt bekannt ist. Während aber das Licht, da es in die Materie nicht eindringt, diese Wirkung nur an der Oberfläche der Körper zu entfalten vermag, tragen die Röntgenstrahlen die Wirkung auch in die Tiefe.

Mit den Elektronen- oder Kathodenstrahlen schließt sich der Ring der Energieumwandlungen. Waren die Röntgenstrahlen in der Röntgenröhre durch Aufprall von Kathodenstrahlen auf die Antikathode entstanden, so lösen sie, von den Atomen des Gewebes abgefangen, jetzt wieder Kathodenstrahlen aus. Die Wechselwirkung zwischen Röntgenquant und Elektron kann auf zweierlei Art vor sich gehen (Abb. 55): entweder wird die *ganze* Energie des Quants (das nennt man „*quantenhaft*") umgesetzt — dann sprechen wir von *Absorption* — oder es wird *nur ein Teil* seiner Energie umgewandelt (das nennt man „*comptonisch*" umgesetzt) und der Strahl setzt mit verminderter Kraft und veränderter Richtung seinen Weg fort — dann sprechen wir von *Comptonscher Streuung.*

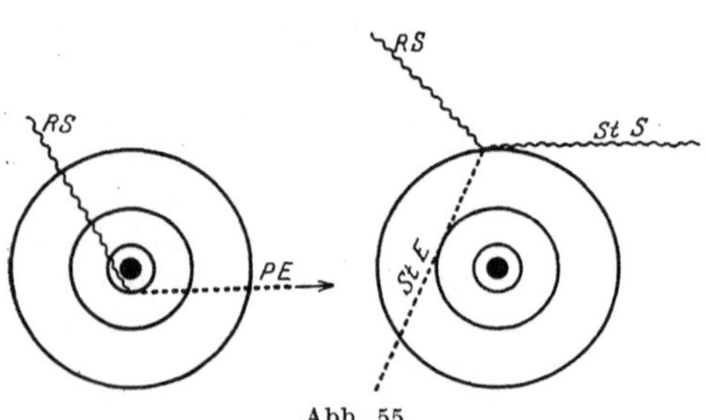

Abb. 55.

Links: schematische Darstellung der Emission eines Photoelektrons. Rechts: schematische Darstellung der Emission eines Streuelektrons.

RS = Röntgenstrahl   PE = Photoelektron
StS = Streustrahl   StE = Streuelektron.

Ob die eine oder andere Art der Energieumsetzung eintritt, hängt von der folgenden Beziehung ab: Dringt der Röntgenstrahl bis zu einem Elektron der *zentralen* Atombahn vor, so wird zur Abtrennung und zum Fortschleudern des Elektrons meist die *ganze* Energie des Strahles verbraucht; denn die Elektronen sind durch elektrostatische Kräfte um so fester an den positiven Kern gebunden, in je größerer Nähe sie ihn umkreisen. Das dabei abgelöste Elektron bezeichnen wir als *Photoelektron.* Erfolgt der Zusammenstoß an der *Peripherie* des Atoms mit einem nur *locker* an den Kern *gebundenen* Elektron, so genügt ein *Teil* der Energie des Strahls, dieses aus dem Atomverband zu lösen. Der Röntgenstrahl nimmt nach Abspaltung des Elektrons mit verminderter Energie und veränderter Richtung als *Streustrahl* weiter seinen Weg. Das dabei abgeschleuderte Elektron bezeichnen wir als *Rückstoß-* oder *Streuelektron.*

Die den Elektronen erteilten Geschwindigkeiten sind unter dem Einfluß der Röntgenstrahlen sehr groß. Sie sind für die Photoelektronen den am Röntgenrohr liegenden Spannungen proportional und betragen bei den in der Tiefentherapie gebräuchlichen Voltzahlen 100000 bis 200 000 km/sek. Die stärksten Wirkungen in dieser Hinsicht gehen von den sehr kurzwelligen γ-Strahlen des Radiums aus. Trifft nun ein solches mit großer Geschwindigkeit fliegendes Elektron auf die Moleküle seiner Nachbarschaft auf, so kann es aus diesen abermals Elektronen losreißen. Von der Energie der Elektronen leitet man allgemein die weitere physikalische und biologische Umsetzung der Röntgenstrahlen im lebenden Gewebe ab.

ad 2. *Die charakteristische Strahlung.*

Die *charakteristische Strahlung* oder *Eigenstrahlung* ist im Bereiche der Röntgenstrahlung dasselbe, was die Fluorescenzlichtstrahlen im Gebiete des sichtbaren Lichtes sind, mit dem Unterschied, daß unter der Einwirkung von Röntgenstrahlen *jeder* Körper Eigenstrahlen aussendet, sobald er von Wellenlängen getroffen wird, die kürzer sind als die für den betreffenden Körper charakteristischen Wellenlängen; denn jedes Element sendet je nach seinem Atomgewicht eine bestimmte Wellenlänge aus. Jedes Atom ist je nach seiner Bauart für eine bestimmte Schwingung eingestellt. Wird es von einer solchen getroffen, so nimmt es deren Energie vollständig in sich auf, selbst eine Schwingung etwas größerer Welle aussendend. Der Vorgang ist der akustischen Resonanz ähnlich. Jedes Atom absorbiert also eine bestimmte Wellenlänge, die *charakteristische Wellenlänge* (meistens sind deren mehrere) sehr stark (*selektive Absorption*) und wird dabei selbst zum Emissionszentrum einer Schwingung größerer Welle: *Eigenstrahlung*. Am vollständigsten geht diese Art der Energieumsetzung vor sich bei der charakteristischen Wellenlänge, in geringerem Maße bei kleineren Wellenlängen als diese, aber überhaupt nicht bei Wellenlängen, die größer sind als sie. Die charakteristische Welle ist um so größer, je niedriger, um so kleiner, je höher die Ordnungszahl des betreffenden Elementes ist. Für Elemente, deren Atomnummer kleiner als die des Broms ist, wird die Wellenlänge der Eigenstrahlung größer als 1 Å.

Die charakteristische Röntgenstrahlung ist für die biologische Wirkung in der Tiefentherapie von untergeordneter Bedeutung. Bekanntlich setzt sich das Körpergewebe aus Elementen sehr kleinen Atomgewichts, hauptsächlich aus C, H, O, N, Ca und P zusammen. Nicht ganz 1 % der absorbierten Energie wird in Eigenstrahlung der im Körper vorhandenen Elemente umgewandelt. Diese ist für die genannten Stoffe so langwellig, daß sie bereits von 0,1 mm Papier oder Haut vollständig absorbiert wird. Allerdings ist das schweratomige Eisen im Körper (in den roten Blutkörperchen) enthalten, aber in relativ so geringer Menge, daß dessen Eigenstrahlung kaum als wirkendes Agens in Betracht kommt. Dagegen läßt sich durch künstliche Anreicherung des Körpers mit hochatomigen Elementen (Jod, Arsen) seine Empfindlichkeit gegen Röntgenstrahlen durch Hinzutreten der Wirkung der Eigenstrahlung hinaufsetzen. Dies muß bei beabsichtigter oder nicht beabsichtigter Jod- bzw. Arsenmedikation während einer Röntgenbehandlung berücksichtigt werden. Aus der Eigenstrahlung eine brauchbare therapeutische Methode zu machen, ist bisher nicht gelungen. Alle Versuche in dieser Richtung sind ohne praktisches Ergebnis verlaufen. Die Eigenstrahlung spielt deshalb in der Praxis der Therapie kaum eine Rolle.

ad 3. *Die Wärmewirkung.*

Es bleibt noch die *Wärmewirkung* zu besprechen. Der Fall, daß das Röntgenstrahlenquant seine Energie auf das ganze Atom überträgt, d. h. direkt in Wärmebewegung übergeht, ist nur selten und wenig in Betracht zu ziehen. Die Wärmewirkung wird erst dadurch beachtenswert, daß die kinetische Energie der Photo- und Streuelektronen, also die gesamte absorbierte Strahlenenergie, schließlich in Wärme umgesetzt wird. Sie ist, in Kalorien gemessen, außerordentlich gering. Wenn man beispielsweise einen Thorax bei 200 kV Spannung, 8 mA Röhrenstrom bei einem Einfallsfeld von 300 cm^2 aus 50 cm Fokusabstand bestrahlt, so beträgt die dabei auftretende Erwärmung weniger als $^1/_{1000}$ ^{0} C pro Minute. Die gesamte, dem Körper bei der Bestrahlung eines Uteruskarzinoms einverleibte Energie, erreicht kaum einige Grammkalorien. Wie ist es zu verstehen, daß so verschwindend kleine Energiemengen so außerordentlich zerstörende, ja tödliche Wirkungen zu entfalten vermögen? Die DESSAUERsche *Punktwärmehypothese* sucht diesen Widerspruch durch eine recht plausible mechanistische Theorie zu lösen. Ihr Gedankengang ist der folgende: Die mechanischen Wirkungen der rasch fliegenden Elektronen sind uns aus der Röntgenröhre bekannt. Infolge ihrer riesigen Geschwindigkeit vermögen sie bei ihrem Aufprall *Wärme* zu erzeugen. Diese ist für ein einzelnes Elektron, in Kalorien gemessen, sehr gering. Betrachten wir aber den Fall, daß die erzeugte Wärme zunächst auf den *Ort des Zusammenstoßes*, z. B. das Eiweißmolekül einer Zelle *beschränkt bleibt*, so kann, wie mathematische Überlegungen erweisen, die Temperatur für diesen *kleinen Ort* um 100, ja um 1000 ^{0} über die Umgebung steigen. Diese *lokale Temperaturerhöhung — Punktwärme —* kann sehr wohl destruktive Wirkungen im Molekül einer Zelle entfalten. Eine Zelle kann, wenn ein lebenswichtiger Komplex vernichtet wurde, zugrunde gehen, im andern Falle wird sie nur verwundet und kann sich erholen, oder sie kann in diesem Zustande einer weiteren Schädigung erliegen. Viele Zellen aber bleiben vollständig verschont: „*fleckförmige Wirkung*" der Röntgenstrahlen. Die DESSAUERsche Punktwärmehypothese will die Brücke zwischen physikalischem und biologischem Geschehen schlagen; inwieweit ihr dies gelungen ist, wird die Zukunft lehren.

Die Streuung.

Von der *Streuung*, bei der es zu einer Emission von Elektronen kommt, der sog. *Comptonschen Streuung*, war schon oben, bei der Entstehung der Kathodenstrahlung im Gewebe, die Rede. Daneben gibt es aber eine zweite Art von Streuung, die *klassische Streuung*, die mit *bloßer Richtungsänderung der Strahlung* einhergeht.

Die Comptonsche Streuung. Wir betrachten die Röntgenstrahlen im EINSTEINschen Sinne als *Nadelstrahlen*, d. h. als Energiepunkte (Quanten), die sich mit Lichtgeschwindigkeit von der Strahlenquelle weg fortbewegen (s. I. Teil, Kap. I, S. 6). Trifft ein Strahlenwirkungsquant auf ein Elektron, das in der äußern Zone des Atoms kreist und daher nur schwach an den Atomkern gebunden ist, so tritt das nämliche ein, wie wenn eine ruhende und eine rollende Billardkugel zusammenstoßen. (Die rollende Kugel ist für unsern Fall das Strahlungsquant, die ruhende das Elektron.) Das Elektron wird abgeschleudert und erhält eine Beschleunigung: *Rückstoßelektron*; das Strahlungsquant wird gestreut, d. h. es erleidet eine Richtungsänderung. Da es aber bei der Abtrennung und Beschleunigung des Elektrons Energie aufgewendet hat, ist sein Quant um diesen Betrag kleiner. In die Vorstellungsweise der Wellentheorie übertragen heißt das: *die Wellenlänge hat sich vergrößert*; nach dem Sprachgebrauch unseres Faches ist die Strahlung dabei *weicher* geworden. Das Quant kann in jede beliebige Richtung gestreut werden; die Streustrahlung richtet sich also nach *allen* Raumrichtungen. Die Rückstoßelektronen richten sich nur nach *vorne* und auch *nach den Seiten*, nicht aber nach rückwärts entgegen der Strahlenrichtung.

Die Streustrahlung verteilt sich *nicht* nach allen Richtungen des Raumes *gleichmäßig*; sie ist am stärksten in der Richtung der einfallenden Strahlen, bedeutend schwächer in der Richtung zur Strahlenquelle, am schwächsten ist sie in den Ebenen, die rechtwinklig zum Primärstrahl liegen. Die Wellenlänge des gestreuten Strahles verlängert sich dabei um einen Betrag von Null (in der Richtung des Primärstrahles) bis 0,05 Å (entgegen der Richtung des Primärstrahles). Es treten also bei der Comptonschen Streuung drei Erscheinungen auf: 1. die *Richtungsänderung* des Strahles, 2. die *Vergrößerung* seiner *Wellenlänge*, 3. die *Emission von Elektronen* (sog. Rückstoßelektronen). Wie allgemein angenommen wird, sind auch die bei der Streuung entstehenden Elektronen *biologisch wirksam*. Dies ist geeignet, der Technik der Therapie neue Perspektiven zu öffnen.

Die klassische Streuung. Sie geht *nur* mit *Richtungsänderung* der Strahlung einher. Wir nehmen an, daß diese Art von Streuung an den fester an den Atomkern gebundenen Elektronen stattfindet. Dabei vermag das Strahlenquant das Elektron nicht aus dem Atomverband zu lösen. Aus besondern Gründen überträgt sich der Impuls auf das *ganze* Atom. Dieses erhält infolge seiner Masse keine merkliche Beschleunigung. Je stärker gebunden die Elektronen an den Atomkern sind, d. h. mit andern Worten, je größer das Atomgewicht eines Stoffes ist, desto mehr überwiegt die gewöhnliche Streuung gegenüber der Comptonschen Streuung. Umgekehrt tritt bei leichtatomigen Elementen die Comptonsche Streuung ganz in den Vordergrund. Für das Verteilungsverhältnis gewöhnliche Streuung : Comptonsche Streuung spielt auch die Härte der Strahlung eine Rolle: für eine kurzwellige, harte Strahlung können Elektronen, die schon in stärkerer Bindung zum Atomkern stehen, sich noch als frei im Comptonschen Sinne verhalten, während dieselben Elektronen von weicherer Strahlung bei der Streuung nicht mehr emittiert werden. Daraus folgt, daß unter den Bedingungen, wie sie *in der Tiefentherapie* vorliegen (leichtatomige Elemente, harte Strahlen) die *Comptonsche Streuung*, die mit einer Emission von Elektronen verbunden ist, *weitaus überwiegt*.

Quantitatives über Absorption und Streuung.

Da die biologische und die photographische Wirkung der Röntgenstrahlen an diese zwei Grundphänomene geknüpft ist, ist es ebenso für den Therapeuten, wie für den Diagnostiker von Wichtigkeit, sich mit ihren Gesetzen vertraut zu machen.

Die Absorption.

Nehmen wir den einfachen Fall, daß Röntgenstrahlen einer einzigen Wellenlänge aus unendlicher Entfernung eine bestimmte Materie durchdringen, dann wird bis zu 1 cm Tiefe, je nach der Beschaffenheit der Materie, ein gewisser Prozentsatz Röntgenstrahlen verschluckt. Die noch verbleibende Röntgenenergie erleidet in der nächsten Gewebsschicht dieselbe prozentuale Einbuße usw. in immer größere Tiefen fortschreitend. Mathematisch vollzieht sich dieser Vorgang nach der Art einer umgekehrten Zinseszinsenrechnung: das eingestrahlte Röntgenkapital wird von Schicht zu Schicht nach einem für jedes Material charakteristischen Prozentsatz geschwächt. Ist die auffallende Energie beispielsweise 100 und beträgt die Abnahme von cm zu cm $10\,\%$, so ist die Intensität in 1 cm Tiefe $100 - 10 = 90$, in 2 cm $90 - 9 = 81$, in 3 cm $81 - 8 = 73$ usw. Die Größe der Abnahme, ausgedrückt durch das Verhältnis der Intensitäten in zwei übereinanderliegenden, unendlich dünnen Schichten (für unsern Fall $\frac{90}{100}, \frac{81}{90}$ usw. $= 0{,}9$) nennt man *Absorptionskoeffizient*; er ist, da er für jede Materie eine charakteristische konstante Größe hat, eine sog. *Materialkonstante*. Der Absorptionskoeffizient ist der *Dichte des Stoffes proportional*, ein Beweis, daß die Absorption der Röntgenstrahlen ein Atomvorgang ist. Dividiert man den Absorptionskoeffizienten durch die Dichte des durchstrahlten Mediums, so erhält man den Koeffizienten für die Masseneinheit, also den *Massenabsorptionskoeffizienten*. Dieser geht parallel mit der *vierten Potenz* der *Ordnungszahl* der Elemente. Es absorbiert also beispielsweise ein Ca-Atom (Ordnungszahl 20) ca. 120 mal stärker als ein C-Atom (Ordnungszahl 6).

Ähnlich ist das gesetzmäßige Verhalten, das zwischen Massenabsorptionskoeffizient und der Wellenlänge λ der Röntgenstrahlung besteht. Als Grundgesetz gilt die folgende Beziehung: *die Absorption pro Masseneinheit ist der dritten Potenz der Wellenlänge proportional*. Es werden also die kleinen Wellenlängen sehr wenig, die großen Wellenlängen sehr stark absorbiert. Da die ersteren die Materie daher mit nur geringen Verlusten durchdringen, penetrant sind, bezeichnet man sie als „*harte Strahlen*", die langwelligen, die schon in geringen Tiefen nahezu restlos absorbiert werden, als „*weiche Strahlen*". Das genannte Gesetz wird dadurch durchbrochen, daß diejenige Wellenlänge, die im gegebenen Stoffe die Eigenstrahlung erregt, ganz besonders stark absorbiert wird (s. Seite 69).

Untersucht man z. B. die Absorptionsverhältnisse im Silber, so findet man, daß im Bereich der großen Wellenlängen der Massenabsorptionskoeffizient der dritten Potenz der Wellenlänge parallel geht. Sowie man aber an $\lambda = 0{,}49$ kommt, schnellt die Absorption auf den fünffachen Wert empor; gleichzeitig sendet das Silber charakteristische Strahlung aus. Verkürzen wir die Wellenlänge weiter, so nimmt der Absorptionskoeffizient wieder allmählich ab, um bei einer bestimmten Wellenlänge abermals emporzuschnellen. Dieser Vorgang wiederholt sich noch zweimal. Diese Verhältnisse werden uns noch bei den Meßmethoden der Röntgenstrahlen beschäftigen. Hier sei nur vorweggenommen: Alle bisherigen Meßmethoden beruhen auf der Absorption der Röntgenstrahlen in einem Reagenzkörper. Nun wird für diejenige Wellenlänge, die nach der chemischen Zusammensetzung des Meßkörpers in ihm die Eigenstrahlung erregt, die Absorption und mit ihr die Reaktionsgröße des Meßinstruments plötzlich um ein Vielfaches sich vergrößern und nicht der Absorption im Gewebe parallel gehen. Das ist die schwache Seite aller metallischen Meßkörper (des Bariumplatincyanürs in der Sabouraud-Noirétablette und im Holzknechtradiometer, des Bromsilbers im Kienböckstreifen, des Selens im Fürstenauintensimeter). Benutzt man aber als Reagenzkörper Stoffe, deren Ordnungszahl niedrig ist, so wird die Eigenstrahlung dieser Stoffe bei einer Wellenlänge erregt, die größer als 1 Å ist. Diese ultraweiche Strahlung wird schon vom Glas der Röntgenröhre vollständig zurückgehalten und spielt daher praktisch keine Rolle. Ein solcher idealer Reagenzkörper, der bei der Intensitätsmessung der Röntgenstrahlen in der Ionimetrie Verwendung findet, ist die atmosphärische Luft. Der Absorptionsvorgang geht in ihr dem im Gewebe nahezu parallel.

Da, wie wir wissen, die Röntgenröhre ein Strahlengemisch emittiert, in welchem unendlich viele Wellenlängen vertreten sind, deren Absorption je nach dem λ verschieden groß ausfällt, komplizieren sich die Absorptionsverhältnisse für den praktischen Fall sehr wesentlich. Der Mathematiker kann wohl mit Hilfe der spektralen Verteilungskurve der Strahlung und des Massenabsorptionskoeffizienten die Absorptionsverhältnisse errechnen; dem praktischen Röntgenologen bleibt aber der Massenabsorptionskoeffizient ein leerer Begriff, mit dem er keine Vorstellung verbinden kann. Sehr viel anschaulicher und praktisch wichtiger ist für ihn der Begriff der *Halbwertschicht* (TH. CHRISTEN). Darunter versteht man *diejenige Schichtdicke* eines Stoffes, die die einfallende Röntgenstrahlung *auf die Hälfte ihrer Intensität schwächt*. Bezieht man die Absorption immer auf denselben Stoff, z. B. Al, Cu oder Wasser, so kann deren Halbwertschicht als Maß für die Durchdringungsfähigkeit eines Strahlengemisches dienen. So besagt beispielsweise: „Halbwertschicht 5 mm Al", daß die Strahlung von derartiger Penetranz ist, daß sie beim Durchtritt durch Al erst in 5 mm Schichttiefe die Hälfte ihrer Intensität einbüßt. Die Halbwertschicht definiert, ohne Anspruch auf mathematische Exaktheit zu erheben, für praktische Zwecke ausreichend genau die Qualität einer Strahlung. *Schwergefilterte Tiefentherapiestrahlungen derselben Halbwertschicht haben die gleiche physikalische Dosis und dieselbe biologische Wirkung.* Darin liegt die große praktische Bedeutung dieses Begriffes.

Die Streuung.

Sehen wir nun von der Absorption ab, so werden die Röntgenstrahlen in gleicher Weise durch die Streuung von Schicht zu Schicht im Strahlengang geschwächt. (Notabene werden die gestreuten Strahlen zum Teil absorbiert, zum Teil treten sie diffus aus der Materie aus und entgehen daher der Messung im Strahlenkegel.) Die Größe der auf diese Weise im Strahlengang eintretenden Schwächung ist für jede Materie eine Konstante. Man spricht, analog wie bei der Absorption, von einem *Streuungskoeffizienten*. Dividiert man diesen Wert durch die Dichte des Stoffes, so erhält man seinen *Massenstreuungskoeffizienten*.

Der Massenstreuungskoeffizient ist dem Atomgewicht des betreffenden Stoffes verkehrt proportioniert. Das besagt: leichtatomige Stoffe (wie die den lebenden Organismus zusammensetzenden Elemente) streuen sehr stark im Vergleich zu den schweratomigen Elementen. Streuung und Absorption sind also zwei Gegenspieler: je mehr in einem Stoffe die Absorption überwiegt, um so geringer die Streuung und umgekehrt.

Von der *Wellenlänge* aber ist die Streuung in praktischen Grenzen *unabhängig*; harte Strahlen werden in dem gleichen Ausmaße wie weiche Strahlen gestreut. Die Streuung hat daher für ein homogenes Strahlenbündel denselben Wert wie für ein heterogenes, sofern nur die Strahlenintensitäten die gleichen sind.

Absorption + Streuung = Schwächung.

In der Wirklichkeit treten die beiden Vorgänge immer gemeinsam in Erscheinung und sind voneinander nicht zu trennen, da sie Komponenten des *einen* Vorgangs sind, den wir als *Schwächung* bezeichnen. Ursprünglich kannte man nur den Begriff der Absorption. Aber der Umstand, daß die errechneten Werte der Absorption immer bedeutend niedriger waren als im Experiment, führte zur Entdeckung einer weiteren Schwächungsursache, nämlich der Streuung.

Um das Geschehen beim Durchgang der Röntgenstrahlen durch Materie zu verstehen, ist es notwendig, die getrennt geschilderten Erscheinungen gedanklich zusammenzufassen:

Röntgenstrahlen werden beim Durchgang durch Materie geschwächt infolge Absorption und Streuung. Die Absorption nimmt mit Abnahme der Wellenlänge sehr stark ab, während die Streuung dabei ihren gleichen Wert behält. Daher kommt es, daß mit zunehmender Härte der Strahlung die Absorption verschwindend klein wird gegenüber der Streuung. Die gesamte Schwächung, die bei den kurzen Wellenlängen an und für sich sehr gering ist, wird fast nur durch die Streuung bestritten. Ein Beispiel: Für die Wellenlänge 0,1 Å, entsprechend einer Scheitelspannung von 123 kV, läge die Halbwertschicht in Wasser bei reiner Absorption in 19 m Tiefe; infolge der Streuung liegt sie in Wirklichkeit schon bei 6 cm. Die Streuung tritt, je kürzer die Wellenlänge, je härter die Strahlung ist, relativ immer mehr in den Vordergrund, ohne ihren absoluten Wert zu ändern. Das Umgekehrte ist bei den langen Wellen, den weichen Strahlen, der Fall; hier überwiegt die Absorption vollständig über die Streuung. Mit welchen Anteilen Streuung und Absorption bei ver-

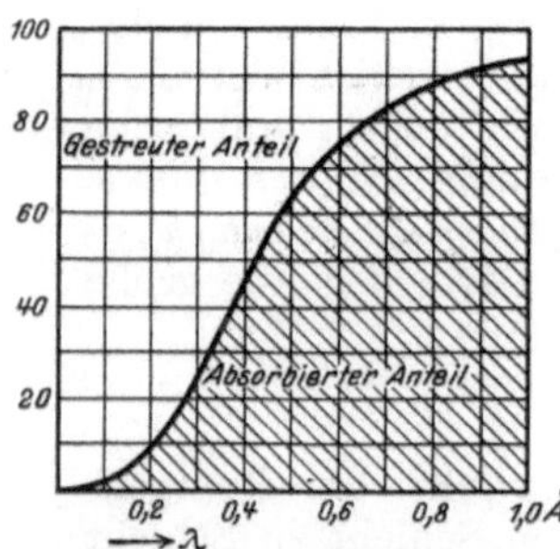

Abb. 56. Prozentuelle Verteilung der Schwächung auf Absorption und Streuung in Abhängigkeit von der Wellenlänge der Strahlung für Wasser oder Gewebe als schwächendes Medium (nach KÜSTNER).

schiedenen Wellenlängen an der Schwächung beteiligt sind, zeigt für Wasser als Medium in graphischer Weise Abb. 56. Wir sehen, daß beispielsweise bei 0,8 Å 87 % der Schwächung durch Absorption und nur 13 % durch Streuung bewirkt werden. Demgegenüber werden bei 0,13 Å (der Wellenlänge, die bei 200 kV und 1 mm Kupferfilter im Strahlengemisch vorherrscht) ca. 97 % gestreut und nur 3 % absorbiert. Es geht daraus hervor, daß in der Tiefentherapie die reine Absorption nur eine untergeordnete Rolle spielt und die Streuung ganz im Vordergrund steht, dies um so mehr, als an und für sich bei den Elementen kleiner Ordnungszahlen, wie sie das Körpergewebe zusammensetzen, der Streuungskoeffizient groß ist.

VI. Physikalische Strahlenmeßmethoden.

Die Meßtechnik der Röntgenstrahlen ist endlich aus dem Stadium der ersten Entwicklung heraus und tritt jetzt in eine Phase physikalischer Exaktheit. Die früher geübten Meßmethoden, jetzt durch wesentlich bessere ersetzt, erscheinen, von der Höhe des Fortschritts betrachtet, nur noch als Notbehelfe der damaligen Zeit. Die Meßgenauigkeit ist für den Ausbau der Röntgentherapie und Röntgenphotographie von entscheidender Bedeutung; sie ist das Fundament des röntgentechnischen Handelns.

Um eine Röntgenstrahlung definieren zu können, muß man sowohl ihre *Qualität* (spektrale Zusammensetzung, Härte), als auch ihre *Quantität* (Menge bzw. Intensität = Menge pro Flächeneinheit) kennen. Die Messung erstreckt sich demnach auf Bestimmung der Qualität (*Qualimetrie*) und der Quantität (*Quantimetrie*) der Röntgenstrahlung.

Die Qualimetrie.

Der Qualimetrie fällt die Aufgabe zu, den Härtegrad, d. h. die Durchdringungsfähigkeit der von einer Röntgenröhre ausgehenden Strahlung zu bestimmen. Da aber eine Röntgenröhre unter allen Umständen ein Strahlengemisch aussendet, das, je nach dem Überwiegen der kurzen oder langen Wellenlängen als hart bzw. weich bezeichnet wird, stoßen die Messungen auf nicht geringe Schwierigkeiten. Die spektrale Zerlegung der Strahlung bietet den besten Aufschluß über den Charakter eines Strahlengemisches.

Der Spektrograph (Abb. 57). Beugung von Röntgenstrahlen an den Raumgittern von Kristallen ermöglicht es, gemischtes Röntgenlicht in seine Wellenlängen zu zerlegen. Beim Spektrographen fällt ein durch zwei Bleiblenden $B B_1$ ausgeblendeter Röntgenstrahl S

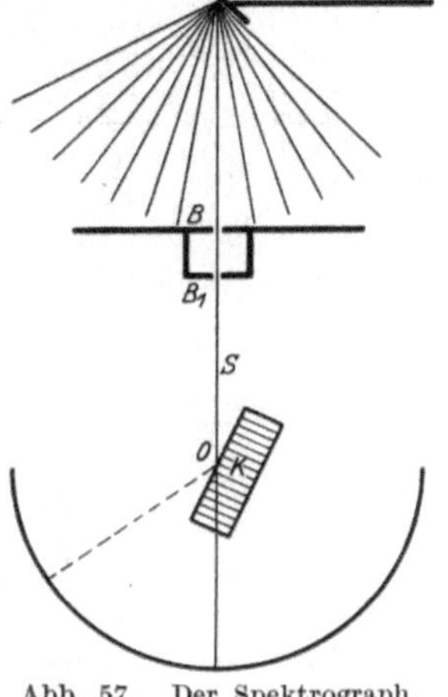

Abb. 57. Der Spektrograph.

komplexer Zusammensetzung auf einen Kristall K, der um eine senkrechte Achse O drehbar ist. Je nach der Winkelstellung des Kristalls wird eine bestimmte Wellenlänge durch Beugung ausgesondert und erscheint als grüner Fluorescenzstreifen auf dem Leuchtschirm. Dreht man den Kristall, so erscheinen nacheinander alle Wellenlängen, die im Strahlengemisch enthalten sind, auf dem Leuchtschirm. Da ihre Aussonderung von der Winkelstellung des Kristalls abhängig ist, läßt sich das Instrument leicht auf den Drehwinkel nach einer Skala eichen. Es genügt vollständig, die kürzeste Wellenlänge, d. i. die erste bei Beginn der Drehung vom Nullpunkt auftretende Linie zu bestimmen, da damit nach einer einfachen Beziehung $V \lambda_0 = 12{,}35$ ein Rückschluß auf die Scheitelspannung und die spektrale Verteilung der Strahlung möglich ist. Da die Ablesung aber schwierig und subjektiv ungenau ist, hat sich der sinnreiche Apparat in seiner jetzigen Durchbildung noch nicht recht eingebürgert.

Alle andern Qualimeter messen die Absorptionsdifferenzen verschieden absorbierender Metalle und können, wegen der sehr verschiedenen Schwächung harter und weicher Strahlen in den Testobjekten, für Strahlengemische nur relative Werte liefern, die in engen Grenzen ihre Richtigkeit bewahren, aber nicht uneingeschränkt Geltung haben. Es gehören hierher 1. das *Radiochromometer von* BENOIST, 2. das *Kryptoradiometer von* WEHNELT, 3. der *Härtemesser von* CHRISTEN.

Im **Radiochromometer von** BENOIST (Abb. 58) wird die Durchlässigkeit einer 0,11 mm dicken Silberplatte S, deren Absorptionsfähigkeit für

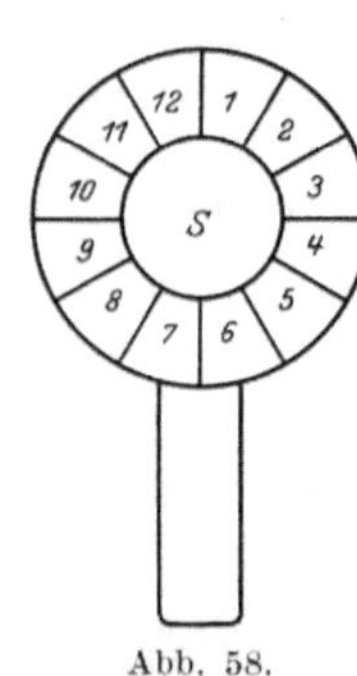

Abb. 58.
Die Benoistskala.

ein größeres Wellenlängengebiet nahezu konstant ist, mit der von 12 Aluminiumplatten, die in ansteigender Dicke konzentrisch um die Silberplatte angeordnet sind, verglichen. Diejenige Aluminiumplatte, die auf dem Leuchtschirm bzw. auf dem Film dieselbe Helligkeit zeigt wie das zentrale Feld S, gibt mit ihrer Nummer den Härtegrad des Strahlengemisches an. Man spricht so von 4, 5, 7 usw. Benoist.

Das Kryptoradiometer von WEHNELT (Abb. 59) beruht auf demselben Prinzip, doch wird an Stelle der Aluminiumtreppe ein Aluminiumkeil verwendet, dessen Dicke nach einer logarithmischen Kurve zunimmt. Dieser Keil wird durch ein kleines Zahnrad an dem als Testobjekt dienenden Silberstreifen vorbeigeführt, bis der Leuchtschirm für beide Felder gleiche Helligkeit anzeigt. Eine seitlich angebrachte Skala gibt für diesen Fall die Härte der Strahlung in Wehnelt-Einheiten an.

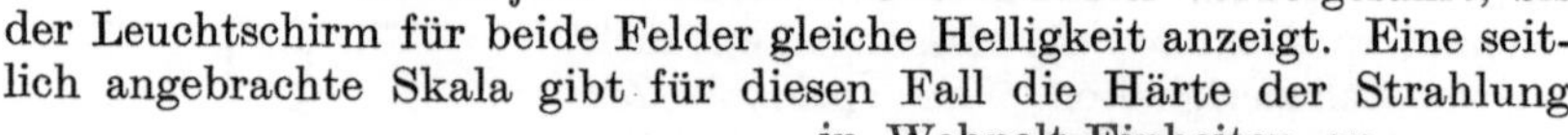

Abb. 59. Aluminiumkeil zum Kryptoradiometer von WEHNELT.

Der Härtemesser nach CHRISTEN benutzt zur Qualitätsbestimmung die *Halbwertschicht* der Strahlung; je weicher nämlich ein Strahlengemisch, desto kleiner, je härter, desto größer seine Halbwertschicht. Als Testobjekt dient hier ein Metallsieb, dessen Maschen von solcher Weite und Anordnung sind, daß ihr Gesamtflächeninhalt der Fläche des Netzwerks gleichkommt.

Ein solches Sieb absorbiert mit seinem Netzwerk die Hälfte der auffallenden Strahlung, während die andere Hälfte die Öffnungen passiert. Der dahinter stehende Leuchtschirm zeigt daher eine auf die Hälfte geschwächte Fluorescenz. Vor den unteren Teil des Leuchtschirms wird eine Bakelittreppe langsam vorbeigeführt (NB. Bakelit, ein Harz, hat annähernd denselben Absorptionskoeffizienten wie menschliches Gewebe), bis beide Felder in gleicher Helligkeit erstrahlen. Die Dicke der Bakelittreppe in cm gibt für diesen Fall die Halbwertschicht an.

Der WALTERsche *Härtemesser* und das BAUER-*Qualimeter* seien nur der Vollständigkeit halber erwähnt. Eine praktische Bedeutung kommt ihnen derzeit nicht mehr zu.

Die genannten metallischen Härtemesser sind nur für ein kleines Härtebereich zu Messungen verwendbar. Sie können für die Diagnostik und Oberflächentherapie von einigem Nutzen sein. Für Bestimmungen an Strahlen, wie sie für die Tiefentherapie angewandt werden, sind sie nach dem heutigen Stande der Technik ungeeignet.

Einigermaßen eine Sonderstellung nimmt unter diesen Instrumenten **der Strahlenanalysator nach GLOCKER** ein. Er bedient sich eines Systems von Sekundärstrahlern (skalenartig angeordnete Metalle), von denen jeder bei einer *bestimmten* Wellenlänge seine Eigenstrahlen aussendet und eine dahinter befindliche, photographische Platte schwärzt. Nach der Anzahl der geschwärzten Felder kann man erkennnen, welche Wellenlängen in der Strahlung enthalten sind. Es sind in dem Instrument nur 5 Sekundärstrahler vorgesehen, so daß auch diese Messungen recht approximativ ausfallen.

Abgesehen vom Spektrographen werden die Qualimeter im Diagnostik- und Oberflächentherapiebetrieb dadurch wesentlich in den Hintergrund gedrängt, daß für die Zwecke der Härtemessung das Kilovoltmeter genügend, die Kugelfunkenstrecke aber in ausgezeichneter Weise Auskunft gibt. Über diese Meßapparate ist bereits auf S. 58 u. 60 abgehandelt worden. Ist die Scheitelspannung festgestellt, so läßt sich durch die Beziehung $V\lambda_0 = 12{,}35$ die Grenzwellenlänge und indirekt das ganze Spektrum annähernd bestimmen.

Da jeder Autor eines Qualimeters dem Instrument *seine* Maßeinheit gab und mit persönlichen Initialen benannte, sind wir mit einer Fülle von Benennungen beschenkt worden, die in verschiedener Sprache ein und dasselbe ausdrücken wollen. Die Tabelle 3 reiht die Einheiten nach gleichen Werten ein.

Tabelle 3.

kV eff.	35	40	45	50	55	60	65	70
kV max.	50	56	63	70	77	84	91	98
Mittlere Wellenlänge in Å . .	0,51	0,49	0,48	0,45	0,43	0,42	0,40	0,39
Grenzwellenlänge in Å	0,25	0,22	0,19	0,18	0,16	0,14	0,13	0,125
Funkenstrecke zwischen Spitze — Platte	4 cm	5 cm	7 cm	9 cm	10,5 cm	12 cm	13,5 cm	15 cm
Kugelfunkenstrecke	1,5 cm	1,8 cm	2 cm	2,3 cm	2,6 cm	2,9 cm	3,2 cm	3,5 cm

Tabelle 3 (Fortsetzung).

Halbwertschicht in cm Bakelit . . .	0,6	0,65	0,7	0,75	0,85	0,9	1,0	1,2
Wehnelt	4	5	6	6,5	7	7,5	8	8,5
Benoist	$2^1/_2$	3	$3^1/_2$	4	5	$5^1/_2$	6	7

Die Quantimetrie.

Die Quantimetrie befaßt sich mit der Messung der Intensität (d. h. Menge pro Flächeneinheit) der Röntgenstrahlung ohne Rücksicht auf ihren Charakter. Sichtbare oder meßbare Wirkungen, die durch Röntgenstrahlen hervorgerufen werden und der Intensität der Strahlung parallel gehen, werden solchen Bestimmungen zugrunde gelegt. Als praktisch brauchbar haben sich durchgesetzt 1. **chemische Veränderungen von Stoffen**; hierher gehören a) die Sabouraud-Noiré-*Tablette*, ihre Modifikation nach Holzknecht, b) das *Quantimeter* von Kienböck, 2. **elektrische Veränderungen von Stoffen**; hier sei aufgezählt a) Änderung der *Leitfähigkeit* des *Selens*: Fürstenau-*Intensimeter*, b) *Ionisierung von Gasen*: *Ionimeter*.

Chemische Meßmethoden.

Radiometer X, Tablette von Sabouraud-Noiré besteht aus Barium- oder Kaliumplatincyanür, das, an sich von hellgrüner Farbe, unter der Einwirkung von Röntgenstrahlen sein Kristallwasser abgibt und dabei je nach der Stärke der Einwirkung über mehrere Nuancen, nämlich Resedafarbe, Lichtgelb, Gelb in Rostbraun übergeht. Tageslicht macht die erfolgte Verfärbung in umgekehrter Reihenfolge wieder rückgängig. Da der Übergang in deutlich unterscheidbaren Abstufungen nur auf größere absorbierte Intensitäten hin erfolgt, muß man sich dadurch helfen, daß man die Tablette in der halben Fokushautdistanz anbringt; hier herrscht nach dem Quadratgesetz die vierfache Intensität, so daß die Farbveränderungen in vierfacher Vergrößerung erfolgen und auf diese Weise leichter und genauer erkennbar werden.

In der Praxis gestaltet sich das Meßverfahren folgendermaßen: Die hellgrüne, ungebrauchte Pastille wird auf einer metallischen Unterlage (Stanniolstreifen oder das eben in Gebrauch stehende Filter) in schwarzem Papier lichtdicht eingewickelt (um sie vor Tageslicht zu schützen), in halber Fokushautdistanz befestigt und den Röntgenstrahlen ausgesetzt. Nach Beendigung der Bestrahlung wird die Verfärbung mit der im Radiometer angegebenen Farbe *Teint B* bei gedämpftem natürlichen Licht verglichen. Hat die Pastille unter den genannten Bedingungen Teint *B* angenommen, so ist diejenige Röntgenstrahlenmenge dem bestrahlten Objekt einverleibt worden, die erfahrungsgemäß innerhalb 2—3 Wochen zum *Haarausfall* mit nachfolgender Pigmentation der Haut führt. Man nennt daher diese Dosis *Epilationsdosis* und bezeichnet sie mit den Initialen S. N. Sie liegt für gefilterte Strahlung etwas (ca. 25 %) unterhalb der Maximaldosis der Röntgenstrahlen.

Die bestrahlten Pastillen kehren unter der Einwirkung des Tageslichtes (direktes Sonnenlicht ist zu vermeiden) nach ca. 24—48 Stunden zu ihrem ursprünglichen Farbton zurück und können noch 5—6 mal gebraucht werden. Nach mehrfacher Bestrahlung erreichen sie nicht mehr ihren eigentlichen Grundton und geben, zu Messungen verwendet, zu geringe Werte an. Zu beachten ist, daß auch Wärmestrahlen eine Gelbfärbung der Tablette herbeiführen können. Es ist deshalb nicht statthaft, sie an der Glaswand der Röhre, die sich im Betrieb erwärmt, anzubringen; ein minimaler Abstand von 1 cm muß gewahrt werden.

Radiometer nach HOLZKNECHT (Abb. 60). Die von HOLZKNECHT erdachte Modifikation gestattet nicht nur die Epilationsdosis, sondern auch dazwischen- und darüberliegende Werte mit einiger Genauigkeit zu bestimmen. Dies wird dadurch erreicht, daß unter Anwendung eines durchsichtigen, zunehmends dunkler braungefärbten Zelluloidstreifens[1], hinter dem eine unbestrahlte Pastille als Testobjekt vorbeigeführt wird, sämtliche Nuancen zum Vergleich verfügbar sind. Die *bestrahlte* halbkreisförmige Pastille wird bis an den freien Rand des Farbbandes an die unter diesem befindliche ebenso geformte *unbestrahlte* Pastille herangebracht und beide durch eine gemeinsame Schlittenvorrichtung so lange verschoben, bis das Testobjekt unter dem Zelluloidstreifen denselben Farbton aufweist wie seine bestrahlte Hälfte. Eine

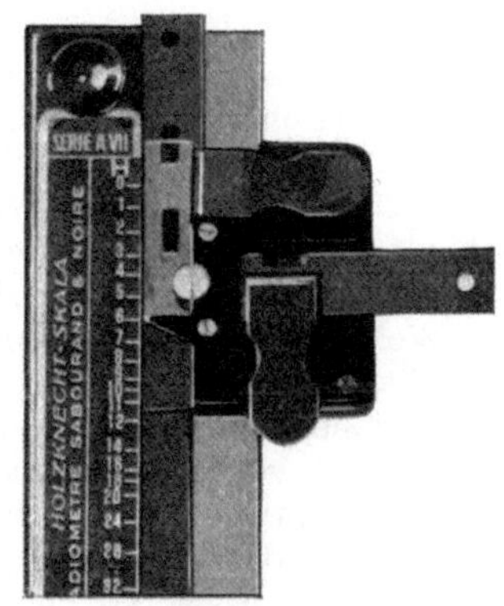

Abb. 60.
Das HOLZKNECHTsche Radiometer.

Skaleneinteilung läßt in dieser Stellung die verabfolgte Dosis in H ablesen. Das Ablesen geschieht vorteilhaft immer bei *derselben künstlichen* Lichtquelle. Dadurch entfällt das störende Fluorescenzlicht, das die Pastillen bei Tageslicht zeigen und das ihre Beurteilung beeinflußt. Ferner kann man bei künstlichem Licht in Muße die Betrachtung vornehmen, ohne daß ein Verblassen der Nuancen zu befürchten ist. Damit auch die Lichtintensität, bei der die Ablesung geschieht, immer die gleiche ist, muß die Pastille stets in gleicher Entfernung und Winkelstellung zur Lichtquelle beurteilt werden. Im übrigen gilt für die Behandlung der Tablette das beim Radiometer X Gesagte in der gleichen Weise. Die Ablesegenauigkeit ist durch diese Modifikation so weit verfeinert, daß es nun nicht mehr nötig ist, die Intensitäten zu übertreiben, d.h. die Tablette in halber Fokushautdistanz anzubringen. Die Nuancen werden jetzt bestimmbar, auch wenn die Pastille direkt auf dem Objekt liegt. Man gewinnt durch diese Anordnung den Vorteil, daß sämtliche Bestrahlungsbedingungen (Rück-

---

[1] Es ist daran zu denken, daß das Farbband nach Jahren erneuert werden muß, da das Zelluloid mit der Zeit seine Durchsichtigkeit einbüßt, trübe wird und dabei einen gelblichen Farbenton annimmt. Die Beurteilung des Verfärbungsgrades wird dadurch beeinträchtigt.

streuung aus dem Objekt, Feldgröße) bei der Messung mitberücksichtigt werden.

Das Quantimeter von Kienböck benützt zur Dosierung die Schwärzung einer unterempfindlichen Chlorbromsilbergelatine, die in dünner Schicht auf starkes Papier aufgetragen ist. Schwarz kuvertierte Streifen dieses Papiers werden für die Dauer der therapeutischen Bestrahlung auf der Haut des Objekts mitbestrahlt und nachher in der Dunkelkammer nach den von der Fabrik angegebenen Kautelen entwickelt und fixiert. Die Schwärzung wird mit der beigegebenen Normalskala verglichen und so die Dosis — hier x genannt — bestimmt.

Die Beziehungen der drei Dosiseinheiten sind folgende:

$$1\,SN = 5H = 10\,x.$$

NB. Diese Beziehung gilt nur für ungefilterte Strahlung gleicher Qualität (1 cm Halbwertschicht).

Den genannten Meßverfahren haften mancherlei Mängel an. Vor allem sind sie subjektive Methoden, denn es werden feine Farbunterschiede mit dem Auge gemessen. Ferner ist ihre physikalische Begründung nicht ganz einwandfrei. So zeigt die Sabouraud-Noiré-Pastille bei Wellenlängen von 0,16 und 0,33 Å infolge der selektiven Absorption des Platins und des Bariums eine sprunghaft gesteigerte Absorption, weshalb sie bei harten Strahlen nicht richtig angibt. Die gleichen Vorwürfe sind gegen das Kienböck-Quantimeter zu erheben. Auch hier tritt eine sprunghafte Änderung der Absorption an den Absorptionsbandkanten des Silbers und des Broms ein. Allerdings liegen die Verhältnisse hier besser als beim Bariumplatincyanür, weil die Absorptionslinie des Silbers schon bei 0,5 Å liegt, im Gebiet der weichen Strahlen, die für die Therapie kaum eine Rolle spielen. Leider können hier durch Ungenauigkeiten in der Entwicklung große Meßfehler hineingetragen werden. Strahlungen verschiedener Qualität lassen sich daher mit diesen Methoden nicht bestimmen. Ein und dieselbe Strahlung dagegen kann auf diese Weise mit praktisch ausreichender Genauigkeit vergleichsweise quantitativ erfaßt werden.

Die Verfahren, die in der Entwicklung der Röntgenologie eine außerordentliche Rolle spielten und seinerzeit eine Tat bedeuteten, müssen nach den heutigen physikalischen Erkenntnissen als exakte physikalische Methoden zurückgewiesen werden. Für die Oberflächentherapie bilden sie nach wie vor die bevorzugten Methoden und behalten für die dabei in Verwendung kommende eng begrenzte Strahlenqualität ihren Vergleichswert. Doch auch in der Tiefentherapie kehrt ein Teil der Praktiker zu diesen Verfahren zurück, da sie eine leicht anwendbare Kontrolle der physikalisch bestimmten Dosis gestatten. Für diese Zwecke eignet sich am besten das Radiometer X in seiner Modifikation nach Holzknecht, da es zuverlässig und leicht zu handhaben ist (s. S. 278). Das Kienböck-Quantimeter wird trotz seiner Umständlichkeit deshalb noch hier und da angewandt, weil man dabei einen Beleg über die verabreichte Dosis behält, der dem Bestrahlungsjournal beigelegt werden kann.

Elektrische Meßmethoden.

Intensimeter von FÜRSTENAU. Unter dem Einfluß von Röntgenstrahlen erleidet Selen, ebenso wie bei Bestrahlung mit sichtbarem Licht, eine Änderung seiner Leitfähigkeit für den elektrischen Strom. Selen, an sich ein schlechter Leiter, wird mit der Strahlenintensität, von der es getroffen wird, in zunehmendem Maße leitend. Die Änderung seines Widerstandes, nach elektrischen Methoden gemessen, gibt ein Maß der Strahlenintensität. Das Instrument besteht aus einer Auffangedose, der sog. Selenzelle, die zwischen dünnen Drahtwickelungen das für Röntgenstrahlen empfindliche Selenpräparat enthält, und dem eigentlichen Meßgerät, das die Widerstandsänderung des Selens anzeigt. Beide stehen durch eine lange Leitungsschnur in Verbindung. Man setzt in der aus der Gebrauchsanweisung ersichtlichen Weise die Auffangedose den Strahlen aus und liest am strahlengeschützten Ort die Intensität in *F-Einheiten* ab.

Das Verhältnis zwischen der Widerstandsänderung des Selens und der Strahlenintensität ist physikalisch noch nicht festgelegt; es handelt sich vielmehr um ein rein empirisches Meßverfahren, das einige Ungenauigkeiten in sich birgt. Als solche sind zu nennen die *Trägheit, Ermüdung, Inkonstanz* und *selektive Absorption* der Selenzelle. Der erste Fehler läßt sich korrigieren, indem man bei der Ablesung etwa 10 Sekunden zuwartet und den in dieser Zeit erreichten Zeigerausschlag als endgültig annimmt. Um die Sicherheit zu erhöhen, mache man mehrere (mindestens 3) Ablesungen und ziehe das arithmetische Mittel aus ihnen. Schwieriger ist es schon der Ermüdungserscheinung des Selens zu begegnen. Diese äußert sich gerade in den ersten 40 Minuten der Strahleneinwirkung am stärksten, während späterhin ein Gleichgewichtszustand in der Empfindlichkeit des Selens eintritt. Man hat also die Wahl, entweder ganz kurz zu messen und die Zelle ausruhen zu lassen, oder 40 Minuten vorbestrahlen und nachher die Messungen vorzunehmen. Bei der Aufstellung des Instruments sorge man für gute Erdung und achte darauf, daß die Leitungsschnur dem Kabel oder aufgeladenen Gegenständen nicht zu nahe komme.

Auch die Angaben dieses Intensimeters sind infolge der selektiven Absorption des Selens von der Wellenlänge stark abhängig. Bei etwa 0,22 Å besteht ein Maximum der Empfindlichkeit der Selenzelle. Für härtere und weichere Strahlen fällt die Empfindlichkeit rasch bis unter die Hälfte der maximalen ab. Daher läßt auch dieses Instrument, das wegen seiner bequemen Handhabung sich großer Beliebtheit erfreut, die notwendige Exaktheit allen Wellenlängen gegenüber vermissen. Da es sich aber nach einer Normalkammer leicht eichen läßt, wird es im geeichten Zustand zu einem gut brauchbaren Meßinstrument. Der einzige Vorwurf, der auf ihm noch lastet, ist seine Inkonstanz. Doch auch dieser Fehler ist bei den neueren Typen beseitigt. Durch eine einfache Vorrichtung läßt sich nämlich die Selenzelle jederzeit nachprüfen. Als Prüffaktor dient eine elektrische Lampe, die, von einem konstanten Strom gespeist, eine Normalhelligkeit aussendet. Auf diese Normallampe muß die lichtempfindliche Selenzelle mit einem bestimmten und stets gleichbleibenden Ausschlag reagieren. Ein Abgehen vom Prüfausschlag weist auf eine Änderung der Selenzelle hin, die sich auf einfache Weise durch Veränderung der elektrischen Widerstände des Instruments nachregulieren läßt.

So vervollkommnet, ist das Intensimeter ein durchaus brauchbares Meßinstrument, das sich zwar mit dem Ionimeter nicht messen, aber ruhig neben ihm bestehen kann.

Ionisationsmeßverfahren. Die Meßmethode, die den Anspruch erheben kann, die derzeit größte erreichbare Genauigkeit zu ergeben, ist die *Ionimetrie*; sie bedient sich der ionisierenden Wirkung der Röntgenstrahlen in Gasen als Meßmittel. Ihre große Empfindlichkeit und der Absorptionsparallelismus zwischen Reagenzkörper (hier Luft) und Gewebe macht sie zur besten Art der Bestimmung der Strahlenquantität überhaupt.

Gehen wir in unseren Betrachtungen von dem bereits bekannten lichtelektrischen Effekt aus: Gasatome sind im normalen Zustand elektrisch neutral. Wird aus einem solchen Atom durch Strahlungsenergie ein negatives Elektron losgerissen, so bleibt dem Atomrest (dem sog. Ion) ein Überschuß an positiver Elektrizität, weshalb er *positiv elektrisch* wird. Das losgerissene Elektron aber wird tangential aus seiner Kreisbahn gerissen und schießt mit großer Geschwindigkeit zwischen den dichtstehenden Gasatomen hindurch, mit denen es mehrere Zusammenstöße erlebt, bis es seine Energie totrennt und in einem fremden Molekül festgebremst wird. Das letztere wird durch Aufnahme des negativen Elektrons selbst zum *Träger negativer Elektrizität*. War die die Elektronenemission auslösende Strahlung sehr hart, so kann das primär losgerissene Elektron bei seinem Zusammenstoß durch die Größe seiner lebendigen Wucht ein zweites Elektron losreißen (Sekundärelektronen) und letzteres auf dieselbe Weise abermals zu Elektronenemission Veranlassung geben (Tertiärelektronen) usf. Durch die Abschleuderung von Primär-, Sekundär- und Tertiärelektronen entstehen jeweils positiv geladene Gasatome, denen andererseits durch Absorption dieser Elektronen negativ geladene Atome entsprechen. Eine solche Umbildung neutraler Gasatome in Paare *positiver* und *negativer Elektrizitätsträger* nennt man *Ionisierung*.

Da Elektronen nur bei der Absorption und Streuung von Röntgenstrahlen ausgelöst werden, geht die Bildung der Elektrizitätsträgerpaare diesen Vorgängen parallel. Die Ionisierung durch Absorption ist daher von der vierten Potenz der Atomnummer und der dritten Potenz der Wellenlänge abhängig. Die Geschwindigkeiten der abgeschleuderten Elektronen steigen mit abnehmender Wellenlänge der absorbierten Strahlung. Die Ionisierung durch Streuung ist dagegen der ersten Potenz der Atomnummer proportional und von der Wellenlänge unabhängig. Die Geschwindigkeiten der ausgelösten Elektronen können nach den Gesetzen der Wahrscheinlichkeit hierbei die verschiedensten Werte, von Null bis zu $^2/_3$ der Lichtgeschwindigkeit erreichen. Da mit Steigerung der Spannung die Absorption sehr rasch, die Streuung nur sehr wenig abnimmt, kommt bei der Messung harter Tiefentherapiestrahlungen der durch die Streuung entstehenden Ionisierung die überwiegende Bedeutung zu.

Infolge der Ionisierung wird das Gas, das sonst ein absoluter Isolator ist, leitend. Unter der Einwirkung eines elektrischen Feldes setzen sich die Elektrizitätsträgerpaare in entgegengesetzten Richtungen in Bewegung, und zwar ziehen die positiven Gasionen zum Minuspol, die negativen zum Pluspol (Abb. 61), wo sie sich entladen, die mitgeschleppten Gasmolekel zurücklassend. Es wird also infolge Ionenwanderung durch das an und für sich nicht leitende Gas ein elektrischer Strom transportiert, der sog. Ionisationsstrom, dessen Stärke von der Anzahl der sekundlich verfügbaren Ionen abhängig ist. Die Größe des durch das Gas transportierbaren Stromes

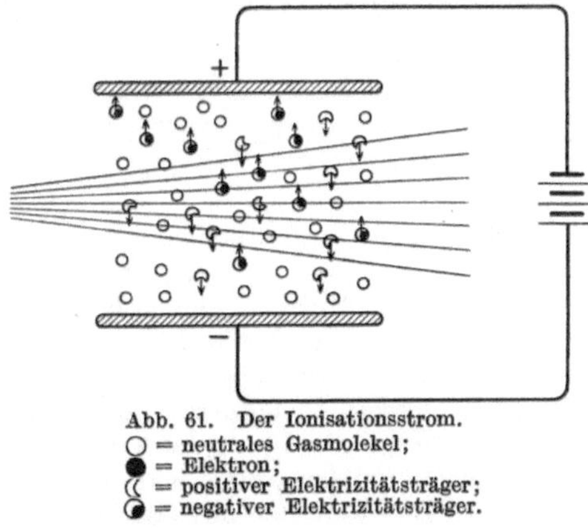
Abb. 61. Der Ionisationsstrom.

$\bigcirc$ = neutrales Gasmolekel;
● = Elektron;
= positiver Elektrizitätsträger;
= negativer Elektrizitätsträger.

wird dadurch zum Maß der Ionisierung und, da die letztere eine Funktion der Intensität der Röntgenstrahlung ist, zum Maß dieser selbst.

Das Ionisationsmeßgerät besteht in der Hauptsache aus der Ionisationskammer, das ist ein in geeigneter Weise abgeschlossener Luftraum, der der zu bestimmenden · Röntgenstrahlung ausgesetzt wird, und dem Elektroskop oder Elektrometer, das den dabei durch die Kammerluft gehenden Ionisationsstrom anzeigt. Es sind zwei Typen von Ionisationskammern in Gebrauch, nämlich die *große* und die *kleine Ionisationskammer.* Die

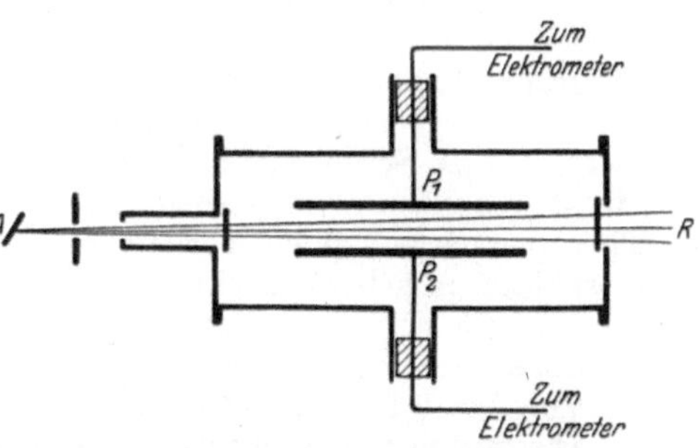

Abb. 62. Die große Ionisationskammer.

große Kammer (Abb. 62), die hauptsächlich im physikalischen Laboratorium Verwendung findet, zeichnet sich durch einen *großdimensionierten Luftraum* aus, in den nur ein schmaler, ausgeblendeter Röntgenstrahl $A\,R$ hineingelassen wird. Durch diese Anordnung wird erreicht, daß sämtliche von der Strahlung primär ausgelösten Elektronen Raum genug haben, sich restlos in Sekundär- und Tertiärelektronen umzuwandeln, die Ionisation also eine vollständige wird, und daß ferner der Einfluß der Wandung als Sekundärstrahler ausgeschaltet wird. Diese Kammer erfüllt also zwei wichtige Voraussetzungen: 1. daß die *Ionisation des Gases restlos* und ungehindert vor

sich gehen kann, und 2. daß *das Resultat durch* von der Kammerwand
ausgehende *Sekundärstrahlung nicht verfälscht* wird.

Diese Voraussetzungen sind für die kleine Meßkammer, die sog.
Fingerhutkammer, nicht gegeben. Abb. 63 zeigt im Durchschnitt ihren
Aufbau: Eine fingerhutartige Hülse H aus Zelluloid, Horn oder einem
leichten Metall von kleinem Atomgewicht, innen durch Graphitanstrich

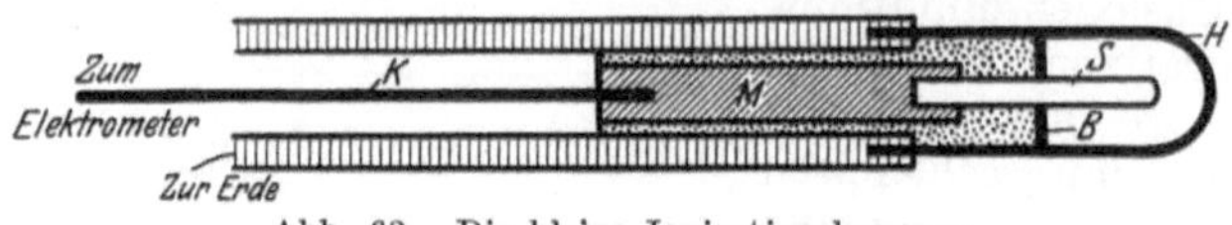

Abb. 63. Die kleine Ionisationskammer.

leitend gemacht, umschließt den 1—2 ccm großen Luftraum, in den axial
ein Graphitstäbchen S hineinragt. Letzteres steht durch einen Messing-
stift M mit dem Kabel K, das von guter Isolation umgeben zum Elektrometer führt, in leitender Verbindung, während die Wand der Kammer geerdet ist. Die Kammer ist gegen das Leitungskabel durch eine Bleischeibe
B abgeschlossen, welche verhindern soll, daß seitlich und axial einfallende Röntgenstrahlung das Kabel erreicht und elektrostatisch auflädt.

Während bei der großen Kammer die Zahl der gebildeten Ionen lediglich durch das Volumen und die Dichte des zwischen den Elektroden P_1
und P_2 befindlichen Gases bestimmt wird, tritt bei der kleinen Kammer
noch die aus der Kammerwand und aus dem Stift ausgelöste Elektronen-
menge hinzu, wodurch diese Meßgeräte von Wand- und Stiftmaterial
abhängig werden. Bei harter Strahlung tritt diese Abhängigkeit vollends
hervor, da dabei die aus dem Kammermaterial ausgelösten Elektronen
überwiegen können.

Die große Meßkammer kann infolge ihrer Bauart nur ein schmales
gerichtetes Röntgenstrahlenbündel messen, wohingegen die Fingerhutkammer von *allen* Seiten Strahlen aufzunehmen vermag und daher nicht
nur direkte, sondern auch *gestreute* Strahlen mißt. Sie wird also den in
der Therapie herrschenden Verhältnissen eher gerecht, indem sie die
Streustrahlung mit berücksichtigt.

Ein weiterer Vorteil ist, daß sie sich infolge ihrer Kleinheit sehr gut
zu Messungen am Phantom verwenden läßt. Diesen praktischen Vorteilen gegenüber fällt es nicht schwer ins Gewicht, daß die Ionisierung
infolge Absorption von Elektronen durch die Kammerwand nicht ihre
maximalen Werte erreicht, zumal dieser Fehler durch die zusätzliche
Sekundärstrahlung der Wand kompensiert wird. Da aber die kleine
Kammer durch ihre Konstruktion vielen Einflüssen unterliegt (Abhängigkeit von Kammermaterial, Kammerform, Stiftlänge), ist es notwendig, sie durch Vergleich mit der großen Kammer zu eichen und ihre
Angaben miteinander in Einklang zu bringen.

Die Messung des durch das Gas gehenden Ionisationsstromes kann auf
zweierlei Weise geschehen, entweder dadurch, daß ein Elektrometer
durch den Ionisationsstrom entladen wird (wie es beim Iontoquanti-
meter, Solomonapparat usw. geschieht) und dabei die Entladungszeit
des Elektrometers zum Maß wird, oder indem der Ionisationsstrom durch

einen konstanten hochohmigen Widerstand geleitet und die an dessen Enden entstehende Spannung gemessen wird. Da nach dem Ohmschen Gesetz $V = iR$ ist, so wird, wenn R bekannt ist, V ein Maß für den Ionisationsstrom. Es wird auf diese Weise die Ionisationsstrommessung auf eine Spannungsmessung zurückgeführt. Das Messen der schwachen Ionisationsströme, die nur eine Größenordnung von 10^{-10} bis 10^{-9} Amp. aufweisen, ist nur durch besondere Anordnungen, z. B. das sog. *Röhrengalvanometer*, möglich. Dieses besteht im wesentlichen aus einer Glühkathoden-Verstärkerröhre, durch die der Ionisationsstrom etwa 100000fach vergrößert wird, so daß er mit einem gewöhnlichen Zeigergalvanometer gemessen werden kann.

Die Messungen mit den Elektrometern sind sehr zeitraubend, da die Ermittlung eines einzigen Meßwertes bis zur Entladung des Elektroskops oft mehrere Minuten erfordert. Hierbei ist die Ablaufszeit in umgekehrter Proportionalität ein Maß der Strahlenintensität. Die Geräte der letztbeschriebenen Konstruktion hingegen ergeben in dem stationären Ausschlag eines Zeigers direkt ein Maß der Strahlenintensität. Man nennt letztere Instrumente auch Dosisleistungsmeßgeräte.

Es ist nun eigentlich selbstverständlich, daß Instrumente, die derartig schwache Ströme messen sollen, äußerst empfindlich sind und leicht auf störende Einflüsse reagieren. Um nun die Gewißheit zu haben, daß solche Störungen oder Veränderungen nicht vorliegen, muß das Meßgerät vor jeder Messung kontrolliert werden. Ebenso wie man an einen Spannungsmesser vor der Vornahme einer Messung eine ganz bestimmte Spannung anlegt, um sich von seiner richtigen Funktion zu überzeugen, kann man bei den Ionisationsmeßgeräten einen Ionisationsstrom bekannter und konstanter Größe zur Kontrolle benutzen. Solche lassen sich mit Hilfe von Radium oder radioaktiven Substanzen in der Meßkammer stets erzeugen (s. auch S. 222).

Auch die Ionisationsmeßgeräte sind nicht ganz unabhängig von der Qualität der Strahlung; dies gilt aber nur für Spannungen unter 150 kV. Darüber hinaus ist die Ionisierung, da fast ausschließlich durch Streuung hervorgerufen, von der Wellenlänge unabhängig. Daher sind die Ionimeter die idealen Meßgeräte für den Therapeuten. Vielleicht werden auch sie einst verwöhnten Ansprüchen nicht genügen. Denn bereits fängt man an zu fragen: ist die Elektronenauslösung in Gasen der im biologischen Objekt gleichzusetzen? Bei der ungemein raschen Entwicklung dieser noch unerforschten Gebiete der Wissenschaft ist man nie sicher, ob die letzte Lösung auch die endgültige bleibt. Die Dinge sind im Fluß.

Anhang.

VII. Einige für den Röntgenologen wichtige Begriffsbestimmungen aus der Elektrizitätslehre.

Das physikalische Weltbild, namentlich die Anschauung über die Elektrizität hat sich, seitdem wir die Schulbank und die Hörsäle der Hochschule verlassen haben, zum Nichtwiedererkennen verändert. Die

Veränderungen nehmen von Beobachtungen, die in engem Zusammenhang mit den Röntgenstrahlen stehen, ihren Ausgangspunkt. Danach haben wir uns vorzustellen, daß es nur *eine* Form der Elektrizität gebe, und zwar *nur negative*. Das Elementarquantum der Elektrizität stellen die Elektronen dar; sie sind reine Elektrizität; sie sind Bausteine der Materie und lassen sich von ihr lostrennen.

Positive Elektrizität nachzuweisen, ist bisher nicht gelungen. Ein Körper ist negativ elektrisch geladen, wenn er einen Überschuß an Elektronen besitzt. Die positive Ladung bedeutet hingegen einen Mangel an Elektronen.

Der *Elektrizitätsstrom* ist als eine Bewegung der freien Elektronen aufzufassen; sie bewegen sich der usuellen Stromrichtung entgegen vom sog. negativen zum sog. positiven Pol. Die *Stromstärke* stellt sich dar als die Menge der in der Zeiteinheit durch einen bestimmten Querschnitt bewegten Elektronen. Ihre Geschwindigkeit hängt von der Ladungsdifferenz zwischen zwei Polen, d. h. von der Spannung ab. Die *Spannung* oder das *Potential* haben wir uns als Druck der auf einen Körper zusammengedrängten und am Entweichen verhinderten Elektronen vorzustellen (ebenso wie unter Druck stehender Dampf einen Gegendruck auf die Kesselwände ausübt und zu entweichen sucht).

Der elektrische Strom. Bringt man zwei geladene Körper verschiedenen Potentials in leitende Verbindung, so findet ein Ausgleich ihrer Ladungen statt durch Strömen der Elektrizität vom höheren zum niederen Potential. Der Strom hält so lange an, bis der Ausgleich der Spannungen vollzogen ist. Werden die beiden Körper durch eine elektrische Kraftquelle mit der gleichen Schnelligkeit, wie sie sich entladen, wieder aufgeladen, so kommt es zu einem *kontinuierlichen* Strömen der Elektrizität in der beschriebenen Weise.

Der leitende Körper (z. B. Metalldraht) bietet dem Strömen der Elektronen einen *Widerstand* dar, der vom Material des Leiters (es gibt gute und schlechte Leiter) und von seinem Querschnitt abhängig ist. Die Verhältnisse sind ganz analog denen der Hydrodynamik: durch ein weites Rohr fließt in der gleichen Zeit mehr Wasser hindurch als durch ein enges, und bei gleichem Querschnitt um so mehr, je stärker das Gefälle ist. Das Gefälle ist in unserem Falle die Spannung oder Potentialdifferenz. Die Stromstärke ist also der Spannung direkt, dem Widerstand umgekehrt proportional. $\left(\text{O{\small HM}sches Gesetz } A = \dfrac{V}{O}\right)\cdot$ Die Einheit der Stromstärke ist das *Ampere* (*A*), die Einheit der Spannung das *Volt* (*V*), die Einheit des Widerstandes das Ohm (*O*).

Die Stromenergie wird ausgedrückt durch das *Produkt* aus *Stromstärke × Spannung*. Man mißt die elektrische Energie in *Voltampere* oder *Watt*.

Stromstärke (in A) × Spannung (in V) = Stromenergie (in W).

Unter Watt verstehen wir die auf die Einheit der Zeit bezogene Stromenergie, die sog. Sekundenenergie oder den Stromeffekt. Die Stromenergie elektrischer Zentralen wird nach Kilowattstunden (1000 Watt × 60 × 60) verkauft.

Die Leistungsfähigkeit eines Röntgenapparates wird durch den Transformator bestimmt und in Kilowatt (kW) angegeben. Ein 10-kW-Apparat leistet pro Sekunde maximal 10 kW, d. h. das Produkt aus Stromstärke $\times$ Spannung kann 10 000 Voltampere nicht überschreiten. Ein solcher Transformator kann beispielsweise 200 kV bei 50 mA oder 100 kV bei 100 mA oder 50 kV bei 200 mA usw. liefern. Ob man von einem solchen Röntgenapparat auch alle diese Leistungen verlangen kann, hängt aber auch davon ab, ob die übrigen Teile der Apparatur für solche Spannungen bzw. Stromstärken eingerichtet sind. Deshalb ist es besser, wie es auch allgemein geschieht, die Leistungsfähigkeit eines Apparates durch Angabe der maximalen Belastung in mA bei maximaler Spannung in kV zu definieren.

In gleicher Weise wird die Belastbarkeit einer Röntgenröhre in Kilowatt ausgedrückt. Es ist also beispielsweise eine 6-kW-Röhre eine Röhre, deren Brennpunkt einer Wirkung von 6 kW eine Sekunde lang standzuhalten vermag, also 60 kV, 100 mA oder 50 kV, 120 mA oder 40 kV, 150 mA usw.

Der Stromkreis. Damit ein Strömen der Elektrizität stattfinde, bedarf es außer der Elektrizitätsquelle (Galvanisches Element, Dynamomaschine usw.) noch eines Stromkreises, d. h. einer lückenlosen leitenden Verbindung zwischen den Polen jener Elektrizitätsquelle. Ist der Stromkreis an irgendeiner Stelle unterbrochen, so hört der Strom sofort zu fließen auf. Dies kann beabsichtigt sein oder auch unbeabsichtigt eintreten. Das erstere ist bei den Schaltern der Fall; durch einen einfachen Hebelgriff läßt sich der Stromkreis unterbrechen, das Strömen der Elektrizität aufhalten, bzw. der Stromkreis wieder schließen und der Stromfluß in Gang bringen. Eine unbeabsichtigte Unterbrechung kann dann eintreten, wenn eine Klemmschraube sich gelockert hat, oder ein Draht innerhalb seiner Umspinnung durchbrochen ist. Man muß dann Stück für Stück der Leitung untersuchen. Führt die Leitung aber durch Apparatteile, in denen der Stromweg von außenher nicht zu verfolgen ist, so hilft man sich in der Weise, daß man diese unübersichtlichen Teile des Stromweges durch einen Kupferdraht überbrückt, dessen Widerstand dem betreffenden Apparatteil und der ganzen Leitung entspricht. Beginnt nach einem solchen „kurz Schließen" der Strom wieder zu fließen, so ist damit der Nachweis erbracht, daß der Leitungsfehler in dem betreffenden kurzgeschlossenen Apparatbestandteil liegt.

Kurzschluß. Die Zerlegung der von einer Stromquelle ausgehenden Energie in Volt und Ampere wird bestimmt von dem Widerstand des Stromkreises. Ist dieser beispielsweise sehr groß, so bleibt die Stromstärke nur gering, während die Spannung hohe Werte erreicht und umgekehrt, wenn der Leitungswiderstand gering ist. In beiden Fällen aber bleibt das Produkt aus Stromstärke mal Spannung konstant und entspricht der Energie, die die Stromquelle liefern kann. Schalten wir in einen Leiterkreis von einem bestimmten Widerstandswert ein Stück dicken Drahtes ein, so sinkt damit der Widerstandswert der ganzen Leitung und die Stromstärke nimmt in dem gleichen Maße zu. Der elektrische Strom erzeugt nun beim Strömen Wärme. Die Wärmewirkung ist proportional dem Quadrate der Stromstärke und dem Widerstand des Drahtes. Es werden daher, wenn die Stromstärke durch die Veränderung des Widerstandes zu hoch anwächst, diejenigen Teile der Leitung, die für solche Stromstärken nicht berechnet sind, sich zu stark erwärmen und durchglühen. Solchen Zufall nennt man Kurzschluß. *Kurzschluß ist also die Folge der Einschaltung eines Widerstandes, der im Verhältnis zum Widerstand der Zuleitung zu klein ist.*

Um die bösen Folgen eines Kurzschlusses zu verhüten, schaltet man in die Leitungen sog. *Sicherungen* ein, das sind kurze Drähte oder Blechstücke aus Blei, Zinn oder leichtschmelzenden Legierungen, deren Querschnitt, je nach dem Zwecke, dem die Sicherung dienen soll, so gewählt ist, daß sie lange vor dem katastrophalen Anstieg der Stromstärke schmelzen und die Leitung unterbrechen.

Schaltungsarten. Im Röntgenapparat wird der Stromkreis dadurch hergestellt, daß die Klemmen des Transformators mit der Röntgenröhre verbunden werden. In die Bahn dieses Kreises sind gewöhnlich noch Apparatbestandteile eingeschaltet, wie Kondensatoren, Ventilröhren, Widerstände, Meßgeräte usw. Die Einschaltung kann nun *direkt in die Strombahn* erfolgen oder *in einen Zweigstrom*, der als Sehne zum Bogen des Stromkreises zu denken ist. Man spricht im ersteren Falle von Hintereinander- oder *Serienschaltung*, im letzteren dagegen von *Parallelschaltung*. Die Art der Einschaltung übt auf die Stromverhältnisse einen entscheidenden Einfluß aus. Widerstände, die in Serie geschaltet sind, addieren sich in ihrer Wirkung. In Serie geschaltete elektrische Kraftquellen addieren sich hinsichtlich ihrer Spannungswirkung. So ergeben zwei gleich große Kondensatoren, in der Art von Abb. 64, d. h. Pluspol mit Minuspol und Minuspol mit Pluspol miteinander leitend verbunden, doppelte Spannung. Ebenso verhält es sich, wenn zwei Transformatoren oder Danielelemente hintereinander geschaltet werden.

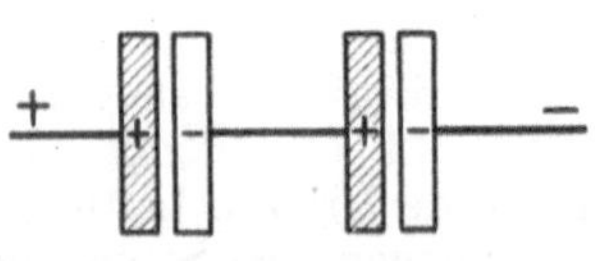

Abb. 64.
Serien- bzw. Hintereinanderschaltung.

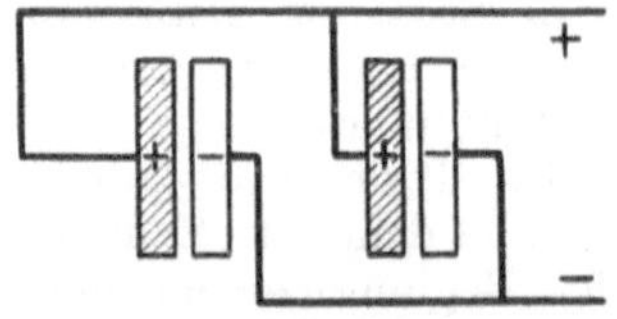

Abb. 65.
Parallel- bzw. Nebeneinanderschaltung.

Schaltet man aber parallel (Abb. 65), d. h. verbindet man stets nur gleichnamige Pole, also die positiven mit den positiven, die negativen mit den negativen, so addieren sich die Stromquerschnitte, und es wächst in dem gleichen Maße die Stromstärke, ohne daß die Spannung eine Veränderung zeigt.

Kapazität. Hierunter versteht man das Fassungsvermögen eines Körpers für Elektrizität. Mathematisch wird die Kapazität ausgedrückt durch das Verhältnis $\dfrac{\text{Elektrizitätsmenge}}{\text{Potential}}$, das der Körper bei der Aufladung darbietet. Bringt man beispielsweise eine kleine Metallkugel mit einer Elektrizitätsquelle in leitende Verbindung, so lädt sich die Kugel wohl auf das Potential der Kraftquelle auf, die Elektrizitätsmenge aber, die sie aufgenommen hat, ist sehr gering. Macht man denselben Versuch mit einer großen Kugel, so erreicht diese wieder das gleiche Potential, die aufgenommene Elektrizitätsmenge ist aber eine wesentlich größere. Es ist das gleiche, wie wenn wir mit zwei verschieden breiten aber gleich hohen Gefäßen von einer Quelle Wasser schöpfen: mit dem einen werden wir wenig, mit dem anderen viel Wasser auffangen können. Solche Elektrizitätsspeicher nennt man Kondensatoren. Ihr Fassungsvermögen wird von ihren Dimensionen und von der Isolation der Umgebung bestimmt.

Elektrische Schwingungen. Rasches Hin- und Hergehen von Ladungen bezeichnet man als elektrische Schwingung. Der elektrische Funke ist eine solche Schwingung; denn bei genauer Untersuchung zeigt es sich, daß die scheinbar einfache Entladung aus einer Reihe von Teilfunken besteht, die abwechselnd hin- und hergehen. Hält man die Funkenbildung aufrecht, indem man einen Kondensator durch eine elektrische Kraftquelle auflädt und dessen Ladung sich über eine kleine Funkenstrecke (etwa 1—2 mm lang) entladen läßt, so erhält man rasch oszillierende Ströme, sog. *Hochfrequenzschwingungen.*

In jedem Röntgenapparat ist infolge Kapazität und Selbstinduktion die Gelegenheit zum Entstehen hochfrequenter Schwingungen gegeben, wenn die Leitung irgendwo durch Funken überbrückt wird. Dies ist beim Induktor und mechanischen Gleichrichter an den rotierenden Teilen nicht zu vermeiden. Aber auch sonst kann eine kleine schadhafte Stelle der Leitung (es genügt schon eine 1 mm breite Unterbrechung) zur Funkenbildung Veranlassung geben. Hochfrequente Schwingungen verändern die Stromkurve wesentlich, führen zu Überspannungen, bedeuten einen Verlust an elektrischer Energie, sind also in Röntgenapparaten nach Möglichkeit zu unterdrücken.

Stromarten. Fließt ein elektrischer Strom in *gleicher* Richtung, so spricht man von *Gleichstrom.* Ein solcher wird in den Kraftwerken von Gleichstromdynamomaschinen erzeugt. Er kann nur zum Betrieb von Induktorapparaten verwendet werden. Alle anderen Apparattypen verlangen zum Erzeugen des wechselnden Kraftfeldes des Transformators einen *Wechselstrom.* Dieser kann nun, wenn keine andere Kraftquelle zur Verfügung steht, durch *Umformung* des Gleichstromes oder direkt aus einer Wechselstromzentrale erhalten werden. Der Wechselstrom ist sowohl bezüglich seiner Richtung als auch seiner Spannung

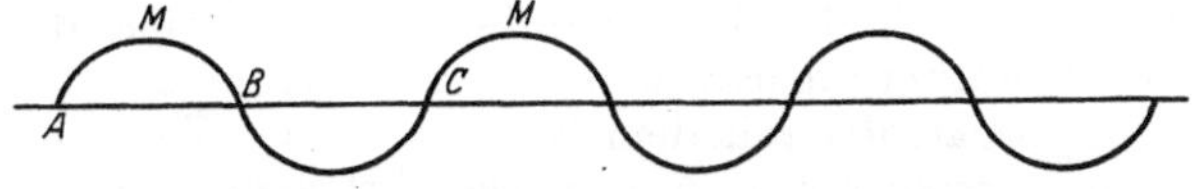

Abb. 66.   Spannungskurve eines Wechselstromes.
AB = Phase; AC = Periode; M = Scheitelpunkt der Kurve = Scheitelspannung.

veränderlich. Den Verlauf einer Wechselstromkurve zeigt Abb. 66. Wir sehen, daß die Spannung von A allmählich ansteigt, in M ein Maximum erreicht, in B wieder Null wird, und nun in entgegengesetzter

Richtung das gleiche sich wiederholt. Ein solcher positiver und negativer Stromstoß (Kurve von A bis C) bilden zusammen eine *Periode*. Ein Stromstoß allein, gleichgültig welcher Richtung, wird als *Phase* bezeichnet (Kurve von A bis B oder B bis C). Die Anzahl der Perioden hängt von der Rotationsgeschwindigkeit des Ankers der Wechselstrommaschine ab. In Deutschland wird gewöhnlich eine Periodenzahl von 50 pro Sec. eingehalten.

Die Spannung eines Wechselstromes kann man entweder nach seinem Maximalwert bezeichnen (Punkt M der Kurve) sog. *Scheitelspannung*, oder man bedient sich eines mathematischen Mittelwertes, der durch Division der Scheitelspannung durch 1,4 (d. i. $\sqrt{2}$) erhalten wird, sog. *effektive Spannung*. Diese kann man natürlich durch Multiplikation mit dem gleichen Faktor (*Scheitelfaktor*) auf die Scheitelspannung zurückführen.

Die Hochspannungsgefahr.

In der letzten Zeit sind die Röntgenmaschinen in ihren Leistungen gewaltig vorwärtsgekommen und entwickeln Spannungen, die für die in ihrer Nähe beschäftigten Personen eine Gefahr bedeuten. Die Energiemengen, die jetzt jedem Röntgenologen zur Verfügung stehen, genügen, tödliche Wirkungen hervorzurufen. Es ist also gut, wenn die in Röntgeninstituten tätigen Personen diesbezüglich aufgeklärt sind.

Die Toleranz gegen den elektrischen Strom ist sehr verschieden. Es ist nicht möglich anzugeben, welche Stromenergie auf der Stelle tödlich wirkt, da die psychophysische Konstitution des Betroffenen hier mitspielt.

Der elektrische Strom führt beim Übergang auf den Körper zu heftiger Chokwirkung. Die Schwere des Choks hängt von Spannung und Stromstärke und von der Art des zufälligen Kontaktes ab. Lebensgefährlich kann die Berührung werden, wenn die betreffende Person zufällig in *zwei*poligen Kontakt mit der Leitung kommt, d. h. Pluspol und Minuspol gleichzeitig berührt. Aber auch *ein*poliger Kontakt kann gefährlich werden, wenn der Berührende auf guten Leitern steht (Eisenblech, Steinfliesen) oder wenn bei schlechter Erde (Holz, Torf, Linoleum) der Hochspannungskreis an einer Stelle der Leitung, sei es mit Absicht oder durch einen Isolationsdefekt geerdet ist. In allen diesen Fällen schließt der Berührende mit seinem Körper die Apparatur kurz. Infolgedessen ergießt sich durch ihn ein relativ starker Strom, nämlich der Kurzschlußstrom des Apparates. Dieser erreicht beim Induktorapparat eine schon bedenkliche Höhe, beim Transformatorapparat, der mit dem Netz in offener Verbindung steht, kann dabei die Stromstärke in lebensgefährlichem Maße ansteigen. Um die allergrößte Gefahr abzuwenden, hüte man sich davor, mit beiden Händen an der Hochspannungsleitung zu hantieren und gewöhne sich an, alle Handgriffe an der Sekundärseite der Apparatur mit *einer* Hand auszuführen, um bei irgendwelchen unglücklichen Zufällen *nicht* in *doppel*poligem Kontakt mit der Leitung zu stehen. Um andererseits bei einpoligem Kontakt nicht mit dem Leben gefährdet zu sein, ist erforderlich, daß der Fußbodenbelag im Röntgenkabinett keine „gute Erde" sei, d. h. nicht etwa aus Eisenblech oder Fliesen bestehe, sondern ein gebohnerter Holzfußboden ist. (Fliesen oder Eisenblechboden müssen mit Kork oder Linoleum überzogen werden.) Eine Gefahr tritt für diese Fälle erst ein, wenn sich sehr große Kapazitäten im Sekundärstromkreis befinden, wie es bei den modernen Kondensatorapparaten der Fall ist. Diese Apparate können, auch wenn der Strom bereits ausgeschaltet ist, noch recht unangenehme Entladungen liefern, da das Dielektrikum der Kondensatoren noch stundenlang nach Abschalten des Stromes beträchtliche Elektrizitätsmengen festhält. Solche Apparate müssen also nach Betriebsschluß durch einen Kurzschlußbügel entladen und geerdet werden.

Die häufigsten Ursachen von Betriebsunfällen mit einpoligem Kontakt sind 1. zu tief herabhängende Heizstromleitungsdrähte, Erschlaffen der Spiralen von Rollkabeln, 2. Lösung des Steckkontaktes an der Heizstromleitung; der mit der Röhre verbundene Kabelteil fällt auf den Patienten, 3. Röhre zu nahe am Patienten, 4. Röhrenstromleitung zu nahe am Patienten.

Der zuletzt bekanntgewordene Hochspannungstod bei Benutzung eines Röntgenapparates ereignete sich 1924 in Finnland:

Ein schier unglaublicher Mangel an Sachkenntnis und das Mitspielen eines unglücklichen Zufalls führten den Tod eines Arztes und seiner Assistentin herbei. Der Arzt, dem die Röntgenröhre nicht genügend zentriert erschien, wollte während der Exposition die Stellung der eingeschalteten und mit 40 kV betriebenen Röhre verbessern und faßte zu diesem Zweck mit einer Hand den Kathodenhals an, während seine Assistentin die Anodenseite ergriff. Beide wären mit dem bloßen Chok davongekommen, hätten sie sich nicht unglücklicherweise dabei mit den freien Armen berührt. Dadurch kamen sie in zweipoligen Kontakt mit der Leitung und bewirkten Kurzschluß durch ihre Körper. Beide sanken sofort bewußtlos hin, rissen das Röhrenstativ um und ihre Kleider fingen Feuer. Der zur Photographie eingestellte Patient kam mit dem bloßen Schrecken davon.

Häufig genug können aber auch ganz geringfügige Material- oder Installationsfehler den Erfahrenen das Leben kosten.

Von tückischer Tragik zeugt der Fall des Radiologen JEAUGEAS: Während einer Durchleuchtung löste sich die Hochspannungsleitung, die über dem Stativ hinzog, vom Deckenpfeiler los und fiel auf das Stativ. JEAUGEAS hielt eben die rechte Hand am Metallrahmen des Schirms, während die linke den Blendenknopf gefaßt hatte. Da die Metallteile des Stativs untereinander verbunden und geerdet sind, kam der Unglückliche in Kontakt mit der Leitung bei Erdung des Stromkreises. Er war auf der Stelle tot.

Die Schädigungen, die bei nichttödlichen Unfällen eintreten, sind von dreierlei Art. Wir verzeichnen: 1. *Bewußtseinsstörungen*, 2. *innere*, 3. *äußere Verletzungen*. Die genannten Schädigungen können einzeln oder kombiniert zur Geltung kommen. Sehr bedrohlich, mitunter lebensgefährlich sind die Bewußtseinsstörungen. Sie kommen zustande durch einen Tetanus der Atmungsmuskulatur und durch Herzflimmern, sind also funktioneller Natur. Sehr wichtig, ja für das Leben des Verunglückten entscheidend, ist die *sofortige* Inangriffnahme der *künstlichen Atmung* (am besten nach der manuellen Schäferschen Methode).

Unterstützt wird diese Maßnahme durch Injektion von Lobelin (in verzweifelten Fällen evtl. intrakardial). Die künstliche Atmung ist 2 Stunden lang durchzuführen. Nach dem Unfall bleibt vielfach ein Gefühl großer Schwäche und Erschöpfung, ferner Muskelspannung und Paraesthesien zurück. Im Harn häufig Eiweiß und Erythrozyten. Da auch nach Erlangen des Bewußtseins der Tod plötzlich durch akute Herzdilatation eintreten kann, ist nach einem schweren elektrischen Unfall zweiwöchige absolute Bettruhe für den Kranken notwendig.

An den Gliedmaßen, die direkt mit der Stromleitung in Berührung kamen, tritt häufig 3 Tage nach dem Unfall eine rapide Muskeldegeneration ein. Örtlich kommt es zu Verbrennungen, Metallimprägnation des Gewebes, sowie Verfärbung und Fältelung der Haut an der Stelle des Stromeintritts (*Strommarke*). Behandlung wie bei Brandwunden. Nach 2—3 Wochen tritt an der Stelle der Strommarke ein Schorf auf, der sich allmählich ablöst, sehr tief reicht und selbst den Knochen freilegen kann. (Achtung vor Gangrän! Trockene Lichtbehandlung.)

Es ist gut, wenn der Röntgenologe die Hochspannungsgefahr seiner Anlage kennt. Dringend erforderlich ist festzustellen, welche kleinste Röhren- bzw. Stromleitungsentfernung dem Kranken gefährlich werden kann. Man überzeugt sich davon am besten auf folgende Art: Das eine Ende eines isolierten Metalldrahtes taucht in ein am Boden stehendes wassergefülltes Metallgefäß, während das andere, an der Spitze eines 2 m langen Holzstabes befestigte Drahtende bei eingeschalteter Apparatur an den fraglichen Punkten der Hochspannungsleitung vorbeigeführt wird. Der Abstand, der noch von Funken überbrückt wird, gibt uns eine Vorstellung von der Größe der Gefahr, die einen Körper bedroht, der sich in der gleichen Entfernung von der Hochspannung befindet. (Die Gefahr des Funkenüberschlages ist für den Körper kleiner als für dieses Phantom, da wir es bei ihm mit einem schlechten Leiter zu tun haben.)

Sicherungsapparate. Sicherungsapparate beruhen meist darauf, daß die bei Annäherung einer Person an die Leitung erregten Schwingungen auf die Antenne eines Apparates wirken, der den Transformator automatisch abschaltet. Damit das Verfahren auch an Apparaten, die an und für sich schon im Betriebe Hochfrequenzschwingungen erzeugen (alle mechanischen Gleichrichter), verwendbar sei, bringt man in diesem Falle die Antenne außerhalb des Wirkungsbereiches der schwingungsführenden Hochspannungsleitung, und zwar unter dem Fußboden an. Der Sicherheitsapparat löst dann bei normalem Betrieb nicht aus. Berührt jedoch eine Person eine hochspannungsführende Leitung, so lädt sie sich auf ein hochfrequentes Wechselpotential auf und überbrückt gleichzeitig die Entfernung zwischen Antenne und Hochspannungsleitung. Infolge der zwischen Antenne und Person stattfindenden Kondensatorwirkung werden die Schwingungen auf die Antenne übertragen und setzen den Sicherheitsapparat in Tätigkeit.

Zweiter Teil

Die diagnostische Technik.

I. Die Bildentstehung.

Röntgenstrahlen sind an sich nicht sichtbar. Läßt man sie aber auf fluorescierende Materialien wie Bariumplatincyanür, kieselsaures Zink oder wolframsauren Kalk auftreffen, so leuchten diese Substanzen, je nach Intensität der auffallenden Röntgenstrahlung, verschieden stark auf. Die genannten Materialien, die in dünner Schicht auf Papier aufgetragen die Grundsubstanz der Leuchtschirme bzw. Verstärkungsfolien bilden, machen auf dem Umwege über die Fluorescenz die Röntgenstrahlen optisch erfaßbar und dem Auge zugänglich; denn ein Objekt, das sich zwischen Röntgenstrahlenquelle und dem Leuchtschirm befindet, wird sich, da es einen Teil der Strahlen absorbiert, auf dem Schirm abzeichnen. Wir erhalten auf diese Weise *Konturbilder*, die sich in ihrer Entstehung von gewöhnlichen optischen Schattenbildern nicht unterscheiden. Was aber den Röntgenstrahlen so außerordentliche Bedeutung verleiht, ist, daß entsprechend ihren Absorptionsgesetzen innerhalb der Schattenkontur eine *Differenzierung* des Objekts in *Dichte-* und *Dickenunterschiede* erfolgt. Ein homogenes Objekt von verschiedener Dicke wird an der Stelle seines größten Breitedurchmessers am stärksten absorbieren und umgekehrt, wo es am dünnsten ist am meisten Strahlung durchlassen. Der Leuchtschirm wird daher von verschiedenen Röntgenstrahlenintensitäten getroffen und leuchtet verschieden stark auf, je nach der Reliefgliederung des Objektes. Diese wird als verschieden helle Fluorescenz des Leuchtschirms sichtbar. Wir wollen das auf solche Weise entstehende Bild *Reliefbild* nennen. Objekte von *gleichmäßiger* Formbeschaffenheit können außer dem Konturbild nur dann eine Differenzierung zeigen, wenn sie aus Substanzen verschiedener Dichte, also auch verschiedener Durchlässigkeit für Röntgenstrahlen zusammengesetzt sind. Die Substanzen werden sich gemäß ihrer differenten Absorptionskraft mit verschiedener Helligkeit am Leuchtschirm markieren. Wir wollen diese Bildentstehung als *Differenzbild* bezeichnen. Das Röntgenbild, das auf dem Schirm durch Fluorescenz mittelbar sichtbar wird, setzt sich demnach zusammen aus dem Konturbild, in das sich als weitere Differenzierung das Relief- und Differenzbild einzeichnen.

Es können auf diese Weise lichtundurchlässige Stoffe auf ihre innere Struktur genau erkannt werden, nur muß man sich zur Interpretation solcher Bilder die Art ihrer Entstehung stets vor Augen halten. Über die Art der Bildwirkung belehrt uns

die Optik der Röntgenstrahlen.

Die Optik der Röntgenstrahlen unterliegt den denkbar einfachsten Gesetzen, haben wir doch analoge Verhältnisse wie bei der Schattenbildung vor uns.

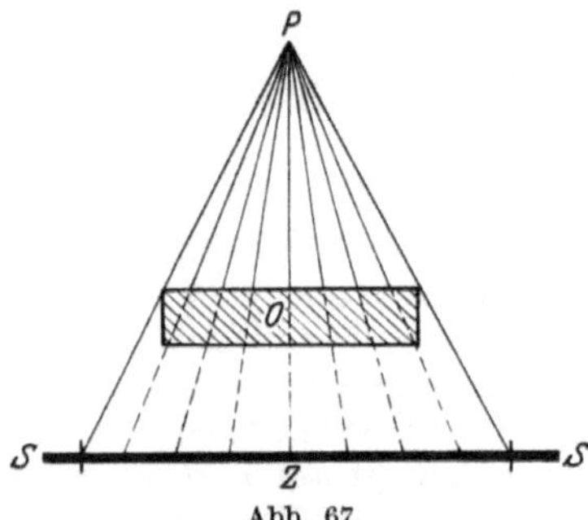

Abb. 67.
Die Bildgröße in Abhängigkeit von der Objekt-Platten- und Fokus-Plattenentfernung.

P = Brennpunkt;
O = Objekt;
SS = Schirm bzw. Platte;
PZ = Zentralstrahl.

Die Bildgröße. Ist in Abb. 67 P der Brennpunkt einer Röntgenröhre, O ein Objekt und $S - S$ ein Leuchtschirm, so gelten, vorausgesetzt, daß der Zentralstrahl PZ durch die Mitte des Objekts geht, folgende Beziehungen für die Bildgröße: Das Bild eines Gegenstandes erscheint um so größer, je weiter es von der Bildebene (Leuchtschirm oder photographische Platte) entfernt ist und je näher beide dem Brennpunkt der Röhre liegen, nähert sich dagegen um so mehr den natürlichen Verhältnissen, je näher das Objekt zur Bildebene und je weiter beide von der Strahlenquelle entfernt liegen.

Die Intensität des Bildschattens nimmt mit dem Quadrat der Entfernung des Objekts von der Bildebene und Annäherung zur Lichtquelle ab; denn je näher das Objekt dem Brennpunkt der Röhre zu liegen kommt, von einer desto größeren Strahlenintensität wird es getroffen und durchstrahlt, so daß seine Schattentiefe bedeutend abnimmt.

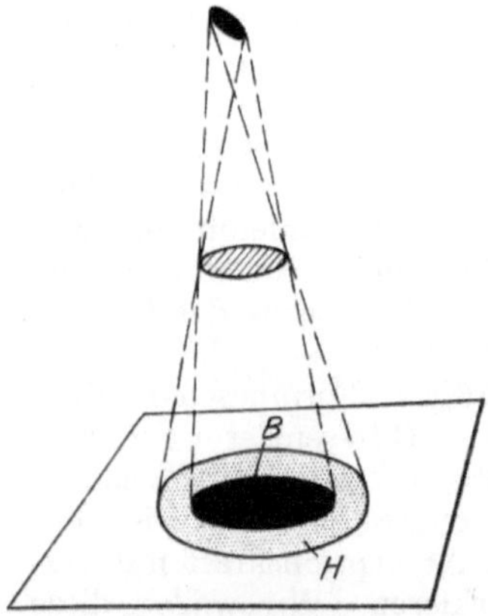

Die Bildschärfe. Weiterhin muß man berücksichtigen, daß die Strahlenquelle niemals den Idealfall eines Punktes darstellt, sondern stets eine strahlende *Fläche* ist. Dadurch leidet die Schärfe der Schattenkonturen, indem sich nach der Konstruktion in Abb. 68 um den Kernschatten B noch der Halbschatten H bildet; das Bild zeigt undeutliche, verwaschene Konturen. Um größere Bildschärfe zu erhalten, müssen wir danach trachten, die Breite des Halbschattens H möglichst klein zu gestalten, d. h. dem Werte Null nahe zu bringen. Dies wird erreicht, indem

Abb. 68. Eine flächenhafte Strahlenquelle führt zu Schlagschatten- (B) und Halbschattenbildung (H).

1. die Strahlenquelle annähernd punktförmig gestaltet wird (scharfer Brennfleck), 2. das Objekt möglichst nahe der Bildebene liegt und

3. dabei Objekt und Bildebene möglichst weit von der Lichtquelle entfernt sind (Fernaufnahme). Unter diesen Bedingungen nähert sich die Breite des Halbschattens dem Grenzwerte Null.

Die Bildkongruenz. Wir müssen von dem Abbild verlangen, daß es in seinen Umrissen dem Objekt möglichst gleich sei. Dies ist aber nur dann der Fall, wenn der Zentralstrahl durch die Mitte des abzubildenden Objektes geht, d. h. bei *zentraler Projektion*. Liegt das Objekt außerhalb des Zentralstrahls, so treten Verzerrungen der Objektkonturen ein (Abb. 69), die um so größere Gestaltsveränderungen ergeben,

je näher die Strahlenquelle und je weiter das Objekt von der Bildebene gelegen ist. Auch dieser Fehler läßt sich nahezu beheben, wenn das Objekt nahe an die Bildebene herangebracht und die Strahlenquelle entfernt wird (Fernaufnahme).

Von einer *idealen Abbildung* verlangen wir 1. annähernd *natürliche Bildgröße*, 2. *maximale Intensität*, 3. *maximale Schärfe*, 4. annähernde *Bildkongruenz*. Da manche der oben aufgezählten Anordnungen mehreren dieser Bedingungen gerecht werden, sind nur wenige Voraussetzungen

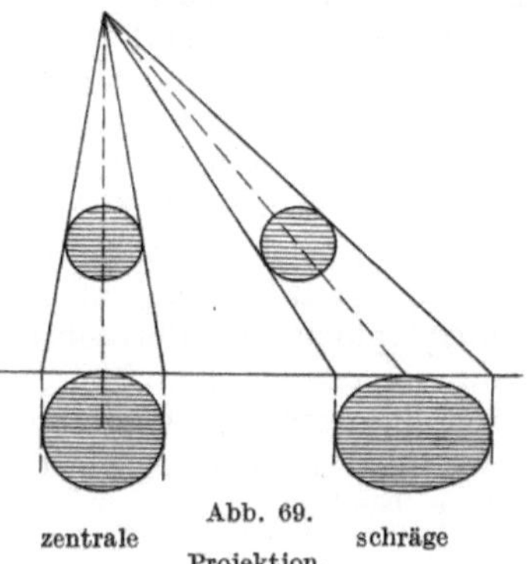

erforderlich, daß der Idealfall der Abbildung erreicht wird. Diese sind: 1. möglichste *Annäherung des* abzubildenden *Objekts an die Bildebene*, 2. möglichst *weite Entfernung der Strahlenquelle* von Objekt und Bildebene, 3. *punktförmige Strahlenquelle* (scharfer Brennfleck), 4. *Benutzung nur der zentralen Strahlen* zur Abbildung. Wieweit wir in der Praxis von diesen Maßnahmen Gebrauch machen können, inwieweit uns die Leistungsfähigkeit der Apparatur noch Beschränkungen auferlegt, werden die folgenden Kapitel zeigen.

Die Eigenart der Bildentstehung und die besonderen Projektionsverhältnisse erfordern zur richtigen Deutung des Röntgenschattenbildes ein großes räumliches Vorstellungsvermögen und ein gewisses Sich-Einfühlen in die räumliche Bildverteilung. Die Perspektive des Röntgenbildes ist der uns gewohnten perspektivischen Auflösung des Raumes entgegengesetzt: was der Bildebene nahe ist, zeichnet sich klein, scharf und intensiv ab, weiter entfernte Objektteile erscheinen dagegen groß, verschwommen und im ganzen blasser. Ein kompliziertes räumliches Objekt wird daher nur von seinen der Bildebene nahe liegenden Teilen ein klares brauchbares Bild geben, während die weiter entfernten Objektteile mehr oder minder unscharf und verschwommen erscheinen werden. Um bei diesen Nachteilen der Nahprojektion dennoch genügend Auskunft über ein Objekt zu erhalten, muß man die Stellung des Objekts zur Bildebene verändern und den Teil, der vordem entfernt lag, durch Umkehrung des Objekts nun an die Bildebene heranbringen. Beide unvollkommenen Bilder lassen sich auf diese Weise zu einem vollkomme-

neren ergänzen. Doch auch dies kann nicht immer vor Täuschungen
bewahren. Es kann nämlich der Fall eintreten, daß eine stark absorbierende flächenhafte Schicht ganze Bildteile beschattet und alles
davor und dahinter Gelegene mit seiner Schattentiefe zudeckt. Dieses
Bild kann leicht zu der falschen Annahme verleiten, das Objekt bestehe
in ganzer Ausdehnung aus stark absorbierender Substanz. Daß dies
ein Irrtum ist, kann man nur gewahr werden, wenn man das Objekt
vor der Bildebene *dreht*, wobei der Schatten, wenn er von einer Fläche
ausgeht, je nach der Winkelstellung zwischen Strahlen und Fläche
immer schmäler wird, bis er schließlich, wenn die Strahlen in der
Ebene der absorbierenden Fläche gehen, als schmales Band erscheint,
während die davor und die dahinter gelegenen Teile des Objektes sichtbar werden.

Um bei größerer räumlicher Ausdehnung des Objektes über alle
seine Teile gleichmäßig Auskunft zu erhalten und schattengebende
Flächen als solche zu erkennen, sind Bilder in mehreren Stellungen des
Objektes zur Bildebene und zur Strahlenquelle notwendig, also mehrere
Photographien oder Betrachtung des Objekts unter den verschiedensten
Bedingungen vor dem fluorescierenden Leuchtschirm. Sollen vollends
Bewegungsvorgänge von Organen beobachtet werden, dann tritt vor
allem die Untersuchung vor dem Fluorescenzschirm, *die Durchleuchtung*
in ihre Rechte.

II. Die Durchleuchtung.

Die Durchleuchtung und die Photographie sind die zwei Verfahren
der Röntgendiagnostik, die dazu berufen sind, einander zu ergänzen;
denn manches, was die erste bietet, versagt die zweite und umgekehrt.
Zusammen aber und in richtiger Anwendung kann man mit ihnen die
Grenzen der diagnostischen Möglichkeiten abschreiten. Es ist müßig,
darüber zu streiten, welchem Verfahren der Vorrang zu geben sei; sie
treten gar nicht miteinander in Konkurrenz, sondern sind am besten
nacheinander an ein und demselben Objekt anzuwenden. Der gewöhnliche Gang der Untersuchung führt vom Leuchtschirm zur Platte.

Die Durchleuchtung gibt uns die Möglichkeit in die Hand, das auf
eine Fläche projizierte Schattenbild räumlich zu analysieren, indem man
das Objekt in verschiedene Stellung zur Strahlenquelle bringt. Die
verschiedenen Projektionsbilder, die man durch Drehung des Objektes
vor dem Leuchtschirm erhält, lassen im Vorstellungsvermögen ein
richtiges körperliches Bild entstehen, das für die Deutung des schematischen photographischen Bildes von ausschlaggebender Bedeutung
wird. Durch Wechseln der Lichtqualität und der Blendenweite kann
man das Objekt in jedweder Beleuchtung und Einfassung vor dem Auge
passieren lassen und kann diejenige Größe und Stellung des Bildes aussuchen, die für die Photographie die günstigsten Bedingungen und die
beste diagnostische Ausbeute verspricht. Soll schließlich die Funktion
bewegter Organe beobachtet werden, so ist die Betrachtung vor dem
Schirm die einzige Möglichkeit.

Die Adaption.

Die Durchleuchtung wird nur dann ihren Zweck vollauf erfüllen, wenn sie sachgemäß ausgeführt wird. Eine der wichtigsten Vorbedingungen hierfür ist die gründliche Vorbereitung der Augen des Untersuchers (*Adaption*) zur Betrachtung des lichtschwachen Fluorescenzbildes, wie es die Durchleuchtung bietet. Gegen diese Prozedur, die nichts weiter als 10 Minuten Geduld erfordert, wird in unserer hastenden Zeit sehr viel gesündigt. Und dabei ist es nicht übertrieben zu sagen, daß eine gute Adaption schon eine halbe richtige Diagnose ist.

Der Netzhaut kommt nämlich die Eigenschaft zu, viel hundertmal empfindlicher gegen Lichteindrücke zu werden, wenn längere Zeit keine oder nur schwache Lichtreize auf sie eingewirkt haben. Daher vermag ein Auge, das längere Zeit im verdunkelten Zimmer ausgeruht hat, auch feinste Helligkeitsdifferenzen zu perzipieren. Die Zeit, die zur Erreichung der schärfsten Perzeptionsfähigkeit erforderlich ist, ist individuell verschieden und überdies sehr davon abhängig, welchen Lichteindrücken das Auge vorher ausgesetzt war. Nach Aufenthalt im grellen Sonnenlicht wird das Eintreten der vollen Adaption längere Zeit auf sich warten lassen, wird sich dagegen früher einstellen, wenn vorher nur künstliches Licht oder gedämpftes Tageslicht auf das Auge eingewirkt hat. Im allgemeinen ist ein Aufenthalt von 10 Minuten im dunklen Zimmer erforderlich, bis genügende Sehkraft eingetreten ist. Aber auch dann ist noch nicht ihr Maximum erreicht. Man wird stets die Beobachtung machen können, daß das Erkennungsvermögen immer mehr zunimmt, je mehr man bereits durchleuchtet hat, bis nach etwa einer halben Stunde der Höhepunkt der Perzeptionsfähigkeit erreicht ist. Ein hoher Grad von Adaption erleichtert die Untersuchung außerordentlich. Man mache sich deshalb zur Regel, die einmal eingetretene Adaption, soweit es der Betrieb erlaubt, für die Untersuchungszeit nicht unnötig zu unterbrechen, sondern die Durchleuchtungen hintereinander auszuführen, wobei man zweckmäßig mit den leichteren Fällen beginnt, die schwierigeren aber vorsorglich für die spätere Zeit der besten Sehschärfe zurückhält. Gedämpftes künstliches Licht stört die Adaption nur wenig, sehr störend dagegen ist direktes Tageslicht, wie es beim Ein- und Austritt von Patienten in den Untersuchungsraum aus dem Nebenzimmer fällt. Die die Zimmer verbindende Tür ist deshalb am besten durch eine schwere Portiere zu schützen.

Ein recht praktisches Mittel, das dem einmal Adaptierten vollste Bewegungsfreiheit im hellen Tageslicht gibt, ohne daß die Adaption irgendwie gestört wird, ist die vom Physiologen TRENDELENBURG angegebene *rote Adaptionsbrille*. Das schwach fluorescierende Schirmbild wird nämlich im wesentlichen nur durch den Dämmerungsapparat des Auges perzipiert, während das foveale Sehen dabei vollstständig ausscheidet. Nun wirkt auf den Hellapparat (die Fovea) am stärksten Orange, auf den Dämmerungsapparat aber nur Gelbgrün. Das rote Glas läßt nun dasjenige Licht, mit dessen Hilfe wir im Hellen sehen (nämlich Orange) fast ungeschwächt durch, so daß man ungestört lesen und schreiben kann, absorbiert dagegen diejenigen Lichtstrahlen (nämlich Gelbgrün), die den Dunkelapparat erregen und ihn an der Adaption hindern. Um einem vielverbreiteten Irrtum zu begegnen, sei hervorgehoben: die Brille ist ein Mittel, die eingetretene Adaption im hellen Licht zu *bewahren*, nicht aber, sie zu *erlangen*. Dies geschieht am besten im vollständig verdunkelten Zimmer.

Daß die Verdunkelung des Untersuchungsraumes eine vollständige sein muß, versteht sich von selbst. Das Schirmbild ist derart lichtschwach, daß es bereits vor den geringsten Lichtspuren, die durch eine Fensterritze dringen, verblaßt. Man vergesse auch nicht, den Röhrenkasten mit schwarzem Zeug gegen das von der Röhre ausgehende sichtbare Licht lichtdicht abzudecken. Man spare keine Mühe, die kleinsten Tür- und Fensterritzen auf ihre Lichtdichte zu prüfen; denn jede Adaption wird illusorisch, wenn die Verdunkelung des Raumes nicht nahezu eine absolute ist.

Durchleuchtungsgeräte.

Ebenso muß man sein Augenmerk dem Instrumentarium zuwenden. Das Hauptrequisit ist der *Leuchtschirm*, dessen Leuchten uns das Röntgenbild vermittelt und von dessen Qualität daher sehr viel abhängt. In Verwendung sind Schirme aus Bariumplatincyanür (der Substanz, deren starke grüne Fluorescenz zur Entdeckung der Röntgenstrahlen führte) und solche aus kieselsaurem Zink (in der Natur als Willemit vorkommend). Die beiden Schirme lassen sich äußerlich schon dadurch auseinanderhalten, daß die ersteren von gelbgrüner Farbe, letztere aber weiß sind. Unter dem Einfluß von Röntgenstrahlen leuchten beide in dem gleichen grünen Fluorescenzlicht auf.

Das Bariumplatincyanür erleidet durch Röntgenstrahlen Veränderungen, die uns von der Sabouraud-Pastille her (sie besteht aus derselben Substanz) wohlbekannt sind und die nach längerer Einwirkung schließlich irreversibel werden. Der Schirm altert, d. h. er wird gelb (Teint B) und verliert in gleichem Maße an Leuchtkraft. Je mehr man den Schirm direktem Röntgenlicht ausgesetzt hat, um so eher werden diese Veränderungen eintreten. Es ist dies also im Interesse der Erhaltung seiner Leuchtkraft nach Tunlichkeit zu vermeiden.

Die aus kieselsaurem Zink bestehenden Schirme, die unter verschiedenen Namen (*Astral-, Ossalschirm*) im Handel sind und sich, wie gesagt, durch ihre weiße Farbe kennzeichnen, besitzen eine etwas größere Leuchtkraft und sind dem Bariumplatincyanürschirm an Haltbarkeit überlegen, insofern ihre Substanz durch Röntgenstrahlen in keiner Weise verändert wird. Einen kleinen Fehler allerdings haben sie; sie leuchten nach. Doch dieses Nachleuchten ist so schwach, daß es nicht störend in Erscheinung tritt. Man bemerkt es nur, wenn nach einer Durchleuchtung das Röntgenlicht ausgeschaltet wird; dann kann man im Dunkeln das soeben gesehene Bild noch einige Zeit auf dem Schirm wahrnehmen. Indessen ist es gelungen, auch diesen Fehler bei den meisten Fabrikaten zu beseitigen, so daß eine gewisse Vollendung in dieser Hinsicht erreicht ist.

Auch die Auswahl eines zweckentsprechenden *Stativs* ist für die Technik der Durchleuchtung von Bedeutung. Erforderlich ist eine feste Rückwand, an der der Patient mit dem Rücken lehnt, und freie Beweglichkeit des Schirms konform mit der Röhre, welche beide nur zu bestimmten Verrichtungen voneinander unabhängig gemacht werden können. Unter allen Umständen ist eine leicht bedienbare Blende nötig, welche es erlaubt, den Bildrahmen während der Durchleuchtung beliebig groß zu gestalten. Von ihrer richtigen und ausgiebigen Anwendung hängt sehr viel ab.

Einstellung von Apparat und Röhre.

Und schließlich muß die *Apparatur* in der richtigen Weise für die *Durchleuchtung eingestellt* werden. Solange die gasfreie Röhre unbekannt und man auf Gasröhren angewiesen war, bestanden recht beträchtliche Schwierigkeiten in der Auswahl der geeigneten Röhre und ihrer Kontrolle während des Gebrauchs. Man benötigt dazu ein Exemplar, das bei einer Leistung von 3—5 mA längere Zeit seinen Härtegrad zu bewahren imstande ist. Während der Dauer der Durchleuchtung ist eine Kontrolle der Röhre auf ihren Härtegrad notwendig. Genügende Hinweise bietet die Qualität des Schirmbildes (dunkles, kontrastreiches Bild beim Weichwerden, helles, kontrastloses Bild beim Hartwerden) und die Beobachtung des Milliamperemeters (beim Weichwerden Zunahme, beim Hartwerden Abnahme des Röhrenstroms).

Zu einem Umschwung führte erst die Einführung der gasfreien Röhre, die durch ihre leichte Einstellbarkeit und konstantes Beibehalten der eingestellten Härteziffer und Stromziffer den Untersucher von den Launen der Gasröhre befreit. Eine kleine Kurbeldrehung genügt, und dieselbe Röhre liefert auf Wunsch weiches, kontrastreiches oder hartes, durchdringendes Licht. Man vergesse aber auch nicht, von diesem Vorteil während der Durchleuchtung ausgiebig Gebrauch zu machen.

Die Einstellung der Röhre für die Zwecke der Durchleuchtung gestaltet sich recht einfach: Nachdem richtig gekabelt worden ist (eine falsche Kabelung ist bei der gasfreien Röhre unmöglich, da das Kathodenkabel als Steckkontakt ausgebildet ist), gehe man bei Stellung der Spannungskurbel auf „schwach" mit der Heizstromkurbel so weit vor, bis das (notabene auf den *kleinen* Skalenbereich umgeschaltete) Milliamperemeter einen Röhrenstrom von 3 bis höchstens 5 mA anzeigt, und markiere sich den Strich der Kurbelscheibe, an dem dies der Fall ist. Bei der so erhaltenen Röhrenstromstärke geht man nun mit der Spannungskurbel so weit vor, bis das am Apparat vorgesehene Kilovoltmeter ca. 50 kV anzeigt. Dies ist die mittlere Spannung, die für Durchleuchtungszwecke genügt, die man aber je nach Art und Dicke des zu untersuchenden Objektes nach oben oder unten verändern wird. Ist ein Kilovoltmeter nicht vorhanden, so kann man mit Hilfe eines der auf S. 76 beschriebenen Härtemesser die Strahlenqualität bestimmen. Die Tabelle III auf S. 77 gestattet eine Umrechnung auf die betreffende kV-Zahl. Das geübte Auge wird auch an der Fluorescenzhelligkeit des

Leuchtschirmes annähernd die Strahlenqualität zu erkennen vermögen. (Man verabsäume nicht, bei normalem Betriebe diese an der Art des Durchleuchtungsbildes abschätzen zu lernen.) Durch die beiden Konstanten: *Stromziffer* 3—5 Milliamp. und *Härteziffer* ca. 50 kV, ist die Röhre für die Durchleuchtung eingestellt. Eine Kontrolle der Röhrenqualität erübrigt sich. Kommt eine neue Röhre zur Verwendung, so sind für diese auf die gleiche Art die beiden Konstanten (Stromziffer und Härteziffer) aufzusuchen.

Zu erwähnen sind noch einige *Hilfsapparate*, die durch Absorption eines Teiles der Streustrahlung das Durchleuchtungsbild wesentlich verbessern und die diagnostische Ausbeute erhöhen. Bezüglich ihrer Beschreibung und Wirkungsweise sei auf Kapitel V, S. 152 verwiesen. Ihre Konstruktion verlangt, daß man sie zwischen Objekt und Leuchtschirm einfügt. Man bezeichnet sie deshalb zum Unterschied von den vor der Röhre angebrachten, *hinter* dem Objekt befindlichen Blenden (den *Hinter*blenden) als *Vorder*blenden. Dem Prinzip nach gibt es Vorderblenden mit *feststehendem*, im Durchleuchtungsbild *sichtbarem* Gitterwerk (hierher gehören die *Bucky-Wabenblende* und die *Iten-Streifenblende*) und solche mit *rotierendem* und daher im Bilde *nicht sichtbarem* Gitterwerk, wie es bei der *Åkerlund-Spiralblende* und der *Drehblende* der Si-Re-Va der Fall ist.

Da durch die Blenden nicht nur die störende Streustrahlung, sondern auch ein Teil der direkten Strahlung absorbiert wird, erscheint das Leuchtschirmbild durch sie bedeutend lichtschwächer. Um die nötige Helligkeit des Bildes zu erreichen, ist bei Anwendung einer Blende eine größere primäre Röntgenstrahlenmenge notwendig, als bei der gewöhnlichen Durchleuchtung. Obwohl man durch Vermehrung des Röhrenstromes über das erlaubte Maximum dies erreichen könnte, wird man davon doch Abstand nehmen, um die Haut des Patienten nicht allzusehr durch die vermehrte weiche Röntgenstrahlung zu belasten. Das gleiche erreicht man nämlich durch die in dieser Beziehung weniger gefährliche Steigerung der Spannung. Die Härte der Strahlung stört nicht, da die Blende die Bildbeschaffenheit verbessert.

Man wird, wenn man auf den Kostenpunkt nicht Rücksicht nehmen muß, selbstverständlich die rotierenden Blenden, die auch in der Photographie vorzügliche Dienste leisten, den feststehenden Gitterblenden vorziehen. Ihre Anwendung wird dann von Vorteil sein, wenn dicke, massive Körperteile, wie Abdomen, Becken, Schädel auf Veränderungen abzusuchen sind. Die rotierenden Blenden lassen sich auch zur Durchleuchtung des Thorax verwenden, während die feststehenden hierfür unbrauchbar, ja störend sind. Betätigung der Hinterblende (Iris- oder Schiebeblende) bei Anwendung der Vorderblende trägt nur noch wenig zur Verbesserung des Durchleuchtungsbildes bei; ihr Effekt ist in diesem Falle mehr ein optischer, indem große leuchtende Flächen ausgeschaltet werden und das kleine Bild in dunkler Umrahmung recht lichtstark und kontrastreich erscheint. Abgesehen davon gebietet sich die Abblendung im Interesse des Untersuchten und Untersuchers (s. das Folgende) und ihre Unterlassung ist daher in doppelter Hinsicht ein Kunstfehler.

Der Gang der Untersuchung.

Die richtig geführte, sachgemäße Durchleuchtung ist keine technische Fertigkeit, sondern eine Kunst; sie ist aus dem Buche allein nicht erlernbar. Hier kann nur das Vorbild eines Meisters helfen. Einige Richtlinien lassen sich allerdings geben. Zunächst, wie man nicht durchleuchten soll: Der Anfänger stellt den Pat. mit dem Rücken an das Stativ, schaltet die Röhre ein und betrachtet meist bei weit geöffneter Blende das Bild, das ihm der Leuchtschirm bietet. Dieses wird ihn nicht sehr befriedigen, da bei fehlender Abblendung die Verschleierung durch Streustrahlung die Deutlichkeit des Bildes sehr beeinträchtigt. Unter diesen Umständen kleinste Veränderungen festzustellen, wird, wenn diese nicht grober, sinnfälliger Natur sind, recht schwer fallen. Schräge Durchleuchtungen bieten wegen des zunehmenden Querschnittes des Objekts in diesen Ebenen noch weit undeutlichere und schwieriger zu deutende Bilder, so daß auf Drehung des Pat. vor dem Schirm und Auflösung des Bildes in seine räumlichen Dimensionen nach anfänglichen Versuchen verzichtet wird. Die Schwierigkeiten, die sich so dem Unerfahrenen entgegenstellen, versetzen ihn, falls noch der überweisende Arzt der Untersuchung beiwohnt, in einen Zustand der Nervosität, so daß auch die einfachsten Dinge, wie die Veränderung der Lichtqualität vergessen werden. Das Resultat der Untersuchung wird ein klägliches sein.

Die Beherrschung der Durchleuchtungstechnik ist natürlich eine conditio sina qua non. Was die Lichtqualität anbetrifft, wird man nach gründlicher Adaption versuchen, ohne Überschreitung der oberen Milliamperegrenze (5 mA) mit den weichsten Strahlen sein Auskommen zu erlangen, da es nicht so sehr auf die Helligkeit, als auf die Kontraste des Bildes ankommt. Feinste Schatten- und Formdifferenzen zu erkennen, ist ja die Aufgabe des Diagnostikers. Die weiche Strahlung aber ist die kontrastfähigere. Man wird das Bild zunächst mit geöffneter Blende betrachten, um zuvörderst eine allgemein orientierende Übersicht zu erhalten. Hat diese in einem Bezirk des Objektes die Anzeichen einer krankhaften Veränderung oder den Verdacht auf eine solche ergeben, so wird man diesen bei scharfer Einblendung auf das kleinste Areal einer gründlichen Durchforschung unterziehen evtl. unter Zuhilfenahme der sog. *Bioskop-Durchleuchtungsbrille* (Abb. 70), die am vergrößerten Leuchtschirmbild alle Details und Feinheiten leicht erkennen läßt. Genügt das Licht nicht, die Veränderungen deutlich hervortreten zu lassen, so ist es erlaubt, für einige Augenblicke mehr Röntgenlicht zu verwenden, nur unterlasse man nicht, es wieder auf das normale Maß zurückzustellen.

Ist die Art der Veränderung als solche erkannt worden, so heißt es nun, ihre Lage und Ausdehnung im Objekt festzustellen. Durch Drehung des Objektes läßt sich dies bei einiger Übung erreichen. Da die dabei zu durchstrahlenden Durchmesser des Objektes in ihrer Größe wechseln, muß man in entsprechender Weise zu ihrer Durchleuchtung mehr und härteres Röntgenlicht zur Anwendung bringen. Ist dies geschehen, so hat eine mit enger Blende durchgeführte systematische Absuchung des ganzen zu untersuchenden Körperteils zu folgen.

Hiermit ist der erste und entscheidende Teil der Durchleuchtung abgeschlossen, und der Untersucher stelle aus den gefundenen Zeichen, soweit dies möglich ist, seine Diagnose. Jetzt erst wird er sich mit der Anamnese und der klinischen Diagnose bekannt machen. Stimmen beide überein, so ist der Fall als geklärt zu betrachten. Besteht aber eine erhebliche Diskrepanz, so ist sofort eine Kontrolluntersuchung anzuschließen, die un-

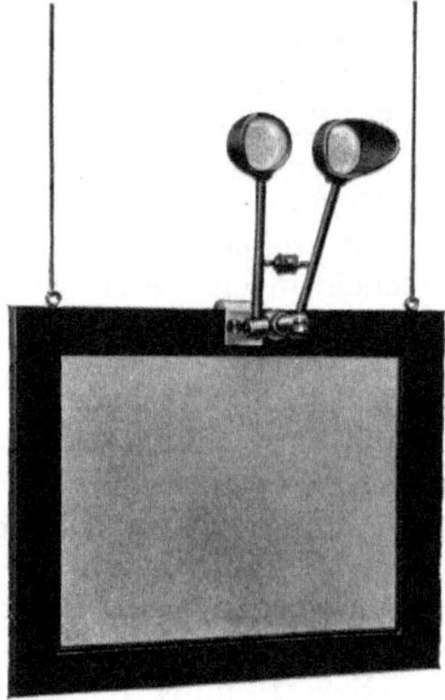

in der Gebrauchsstellunghochgeklappt bei Nichtgebrauch

Abb. 70. Die Bioskop-Durchleuchtungsbrille nach STAUNIG.

voreingenommen jene Veränderungen als vorhanden bzw. nicht vorhanden festzustellen hat, die nach der klinischen Untersuchung zu erwarten wären. Nur so läßt es sich erreichen, daß die Röntgendiagnose auf eigenen Füßen steht und die dienstbereite Phantasie des Untersuchers eingedämmt wird. Denn allzu leicht findet man im Röntgenbild das, was man klinisch erwartet hat, was aber in Wirklichkeit nicht vorhanden sein muß.

Am sichersten fährt man, wenn man sich bei jeder Untersuchung an ein bestimmtes Schema hält, das man strikte beachtet, bis sich nach längerer Erfahrung eine für jedes Organ und für jeden Fall differente Technik, sozusagen ein persönlicher Untersuchungsstil ausbildet, der die Sicherheit der Untersuchung erhöht. In Verbindung mit der photographischen Technik ist darüber im Kap. VI das Nötige gesagt.

Anwendungsgebiete und Grenzen der Durchleuchtung.

1. Innere Medizin. Die Fähigkeit des Auges, geringste Schattendifferenzen und kleinste Formveränderungen zu erkennen, ist beschränkt und von dem Sehvermögen des Untersuchers abhängig. Das grobe Korn der Masse des Leuchtschirms tut der Schärfe des Bildes Abbruch und setzt dadurch die Grenze der Perzeptionsfähigkeit noch weiter herab. Feinheiten entgehen bei der Durchleuchtung; sie sind der scharfzeichnenden und kontrastübertreibenden Platte, die eine eingehende, bequeme Betrachtung kleinster Details gestattet, vorenthalten. Die Durchleuchtung bietet daher vor allem nur die große Übersicht, die räumliche Auflösung des Bildes und — das macht ihren Wert für die innere Medizin aus — *Bewegungsvorgänge.* Diese lassen zuweilen auf die Funktion von Organen schließen. Daher ist die Durchleuchtung auch ein funktionelles Verfahren, während die Photographie ein erstarrtes Bild liefert und somit in ihrem Werte mehr einem anatomischen Präparat gleicht, dessen Auswertung nur bis zu einem gewissen Grade möglich ist. Die Durchleuchtung wird man also in der inneren Medizin vor allem zur Feststellung der Bewegungsvorgänge benützen. Die Pulsation des Herzens, die Peristaltik des Verdauungsrohres, die Atembewegungen des Zwerchfells, werden sich dem Auge des Untersuchers darbieten und jedes wird seine eindringliche Sprache von Physiologie und Pathologie sprechen, sofern man die Zeichen dieser Sprache verstehen gelernt hat.

2. Chirurgie. Weniger ergebnisreich als in der internen Diagnostik ist die Schirmuntersuchung in der Chirurgie, da die Exaktheit der Platte in den Schirmbildern nicht erreicht werden kann. Einige Möglichkeiten bieten noch die Feststellung von Fremdkörpern in leicht zu durchstrahlenden Körperteilen, ferner die Erkennung von dislozierten Frakturen der Extremitäten. Es wird aber ein vergebliches Bemühen sein, einen kleinen Nierenstein, eine Knochenfissur, eine eben beginnende Callusbildung oder gar einen Einschmelzungsherd im Knochen bei der Durchleuchtung zu konstatieren, sind doch diese Veränderungen auch auf der besten Photographie manchmal nur recht schwer und nach langer, eingehender Betrachtung zu entdecken. Dagegen wird eine Durchleuchtung, wo sie ausführbar ist, in vielen Fällen als nützliche, Zeit und Plattenmaterial sparende Vorbereitung für die folgende Aufnahme von großem Nutzen sein.

Zum Schluß sei noch eine allgemeine Einschränkung ausgesprochen: Ein negativer Durchleuchtungsbefund besagt gar nichts, er muß durch eine Platte bekräftigt werden. Doch auch das Nein der Platte muß manchmal vor der gewichtigen Sprache der klinischen Untersuchung weichen.

Strahlenschutz bei der Durchleuchtung.

Schutz des Patienten.

Es ist nicht zu vermeiden, daß während der Dauer der Durchleuchtung die der Röhre zugewendete Hautfläche des Pat. der Einwirkung der Röntgenstrahlen ausgesetzt bleibt. Wird diese Einwirkung auf ein bestimmtes, niedriges Maß eingeschränkt, so geht der auf die Haut des Pat. gesetzte Insult vorüber, ohne daß irgendeine Veränderung eintritt, die man als Schädigung bezeichnen könnte. Bei vielen diagnostischen Betätigungen, beispielsweise bei einer Untersuchung des Herzens oder der Lunge, ist die erforderliche Strahlenmenge so gering, daß man von einer „Einwirkung" auf die normale Haut des Pat. gar nicht sprechen kann. Unter abnormen Verhältnissen hingegen kann sich die Wirkung einer diagnostischen Durchstrahlung nicht nur auf die Haut, sondern auch auf tiefer gelegene Organe erstrecken. So läßt sich manchmal die Beobachtung machen, daß Lymphosarkome des Mediastinums nach der ersten diagnostischen Untersuchung, besonders aber wenn sie zu Kollegzwecken vor dem Schirm demonstriert werden, schon in relativ kurzer Zeit eine gewisse therapeutische Beeinflussung aufweisen. Bekannt ist auch, daß der durch Thymushyperplasie hervorgerufene Stridor der Säuglinge manchesmal nach einer Röntgenuntersuchung nachläßt. Auch unvermutete fernliegende Beeinflussungen können bisweilen überraschen.

Weiter in das Gefahrgebiet gelangt man, wenn eine Untersuchung des Magendarmkanals vorgenommen werden soll, die je nach den Kenntnissen und der Geschicklichkeit des Untersuchers eine verschieden große, immerhin ein ganz respektable Durchleuchtungszeit und mehrere Plattenaufnahmen erfordert. Wenn man aber anderseits bedenkt, welche relativ lange Zeitspanne bei vorschriftsmäßiger Einstellung der Apparatur für die Untersuchung zur Verfügung steht, so wird man wohl zugeben müssen, daß man auch bei den schwierigsten Fällen niemals in die Lage kommen kann, diese bis an die Grenze voll auszunützen, und daß man die Hälfte der maximal zulässigen Untersuchungszeit nie zu überschreiten gezwungen sein wird.

Eine Messung am Gleichrichterapparat ergibt bei den Betriebsbedingungen: 35 cm Röhrenabstand, 3 Milliamp. 50 kV (Scheitelspannung) gemessen hinter der Papiermachéwand des Stativs auf einem Paraffinphantom in 23 Minuten die HED. Mit der gebräuchlichen diagnostischen Strahlung wird durch die Rückwand des Stativs hindurch bei einem Abstand von 35 cm durch eine Exposition von 3×23, also rund 70 Milliampereminuten, auf der Haut des untersuchten Pat. ein Erythem erzeugt. Bei Anwendung eines Schutzfilters von 0,5 mm Aluminium erhöht sich die Dosis bis zum Eintreten einer Schädigung auf ca. das Doppelte, das ist 140 Milliampereminuten, bei Filterung durch 1 mm Aluminium auf etwa das Vierfache $= 280$ Milliampereminuten. Man beachte aber auch, daß mit Zunahme der Spannung die Strahlenintensität quadratisch steigt und die Durchleuchtungszeit dementsprechend abgekürzt werden muß.

Die hier gemachten Angaben sind nicht bindend. Sie entstammen eigenen Messungen und haben nur orientierenden Charakter; denn jede Apparatur und namentlich jede andere Röhre wird andere Werte abgeben. Und schließlich durchleuchtet jeder auf *seine* Art, der eine bei hoher, der andere bei niedriger Spannung, der eine mit mehr, der andere mit weniger Röhrenstrom.

Wie lange kann man durchleuchten? Diese Frage muß jeder Diagnostiker sich selbst vorlegen und namentlich auch selbst beantworten, indem er die zur Durchleuchtung gebräuchliche Strahlung daraufhin untersucht, was sich sehr leicht ausführen läßt: Man bestrahle bei Einstellung der Apparatur auf „Durchleuchtung" aus 35 cm Entfernung bei einer Blendenweite von etwa 10×15 cm eine Sabouraud-Tablette, oder eine Ionisationskammer, die auf einem Phantom liegt.

Die Zeit, in der 7—8 *H* bzw. 300 *R* erreicht werden, ist als die maximal zulässige Durchleuchtungszeit zu betrachten.

Es liegt natürlich niemals in den Intentionen des Untersuchers, auf der Haut des Pat. bei der Untersuchung ein Erythem zu erzeugen; ein solches geht wohl noch glimpflich vorüber, ist aber bereits als eine Körperbeschädigung zu betrachten. Die obenstehenden Zahlen stellen nur eine Warnungstafel dar, unsere Pflicht aber ist es, bei der diagnostischen Anwendung der Röntgenstrahlen weit außerhalb der Gefahrzone zu bleiben. Die Hälfte der angegebenen maximalen Durchleuchtungszeit ist wohl auch für die schwierigsten Fälle als reichlich bemessen anzusehen. Die im Gange der Untersuchung zur Photographie angewendeten Röntgenstrahlenmengen sind mit in das Kalkül einzubeziehen (s. S. 121).

Der außerordentliche **Einfluß der Filterung auf die Ausdehnungsmöglichkeit der Untersuchungszeit** sollte ihre dauernde Anwendung fast selbstverständlich erscheinen lassen, um so mehr, als die Einschaltung eines 1-mm-Aluminiumfilters die Güte des Schirmbildes in keiner Weise beeinträchtigt und auch bei den subtilsten Untersuchungen nicht hinderlich ist. Es liegt kein physikalischer Grund vor, daß dies nicht so sein kann. Im Gegenteil wissen wir, daß diese weichsten Strahlen ja doch nicht bis zum Schirm dringen, sondern von den Organen des Pat. absorbiert werden. Da sie also nicht bildwirkend sind, ist es nur richtig, sie durch ein Filter zurückzuhalten. Das Sträuben mancher Röntgenologen, in der Diagnostik ein Filter zu benutzen, ist durch nichts anderes als durch Unkenntnis dieser Dinge zu entschuldigen, jedenfalls ist es nicht berechtigt. Der mit Kontrastbrei gefüllte Magen läßt sich sogar hinter 3 mm Aluminiumfilterung ohne Nachteil für das Bild betrachten. Dies zu einer Vorsichtsmaßnahme zu machen, ist doch wohl übertrieben, dennoch nicht ganz von der Hand zu weisen.

Maßregeln zur Verhütung von Schädigungen.

Unter solchen Umständen ist es schwer zu begreifen, wie Schädigungen bei der Röntgendiagnostik zustande kommen können. und welche unglückseligen Irrtümer oder Unterlassungssünden schuld daran sind. Dennoch sind schwere, ja schwerste Schädigungen vorgekommen und dieser Unglücksfälle ist noch kein Ende.

Der Fehler ist meist der, daß bei ungenügender Adaption durchleuchtet wird. Es müssen dann, damit das Bild perzipiert werde, höhere Spannungen und größere Stromstärken herangezogen werden, die in relativ kurzer Zeit zur erythembildenden Dosis führen. Also: ausgiebig adaptieren (mindestens 20 Minuten im absolut verdunkelten Raum), dann erst an die Durchleuchtung herangehen! Dieses kleine Opfer an Zeit sind wir unseren Kranken schuldig. Die gröbsten Verfehlungen aber kommen immer dann zustande, wenn ein Neuling nach einmonatiger Ausbildung in maßloser Selbstüberschätzung sich für einen Röntgenologen und berechtigt hält, seine Mitmenschen zu durchleuchten. Wie tragisch die Versuche solcher Pfuscher enden können, mag folgender Fall illustrieren:

Kleines Krankenhaus in der Provinz schafft einen Röntgenapparat nebst einer „erfahrenen" Röntgenschwester an. Der leitende Arzt fährt in die nächste Universitätsstadt, um die Röntgenologie zu erlernen. Nach einmonatigem Studium kehrt er zurück und hat als ersten Fall eine Magen-Darmuntersuchung vorzunehmen. Das Durchleuchtungsbild ist wunderschön, die Peristaltik des Magens sehr gut zu sehen, deshalb wird alles eingeladen, sich das schöne und interessante Schauspiel mit anzusehen. Nachdem auch der letzte Wärter das Wunder angestaunt hat, wird das Röntgenlicht ausgeschaltet. Wenige Stunden nach der Durchleuchtung tritt auf der Rückenhaut des Patienten eine Rötung auf, die bald wieder verschwindet. Nach vier Tagen kommt es zu einer düster-roten Verfärbung derselben Hautpartie mit Blasenbildung. Die Blasen platzen, überhäuten sich nicht wieder, sondern führen zu tiefgreifenden Geschwüren, die keinerlei Heilungstendenz zeigen und dem Patienten unsägliche Schmerzen bereiten. Eine Sepsis tritt hinzu und bereitet dem Schmerzenslager des Kranken ein Ende.

Manche Lehre läßt sich aus diesem Beispiel ableiten. Abgesehen von der so oft ausgesprochenen Mahnung, daß eine „erfahrene" Röntgen-assistentin eine gründliche Spezialausbildung nicht ersetzt, müssen wir uns einprägen, daß im Interesse des Kranken die Durchleuchtung über das zur Untersuchung *unbedingt nötige* Maß nicht auszudehnen ist, und daß jedes unnütze Verweilen vor dem Bilde unstatthaft ist. Über-legungen oder Ausfragen des Kranken haben nur in den eingeschalteten Lichtpausen oder bei Verschluß der Hinterblende zu erfolgen. Durch-leuchten bei dauernd weit geöffneter Blende kann, falls die erlaubte Dosis überschritten wird, sehr unangenehme Folgen haben, da die Heilungsaussichten bei Schädigung größerer Hautareale sehr schlecht sind. Man durchleuchte daher, wenn eine längere Untersuchung not-wendig ist, mit enger Blende, dabei von Stelle zu Stelle schreitend. Durch Bewegung des Pat. vor dem Schirm wird außerdem noch das Röntgenlicht auf mehrere Hautpartien verteilt, ohne an einer Stelle eine höhere Dosis zu erreichen.

Macht man sich diese Art der Durchleuchtung zur Gewohnheit und stellt man seine Apparatur vorschriftsmäßig ein (d. h. 35 cm Fokus-Hautabstand, 3—5 Milliamp., Verwendung von 0,5—1 mm Aluminium-filter), so liegt zu besonderer Eile bei der Untersuchung kein Grund vor. Das störende und unangenehme Gefühl, durch die Kürze der Zeit gedrängt zu sein, fällt weg. Bei Beachtung dieser Vorsichtsmaßregeln können nur noch irgendwelche irrtümliche Unterlassungen zu Schä-digungen führen. So kann es vorkommen, daß mit einer bedeutend hö-heren Milliamperezahl durchleuchtet wird, ohne daß dies erkannt wird. Dieser Fall kann eintreten, wenn nach erfolgter Aufnahme die Heiz-stromkurbel nicht auf „Durchleuchtung" zurückgestellt und mit dem für die Photographie verwendeten hohen Röhrenstrom durchleuchtet wird. *Der Schalttisch ist deshalb vor Beginn jeder Tätigkeit auf die Stellung der Kurbeln und Schiebewiderstände nachzuprüfen;* nach Ausschalten des Röntgenlichtes ist die Kurbel der Heizung und des Transformators *stets auf den Ausgangspunkt zurückzustellen.* Die sich hieraus ergeben-den Irrtümer können vom einigermaßen Erfahrenen leicht sofort an dem überhellen Durchleuchtungsbild und dem veränderten Geräusch der Apparatur erkannt werden. Denn Bildhelligkeit und Apparatgeräusch müssen dem Untersucher so gewohnte optische bzw. akustische Eindrücke sein, daß jede Veränderung ihn sofort stutzig machen und zu einer Nachprüfung der Kurbelstellungen veranlassen muß.

Eine weitere Gefahrenquelle liegt darin, daß der Kranke vor kurzem anderweitig untersucht worden ist und dies verschweigt, oder der Arzt danach zu fragen unterläßt. So kann sich auf die erste Strahleneinwirkung eine zweite aufpfropfen und zu einer Schädigung führen. Auch diese Gefahr wäre gering einzuschätzen, wenn man über die Technik der vorhergegangenen Untersuchung unterrichtet wäre und so die verabfolgte Strahlenmenge abschätzen könnte. Da man aber darüber nie etwas Genaues erfahren kann, andererseits der *letzte Untersucher die volle Verantwortung trägt* und für evt. Beschädigung des Kranken zur Rechenschaft gezogen wird, so befindet man sich, falls man eine zweite Untersuchung wagt, in der unbehaglichen Lage, unter Umständen zum Sündenbock für den ersten Untersucher zu werden. Vorsichtig muß man in dieser Beziehung wohl nur bei der Vornahme von langdauernden Magen-Darmuntersuchungen sein. Die meisten bekanntgewordenen Schädigungen sind nämlich bei in zu kurzen Abständen wiederholter Durchleuchtung dieser Organe geschehen.

In einem Krankenhaus, das vom Gasröhrenbetrieb zum Gebrauch der Coolidgeröhre übergegangen war, wurden am ersten Tage dieser Umstellung vier Magenuntersuchungen vorgenommen. Es wurde irrtümlicherweise eine übergroße Milliamperezahl verwendet. Während drei Patienten mit einem Erythem ersten Grades davonkamen, trat bei dem vierten, einem jungen Mädchen, das *8 Tage vorher anderwärts* untersucht worden war, ein Ulcus auf der Rückenhaut auf, das nur schwer mittelst Plastik gedeckt werden konnte.

Bei sachgemäßer und vorschriftsmäßiger Ausführung der Durchleuchtung hindert nichts, wenn die Umstände es erfordern, nach einem Zeitraum von 2 Wochen eine Wiederholung der Untersuchung vorzunehmen. Eine Schädigung ist auch dann nicht zu befürchten. Der relativ rasche Reaktionsablauf der weichen Diagnostikstrahlung gestattet eine solche Freiheit. Biologische Untersuchungen haben erwiesen, daß die Reaktion weicher Strahlung (wenn kleinere bis mittlere Dosen verabfolgt wurden) nach einem Höhepunkt am 5.—6. Tage innerhalb 2 Wochen im Gewebe nahezu vollständig abgeklungen ist. Nach dem 5. Tage applizierte Strahlung summiert sich daher nur teilweise zum erstgesetzten Reiz. Nach 2 Wochen ist für den Diagnostiker, der nur kleine Röntgendosen bei der Untersuchung dem Kranken einverleibt hat, die Haut des Pat. nahezu wiederum eine tabula rasa.

Doch nur über die *eigene* Untersuchung kann man sich soweit Rechenschaft geben, daß man eine Wiederholung bedenklos wagen darf. Sind die vorausgegangenen Untersuchungen aber anderwärts erfolgt, und hegt man Bedenken bezüglich ihrer Ausführung, so sei man vorsichtig. Liegt die Durchleuchtung weniger als 4 Wochen zurück, so lehne man den Fall ab. Ist eine Frist von 4 Wochen bereits verflossen, so belehrt uns eine Inspektion der Rückenhaut des Patienten, ob eine Wiederholung der Untersuchung gestattet ist oder nicht. Ist keine Hautveränderung feststellbar, so steht einer abermaligen Durchleuchtung nichts im Wege. Der Arzt aber ist in jedem Falle verpflichtet, den Patienten, der in Unkenntnis der Eigenart der Strahlenwirkung eine diesbezügliche

Mitteilung nicht für nötig erachtet, nach vorausgegangenen Röntgenuntersuchungen zu befragen. Unterläßt er dies, und kommt es infolge vorhergegangener, übermäßig ausgedehnter Untersuchungsdauer unglücklicherweise zu einer Schädigung, so wird der letztbehandelnde Arzt in vollem Umfang zur Rechenschaft gezogen und auf diese Weise schuldlos schuldig.

Alle diese Einschränkungen gelten in voller Strenge nur für Untersuchungen, die längere Durchstrahlungszeiten und eine Reihe von Aufnahmen erfordern, also insbesondere für die Magen-Darmdiagnostik. Andere Spezialgebiete sind weit weniger gefährdet. Trotzdem ist es besser zu übertreiben; denn Vorsicht stumpft ab und die Aufmerksamkeit schläft ein, bis ein neuer Unglücksfall uns wieder wachrüttelt.

Schutz des Untersuchers und des Personals [1].

Die Schutzvorrichtungen für diagnostische Betriebe fallen unter die Bestimmungen, die für die Gefahrenklasse A festgelegt sind. Als genügender Schutzstoff gegen *direkte* Strahlung wird 2 mm Blei oder ein diesem bezüglich der Absorption äquivalenter Stoff angesehen.

$$2 \text{ mm Pb} = 6 \text{ mm Bleigummi} = 15 \text{ mm Bleiglas.}$$

Sekundäre Strahlung kann durch 1 mm Pb unschädlich gemacht werden.

Steckt die Röhre in einem Bleimantel oder in einem allseitig geschlossenen, strahlensicheren Bleikasten, so werden die Schutzmaßregeln wesentlich vereinfacht. Die schaltende Person, die sich in mindestens 3 m Abstand von der Röntgenröhre befindet und so postiert sein muß, daß eine direkte Bestrahlung nicht in Betracht kommt, ist durch eine 2 m hohe, mit 2 mm dickem Pb beschlagene, dreifrontige Schutzwand völlig ausreichend gesichert. Gefährdet ist der Durchleuchter selbst, der sich unter Zwischenschaltung des Körpers des zu Untersuchenden vor den direkten Strahlenkegel stellen muß.

Die Gefahren der Durchleuchtung werden von den einen nach oben, von den anderen nach unten häufig recht arg übertrieben. Diese Übertreibungen haben auf der einen Seite zu bizarren Auswüchsen in der Art der Schutzmaßnahmen, auf der anderen Seite zu ihrer völligen Vernachlässigung geführt. Erstere bedeuten einen unnützen Ballast, der die Untersuchung behindert, letztere eine Gefahr für den Arzt. Nur eine genaue Auseinandersetzung mit den physikalischen Verhältnissen, wie sie bei der diagnostischen Durchstrahlung von Objekten herrschen, wird uns den richtigen Weg weisen und lehren, wie wir uns bei der Durchleuchtung zu verhalten haben.

Der untersuchende Arzt ist niemals genötigt, sich während der Durchleuchtung den direkten, ungefilterten Röntgenstrahlen auszusetzen. Sein erstes, sehr wirksames Schutzmittel ist der Patient selbst mit seinem absorbierenden Gewebe. 20 cm Schichtdicke des Patienten absorbieren fast alles von der direkten Strahlung bis auf 1—2 %, die durchgelassen werden. Dieser Rest besteht gerade aus den härtesten Anteilen, denen

---

[1] S. auch Teil III, Kap. IX, S. 283.

daher eine stärkere lokale Einwirkung auf die Haut abgeht. Ein Leuchtschirm, der mit 10 mm dickem Bleiglas belegt ist, absorbiert diese, das Objekt penetrierende Strahlung praktisch nahezu vollständig. Auf die Schutzwirkung des Bleiglases ist deshalb ein ganz besonderer Wert zu legen, weil während der ganzen Dauer der Durchleuchtung das Gesicht des Untersuchers sich dicht hinter dem Leuchtschirm befindet.

Der Strahlenschutz wäre mit dieser Maßnahme bewältigt, wenn nicht ein zweiter, tückischerer Feind da wäre — die *Streustrahlung*. Sie ist überall da, wo der Unkundige sie nicht vermutet, und viel intensiver, als man gemeiniglich anzunehmen geneigt ist. Bei Durchstrahlung des menschlichen Rumpfes mit Strahlen, wie sie in der Diagnostik gebräuchlich sind, ist die Streustrahlung in der Richtung des Strahlenkegels ca. $1^{1}/_{2}$ mal größer als die direkte, hindurchgegangene Strahlung selbst. In den anderen Richtungen ist sie geringer, immerhin aber ein nicht zu vernachlässigender Faktor. Die den Körper des Durchstrahlten allseitig verlassende Streustrahlung ist also die größere Gefahr, der zu begegnen schon deshalb schwieriger ist, weil sie vom Strahlenkegel nach allen Richtungen mit abnehmender Intensität sich ausbreitet.

Das Areal des Strahlenkegels ist sowohl gegen die direkte, als auch gegen die gestreute Strahlung durch das Bleiglas des Schirmes geschützt. Am meisten gefährdet ist die Umgebung des Leuchtschirms; hier ist die Streustrahlung recht intensiv und verlangt nach Schutzmaßnahmen. Einige Sicherheit bietet schon die Größe des Leuchtschirms (30 × 40 cm), wenn man bei guter Zentrierung nur einen Teil seines Feldes benutzt, d. h. mit enger Blende durchleuchtet, was an und für sich die Größe der Streustrahlung herabsetzt und den Vorteil mit sich bringt, daß die dem Strahlenkegel benachbarten, streuenden Gewebe noch in den Schutz des Leuchtschirmes fallen. *Das Durchleuchten mit kleinem Schirm und offener Blende ist gefährlich.* Eine vom unteren Rand des Schirmes herabhängende Bleifahne und seitliche Bleibleche vervollständigen den Schutz. Hinter diesen Vorrichtungen hat sich der Untersucher wie hinter einer Deckung zu bewegen.

Zum Schutz gegen die den Untersuchten seitlich verlassende Streustrahlung sind neuerdings an den Stativen zu beiden Seiten große, schwere Bleivorhänge vorgesehen. Ihre Anbringung ist vollständig berechtigt. Ob sie sich einbürgern wird, ist noch fraglich; denn alle Schutzmaßnahmen werden lästig und hinderlich, sowie sie die Freiheit bei der Untersuchung beschränken und das Manipulieren mit dem Kranken unmöglich machen. — Alle diese Maßnahmen befreien nicht vom Gebrauch der Bleischürze und der Bleihandschuhe.

III. Das Photographieren vermittelst Röntgenstrahlen.

Die photographische Bildwirkung der Röntgenstrahlen.

Die Röntgenstrahlen haben, ebenso wie das sichtbare Licht, die Fähigkeit, durch ihre Einwirkung eine photographische Platte zu schwärzen. Die Schwärzung fällt um so stärker aus, je mehr Strahlung auf die Platte einwirkt; daher die Möglichkeit einer Bildentstehung. Denn Röntgenstrahlen, die Materie durchsetzten, werden geschwächt. Die Schwächung aber ist je nach der Dichte der Materie und je nach ihrer räumlichen Ausdehnung verschieden; eine inhomogene Materie wird die auffallenden Röntgenstrahlen inhomogen schwächen, und eine photographische Platte, die unter dem Objekte liegt, wird daher, je nach der Dishomogenität des Objektes, von verschiedenen Strahlenintensitäten getroffen, ein getreues Abbild der Dichtigkeitsunterschiede und somit der inneren Struktur des Objektes geben.

Der menschliche Körper ist ein komplexes Gebilde von verschiedener Dichte der Materie. Tabelle 4 gibt die relative Schwächung verschiedener Gewebe für eine mittlere diagnostische Strahlung bezogen auf Wasser = 1000 (NICK u. SCHLAYER).

Tabelle 4.

Wasser	1000	Muskel	1000	Leber	1075
Fettgewebe	533	Lunge	864	Milz	1118
Blutserum	1027	Herzmuskel	1056	Knochen	5000
Gehirn	1075	Niere	1061		

Wie ersichtlich, sind die Schwächungsdifferenzen der einzelnen Gewebsteile, wenn man von der starken absorbierenden Wirkung des Knochens absieht, recht gering. Das photographische Röntgenbild würde sich also, wenn wir, wie in der gewöhnlichen Photographie, auf objektgetreue Wiedergabe Wert legten, aus sehr geringen Schwächungsdifferenzen aufbauen, die manchmal so klein ausfallen könnten, daß sie unter die Schwelle der Wahrnehmbarkeit zu liegen kämen. Physiologisch-optische Untersuchungen haben gezeigt, daß die *Deutlichkeit* einer Abbildung abhängig ist 1. *von der Größe des Kontrastes zwischen angrenzenden Details*, 2. *von der Schärfe der Detailgrenzen*.

Der Röntgenphotographie sind daher die Wege vorgeschrieben: Zunächst sind die Kontraste, die infolge der geringen Schwächungsdifferenzen zwischen den einzelnen Organen an sich recht gering sind, zu erhöhen, zu übertreiben. Sodann ist für größte Schärfe des Bildes zu sorgen. *Kontrast und Schärfe sind für die Qualität des Bildes von gleich hoher Bedeutung.*

Der Kontrast wird beeinflußt 1. von *physikalischen Faktoren* a) Strahlenqualität, b) Streuung, 2. von *photographischen Faktoren*: a) Aufnahmematerial, b) Verstärkungsschirm, c) Exposition, d) Entwicklung, e) Verstärkung bzw. Abschwächung, f) Kopieren.

Die Bildqualität.

Der Kontrast.

1. Strahlenqualität. Der größte Stolz eines Röntgenologen alten Schlages war sein stattlicher Röhrenpark. Da gab es Knochen-, Lungen-, Magen-, Schädelröhren usw. in der Menge, kurzum für jedes Organ eine spezielle Röhre, die gerade für dieses und *nur* für dieses die optimale Strahlenqualität und beste Abbildung gab. Eine triftige Erklärung für diese Arbeitsteilung konnte keiner geben, alles war Empirie und der einzelne auf seine Kunstfertigkeit angewiesen. Indessen hat die Technik und die physikalische Forschung den Boden unter unseren Füßen gefestigt, erstere indem sie durch Schaffung und Vervollkommnung der gasfreien Röhre uns ein Instrument in die Hand gab, das alles leistet, was von ihm verlangt wird, letztere indem sie die Gesetze der Absorption, Streuung und Einwirkung auf die photographische Schicht erforschte und physikalische Definitionen für unsere Arbeitsverhältnisse schuf.

Ein leistungsfähiger Diagnostikapparat zusammen mit einem guten Coolidgerohr gewähren uns klare, eindeutige Betriebsbedingungen. Wir haben volle Freiheit, die Strahlenqualität und die Strahlenmenge nach Belieben zu ändern und für jede Aufnahme *die* Bedingungen zu schaffen, die für das gegebene Objekt gerade die zutreffendsten sind. Diese Bedingungen zu kennen ist nötig, und die Röntgenphotographie hört — zum Trost für viele — auf, eine Sache der Kunstfertigkeit zu sein.

Über die Güte und Brauchbarkeit eines Bildes entscheidet bereits die *Wahl der Strahlenqualität*. In Anbetracht der (abgesehen vom Knochengewebe) geringen Dichtigkeitsunterschiede, die die einzelnen Organe durch Schwärzungsdifferenzen darstellbar machen, ist es, falls es sich nicht nur um die Darstellung des knöchernen Skeletts handelt, notwendig, Strahlen zu verwenden, die bei den geringen Dichteunterschieden dennoch große Absorptionsdifferenzen ergeben. Denn die Größe der Absorptionsdifferenz zweier angrenzender Gewebsteile ist maßgebend für ihren Kontrast. Das Verhältnis der Strahlenintensitäten nach Durchtritt durch zwei angrenzende, verschieden absorbierende Gewebsschichten bezeichnen wir als den *physikalischen Strahlenkontrast*.

Aus dem Kapitel V des I. Teiles ist uns bereits bekannt, daß die Gesamtschwächung der einfallenden Röntgenstrahlung sich aus den zwei voneinander verschiedenen Vorgängen der Absorption und der Streuung zusammensetzt. Wie wir gesehen haben, sind beide von der Dichte des Mediums und die Absorption außerdem von der Wellenlänge der Strahlung abhängig. Das letztere Abhängigkeitsverhältnis wirkt sich in der dritten Potenz des Absorptionskoffizienten aus, so daß die Absorption mit der Wellenlänge ganz gewaltig zu- bzw. abnimmt. Dieser Gang der Absorption mit der Wellenlänge spricht sich in der gleichen Weise in den Absorptionsdifferenzen aus. Die Strahlenqualität gewinnt daher auf den physikalischen Kontrast den entscheidenden Einfluß.

Der größte Strahlenkontrast besteht für das biologische Objekt zwischen Knochen und Gewebe. Dieser Strahlenkontrast muß in bestimmten Grenzen gehalten sein, soll die Strahlung ein Bild von harmonischem Aufbau liefern. Wie er sich mit der Strahlenqualität ändert, darüber können wir uns am besten eine Vorstellung machen, indem wir für einige Wellenlängen die Absorption im Knochen und im Gewebe berechnen und die errechneten Werte gegeneinander stellen.

Wir greifen die Wellenlängen 0,3 Å (hart), 0,5 Å (weich) und 0,8 Å (sehr weich) heraus und berechnen, wie groß ihre Intensität ist (Anfangsintensität als 100 vorausgesetzt) nach Durchgang durch eine Schicht Gewebe einerseits und durch eine Schicht Knochen andererseits, wenn beide Schichten je 1 cm dick sind. Die Resultate sind in Tabelle 5 (nach JOHN EGGERT) zusammengestellt.

Tabelle 5.

	Wellenlänge	J-Gewebe	J-Knochen	Kontrast
I	0,3 Å	75	37	$\dfrac{75}{37} = 2$
II	0,5 Å	60	3	$\dfrac{60}{3} = 20$
III	0,8 Å	25	0,0006	$\dfrac{25}{0,0006} = 40{,}000$

Wir ersehen aus ihr, daß für eine sehr weiche Strahlung die Kontraste ins Ungeheuere wachsen. Wir dürfen aber nicht vergessen, daß die obigen Berechnungen für monochromatische Strahlung gemacht sind, und die Kontraste für ein Strahlengemisch viel geringer ausfallen, aber immerhin noch sehr weitgehend von der mittleren Härte abhängig sind.

Eine photographische Schicht, die die physikalischen Kontraste in ihrer wahren Größe wiedergibt (im Negativ natürlich in der Umkehrung), würde den Kontrast im ersten Falle (Tabelle) durch einen maximalen Schwärzungsunterschied von 1 : 2, im zweiten Falle von 1 : 20, im dritten Falle von 1 : 40.000 wiedergeben. Wir bezeichnen das Verhältnis der intensivsten Schwärzung zu der hellsten Stelle des Bildes photometrisch gemessen als seine *Kontrastbreite*. Damit ein Bild gut durchgezeichnet erscheine, müssen wir seine Kontrastbreite auf ein zweckentsprechendes Maß einschränken. Dieses soll mindestens 1 : 30, höchstens 1 : 100 betragen. Darunter erscheinen die Bilder flau, darüber sind sie im Bereich der hohen Schwärzungen zu stark gedeckt, an den hellen Stellen nicht durchgezeichnet.

Verwenden wir normalgradiertes Plattenmaterial, so sind wir gezwungen, um die nötige Kontrastbreite zu erzielen, sehr weiche Strahlung, deren mittlere Wellenlänge zwischen 0,5 bis 0,7 Å liegt, zu verwenden.

Der Anwendbarkeit so weicher Strahlung ist aber in ihrer allzu starken Absorption eine Grenze gesetzt. Wollte man beispielsweise mit einer Strahlung von etwa 30 kV eine Nierenaufnahme machen, so würde von der großen hierzu erforderlichen Röntgenstrahlenmenge (sie müßte ca. 40 mal größer sein als bei einer Betriebsspannung von 50 kV), so viel in den Geweben, besonders aber in der Haut des Objektes zur

Absorption kommen, daß eine schwere Verbrennung unvermeidlich wäre. Die Röntgenphotographie geht deshalb einen anderen Weg: sie verwendet harte Strahlung, die an sich geringe Kontraste liefert, photographiert aber dabei mit einem Aufnahmematerial, das diese geringen Kontraste wieder vergrößert (Doppelfilm mit 2 Folien). Welche Vorteile damit gewonnen werden, wird uns noch im folgenden beschäftigen. Die Schonung der der Strahlung ausgesetzten Haut und die Notwendigkeit der Abkürzung der Expositionszeit zwingen uns, etwas penetranteres Röntgenlicht zu verwenden, obwohl seine Kontrastfähigkeit geringer ist. Die Abnahme der Kontraste und die Zunahme der Streuung begrenzen hinwiederum das Gebiet der praktischen Brauchbarkeit der Strahlung nach der Seite der kurzen Wellenlänge.

2. Streuung. Der Schwächung infolge Streuung geht, da sie abgesehen vom Knochen für alle im Körper vorkommenden Gewebe nahezu die gleichen Werte aufweist, eine Bildwirkung durch Schwärzungsdifferenzen innerhalb des Objektes ab. Sie erzeugt vielmehr auf der photographischen Platte eine gleichmäßige Einwirkung, die in Konkurrenz tritt mit der Schwärzung durch die direkte, infolge reiner Absorption geschwächte Strahlung. Es ist so, daß, während die direkten Strahlen das Bild auf die Platte zeichnen, die Streustrahlung ihren gleichmäßigen, grauen Schleier darüberlegt und gerade die subtilsten Kontraste zudeckt. In diesem Kampf bleibt natürlich der Stärkere Sieger. Für die Güte des Bildes entscheidet also die Kräfteverteilung zwischen direkter und gestreuter Strahlung. Diese ist, wie die Kurve im Bild (Abb. 56 d. S. 74) zeigt, für die Elemente kleiner Ordnungszahlen, aus denen der menschliche Körper sich zusammensetzt, für die Therapie wohl eine ausgezeichnete, für die Zwecke der Photographie aber sehr ungünstig. Eine Strahlung von beispielsweise 0,3 Å wird bei Durchtritt durch Wasser nur zu 28% durch Absorption, zu 72% aber durch Streuung[1] geschwächt. Wir sehen, wie sehr die Streuung die Absorption überwiegt. Erst bei den großen Wellenlängen jenseits von 0,5 Å tritt die Streuung hinter der Absorption an Größe zurück. Im Gebiete der Wellenlänge 0,4 Å halten sich beide die Wage. Hier muß zumindest das Maximum des Strahlenspektrums liegen, sollen die Strahlen noch ein brauchbares Bild liefern. Dies ist für Spannungen von 65 kV eff. = 14 cm Funkenstrecke = 8,0 WEHNELT eben noch der Fall. Wir müssen daher diese Strahlung mit Rücksicht auf die Streuung als die härteste, für die Diagnostik noch verwendbare ansehen. Wir werden von ihr nur Gebrauch machen, falls es sich um Darstellung von mit Kontrastmitteln gefüllten Hohlorganen handelt, die an und für sich infolge ihrer starken Absorptionswirkung einen kräftigen Schatten werfen, oder bei Verwendung von Vorrichtungen, die die Streustrahlung abschirmen (bewegliche Potter-Buckyblende, Rotationsblende usw.), aber auch nur dann, wenn die Expositionszeit mit weicheren Strahlen, z. B. bei dicken Objekten, sonst eine allzu lange wäre. Im übrigen aber werden wir dem langwelligeren Röntgenlicht

---

[1] Trotz der relativen Größe der Streustrahlung ist ihre Wirkung auf die Platte deshalb keine so verheerende, weil sie infolge Abänderung ihrer Richtung nur zum Teil gegen die Platte gerichtet ist.

wegen seiner im Verhältnis zur Absorption wesentlich geringeren Streuwirkung und höheren Kontrastbildung den Vorzug geben.

Mitbestimmend für die Wahl der Strahlenqualität ist nicht zuletzt
auch die Empfindlichkeit des photographischen Materials. Die Bromsilberemulsion zeigt in dieser Hinsicht den Röntgenstrahlen gegenüber
ein eigentümliches Verhalten. Im allgemeinen nimmt die photographische
Wirkung, gemessen an der Schwärzung der Platte nach dem Entwickeln
und Fixieren, mit zunehmender Härte der Strahlung ab. An zwei
Stellen aber treten Sprünge in der Empfindlichkeit auf, die in der
selektiven Absorption des Broms und des Silbers bedingt sind (Abb. 71). Während die erste Kurvenzacke uns nicht interessiert, da sie außerhalb des Bereiches der für diagnostische Zwecke verwendeten Strahlung liegt, ist die zweite, die sog. *Absorptionsbandkante* des Silbers, die bei 0,49 Å liegt, von großer praktischer Bedeutung. Für Wellenlängen, die nur um ein weniges kleiner sind als 0,49 Å, ist die photographische Platte mehr als

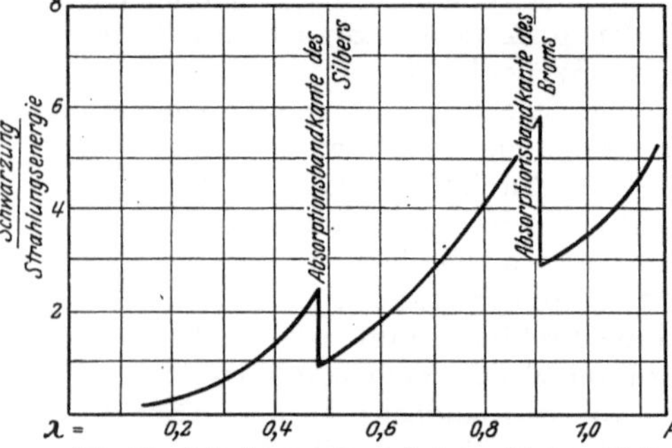

Abb. 71. Schwärzung einer photographischen Platte
in Abhängigkeit von der Wellenlänge der Strahlung bei
gleicher einfallender Strahlenenergie (nach GLOCKER).

doppelt empfindlich. Dieser Effekt ist bei etwa 0,37 Å wieder abgesunken. Von da an nimmt die photographische Wirkung der Strahlung weiterhin beträchtlich ab, wodurch wir auf Wellenlängen verwiesen
werden, die in diesem Bereich liegen.

Das Gebiet der zur Photographie geeigneten Strahlung, das im Hinblick auf seine Kontrastfähigkeit in dem langwelligen (weichen) Anteil
des Röntgenspektrums zu suchen ist, wird so, einerseits mit Rücksicht
auf die Größe der Streustrahlung, andererseits mit Rücksicht auf die
Empfindlichkeit der photographischen Schicht, auf das zwischen den
Wellenlängen 0,4 — 0,5 Å liegende Spektralbereich eingeengt. Die
Spannung ist so zu wählen, daß der Schwerpunkt des Strahlenspektrums
in dieses Bereich zu liegen kommt und dabei die Grenzwellenlänge nicht
zu weit in das kurzwellige Gebiet hineinreicht. *Diese Bedingungen sind
für eine Strahlung entsprechend* 50 kV eff. = 10 cm *Funkenstrecke
= 6,5 Wehnelt am weitgehendsten erfüllt.* Diese ist daher als die für unsere
Zwecke geeignetste anzusehen. Rücksichten auf die Eigenart des Objektes
oder Beschränkungen, die uns die Apparatur auferlegt, werden uns
von Fall zu Fall diese Standardstrahlung zu verlassen zwingen. Auch
müssen wir die Gradation des Aufnahmematerials und die Wirkung der
Folie berücksichtigen. Darüber siehe die folgenden Abschnitte.

3. Aufnahmematerial. Ist über die Wahl der Strahlenqualität Einigung erzielt worden, so gehen alle anderen Maßnahmen in den bekannten
Geleisen der gewöhnlichen Photographie, mit der *einen* Einschränkung,
daß, während letztere bestrebt ist, die Helligkeitsstufen des Bildes in

möglichst wahrheitsgetreuer Art wiederzugeben, die Röntgenphotographie, um diagnostisch wertvolle Ergebnisse zu liefern, gezwungen ist, die Helligkeitsdifferenzen zu übertreiben. Eine Ausnahme bildet nur die Darstellung des an sich schon mit den Weichteilen stark kontrastierenden Knochensystems. Die Notwendigkeit, von wenig differenten Objekten möglichst kontrastreiche Wiedergaben zu erzielen, stellt die Röntgenphotographie vor eine andere Aufgabe und beherrscht ihre Arbeitsweise.

Aus diesem Grunde ist die gewöhnliche photographische Platte als zu wenig kontrastgebend für eine Röntgenphotographie unbefriedigend und auch unzureichend. Dem Verlangen der Röntgendiagnostik entsprechend hat die Technik zum *doppelseitig begossenen Film* gegriffen, der den Anforderungen der Röntgenphotographie derzeit am ehesten entspricht. Die Schicht dieser Filme ist die gleiche, wie sie für die gewöhnliche Photographie zur Herstellung von Momentplatten verwendet wird. Der einzige Unterschied ist der, daß nicht *eine*, sondern *beide* Seiten der Zelluloidplatte mit der lichtempfindlichen Emulsion begossen sind. Infolge der Penetranz der Röntgenstrahlung entstehen auf beiden Schichten gleich starke Bilder, die nur durch die dünne Zelluloidschicht getrennt, exakt aufeinander fallen und sich gegenseitig verstärken. Abgesehen von dem Gewinn einer Verkürzung der Expositionszeit auf die Hälfte (beide halb solange belichteten Schichten zeigen, miteinander in Deckung gebracht, dieselben Schwärzungen wie *eine* normal belichtete Schicht), kommt es durch Addition der Schwärzungen der beiden Schichten zu einer Zunahme der Kontraste in quadratischer Steigerung; denn Grau gedeckt mit Grau gibt Schwarz, während unbelichtete, glasklare Stellen des Negativs bei Deckung mit einem zweiten, ganz gleichen Negativ weiter glasklar bleiben. Die Kontrastfähigkeit nimmt also mit der Anzahl der Bildschichten oder — was auf dasselbe herauskommt — mit der Dicke der Emulsionsschicht sehr rasch zu. Diese lange bekannte Tatsache, die für die gewöhnliche Photographie keine Ergebnisse zeitigte, weil die Lichtstrahlen nur auf die Oberfläche wirken, ist für die Gestaltung des Aufnahmematerials, das zu röntgenphotographischen Zwecken dient, ausschlaggebend geworden. Da die Röntgenstrahlen nahezu ungeschwächt durch die Bromsilberschicht dringen, wäre es das einfachste, um eine größere Kraft des Bildes zu erzielen, die Emulsion besonders dick zu gießen. Die Dicke der Gelatineschicht steht aber den nötigen chemischen Manipulationen wie Entwickeln, Fixieren, Wässern recht hinderlich im Wege (die chemischen Reagenzien dringen nur schwer und langsam in die Tiefe der Gelatineschicht), weshalb man statt *einer* dicken Schicht deren *zwei* dünne auf beide Seiten der Glasunterlage goß. Da die so gewonnenen Doppelbilder infolge der Dicke der Glasplatte einen merklichen Abstand voneinander haben, ergeben sich, namentlich bei schräger Betrachtung, störende Unschärfen. So blieb es die einfachste Lösung, die Emulsionen auf beide Seiten einer dünnen Zelluloidplatte[1] zu gießen, wie es bei den jetzt allgemein in Verwendung

---

[1] Auf die Feuergefährlichkeit des Films wird — um weitere Unglücksfälle zu verhüten — jetzt wieder mit Nachdruck hingewiesen. In vielen Staaten ist die Sammlung von Filmen in Archiven nur unter besonderen Schutzvorschriften

stehenden, doppelt begossenen Röntgenfilmen auch der Fall ist. Durch
die Doppelschichtigkeit des Aufnahmematerials ist eine Empfindlichkeitssteigerung auf das Doppelte und beträchtliche Erhöhung der Kontrast-
wirkung erreicht. Wir können uns nun erlauben, die Strahlenqualität
härter zu wählen, da wir in der photographischen Schicht nunmehr ein
Mittel haben, den physikalischen Strahlenkontrast zu vergrößern. Ja, wir
müssen sogar mit der Härte der Strahlung hinaufgehen, sonst erhalten
wir mit dem Doppelfilm eine zu große Kontrastbreite, was mit unhar-
monischer Verteilung der Kontraststufen verbunden ist. Aus dem gleichen
Grunde müssen wir um eine Härteskala höher gehen, wenn wir Folien,
die ebenfalls kontraststeigernd wirken, verwenden (s. unten).

Wünschen wir aus irgendwelchen Gründen, etwa zur Darstellung
sehr subtiler Kontraste in den Weichteilen, eine besondere Kontrast-
vergrößerung, so steht es uns natürlich frei, auch bei diesem Aufnahmematerial weiche Strahlung in Anwendung zu bringen. Wir verlieren
hierbei nur die harmonische Durchzeichnung sämtlicher Bildteile.

4. Der Verstärkungsschirm. Da die Röntgenstrahlung bei der
Schwärzung der photographischen Schicht fast gar nicht aufgebraucht
wird, ist es möglich, mit ihr noch weitere Energieumwandlungen vorzunehmen und ihre Wirkung auf die Platte zu verstärken. Es ist uns
bereits bekannt, daß einige Substanzen die Fähigkeit haben, unter der
Einwirkung von Röntgenstrahlen zu fluorescieren, d. h. Röntgenstrahlenenergie in sichtbares Licht zu verwandeln. Besonders geeignet für unsere
Zwecke sind diejenigen Substanzen, deren Fluorenscenz im photographisch stark wirkenden Gebiet der violetten und ultravioletten
Strahlung liegt, wie beim Zinksulfid und Calciumwolframat. Diese
Stoffe, in feinkörniger Verteilung auf einen glatten Karton mit einem
Bindemittel aufgetragen, werden als sog. *Verstärkungsfolie* an die Emul-
sionsschicht der Platte gepreßt. Auf ihrem Wege zur Schicht der Platte
und auch nach Durchsetzung der Schicht können die Röntgenstrahlen
mit ihrer überschüssigen Energie in der Verstärkungsfolie ein kongruentes
Lichtbild erzeugen, das durch seine aktinische Kraft an der gleichen
Stelle wie die Röntgenstrahlen Schwärzungen auf der Platte erzeugt.
Auf diese Weise wird die Röntgenphotographie zu einem *komplexen
Verfahren*, indem an der Entstehung des Bildes *Röntgenstrahlen und
Lichtstrahlen* beteiligt sind. Es ist daher notwendig, die Einwirkung
der Röntgen- und der Lichtstrahlen auf die Bromsilberemulsion zu
kennen und ihre Unterschiede auseinander zu halten.

Wirkungsweise der Strahlung. Die lichtempfindliche Schicht der
photographischen Platte besteht aus einer aufgetrockneten Emulsion
von Bromsilber in Gelatine. Die in der erstarrten Gelatine fein verteilten (und mikroskopisch auch sichtbaren) Bromsilberteilchen (die
sog. Körner) werden durch Licht- oder Röntgenstrahlen derart verändert,
daß sie durch eine Reihe chemischer Prozesse, die die unbelichteten
Körner unberührt lassen, in metallisches Silber übergeführt werden,

---

gestattet. Die großen Fabriken sind deshalb dazu übergegangen, ihre Betriebe
auf die Erzeugung feuersicherer Filme (an Stelle des Zelluloids wird die schwer
brennbare Acetylzellulose verwendet) umzustellen.

das sich auf der Platte als sichtbare Schwärzung offenbart. Die Einwirkung der Licht- bzw. Röntgenstrahlen läßt sich also durch chemische Prozesse in Schwärzung überführen. Die Tiefe der Schwärzung ist abhängig von der Größe der einwirkenden Strahlungsenergie (Intensität × Belichtungszeit) und von der Qualität der auftreffenden Strahlung.

Läßt man auf eine Platte durch Variation der Belichtungszeit verschieden große Strahlungsenergien einwirken und trägt man die erhaltenen Schwärzungsgrade und die entsprechenden Belichtungszeiten in Form einer Kurve auf, so erhält man (Abb. 72) eine sog. Schwärzungskurve, die uns wichtige Aufschlüsse über die Reaktionsart der Platte auf Strahlung (die sog. *Gradation*) gibt. Emulsionen, die mit Zunahme der einwirkenden Strahlung sehr rasch mit Anstieg der Schwärzung reagieren, die also einen steilen Verlauf der Kurve zeigen, bezeichnet man als *steil gradiert*. Bei solchen Platten wird sich natürlich ein kleiner Intensitätsunterschied der Strahlung durch einen großen Schwärzungsunterschied darstellen, *sie zeichnen kontrastreich.* Man erkennt aus Abb. 72, daß für ein größeres Bereich (*B C*) eingestrahlter Energie die Kurve steil und gradlinig nach aufwärts verläuft. In diesem Expositionsbereich wird die Platte alle Kontraste deutlich wiedergeben; wir befinden uns im Gebiet der *richtigen Expositionen B C*. In dem flachen Anfangs- (*A B*) und Endteil (*C D*) der Kurve werden Kontraste kaum ausgesprochen sein; die Schwärzungsunterschiede müssen sehr gering ausfallen, die erzielten Bilder bieten ein flaues und kontrastloses Aussehen dar (Gebiet der *Unter-* bzw. *Überexposition*).

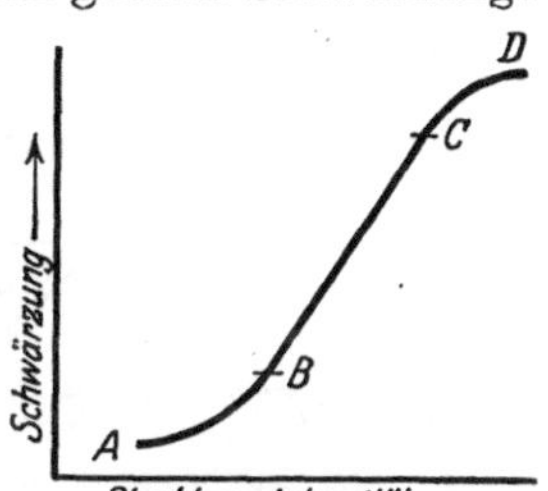

Abb. 72. Schwärzung einer photographischen Platte in Abhängigkeit von der Strahlenintensität. Der Verlauf der Kurve gibt die Gradation der Emulsion an.

5. Exposition. Eine der wichtigsten und auch schwierigsten Aufgaben ist es, die richtige Menge Strahlungsenergie auf die Platte einwirken zu lassen, damit die Schwärzungen in das Gebiet *A B* der Gradationskurve zu liegen kommen. Wie wir sehen, ist das Bereich der richtigen Expositionen ziemlich groß, der Spielraum relativ breit, so daß ein Zuviel oder Zuwenig um 50 % vom Mittelwert noch nicht zu Fehlresultaten führt[1]. Die Bestimmung der Expositionszeiten bereitet in der Röntgenphotographie geringere Schwierigkeiten als in der Photographie mit gewöhnlichem Licht, da die Strahlenquelle mit Hilfe der Apparatur willkürlich beherrscht und ihre Leistung genau abgestuft werden kann[2]. Die Lichtverhältnisse sind also gegeben. Arbeitet man unter konstanten Bedingungen, d. h. stets mit der gleichen Apparatur, demselben Aufnahmematerial und im gleichen Fokus-Plattenabstand, so muß die gleiche Strahlenenergiemenge auch immer ein Bild von der

---

[1] Wir werden später (S. 134) noch sehen, daß auch recht beträchtliche Überexposition durch sachgemäßes Eingreifen in den Entwicklungsprozeß sich noch ausgleichen läßt.

[2] Dies gilt in vollstem Ausmaße bloß für die mit gasfreien Röhren arbeitenden Apparaturen.

nämlichen Qualität erzeugen. Nun aber stellen sich die Schwierigkeiten erst ein: photographisch wirksam ist ja nicht die Strahlenintensität, die von der Strahlenquelle ausgeht und deren Dosierung so einfach durch eine Kurbeldrehung geschieht, sondern nur jener mehr oder weniger kleine Bruchteil der Strahlenenergie, der das abzubildende Objekt durchdringend auf die Platte gelangt. Wie klein dieser Bruchteil ist, davon macht man sich gewöhnlich keine Vorstellungen. Abb. 73 gibt darüber Aufschluß. Die Kurve stellt die Intensität und spektrale Verteilung einer Strahlung von 75 kV dar, die schraffierte Kurve denjenigen Rest, der nach Durchtritt durch 10 cm Gewebe unabsorbiert auf der Platte zur Wirksamkeit gelangen kann. Das Verhältnis der Flächeninhalte beider Kurven lehrt, daß bei der Aufnahme eines Körperteiles, dessen Dicke 10 cm beträgt (etwa Knie, Schulter) bei 75 kV Spannung nur 2,6 % der angewandten Strahlung photographisch wirksam werden. Alles andere geht durch Absorption bzw. Streuung im Gewebe verloren. Diese Verhältnisse werden noch weit ungünstiger, wenn die Objektdicke 20 oder 30 cm mißt (Abdomen). Dann ist die unabsorbierte Strahlung nur noch in Promillen der einfallenden Strahlung zu rechnen.

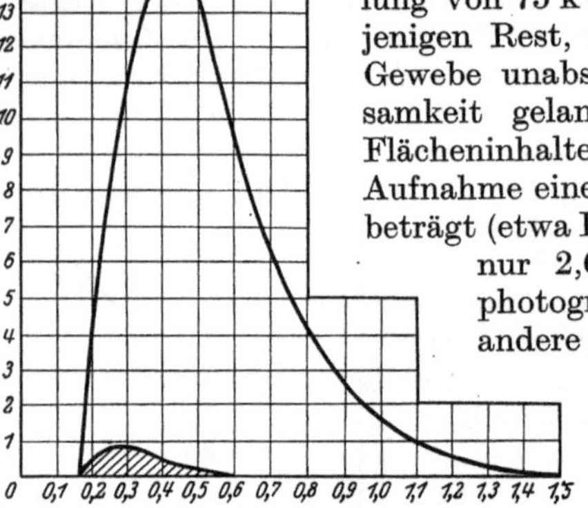

Abb. 73. Der Flächeninhalt der schraffierten Kurve gibt denjenigen Teil einer bei 75 kV erzeugten Strahlung an, der nach Durchtritt durch eine 10 cm dicke Gewebeschicht der Absorption entgeht und auf die photographische Platte einwirken kann, nach H. KÜSTNER.

Zur Erzielung einer richtigen Exposition ist nun immer die gleiche, auf die Platte einwirkende Strahlenenergiemenge notwendig. Ist beispielsweise empirisch festgestellt, daß unter Einhaltung gewisser Bedingungen in $^1/_3$ Sek eine gute Aufnahme der Hand erzielt wird, so läßt sich daraus für alle anderen Aufnahmen, die unter den gleichen Bedingungen ausgeführt werden, die die gleiche Bildqualität ergebende Expositionszeit berechnen. War die Dicke der Hand 2 cm und bestimmt man die Absorption der angewandten Strahlung für diese Schichtdicke (etwa an einem Paraffin- oder Wasserphantom) als 75 %, so besagt das, daß nur 25 % der Strahlung wirksam waren. Ist nach Durchsetzung einer Objektdicke von 10 cm der Prozentsatz an wirksamer Strahlung nur 2,5 %, so ist einleuchtend, daß wir, damit die gleiche Strahlenenergie auf die Platte gelange, wie im Falle der Handaufnahme, jetzt die Expositionszeit 10 mal so lang wählen müssen, also $10 \times {}^1/_3$ Sek. In der richtigen Abschätzung der Absorptionsverhältnisse des zu photographierenden Objektes für die angewandte Strahlung liegt die Kunst des Röntgenphotographen.

Hier helfen Belichtungszeitmesser, wie solche in der gewöhnlichen Photographie bekannt und in Gebrauch sind, nach. In diesen ist die Belichtungszeit als Funktion der Objekt- und Aufnahmebedingungen dargestellt und mittels einer Art Logarithmenschieber zu bestimmen. Die Bedingungen, von denen die Expositionszeit abhängig ist, lassen sich einteilen in solche, die

I. in der *Strahlenquelle* gelegen sind. 1. Röhrenstrom, 2. Röhrenspannung in Kilovolt (bzw. Härte der Röhre), 3. Entfernung der Strahlenquelle von der Platte.

II. im *Objekt gelegen* sind. 1. Dichte des Objektes, 2. Dicke des Objektes.

III. in der Eigenart der *Apparatur* und *des photographischen Materials* gelegen sind.

Die unter I genannten Faktoren sind in ihrer Einwirkung wohldefinierte Größen. Von der Milliamperezahl wird die Intensität der Strahlung bestimmt. Je höhere Intensität man wählt, desto kürzer wird die Belichtungszeit zu bemessen sein; doppelte Intensität beansprucht nur die halbe Expositionszeit. Die beiden Größen verhalten sich umgekehrt proportional. Daß dieses Gesetz nicht für alle Fälle seine volle Gültigkeit hat, s. S. 122 u. 126.

Komplizierter sind schon die Beziehungen zwischen Spannung und Belichtungszeit. Eine Erhöhung der Spannung wirkt sich in doppelter Hinsicht aus: Zunächst steigt die Strahlungsintensität quadratisch mit der Spannung an. Ist dadurch schon ein großer Energiezuwachs gewonnen, so kommt noch hinzu, daß die Penetranz der Strahlung zunimmt, so daß ein weit größerer Teil das Objekt durchdringt und auf der Platte zur Wirkung gelangt. Da noch andere, schwer faßbare Einflüsse, wie das Auftreten von Eigenstrahlung im Metall der Antikathode, hinzutreten, lassen sich die Vorgänge noch nicht in eine einwandfreie Formel bringen. Eine gute und brauchbare Annäherung ergibt sich, wenn man für den Spannungsbereich von 40—80 kV die Expositionszeit beim Anstieg der Spannung um je 10 kV auf ein Drittel des vorherigen Wertes erniedrigt. Beträgt beispielsweise für die Aufnahme eines Schädels die erforderliche Expositionszeit bei 40 kV 60 Sek., so berechnet sich dieselbe für 50 kV mit 20 Sek., für 60 kV mit 7 Sek., usf. Wird mit Verstärkungsfolie gearbeitet, so tritt noch hinzu, daß deren Wirkung mit der Härte der Strahlung in recht beträchtlichem Ausmaße ansteigt, so daß die Expositionswerte schon bei einer Spannungsstufe von 5 kV Anstieg auf die Hälfte herabzumindern sind. Selbstverständlich wird man die Spannungssteigerung mit Rücksicht auf die Bildqualität nicht allzuweit treiben dürfen.

Die Intensität der Strahlung nimmt, wie beim Licht, mit dem Quadrat der Entfernung von der Strahlenquelle ab. Es vergrößert sich also die Expositionszeit in der gleichen Weise mit Zunahme der Entfernung. Dies ist bei den Fernaufnahmen, die einen Abstand von 2 m zwischen Platte und Brennpunkt einschalten, wohl zu berücksichtigen. Die daraus notwendig werdende Erhöhung der Expositionszeit kann durch Vergrößerung des Röhrenstroms und Steigerung der Spannung wieder eingebracht werden.

Der Einfluß der Faktoren der Gruppe II, nämlich der Dicke und Dichte des Objektes, ist recht schwierig zu definieren. Handelt es sich um Aufnahmen lebender Objekte, so ist deren Dichte stets gleich zu setzen und somit als Konstante zu behandeln. Bleibt noch die Dicke zu berücksichtigen. Eine mathematische Fassung dieses Verhältnisses steht noch aus. Wir sind daher ganz auf die Empirie angewiesen. Von vornherein wissen wir nur, daß mit zunehmender Dicke des Objektes immer weniger Strahlung durchgelassen wird, weshalb die einfallende Strahlenintensität in gleicher Art vergrößert werden muß, damit genügend Röntgenlicht die Platte erreiche und auf sie einwirke.

Viele Firmen liefern mit ihrer Apparatur eine für diese geltende Belichtungstabelle, in der die Expositionswerte für sämtliche in Betracht kommenden Aufnahmen angegeben sind. Die Angaben, die sich stets nur auf eine bestimmte Spannung beziehen, sind im Milliampere-Sekundenprodukt gemacht, wobei es uns unbenommen bleibt, in diesem den einen Faktor auf Kosten des anderen beliebig zu verändern. Schreibt die Belichtungstabelle für eine bestimmte Aufnahme beispielsweise 30 Milliamperesekunden vor, so ist es für die Exposition gleichgültig, ob bei 30 Milliamp. 1 Sek. oder 3 Milliamp. 10 Sek. exponiert wird, sowie nur die Gesamtenergiemenge ohne Unterschied, in welcher Zeitspanne sie sich auswirkt, die gleiche bleibt (s. aber S. 122 u. 127). Man kann die Belichtungstabellen benutzen, doch wird man nicht viel Freude bei ihrem Gebrauch erleben. Nicht als ob ihre Angaben falsch wären — davon kann natürlich keine Rede sein —, aber es ist unmöglich, die Expositionszeiten in solch ein starres Schema zu fassen, schon weil die Objektdicke so außerordentlich schwankt und es dem Geschmack des einzelnen überlassen bleibt, was er als normales Objekt (für das die Angaben gemacht sind), was er als über- oder unternormales betrachtet. Außerdem kommen so zahlreiche andere Einflüsse hinzu, wie Zustand der Sekundärleitung (s. S. 62), Zustand der Röhre (s. S. 25), Einstellung des Hochspannungsschalters (s. S. 48), daß unter Umständen alle diese Angaben hinfällig werden können. Es bleibt daher, wie in keinem anderen Falle, für die Abschätzung der richtigen Expositionszeiten die Erfahrung die beste Lehrmeisterin.

Ermittlung der Expositionszeit. Einige Hinweise sind natürlich sehr von Nutzen. Tabelle 6 gibt eine Zusammenstellung der auf Grund mehrerer Literaturangaben ermittelten relativen Expositionszeiten verschiedener Körperteile bezogen auf die Hand als Expositionswert 1.

Tabelle 6.

Hand	1	Kopf (sagittal)	22	Hüftgelenk	24
Ellenbogen	3	Brustkorb	10	Oberschenkel	15
Oberarm	5	Magen-Darm	25	Knie	8
Schulter	10	Niere-Blase	20	Unterschenkel	6
Halswirbel	9	Brust- u. Lenden-		Fuß (seitlich)	3
Kopf (frontal)	18	wirbelsäule	24	Zähne	1,5

Gliedmaßen im Gipsverband erfordern zur Exposition den $2^1/_2$ fachen Wert.

Aus dieser Tabelle läßt sich entnehmen, wievielmal bei gleicher Härte und bei gleichem Aufnahmematerial die zur richtigen Exposition nötige Energiemenge eines Körperteils größer gewählt werden muß, als die zur Aufnahme einer Hand erforderliche. Bei Berücksichtigung der obengenannten Abhängigkeiten der Expositionswerte läßt sich mit Hilfe der Tabelle schon manches erreichen. Man stellt empirisch die für eine Hand erforderliche Expositionszeit bei einer der gebräuchlichen Spannungen (etwa 50 kV) fest und hat hiermit die Basis für sämtliche für die Apparatur gültigen Expositionswerte gewonnen. Wir wollen diese Berechnung an einem Beispiel zur Durchführung bringen:

Die für die Exposition einer Hand in 50 cm Fokusplattendistanz bei 50 kV Spannung, 10 Milliamp. Röhrenstrom, bei Verwendung von doppelt begossenem Film mit 2 Folien notwendige Expositionszeit sei mit $^1/_4$ Sek. festgestellt. Wie lange muß eine Thoraxaufnahme bei 1 m Fokusplattendistanz, 60 Milliamp. und 60 kV exponiert werden? Unter den gleichen Bedingungen brauchte eine Aufnahme des Brustkorbes nach dem Tabellenwert 10 mal soviel Strahlenenergie, also $2^1/_2$ Sek. Bei doppelter Entfernung ist die 4 fache Zeit nötig, also 10 Sek. Vermehren wir den Röhrenstrom auf das 6 fache, so verkleinert sich die Expositionszeit auf $^1/_6$, also $^{10}/_6$ Sek. Bei Steigerung um eine Spannungsstufe von 10 kV müssen wir diesen Wert bei Verwendung von Verstärkungsschirmen durch 4 dividieren, so daß als endgültige Expositionszeit ca. $^1/_2$ Sek. resultiert.

Man kann die ganze rechnerische Manipulation dadurch verein-fachen, daß man die folgende Formel benutzt: $E_2 = W E_1 \dfrac{m A_1 \cdot kV_1^6 D_2^2}{m A_2 \cdot kV_2^6 D_1^2}$.

Darin bedeutet W den Tabellenwert, E_1 die bekannte, E_2 die gesuchte Expositionszeit, $m A_1$, kV_1, D_1, Milliamp., Kilovolt und Fokusplattendistanz, wie sie für E_1 Geltung haben; die gleichen Zeichen mit der Fußnote 2 bezeichnen die Aufnahmebedingungen für die gesuchte Expositionszeit.

Die zur Exposition von Aufnahmen verwendeten Strahlenenergien sind bei der jetzt wohl allgemein gültigen Technik des Doppelfilms mit zwei Folien ganz gering; sie betragen im Durchschnitt 3—5 R, steigen dagegen bei Schwangerschaftsaufnahmen auf ca. 40, bei seitlichen Wirbelsäulenaufnahmen auf ca. 20 R an. Die in der Ära der einschichtigen Platte ohne Folienwirkung so häufigen Verbrennungen durch wiederholte Aufnahmen (wobei die Expositionszeiten nach Minuten zählten) sind jetzt nicht zu befürchten. Wir erreichen beispielsweise bei einer Serie von 12 Aufnahmen der Pylorusgegend nur ca. $^1/_5$ HED (wenn 300 R der weichen Diagnostikstrahlung = 1 HED).

(Entwicklung, Verstärkung, Abschwächung und Kopieren sind im Kap. IV dargestellt.)

Die Bildschärfe.

Der zweite Faktor, der für die Bildqualität von entscheidender Bedeutung ist, ist die Schärfe der Wiedergabe der Objektdetails. Die Schwierigkeiten, denen man hier zu begegnen hat, schreiben sich her teils vom Objekt, teils von der Röhre und setzen den an eine ideale Bildwirkung gestellten Anforderungen Grenzen, die zu überschreiten noch nicht völlig gelungen ist. Ganz bedeutende Fortschritte sind bereits in dieser Richtung gemacht, doch am Ziel unserer Wünsche sind wir noch nicht angelangt.

Der erste Feind der Bildschärfe ist die *Bewegung* des Objektes, und zwar die willkürliche als auch besonders die unwillkürliche Bewegung. Ist erstere durch den Willen und durch gute Fixierung zum Teil ausschaltbar, so stellt uns letztere vor die Frage, wie kurz die Expositionszeit bemessen sein muß, damit keine Unschärfen entstehen. Optisch-visuelle Untersuchungen haben ergeben, daß eine Verschiebung um 0,2 mm die Bildkonturen noch eben nicht als unscharf erscheinen läßt. Sind die Schnelligkeiten der Bewegung der Organe, die dem Willen nicht unterworfen sind, bekannt, so läßt sich daraus die höchst zulässige Expositionszeit leicht berechnen. Diese muß so kurz bemessen sein, daß die Grenzen des Organs sich indessen um nicht mehr als 0,2 mm verschieben. Danach wäre, damit die Pulsationsbewegung des Herzens in der Aufnahme nicht zur Unschärfe führe, das Thoraxbild in $^1/_{100}$ bis $^1/_{200}$ Sekunde zu exponieren. Für Lungen- und Abdominalaufnahmen berechnet sich die Expositionszeit, mit Rücksicht auf die Verschiebung durch die Atmung, auf $^1/_{20}$ bis $^1/_{25}$ Sek., während für die relativ langsame peristaltische Bewegung des Magens eine Expositionszeit von $^1/_{10}$ Sek. zur Erreichung von Bildschärfe völlig genügt (E. WEBER).

Die zur Erreichung so kurzer Expositionszeiten nötigen hohen Milliamperezahlen geben nur große Apparaturen von 10—20 kW Leistung her. Für die außerordentlichen Stromentnahmen müssen die Zuleitungskabel einen bedeutenden Querschnitt besitzen. Die Elektrizitätszentralen verweigern manchmal die Bewilligung einer solchen Zuleitung mit der Begründung, daß die Leitung nur für Bruchteile von Sekunden voll ausgenutzt wird, weshalb die ganze Anlage für sie unrentabel sei. In manchen kleineren Städten wird die zentrale Kraftanlage solchen kurzzeitigen, hohen Stromentnahmen nicht gewachsen sein, so daß die Momentaufnahmen, trotz geeigneter Apparatur und richtiger Installierung der Anlage, mißlingen werden. Man vergewissere sich also, ehe man zum Kauf eines so hochwertigen Diagnostikapparates schreitet, ob auch alle Bedingungen gegeben sind, seine Kraft voll auszunutzen.

Auf eine Erscheinung, die häufig eine falsche Deutung erfährt, sei an dieser Stelle hingewiesen: Man wird des öfteren die Beobachtung machen, daß bei Verwendung hoher Milliamperezahlen, trotzdem die Abkürzung der Expositionszeit unter Konstanterhaltung des Milliamperesekundenproduktes geschieht (also beispielsweise statt 20 mA 1 Sek. — 200 mA $^1/_{10}$ Sek.) bei gleicher Stellung der Spannungskurbel recht beträchtliche Unterexposition resultiert. Eine Erklärung dieser Erscheinung ist darin gegeben, daß bei so starker Belastung, auch bei Aufrechterhaltung der Primärspannung, ein Spannungsabfall auf der Sekundärseite des Transformators eintritt. Das Kilovoltmeter kann, da es in den Primärkreis eingeschaltet ist, über den Spannungsverlust auf der Sekundärseite nichts aussagen, sondern zeigt unveränderte, in Wirklichkeit für diesen Fall zu hohe Werte an. Ist dieser Spannungsabfall schon bei den großen 10-kW-Hochspannungstransformatoren ein merklicher, so kann er bei kleineren Transformatoren von geringerer Kapazität zu einem vollständigen Zusammenbruch der Spannung führen. Diese störende Erscheinung macht sich bei 10-kW-Transformatoren erst bei 100 mA, bei mittleren Diagnostikapparaten schon bei 50 mA bemerkbar. Da die photographische Wirksamkeit der Strahlung mit Sinken der Spannung rasch abnimmt, ist die Unterexposition ohne weiteres verständlich. Um Fehlresultate zu vermeiden, muß man deshalb, ohne Rücksicht auf die Anzeige des Kilovoltmeters, die an diesem ablesbare Spannung um 5—10 % erhöhen. Einen solchen Spannungsabfall beobachtet man besonders an mechanischen Gleichrichtern, während die Ventilröhren-Gleichrichter davon weniger betroffen sind.

Die Leistung der Apparate bezüglich der sekundären Stromentnahme ist dank den Fortschritten der Technik sehr weit gekommen. Hier sind wir an einem Höhepunkt angelangt, den zu überbieten wohl kaum mehr nötig ist. Was wir dem zierlichen, gläsernen Instrument, der Röntgenröhre, dabei zumuten, wird uns klar, wenn wir berechnen, daß bei einer Belastung von 400 mA und 50 kV auf der kleinen Stelle des Brennflecks 20 kW, das sind Energien von ca. 35 Pferdekräften, sich austoben. Das Wolframmetall, ein guter Wärmeleiter und sehr schwer schmelzbarer Körper, kann diesem rasenden Bombardement der Elektronen in gewissem Ausmaße standhalten. Bei übermäßiger Beanspruchung aber wird das Anodenmaterial thermisch überlastet. Die Folge davon ist, daß es zerstäubt und verdampft. Eine Überlastung äußert sich im Aufblitzen des Brennflecks, Schwärzung (nicht Violettfärbung) des Glaskolbens durch verdampftes Wolfram und Schmelzstellen im Antikathodenspiegel. Häufigere Überlastung führt zu geringerer Strahlenleistung. Man bezeichnet dies als *Altern* der Röhre (nur bei Coolidgeröhren, bei Ionenröhren tritt diese Erscheinung nicht in dem Maße auf). Um die Wirkung dieser Energien auf den Brennfleck zu mindern und dabei doch große Strahlenausbeute zu erzielen, ist man gezwungen, den Elektronenaufprall auf eine größere Fläche zu verteilen, d. h. den Brennfleck zu vergrößern. (Die aus Wolfram gefertigte Anodenfläche verträgt höchstens 200 Watt pro mm².) Ein großer Brennfleck aber ist nicht imstande, scharfe Schattenkonturen zu liefern. *Hohe Belastbarkeit der Röhre ist daher immer mit dem Nachteil verminderter Zeichenschärfe verbunden.*

Die Versuche, beide Vorzüge, nämlich hohe Belastbarkeit und Zeichenschärfe zu vereinen, sind alt; sie gehen alle darauf aus, die Brennfläche durch geeignete Stellung der Antikathodenebene in perspektivischer Verkürzung scheinbar zu verkleinern. So erscheint beispielsweise ein in Wirklichkeit ovaler Brennfleck von relativ großer Flächenausdehnung, bei einer Neigung von 45—60° betrachtet, wie eine kleine runde Brennfläche. Die trefflichste Lösung ist der *strichförmige Brennfleck*, der durch sehr steile Stellung des Antikathodenspiegels (77°) zum Objekt und zur Platte in perspektivischer Verkürzung als punktförmiger Brennfleck wirkt. Man gewinnt auf diese Weise den Vorteil, eine relativ große Antikathodenfläche belasten zu können und doch eine annähernd punktförmige Strahlenquelle zu erhalten.

Unter Zugrundelegung dieses Prinzips ist es der Firma C. H. F. Müller, Hamburg, gelungen, Röhren zu bauen, deren Brennflächen einer Energie von 10 kW standzuhalten vermögen, d. h. sie können 1 Sek. lang, ohne Schaden zu leiden, mit 10000 Voltampere (beispielsweise

250 mA — 40 kV oder 125 mA — 80 kV) belastet werden. Diese Leistung wurde neuerdings überboten durch ein neues Exemplar, das für 1 Sek. mit 20 kW belastet werden darf, für Bruchteile einer Sekunde aber noch weit höhere Beanspruchung verträgt. So kann $^1/_{50}$ Sek. lang bei 40 kV effektiv ein Strom von 1000 mA durch die Röhre gejagt werden, was einer Leistung von 40 kW entspricht. Solche Röhren haben ganz gewaltige Lichtstärke und gestatten daher die volle Ausnutzung der großen Hochleistungsapparate bis an die Grenze ihrer Leistungsfähigkeit. Der Brennfleck dieser Röhren ist auf eine bandförmige Fläche verteilt, die je nach der Beanspruchung entsprechend größer gewählt werden muß. Bei der 10-kW-Röhre ist sie 4×16 mm groß und erscheint in projektivischer Verkürzung in der Richtung des Hauptstrahles als 4 mm² große Fläche.

Diese nach dem *Götzeprinzip* konstruierten Röhren zeigen infolge ihrer strichförmigen Brennfläche einen gewissen *Astigmatismus*, da sich die scheinbare Größe des Brennflecks über das Bildfeld hin verändert, je nach dem Winkel, den der bildgebende Strahl zur Antikathodenfläche einnimmt. Von einem gewissen Winkel an wird man daher den Brennpunkt nicht mehr als scharf bezeichnen können. Dieser Winkel, der ca. 15⁰ beträgt, bietet ein Gesichtsfeld, das alle in der Photographie gebräuchlichen Formate und Entfernungen umschließt. Der Mangel wird sich daher nur dann störend bemerkbar machen, wenn die Röhre nicht richtig zentriert ist oder die Fokusplattendistanz zu gering ist.

Teleröntgenographie und Momentaufnahme. Die große Brennfläche solcher Röhren kann man wahrhaftig nicht mehr als Brenn,,punkt" bezeichnen. Durch einen einfachen Kunstgriff läßt sich jedoch ein großer Brennfleck scheinbar wieder verkleinern, nämlich durch die *Entfernung*. Und hiermit kommen wir zu einer Aufnahmetechnik, die in der Herzdiagnostik unentbehrlich ist und in der Lungendiagnostik mit Recht sich immer mehr durchsetzt, das ist die *Fernaufnahme*. So bezeichnet man Aufnahmen, die in einer Plattenfokusdistanz von mindestens 2 m angefertigt werden. Mehrere Vorteile sind dadurch gewonnen: Auch ein minder scharfer Brennpunkt erscheint aus dieser Entfernung als punktförmige Lichtquelle, wodurch die Zeichnung des Bildes in jedem Falle scharf ausfallen wird. Die Verprojizierung der Bildschatten ist so gering, daß alle Bildteile in richtiger Korrelation und natürlicher Größe zur Abbildung kommen, was besonders für die Herzdiagnostik von außerordentlicher Bedeutung ist. Während bei der Nahaufnahme nur die der Platte am nächsten liegenden Teile des räumlich ausgedehnten Objektes scharf gezeichnet werden können (da infolge der Flächenausdehnung des Brennflecks Schlag- und Halbschatten auftreten müssen), die Schärfe der der Platte entfernter, dem Brennfleck näher liegender Teile aber sehr herabgesetzt ist, erscheinen bei der Fernaufnahme, weil das Verhältnis der Objektentfernung zur Plattenentfernung, vom Brennpunkt aus gerechnet, für alle Tiefen des Objektes nahezu gleich ist, alle seine Teile in praktisch gleicher Schärfe auf die photographische Platte projiziert. Es gibt also nur die Fernaufnahme ein richtiges Summationsbild sämtlicher Querschnitte des Objektes. Die so angefertigten Bilder überraschen durch ihren Detailreichtum und die Feinheit der Zeichnung.

Um das Optimum der exakten Objektwiedergabe zu erzielen, müßten wir eigentlich unsere gesamte Aufnahmetechnik ändern und zur Fernaufnahme übergehen. Für die Herz- und Lungenaufnahme ist diese Umstellung wohl schon allgemein erfolgt; in der Chirurgie trifft sie dagegen noch auf manchen Widerstand. Das Widerstreben der Röntgenologen ist begreiflich, wenn man den enormen Mehraufwand an Apparat- und Röhrenenergie, den die Fernaufnahme verlangt, bedenkt. Wir wollen gewiß von einer absoluten Herrschaft der Fernaufnahme absehen, können aber andererseits ihre Zweckmäßigkeit für manche Objekte nicht leugnen. Dies gilt namentlich für solche Objekte, die umfangreich sind und eine größere Tiefendimension besitzen, also insbesondere für die Wirbelsäule (frontal und sagittal), das Becken und den Schädel. In allen anderen Fällen stehen die zu erlangenden Vorteile in keinem Verhältnis zum Kostenaufwand. Wir können deshalb in solchen Fällen von der Fernaufnahme absehen, um so mehr, als sie die perspektivische Analyse des erhaltenen Bildes durch Nivellierung der Projektionsunterschiede erschwert. Die projektivischen Verzeichnungen der Nahaufnahme sind nämlich, wenn man sie richtig einzuschätzen gelernt hat, ein ausgezeichnetes Mittel, das Bild in seine Perspektive aufzulösen. Die Fernaufnahme hingegen nähert sich in ihrem optischen Wert dem durchscheinenden Schattenriß.

Daß man nicht schon lange diese Wege gegangen war, hat seinen Grund darin, daß die Größe der Entfernung eine beträchtliche Steigerung der zur Exposition erforderlichen Strahlungsintensität nötig macht. Da man den damaligen Röhren eine so hohe Belastung nicht zumuten durfte, blieb, um zu genügend exponierten Bildern zu gelangen, nichts anderes übrig, als entweder bewußt über das zweckmäßige Härtemaß der Strahlung hinauszugehen oder eine gelegentliche Veratmung mit in Kauf zu nehmen. Erst durch die bedeutende Zunahme der Leistungsfähigkeit des Röhrenmaterials ist die Fernaufnahme, ohne den Zwang, dabei eine übermäßige Spannung anwenden zu müssen, in das Bereich der Momentaufnahmen gerückt. Die Vorteile, die diese Technik für die Herz- und Lungendiagnostik und für gewisse Skelettaufnahmen bietet, sind unbestritten. Der Diagnostiker wird gezwungen sein, sie anzuwenden. Voraussetzung bleibt natürlich eine entsprechende Apparatur, deren Leistung weder durch unzureichende Querschnitte der Zuleitung, noch durch mangelhafte Leistungsfähigkeit des Stadtnetzes beeinträchtigt werden darf.

Nicht alle Institute sind heutigestags im Besitze einer dem Höhepunkt der technischen Möglichkeiten entsprechenden, aber leider kostspieligen Anlage. Dennoch müssen ihre Leistungen nicht minderwertig bleiben. Eine richtige Momentaufnahme läßt sich allerdings durch eine Zeitaufnahme niemals ersetzen, doch kann man durch Sorgfalt in der Photographie vieles erzielen. Von vornherein verzichten auf Momentphotographien wird man bei bescheidener Apparatur bei allen chirurgischen Aufnahmen, wo durch eine gute, bequeme Lagerung und Fixierung mit schweren Sandsäcken und Binden eine unwillkürliche Zuckung des Patienten ausgeschaltet werden kann. In allen anderen Fällen wird man mit der Maximalleistung der Apparatur arbeiten müssen, um zu möglichst kurzzeitigen Expositionen zu kommen. Es tritt dadurch fast von selbst eine Scheidung in *chirurgische* und *interne Diagnostik* ein, die eine verschiedene Arbeitsweise erfordern. Organe, die durch die Atmung bewegt werden, wie Lunge, Magen, Niere, Gallenblase usw., photographiert man in Atemstillstand. Man spare nicht an Erklärungen und Mahnungen an den Patienten und spreche die Kommandos etwa: „Ganz still halten, nicht atmen!" mit einer gewissen suggestiven Strenge aus. Kommt man auf diesem Wege nicht zum Ziele, so wird man durch Erhöhen der Spannung bis auf die obere erlaubte Grenze die Expositionszeit auf ein Minimum herabzudrücken versuchen, wobei man allerdings eine Abnahme der Bildkontraste mit in Kauf nehmen muß. Dieser Weg wird sich daher bei manchen Aufnahmen (Niere, Gallenblase) von selbst verbieten, ist aber durchaus gangbar und geeignet in allen jenen Fällen, wo durch Einführung stark absorbierender, künstlicher Kontrastmittel die Kontraste an und für sich groß sind und nur Konturbilder erlangt werden sollen.

Selbstverständlich ist der Gebrauch des doppelt begossenen Films unter Verwendung zweier Folien. Die Wirkung der letzteren ist so groß, daß die Belichtungszeit bei ihrer Anwendung auf den zehnten bis fünfzehnten Teil herabgesetzt werden kann. Es ist keine Übertreibung zu behaupten, daß man bei Verwendung von Verstärkungsschirmen nur mit in Lichtstrahlen umgewandelten Röntgenstrahlen photographiert. Legt man ein Stückchen schwarzes Papier zwischen Folie und Schicht der Platte, so wird an dieser Stelle fast gar kein Bildeindruck sichtbar werden.

Die Tatsache, daß das Röntgenbild durch den Verstärkungsschirm zum überwiegenden Teil ein *Licht*bild wird, beeinflußt den Aufbau des Bildes und unsere photographischen Manipulationen in mancher Hinsicht. Zunächst werden sich Unterschiede in der Wirkung, soweit solche zwischen Licht- und Röntgenstrahlen bestehen, geltend machen. Hier ist auf ein eigenartiges Verhalten der Lichtstrahlen hinzuweisen: während Röntgenstrahlen auch in der kleinsten Menge einen entsprechenden Eindruck in der Emulsion hinterlassen, ist dies für Lichtstrahlen nicht der Fall: sehr kleine Mengen Licht wirken auf die Platte überhaupt nicht ein. Es besteht also für sie ein Schwellenwert, der erst überschritten werden muß. Liegt die einwirkende Lichtintensität unterhalb dieses Schwellenwertes, so summieren sich aufeinanderfolgende Einwirkungen nicht. Man kann längere Zeit, ohne daß eine Schwärzung resultiert, eine solche Lichtmenge geringer Intensität einwirken lassen, die auf einen kurzen intensiven Stoß konzentriert, das Maximum der Schwärzung erzeugen könnte. Dieses Verhalten, das man die *Schwarzschildsche Regel* nennt, hat für die Röntgenphotographie die folgende Bedeutung: Exponiert man mit geringen Strahlenintensitäten und kompensiert durch Verlängerung der Zeitdauer, so kann es geschehen, daß die in diesem Falle in der Folie entstehende Lichtstrahlung so schwach ist, daß sie unter den Schwellenwert der Platte fällt und keinen Einfluß auf die Entstehung des Bildes gewinnt. Selbst wenn der Schwellenwert überschritten ist, ist die Wirkung auch länger einwirkenden, schwachen Lichtes geringer als ein kurzer intensiver Lichtblitz. Bringt man durch große Strahlenintensität die Folie zu grellem Leuchten, so wird ihre Einwirkung auf die Platte eine stärkere sein. Ein konstantes Milliamperesekundenprodukt hat nur bei Photographie ohne Folie seine Richtigkeit; wird dagegen mit Verstärkungsschirm gearbeitet, so verbürgt es noch keineswegs gleiche Bildwirkung. Ergeben 30 Milliamperesekunden bei Exposition mit 30 mA 1 Sek. lang, ein richtig belichtetes Bild, so werden 1 mA 30 Sek. zu Unterexposition, 300 mA $^1/_{10}$ Sek. aber zu Überexposition führen. Bei Verwendung hoher Milliamperezahlen läßt die starke Wirkung der Folie noch eine zusätzliche Abkürzung der Expositionszeit zu. Diese beträgt bei zehnfacher Strahlenintensität und Verwendung zweier Folien ca. 30 % und mehr. Daher erklären sich die auffallend geringen Strahlenenergien, die bei Momentaufnahmen nötig sind und diese noch nutzbringender gestalten.

Ein weiterer Vorteil tritt hinzu: *Die Momentaufnahmen sind durch Streustrahlung weniger verschleiert als die Zeitaufnahmen.* Auch dies erklärt sich aus dem SCHWARZSCHILDschen Gesetz. Das Aufleuchten der Folie durch die Streustrahlung ist gegenüber der Leuchtkraft, die bei hohem Röhrenstrom von der direkten Strahlung herrührt, nur gering zu bewerten. Während also die direkte Strahlung durch ihre intensive Leuchtkraft vom SCHWARZSCHILDschen Gesetz profitiert und einen über die Gebühr kräftigen Eindruck auf der photographischen Schicht hinterläßt, hat die Streustrahlung keinen zusätzlichen Effekt zu verzeichnen und bleibt daher in ihrer Wirkung hinter der direkten Strahlung zurück.

Während das Röntgenlicht die Bromsilbergelatine durchdringt und auch in der Tiefe verändert, wirken die Lichtstrahlen nur auf die Oberfläche der Schicht ein. Das Röntgenstrahlenengramm durchsetzt *gleichmäßig* die Emulsion, während das Lichtbild *nur* an ihrer *Oberfläche* haftet. Einige Unterschiede in der photographischen Technik werden sich daraus ergeben (s. S. 115).

Die Verstärkungsfolie. Mit Hilfe der Folien läßt sich durch ihre zusätzliche Lichtwirkung eine bedeutende Abkürzung der Expositionszeit erzielen. Das Verhältnis der Expositionszeit ohne und mit Verstärkungsschirm gibt den Wirkungsgrad der Folie, den sog. *Verstärkungsfaktor.* Über seine Größe lassen sich bindende Angaben nicht machen, da er, abgesehen von der verschiedenen Wirkung der einzelnen Fabrikate, mit der Qualität der Strahlung sich ändert. Der Verstärkungsfaktor nimmt mit der Härte der Strahlung in steiler Kurve zu; im Durchschnitt beträgt er 10, bei Verwendung zweier Folien addiert sich natürlich ihre Wirkung.

Die Folie verändert auch den Charakter des Bildes, indem sie seine Kontraste erhöht. Denn an den Bildstellen, wo die stärksten Röntgenstrahlenintensitäten hinfallen und an sich schon eine intensive Schwärzung erzeugen, wird auch die Lichterregung in der Folie am größten und demzufolge auch ihre Wirkung intensiv sein. An den Schattenteilen des Bildes dagegen wird auch das Licht der Folie in Wegfall kommen. Der Kontrast zwischen Licht und Schatten wird erhöht, das Bild erhält ein brillantes Aussehen.

Die Folie ist imstande, die Abnahme der Kontraste mit zunehmender Härte der Strahlung durch ihre kontraststeigernde Wirkung wieder auszugleichen: Bei Verwendung von Doppelgußfilm mit zwei Folien ist daher die Anwendung harter Strahlen in gewissen Grenzen gestattet und führt zu guten Bildqualitäten. Als besonderer Vorteil ergibt sich bei dieser Technik die Möglichkeit einer wesentlichen Abkürzung der Expositionszeit schon aus den auf S. 119 angeführten Gründen, die noch bedeutend weiter getrieben wird durch Zunahme der Lichtstärke der Folie unter der Wirkung der harten Strahlung.

Die Vorteile, die der Verstärkungsschirm bietet, sind so auf der Hand liegend, daß seine stete Anwendung fast selbstverständlich erscheinen sollte. Eines Nachteils wegen müssen aber gewisse Einschränkungen gemacht werden: die Schicht der Folien besteht aus kleinen Kriställchen von Calciumwolframat, die sich beim Aufleuchten mit abbilden, wodurch eine leichte Körnelung des Bildes entsteht. Daher sind die mit Verstärkungsschirm gewonnenen Aufnahmen nicht ganz so scharf wie die ohne ihn angefertigten. Man hat deshalb in der chirurgischen Diagnostik die Folien prinzipiell verworfen und ihre Anwendung nur in der internen Diagnostik zur Erlangung einer kurzen Expositionszeit für statthaft erklärt. Dies jetzt noch in voller Strenge aufrechtzuerhalten, heißt, sich vor dem inzwischen eingetretenen Fortschritt zu verschließen und sich großer Vorteile zu begeben. Die Struktur der neuen Schirme ist so fein, daß sie auf der Platte nicht mehr störend sichtbar wird. Unter diesen Umständen steht ihrer Anwendung auch in der chirurgischen Diagnostik nichts im Wege. Bei dünnen Objekten, wie Hand, Fuß, kann man ihre Hilfe entbehren, sonst aber wird man sie mit Vorteil bei allen chirurgischen Aufnahmen gebrauchen können. Vorbedingung ist, daß der Verstärkungsschirm überall in innigstem Kontakt mit der Bromsilberschicht ist; denn hat das Licht erst einen, wenn auch kleinen Weg von der Folie zur Platte zurückzulegen, so tritt sofort Unschärfe auf. Alte, ausgeleierte Kassetten sind aus diesem Grunde für die Photographie mit Verstärkungsschirm unbrauchbar. Vortrefflicher Schluß und straffe Federung sind unumgänglich notwendig. Verfügt man nicht über derartige Kassetten, so wird man besser tun, ohne Folien zu arbeiten; denn ein unscharfes Bild ist nicht zu gebrauchen. Im übrigen wird man guttun, von Fall zu Fall zu entscheiden, ob mehr Gewicht auf schärfste Zeichnung oder größtmöglichen Kontrast zu legen ist, und wird danach seine Wahl treffen.

Die Schicht der Folie besteht aus absorbierendem Schwermetallsalz, weshalb bei Gebrauch zweier Folien die im Strahlengang zuhinterst gelegene, infolge Absorption durch die Vorderfolie, weniger Röntgenstrahlung erhält. Deshalb wird die der Röhre abgewendete Seite des Films weniger stark belichtet. Der Unterschied ist ziemlich groß; man kann immer bemerken, daß beim Entwickeln auf der einen Seite des Films das Bild in kürzerer Zeit und kräftiger erscheint als auf der anderen. Besonders kraß ist der Unterschied, wenn mit weicher Strahlung photographiert wird, weil diese vom Verstärkungsschirm so stark absorbiert wird, daß die Platte eine geschwächte Strahlenintensität erhält, der zweite Verstärkungsschirm aber kaum noch von Strahlung getroffen wird; die Verluste in der Folie sind sehr groß. Manche Firmen sind, um den Strahlenverlust in der Vorderfolie zu vermeiden, dazu übergegangen, eine *dünnere Vorderfolie* und eine *dickere* (dicke Folien sind wirksamer) *Hinterfolie* herzustellen. Die Bemühungen sind anerkennenswert; sie werden vielleicht weitere Vorteile bringen.

Der Doppelfilm mit zwei Folien verlangt eine mittelharte Strahlung von 55—65 kV eff.; nur dann kommt die spezifische Qualität des Aufnahmematerials voll zur Geltung.

Wiederholt ist die Beobachtung gemacht worden, daß beim raschen Wechseln des Films nach einer Aufnahme der Verstärkungsschirm, infolge Nachleuchtens seiner präparierten Schicht, das voraufgegangene Bild auf dem zweiten Film abzeichnet. Es tritt dies meist ein, wenn lange Expositionszeiten verwendet wurden (Glieder in Gipsverband), wobei Teile des Schirmes der Röntgenstrahlung unmittelbar ausgesetzt waren. Ganz besonders deutlich zeichnet sich das Bild durch Nachleuchten ab, wenn sofort „eingelegt" wird, und der Film unbenützt bis zum nächsten Tag in der Kassette der Einwirkung der nachleuchtenden Folie überlassen wird.

Das Nachleuchten soll durch Feuchtigkeit und Wärme begünstigt werden.

Wahl der Röhre. Die Frage, ob Gas- oder Coolidgeröhre, ist schon öfters berührt worden. Die Möglichkeit, mit letzterer die Intensität und Qualität der Strahlung unabhängig voneinander und beliebig einstellen zu können und für die Durchleuchtung wie für die Aufnahme die jeweils erforderlichen Bedingungen zu schaffen, sprechen so sehr zu ihren Gunsten, daß von einem Wettstreit zwischen beiden Röhrentypen ernstlich nicht mehr gesprochen werden könnte, wenn die Coolidgeröhre nicht mit einem Nachteil behaftet wäre: sie sendet nicht nur vom Brennfleck, sondern vom ganzen Metallstiel, der den Antikathodenspiegel trägt, eine zwar schwächere, aber nicht zu unterschätzende Strahlung aus, die uns als Stielstrahlung bereits bekannt ist (S. 23). Diese Nebenlichtquelle, die ein diffuses Röntgenlicht aussendet, verschleiert die Platte, so daß Aufnahmen, die mit der Coolidgeröhre angefertigt sind, niemals die Brillanz einer Gasröhrenaufnahme erreichen. Auch die Gasröhren weisen eine Nebenlichtquelle auf, nämlich die Glasstrahlung, das ist die von der ganzen, von Elektronen getroffenen Glaskugel ausgehende Röntgenstrahlung; auch diese ist in ihrer Größe und photographischen Wirksamkeit nicht unbedeutend, doch läßt sie sich, da sie auf eine große Fläche verteilt ist und nicht von der unmittelbaren Umgebung des Brennfleckes ausgeht, durch Tubusblenden mit Leichtigkeit fast vollständig abschirmen (s. Abb. 78). Ist der Sieg der Coolidgeröhren in der Therapie ein auf ganzer Linie bereits zugegebener, so gibt es deshalb in der Diagnostik doch noch Anhänger der alten, klassischen Gasröhren, deren Standpunkt aus den oben ausgeführten Gründen erklärlich ist. Mit der Einführung der Selbstschutzröhren (s. S. 24) und der allseitig geschlossenen Metallröhren fällt aber auch dieses letzte Argument. Die Selbstschutzröhre ist frei von Stielstrahlung; wir besitzen in ihr also eine Röhre, die die Vorzüge der Elektronenröhre mit der photographischen Qualität der Gasröhre in sich vereinigt.

Die Zeichenschärfe.

Während in der Therapie nur die Lebensdauer und Belastbarkeit über die Güte eines Rohres entscheidet, tritt bei den Diagnostikröhren als dritter sehr wichtiger Faktor die *Zeichnungsschärfe* hinzu. In dieser Beziehung waren die Ionenröhren ein Zeitlang durch die Schärfe ihres Brennflecks den Coolidgeröhren überlegen. Doch auch hierin ist ein Wandel eingetreten. Bei der Coolidgeröhre kann man jetzt den Fokus außerordentlich fein gestalten; dabei wandert und verzerrt dieser Fokus sich nicht bei den verschiedenen Belastungen, was bei den Gasröhren eine bekannte Erscheinung ist. Dadurch sind die gasfreien Röhren wieder in das Vordertreffen gerückt.

Die Konstruktion der Coolidgeröhre läßt in weiten Grenzen eine Formung des Brennflecks zu. Danach unterscheidet man Röhren mit *kreisförmigem, ringförmigem, ovalem und strichförmigem Brennpunkt.* Die Formgebung verfolgt den Zweck, dem Elektronenstoß eine große Fläche zu bieten (damit das Metall des Antikathodenspiegels thermisch nicht überlastet werde) und dabei doch durch perspektivische Verkürzung die Fläche möglichst punktförmig erscheinen zu lassen. Die beste Lösung bietet der strichförmige Brennfleck, indem er bei größter Flächenausdehnung (Möglichkeit der starken Belastung) die stärkste perspektivische Verkleinerung zuläßt (Abb. 74) (größte Zeichnungsschärfe). Die Überlegenheit dieses Prinzips äußert sich sofort, sowie man von der Röhre hohe Leistungen verlangt. Für diese Fälle (Leistungen von 100 und mehr mA) verfügt nur noch die mit dem Strichfokus ausgestattete Röhre über genügende Zeichenschärfe. Während für Zeitaufnahmen, die mit kleinem Präzisionsfokus bei geringer Belastung angefertigt werden, die meisten Fabrikate des Marktes einander ziemlich gleichwertig sind, ist für Momentaufnahmen, die einen hohen Röhrenstrom verlangen, infolge ihrer Zeichnungsschärfe die Röhre mit dem Strichfokus allen anderen überlegen.

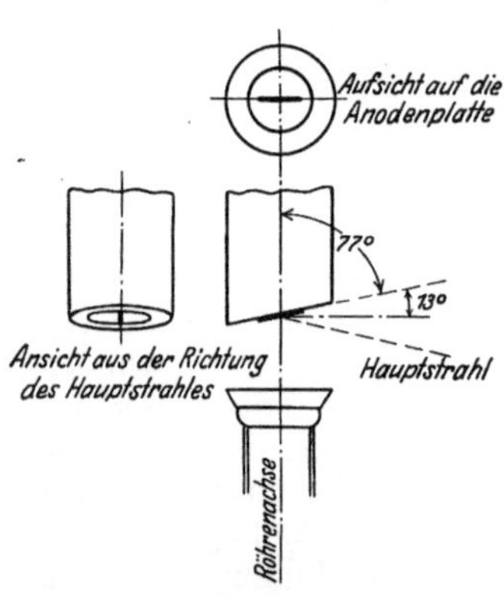

Abb. 74. Gestaltung und Wirkungsweise des bandförmigen Brennflecks nach GOETZE.

In welchen Grenzen eine Röhre noch scharf zeichnet, läßt sich auf die Weise ermitteln, daß man diejenige Objekt-Plattenentfernung bestimmt, von der an der Brennfleck seine flächenhafte Ausdehnung durch störende Halbschattenbildung verrrät. Am raschesten wird man darüber orientiert, indem man ein dünnes Drahtnetz derart über eine Platte stellt, daß das eine Ende der Platte anliegt, das andere aber 20 cm von ihr entfernt ist. Die 5-, 10- und 15-cm-Distanzen sind durch dickere Drähte markiert. Die Photographie dieses Drahtphantoms läßt erkennen, bis zu welcher Objekt-Plattenentfernung die Objektdetails noch scharf zur Darstellung gelangen. Die Objektentfernung, für die dies noch zutrifft, in Verhältnis gesetzt zur Fokus-Plattenentfernung, nennt man den *Schärfeindex* der Röhre. Beträgt die Fokus-Plattenentfernung 60 cm, die Objekt-Plattenentfernung, für die die Abbildung noch als scharf bezeichnet werden kann, 15 cm, so ist der Schärfeindex $^1/_4$. Die praktische Folgerung daraus ist: soll ein 15 cm dickes Objekt in allen seinen Details und allen Tiefen scharf zur Abbildung gelangen, so muß die Fokus-Plattendistanz für den betreffenden Brennpunkt mindestens 60 cm betragen. Wäre für den angeführten Fall ein Objekt von 20 cm Dicke zu photographieren, so müßte eine geringste Fokus-Plattenentfernung von 80 cm eingehalten werden (20 : 80 = 1 : 4). Eine Röhre, deren Brennpunkt als diagnostisch noch verwendbar bezeichnet werden soll, muß zumindest einen Schärfeindex von $^1/_5$ aufweisen, d. h. eine Hand, aufgenommen in 10 cm Entfernung von der Platte, muß sich bei einer Fokus-Plattenentfernung von 50 cm noch mit

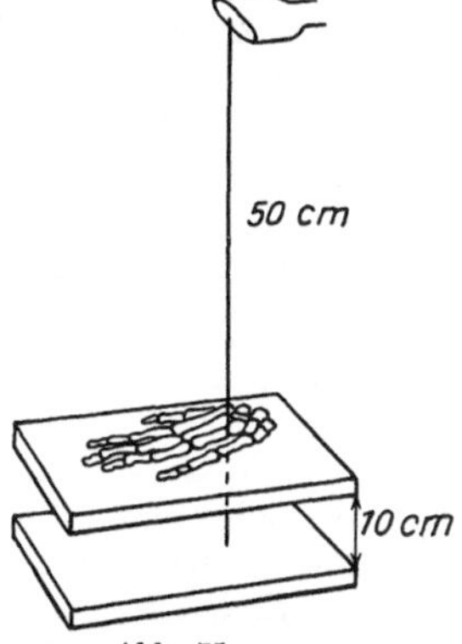

Abb. 75.
Durch die in der Abb. gegebene Anordnung kann die Zeichenschärfe eines Brennflecks geprüft werden.

allen Details der Knochenstruktur darstellen lassen (Abb. 75). Man hat dann die Gewißheit, daß räumlich ausgedehnte Objekte, deren Dimensionen in den angegebenen Entfernungsproportionen zur Platte und zum Brennpunkt stehen, in allen ihren Tiefen scharf abgebildet werden.

IV. Der photographisch-chemische Prozeß.

Die Entwicklung.

Dieser chemisch äußerst interessante Vorgang wird von den meisten photographisch arbeitenden Röntgenologen in seiner Wichtigkeit für die Qualität des Bildes unterschätzt. Sicherlich ist ein Teil der Mißerfolge in der Röntgenphotographie auf ungenügendes Sachverständnis in der als nebensächlich betrachteten Entwicklung zurückzuführen. Und doch läßt sich durch richtiges und rechtzeitiges Eingreifen in den Chemismus der Entwicklung manche Platte retten, Über- oder Unterexposition korrigieren und das gesuchte Objektdetail „herausholen". Unter diesem Gesichtswinkel ist der nachstehende Abschnitt geschrieben.

Das Schema des chemischen Prozesses ist folgendes: Das von der Licht- bzw. Röntgenstrahlung getroffene Bromsilberkorn wird, eingebettet im kolloiden Medium der Gelatine, von reduzierenden Substanzen viel rascher in metallisches Silber übergeführt, als die nicht belichteten Körner. Nach Beendigung der Reduktion können die unveränderten Bromsilberteilchen durch Thiosulfat aus der Schicht herausgelöst werden (Fixierung), so daß die Platte weiteren Strahlungseinflüssen nicht mehr unterliegt, und in ihr ein schwarzer Silberniederschlag zurückbleibt, der der Einwirkung der Strahlenintensitäten entspricht. Auch das unbelichtete Bromsilberkorn wird während der Entwicklung in geringem Maße zu metallischem Silber reduziert, wodurch an den unbelichteten Stellen eine je nach der Plattensorte und der Entwicklungsweise mehr oder minder deutliche Schwärzung, der sog. *Plattenschleier* entsteht.

Abgesehen von dem jetzt nicht mehr im Gebrauch stehenden Eisenoxalat, sind die Entwickler reduzierende Substanzen aus der organischen Chemie, und zwar Abkömmlinge des Phenols. Ihre chemische Formel weist als Kern einen Benzolring auf, welcher mindestens 2 Hydroxylgruppen (OH) trägt. Letztere können durch Amidogruppen (NH_2) teilweise oder zur Gänze ersetzt werden. Die Gruppen müssen am Benzolring in Ortho- oder Parastellung stehen, da bei Metastellung das Reduktionsvermögen fehlt. Deshalb sind Hydrochinon und Brenzkatechin Entwickler, während dem isomeren Resorcin jede Entwicklungsfähigkeit abgeht. Das Hinzutreten einer dritten Hydroxylgruppe läßt die Reduktionskraft weiter ansteigen.

Die meisten dieser Substanzen sind unter schönklingenden Fabrikatsbezeichnungen im Handel. Die Gebräuchlichsten seien hier ins Chemische übersetzt.

Rodinal: Paramidophenol; *Adurol*: Monochlorhydrochinon; *Metol*: Schwefelsaures Monomethylparamidophenol; *Glycin*: Oxyphenylamidoessigsäure; *Amidol*: Salzsaures Diamidophenol.

Der Chemismus des Entwicklungsprozesses.

Alle diese Substanzen (mit Ausnahme des Amidols) wirken reduzierend auf das Bromsilber nur in stark alkalischer Lösung, wozu man sowohl alkalische Karbonate (Soda, Pottasche) als auch Ätzkalien verwenden kann. Die Entwicklungskraft dieser Stoffe liegt in ihrer Neigung, Sauerstoff aufzunehmen. Ist dies geschehen, so verliert der Entwickler sein Reduktionsvermögen, wobei er sich meist braun färbt. Dies wird erheblich verzögert durch Zugabe von schwefligsaurem Natron (Sulfit), das den Sauerstoff an sich reißt, seinerseits aber auch in komplizierte Wechselbeziehung zur Entwicklungssubstanz tritt und in den Entwicklungsvorgang mit eingreift. Eine Entwicklerlösung besteht demnach im wesentlichen aus 1. der reduzierenden Grundsubstanz, 2. dem Alkali, das dem Entwickler die Kraft verleiht, 3. dem Sulfit, das ihn vor allzu früher Oxydation schützt. Um seine Schärfe zu mindern und seine Einwirkung auf unbelichtete Stellen herabzusetzen (den Schleier von der Platte fernzuhalten), wird stark wirkenden Entwicklerlösungen von vornherein eine kleine Menge Bromkalium zugesetzt.

Als Durchschnittsrezept, das für alle Entwickler Geltung hat und das leicht zu behalten ist, kann folgendes angesehen werden:

   5 g Entwicklersubstanz
  50 g Natriumsulfit (kristallisiert)
  50 g Alkalikarbonat
1000 g Wasser.

Die Entwicklersubstanzen zeigen verschiedene Wirkungskraft gegenüber der photographischen Platte. Man unterscheidet danach rasch arbeitende *Rapidentwickler* von langsam arbeitenden Lösungen. Zu ersteren zählt man das Metol, Paramidophenol (Rodinal) und das Amidol, zu letzteren das Glycin, Brenzkatechin und Hydrochinon.

Der Vorteil der Rapidentwickler ist der, daß sie aus schwach exponierten, ja unterexponierten Platten alles „herausholen", was sich herausholen läßt; ihr Nachteil dagegen, daß sie bei Überexposition keine Maßnahmen zu ihrer Korrektur erlauben. In der Röntgenphotographie ist die Gefahr der Unterexposition bei allen Momentaufnahmen, ferner bei Aufnahmen schwer zu durchstrahlender Körperteile, wie Nieren, Gallenblase, Wirbelsäule, recht groß. Man wird hier mit großem Nutzen kräftig zugreifende, konzentrierte Rapidentwickler verwenden. Hat man sein Instrumentarium richtig einschätzen gelernt und ist man mit den Eigenheiten des Rapidentwicklers vertraut, so kann man sich erlauben, bei seinem Gebrauch die durchschnittlich angängigen Expositionszeiten um 20—30 % herabzusetzen. Abgesehen vom Gewinn der verkürzten Expositionszeit, schont man dabei Apparat und Röhrenmaterial.

Das rasche Hervorrufen der Platte (4 Minuten), das bei Verwendung von Schnellfixiersalz in kurzer Zeit eine Betrachtung des fertigen Bildes gestattet, kommt dem Praktiker sehr erwünscht, da er sein weiteres diagnostisches Handeln durch Besichtigung des Negativs sofort orientieren kann, was manchmal von großem Nutzen ist.

Für den Fall, daß eine beträchtliche Überexposition vorliegt, kann eine Aufnahme im Rapidentwickler unrettbar verlorengehen. Nun kommen so starke Überexpositionen in der Röntgenographie nur selten vor (meist nur bei Extremitätenaufnahmen von Kindern, besonders wenn tuberkulöse Knochenerkrankung vorliegt). Da aber eine Platte nichts verliert, wenn man sie erst in langsam arbeitender Entwicklerlösung „anentwickelt" und, falls sie sich als unterbelichtet erweist, in kräftig arbeitenden Entwickler hinübertransportiert, so kann man, wenn man sich seiner Sache nicht sicher fühlt, stets diesen Weg gehen. Es wird also gut sein, in der Dunkelkammer einen Rapidentwickler für sicher nicht überbelichtete und einen langsamen Entwickler für Aufnahmen mit zweifelhafter Exposition bereitstehen zu haben.

Eine Änderung der Zusatzsubstanzen hat einen großen Einfluß auf die Wirkungsart des Entwicklers. Pottasche an Stelle von Soda vermehrt erheblich seine Kraft, und eine weitere Steigerung tritt ein bei Ersetzen der Karbonate durch Ätzalkalien. Man kann auf diese Weise langsam arbeitende Entwickler, wenn man sie in ätzalkalische Lösung versetzt, in Rapidentwickler verwandeln. So ist beispielsweise Brenzkatechin in Soda oder Pottasche ein Entwickler, der recht langsam hervorruft, in Ätzalkalien dagegen übertrifft diese Substanz alle anderen an Rapidität der Wirkung.

Das Verhältnis der Menge Entwicklersubstanz zur Alkalimenge bestimmt den Charakter der Lösung; überwiegt erstere, so wird der Entwickler härter, überwiegt letztere, wird er weicher arbeiten. Unter der *Weichheit eines Bildes* versteht der Photograph die feine, harmonische Abstufung der Bildhelligkeiten, die Dämpfung der Kontraste; *hart* nennt er dagegen ein Negativ, dessen Deckung in den „Lichtern" eine übermäßig starke ist, dessen Kontraste also zu groß sind. Letztere liefern Positive, die artistisch wenig befriedigen, weil der Bildton grell ist,

die Bilder selbst nüchtern und kalkig erscheinen. Der Photograph
strebt daher ein weiches Negativ an. An dieser Stelle sei erinnert, daß
weiche Röntgenstrahlung ein kontrastreiches, also hartes, härtere Röntgenstrahlung dagegen ein weniger kontrastreiches, weiches Negativ
liefert. Das Zusammentreffen technischer Begriffsbestimmungen aus
verschiedenartigen Spezialgebieten führt zu diesem gegensinnigen Wort-
spiel.

Bromionen wirken hemmend auf den Reduktionsvorgang. Man
macht von dieser Tatsache Gebrauch, um die Wirkung des Entwicklers
auf überbelichtete Platten herabzusetzen und sie in normaler Art entwickeln zu lassen. Eine Tropfflasche mit 10proz. Bromkaliumlösung
sei deshalb in der Dunkelkammer stets bereitgestellt. Je nach dem
Grade der Überexposition sind $^1/_2$ bis maximal 2 cm^3 Bromkaliumlösung auf 100 cm^3 Entwickler nötig. Das Bild baut sich dann langsam
und harmonisch, wie ein normal exponiertes auf. Nicht alle Entwickler
sind durch Bromkalium gleich gut beeinflußbar. Prompt reagieren die
langsam arbeitenden Lösungen, vor allem das Glycin. Dieser Entwickler,
der auch sonst durch andere Maßnahmen leicht zu regulieren ist, leistet,
wenn man mit ihm umzugehen weiß, so ziemlich alles, was der Photograph nötig hat, so daß man mit ihm allein für alle Fälle sein Auskommen
finden kann. Schwer zu beeinflussen sind die Rapidentwickler, allen
voran das Metol. Und doch verwendet man stets, und gerade bei den
Rapidentwicklern, einen Zusatz von Bromkalium. Dieser hat aber hier
einen anderen Zweck: er hält die Platte klar und verhindert das Auftreten eines chemischen Schleiers. Rapidentwickler, die infolge ihrer
kräftigen Wirkung sehr leicht zu Schleierbildung führen (wenn die
Entwicklungszeit überschritten wird), müssen von vornherein einen
größeren Zusatz von Bromkalium enthalten. Arbeitet man mit langsamen Entwicklern, so wird man meist, ohne Schleierung befürchten
zu müssen, auf den Bromidzusatz verzichten können, von seinem Schutze
aber doch Gebrauch machen, wenn man altes Plattenmaterial, das sehr
zur Schleierbildung neigt, verarbeitet.

Bei der chemischen Reduktion des Bromsilbers entstehen Brom-
salze durch Umsetzung mit dem Alkali. Ein gebrauchter Entwickler
ist daher immer mit diesem Salz angereichert und wirkt deshalb nicht
anders, als ein frischer Entwickler, dem man mit Absicht Bromkali
zugefügt hat. Eine jede Platte wird also durch das beim Entwicklungs-
vorgange entstehende Bromid von selbst vor dem chemischen Schleier
geschützt. Eine Ausnahme bildet die unterexponierte Platte; da wegen
der geringen Lichteinwirkung fast keine Reduktion stattfindet, bleibt
die Bromidbildung aus. In frischem Entwickler wird daher eine unterexponierte Platte frühzeitig grau.

Die Intensität der Reduktion ist da am größten, wo die meiste
Strahlung eingewirkt hat, und am schwächsten, wo die Schatten des
Bildes liegen. Das Bromsalz wirkt auf die Reduktion allgemein hemmend. An den Stellen des Bildes, wo diese an sich schon sehr groß ist,
also an den Stellen der tiefen Schwärzungen, wird diese Hemmung kaum
zur Geltung kommen. Anders an den schwachbelichteten Stellen;

diese werden gegenüber den Lichtern stark zurückbleiben. Auf diese Weise erhöhen sich die Kontraste; Bromzusatz führt also zu harten, kontrastreichen Negativen.

Die Standentwicklung.

Auch die Konzentration eines Entwicklers ist maßgebend für seine Arbeitsweise. Eine verdünnte Lösung arbeitet sehr langsam und weich. Man sagt einem verdünnten Entwickler nach, daß er die Fähigkeit besitze, während der langen Zeit der Hervorrufung in die Tiefe der Gelatineschicht zu dringen und nicht nur die oberflächlich gelegenen Silberkörnchen, sondern auch die tiefer liegenden zu reduzieren. Da das Licht infolge der starken Absorption an der Oberfläche die tieferen Lagen der Emulsion nicht merklich beeinflußt, ist von dem Tieferdringen des Entwicklers ein Gewinn an Schwärzung beim Lichtbild nicht zu erwarten. Anders beim Röntgenbild: dieses ist gleichmäßig in ganzer Tiefe der Schicht aufgebaut. Die Fortführung dieses Gedankens brachte die Anwendung der sog. *Standentwicklung* (nicht zu verwechseln mit der Tank- oder Trogentwicklung), bei der die Platten für längere Zeit in verdünnte Entwicklerlösung hineingehängt werden, für die dickgegossenen Röntgenplatten besonders nahe. Diese recht einleuchtenden Voraussetzungen haben zu der Annahme geführt, daß die Standentwicklung, namentlich bei Verwendung des Glycins, in der Röntgenphotographie bedeutende Vorteile biete und daher für diese das Gegebene sei. Man sagt ihr nach, daß sie zur Hervorrufung schwacher Röntgenstrahleneindrücke besonders geeignet wäre, und erklärt dies mit der Eigenart der Diffusionsverhältnisse verdünnter Lösungen, infolge deren der Entwickler Zeit habe, in die Tiefe zu dringen und, ehe noch die Oberfläche allzusehr geschwärzt ist, auch tieferliegende Silberkörnchen zur Bildwirkung mit heranzuziehen. Wie sich aber herausgestellt hat, gilt dies nicht nur für verdünnte Lösungen. Es hat sich nämlich gezeigt, daß mit der Konzentration die Diffusionsgeschwindigkeit des Entwicklers sehr stark zunimmt, daß sein konzentrierter Rapidentwickler ebenfalls in die Tiefe dringt und also in ca. 4 Minuten dasselbe leistet, was Standentwicklung in einer Stunde. Von Vorteil allerdings kann die Standentwicklung sein, wenn es sich darum handelt, allzu große Schwärzungen zu mildern. Immerhin wird man auch hier in kürzerer Zeit bessere Resultate erzielen bei Verwendung von höher konzentriertem Entwickler, dem Bromkali zugesetzt ist. Für die Standentwicklung läßt sich also nur vorbringen, daß sie sich in Röntgenfachkreisen einst großer Beliebtheit erfreute. Außer ihrer Umständlichkeit und der langen Zeitdauer der Entwicklung ist durch sie für die Röntgenphotographie ein Vorteil nicht zu erlangen. Ein stichhaltiger Grund, sie anzuwenden, ist daher nicht ersichtlich.

Einfluß der Temperatur und Entwicklungszeit auf die Bildqualität.

Wie bei jedem chemischen Prozeß spielt auch bei der Entwicklung die Temperatur eine wichtige Rolle. Als Durchschnittstemperatur nimmt man 18° C an (Zimmertemperatur). Unterhalb dieser Temperatur arbeiten die Entwicklerlösungen zu langsam; der organische Entwickler ruft das Bild in kalter Lösung sehr viel schwächer hervor. Auch ändert sich der Bildcharakter; der Entwickler arbeitet sehr hart, härter, als man es selbst für die Röntgenphotographie gebrauchen kann. Nicht alle Lösungen reagieren gleich stark auf Kälte. Am empfindlichsten ist der Hydrochinon-Entwickler, während die Rapidentwickler gegen Temperaturschwankungen nach abwärts ziemlich gleichgültig sind. Oberhalb 18° zeigen die Lösungen eine erhöhte Aktivität: sie arbeiten rasch und kräftig, doch kommt es dabei bei den verschiedenen Entwicklern mehr oder minder rasch zur Schleierbildung. Mit Glycin kann man unbedenklich auch bei 20° arbeiten, während Metol und Metol-Hydrochinon eine Abkürzung der Entwicklungszeit notwendig machen, weil sonst der Schleier so stark werden kann, daß das Negativ flau wird. Obwohl sich die gesteigerte Rapidität und Neigung zur Schleierbildung bei Temperaturerhöhung durch Zusatz von Bromkalium gut ausgleichen lassen, ist es immerhin ratsam, lieber eine Abkühlung der Lösung vorzunehmen, weil bei zu hoher Temperatur des Entwicklers die Gelatine stark quillt und leicht verletzlich wird. Oft kräuselt sich die Schicht an den Rändern; manchmal kann es geschehen, daß sie sich vollständig ablöst.

Mit der Länge der Entwicklungszeit steigen bis zu einer gewissen Grenze die Kontraste. Zu kurze Entwicklung und zu lange Entwicklung geben flaue Negative; bei letzterer tritt noch Schleierbildung hinzu. Eine Norm für die richtige Entwicklungszeit zu geben, ist nicht möglich, da auch bei ein und derselben Lösung die Zeit der Hervorrufung je nach der Temperatur, der Exposition und dem Bromidgehalt, beträchtlichen Schwankungen unterworfen ist. Man muß die Dauer der Entwicklung nach dem Zustand der Platte bemessen. Der Entwicklungsprozeß ist als beendet zu betrachten, wenn der Deckungsgrad des Negativs ein genügender ist. Man beurteile den Deckungsgrad *nur in der Durchsicht*, wobei man berücksichtigen muß, daß die Deckkraft beim Doppelgußfilm durch das Fixieren bis auf die Hälfte zurückgeht. Die Negative müssen also am Ende der Entwicklung etwa doppelt so dicht erscheinen, als man sie nach dem Fixieren zu haben wünscht. Eine richtig zu Ende entwickelte Knochenaufnahme (Extremitäten) darf in der Durchsicht keine Spur mehr von Weichteilzeichnung zeigen; es ist nur noch der Knochen zu sehen, und auch dieser schon angedunkelt. Eine Thoraxaufnahme läßt im Stadium der richtigen Deckung nur die Herzsilhouette und andeutungsweise die Rippen erkennen; alle Einzelheiten der Lungenstruktur sind überdunkelt. Eine Magen-Darmaufnahme zeigt nur die weiße Kontrastsilhouette; die Umgebung ist im tiefen Schwarz vollständig untergegangen. Schwieriger zu beurteilen für den Anfänger sind die Nierenaufnahmen und Skelettaufnahmen des Rumpfes. Hier wird man sich am besten nach den Knochen richten: wenn diese eben im Dunkel der Platte zu verschwinden beginnen, ist der Entwicklungsprozeß als beendet zu betrachten.

Eine absolute Indikation, den Entwicklungsprozeß zu beenden, ist das Auftreten eines Schleiers. Der Schleier macht sich am leichtesten an den Stellen bemerkbar, die von Strahlung nicht getroffen worden sind, also weiß bleiben sollen. Solche Stellen weist ein jedes Bild an den stärksten Schatten auf. Man kann auch ein kleines Feld, das am Rande des Bildes durch eine Bleimarke vor Strahlung geschützt wird, als Reagens auf Schleierbildung benutzen. Sobald sich nämlich an dieser Stelle, die ungefärbt bleiben muß, ein leichter grauer Hauch zeigt, ist die Platte aus dem Entwickler zu nehmen.

Für jeden fertig gelieferten Entwickler ist für eine bestimmte Konzentration die Entwicklungszeit angegeben. Es ist ratsam, sich an die angegebenen Mindestzeiten zu halten und sich nur nach oben hin Spielraum zu lassen. Denn es ist, wie wir später sehen werden, viel einfacher, ein evtl. zu dichtes Negativ abzuschwächen, als ein zu schwaches zu verstärken. Man wird also guttun, die Entwicklung mit der Uhr zu überwachen und — wenn man seiner Sache nicht sicher ist — lieber etwas zu lange als zu kurz zu entwickeln.

In mancher Beziehung wichtig ist es, den Entwicklungsvorgang, d. h. das Erscheinen des Bildes zu verfolgen und zu überwachen. Das Hervorkommen des Bildes läßt eine Beurteilung der Richtigkeit der Exposition zu. Dies setzt uns in den Stand, einerseits beim Vorbeitreffen am Richtigen rechtzeitig Maßnahmen zur Korrektur zu ergreifen, andererseits für eine evtl. Wiederholung, durch die Größe des „Vorbeihauens" belehrt, die Expositionszeit besser abzuschätzen und so sich auf die Apparatur und die verschiedenen Objekte einzuarbeiten. Der Röntgenologe wird daher niemals auf selbständiges Entwickeln, das für ihn sehr lehrreich ist, verzichten.

Einfluß der Exposition auf den Entwicklungsprozeß.

Die Art und Geschwindigkeit, mit der ein Bild im Entwickler erscheint, läßt am leichtesten eine Beurteilung der Richtigkeit der Exposition zu, während ein fertiges Negativ sich nur schwer beurteilen läßt.

Bei *richtig exponierten* Platten zeigen sich nach einer gewissen Latenzzeit (bei kräftigen Entwicklern einige Sekunden, bei langsam arbeitenden Lösungen bis zu einer Minute) zunächst die am stärksten belichteten Stellen, die sog. Lichter. Es sind dies die Plattenpartien, die der stärksten Strahlung ausgesetzt waren. In einem gewissen Zeitabstand folgen die Halbtöne und zum Schluß die feinen, zarten Nuancen, entsprechend den geringsten Strahlungseindrücken. Das Bild baut sich harmonisch in der Zeit, von seinen Fundamenten bis zum zarten Filigranwerk, auf. Es resultiert ein kontrastreiches, gut durchgezeichnetes Negativ.

Eine *Überexposition* äußert sich sofort im Fehlen oder in der starken Verkürzung der Latenzzeit. Das Bild „schießt" rasch hervor. Es erscheinen die Schwärzungen *nicht nacheinander*, sondern die ganze Schicht schwärzt sich mit *einem Male*. Auch die nicht belichteten Stellen — die Schatten — belegen sich mit einem grauen Ton. Setzt man, durch die außerordentliche Kürze der Latenzzeit gewarnt, frühzeitig einige Tropfen einer 10 proz. Bromkaliumlösung zum Entwickler hinzu, so läßt sich die Überbelichtung sowie die Schleierbildung einiger-

maßen hintanhalten. Das rasche Erscheinen und die vollständige
Schwärzung des Bildes veranlassen den Unerfahrenen, den Entwicklungsprozeß frühzeitig abzubrechen. Vor diesem Fehler muß man sich hüten!
Man erreicht auch in diesem Falle nur bei kräftiger Durchentwicklung
auf die Mindestzeit, ohne Rücksicht auf das beängstigende Verschwinden
aller Bilddetails, ein kontrastreiches, allerdings verschleiertes und zu
dichtes Negativ. Durch nachträgliches Abschwächen wird dieses immer
noch ein gut brauchbares Bild ergeben.

Die *Unterexposition* verrät sich zunächst durch die Verlängerung
der Latenzzeit. Die Lichter erscheinen erst spät, die Halbtöne und sehr
schwachen Schattierungen bleiben fast vollständig aus. Das fertige
Negativ ist flau und läßt jede Durchzeichnung vermissen. Ein Eingreifen
in den Entwicklungsvorgang kann nicht viel helfen; man nehme einen
frischen, konzentrierten Rapidentwickler. Die Entwicklung ist so lange
fortzusetzen, bis sich ein störender Plattenschleier bemerkbar macht.
Was dann dem Negativ noch an Kraft fehlt, kann eine nachträgliche
Verstärkung einigermaßen nachholen. Der Wirkung des Verstärkers
sind jedoch Grenzen gezogen.

Überbelichtete Platten werden bei richtiger Durchentwicklung und
geeigneter Nachbehandlung stets gute, brauchbare Negative liefern,
während das Schicksal unterbelichteter Filme zumindest ein sehr frag-
liches ist, da die Verstärkung nur in beschränktem Maße helfen kann.
Man wird also, wenn man sich unsicher fühlt, besser eine längere Expositionszeit wählen, da unkorrigierbare Überexpositionen in der Röntgenphotographie nur bei gröbstem Verfehlen zustande kommen können.
Allerdings ist auch die verwendete Strahlenart nicht ganz ohne Einfluß.
Überexposition bei Aufnahme mit harter Strahlung, die an sich schon
wenig kontrastreiche Bilder gibt, kann infolge des hohen Prozentsatzes
an Streustrahlen durch ihre lange Einwirkung auf die Platte für diese
verheerend werden. Keine Abschwächung wird das Bild aus dem Grau
der Streustrahlung zur Klarheit bringen; das Endresultat ist wenig
befriedigend. Die Photographie mit harten Strahlen ist daher recht
gefährlich, erfordert genaue Abschätzung der Exposition und ist deswegen dem weniger Erfahrenen überhaupt abzuraten. Erst um 55 kV
herum kann man sich mit größerer Freiheit bewegen; der Spielraum
der richtigen Exposition ist groß, namentlich nach oben hin. Unter-
expositionen aber werden unfehlbar schlechte Resultate ergeben.

Das Ansetzen der Entwicklerlösung.

Für welchen Entwickler soll man sich entscheiden? Jeder Entwickler
leistet, richtig angewandt, fast das gleiche. Es macht also keinen
großen Unterschied, welche Lösung man nimmt, wenn man mit ihr nur
umzugehen weiß. Indessen ist von selbst eine gewisse Scheidung eingetreten, und es überwiegen im Gebrauch nur wenige, allgemein beliebte
Lösungen. Zu diesen zählen 1. das Metol-Hydrochinon, 2. das Rodinal,
3. das Glycin; das erste ein kräftiger, das zweite ein mittelkräftiger,
das dritte ein langsam arbeitender Hervorrufer.

Wer von den etwas teueren käuflichen Lösungen, die, außer daß sie fertige Präparate sind, keinerlei weitere Vorteile bieten, absieht, dem sei der Metol-Sodaentwickler (nach LÜPPO-CRAMER) für die Röntgenphotographie aufs wärmste empfohlen. Das Ansetzen dieser Lösung erfolgt nach dem auf S. 132 gegebenen Schema, nur ist es besser, den Entwickler und das Alkali in besonderen Flaschen zu halten und erst zum Gebrauch gleiche Teile von beiden zusammenzumischen. Man verfahre also folgendermaßen:

Lösung I: In einem Liter Wasser löse man der Reihe nach: 10 g Metol, 100 g kristallisiertes oder 50 g wasserfreies[1] Natriumsulfit und 2 g Bromkalium.

Lösung II: Ein Liter 10 proz. Sodalösung. (Nach LÜPPO-CRAMER.) Zum Gebrauch mische man gleiche Teile von den Vorratslösungen.

Der genannte Entwickler arbeitet sehr kräftig, klar und weich. Außer diesen rein photographischen Vorzügen besitzt er noch einige praktisch wertvolle Eigenschaften: er ist in der angegebenen Zusammensetzung gegen Verunreinigung sehr indifferent, außerordentlich lange haltbar und von großer Ausgiebigkeit. Die gebrauchte Lösung kann noch längere Zeit benutzt werden, ohne daß eine merkliche Abnahme der Entwicklungskraft eintritt. Die Kombination des Metols mit dem Hydrochinon, die den meisten fertigen Präparaten zugrunde liegt, führt zu einer gesteigerten Entwicklungskraft; doch geschieht dies auf Kosten der Klarheit des Bildes.

Die große Gefahr für jeden Entwickler ist seine leichte Oxydierbarkeit. Soll die Lösung recht lange halten und dabei ihre volle Aktivität bewahren, so ist aufs strengste darauf zu achten, Sauerstoff von der Lösung fernzuhalten. Die Flasche, die den Entwickler enthält, muß deshalb stets gut verschlossen sein (am besten eingeschliffener Glasstöpsel). Man verteile die Vorratslösung immer auf mehrere kleine Flaschen; denn eine große Flasche, deren Inhalt zum größten Teil schon verbraucht ist, beherbergt über dem Flüssigkeitsrest einen sehr großen Luftraum, dem die Lösung schutzlos übergeben ist. Zum Ansetzen des Entwicklers verwende man destilliertes oder mindestens gekochtes (und wieder abgekühltes[2]) Wasser. Ungekochtes Wasser enthält etwas Luft, deren Sauerstoff sich bei längerem Stehen mit der Entwicklersubstanz chemisch umsetzt. Zur Verdünnung der fertigen Lösung vor ihrem Gebrauch kann man aber getrost Leitungswasser nehmen, vorausgesetzt, daß der Entwickler sogleich benutzt werden soll und also längere Haltbarkeit von ihm nicht verlangt wird. Weil die Bereitschaft des Entwicklers, Sauerstoff aufzunehmen, in alkalischer Lösung zunimmt, hält man das Alkali von der eigentlichen Entwicklersubstanz getrennt. Die Alkalilösung wird erst vor dem Gebrauch im nötigen Mengenverhältnis mit ihr zusammengegossen. Der Hervorrufer ist dann frisch und von unverbrauchter Kraft.

---

[1] Da das kristallisierte Natriumsulfit 50 % Kristallwasser enthält, braucht man vom wasserfreien Salz nur die halbe Menge.

[2] Manche der Entwicklersubstanzen werden bei höherer Temperatur zerstört.

Große Sorgfalt ist auf die rein manuelle Manipulation bei der Entwicklung zu legen, insbesondere wenn mit doppelt begossenem Film gearbeitet wird. Die Schicht muß gleichmäßig und rasch von der Lösung benetzt werden. Man schiebe deshalb mit einem schnellen, entschlossenen Griff den Film flach in die in breiter Schale bereitstehende Flüssigkeit, lasse ihn dabei nicht aus den Händen, sondern wende sogleich um (notabene bei Doppelschicht). Damit die jeweils untere Schicht durch Ankleben am Schalenboden in ihrer Entwicklung nicht gehemmt oder gar beschädigt werde, ist im Anfang ein öfteres Umwenden notwendig. Größere Sicherheit bietet sich, wenn man die Entwicklermenge nicht allzu sparsam bemißt, andernfalls Stellen, die nicht sogleich von Lösung benetzt werden, als scharf begrenzte, hellere Flecken erscheinen können. Unter steter Bewegung (mechanisch oder manuell) lasse man den Entwickler auf die Platte einwirken. Ließe man ihn unbewegt über der Platte stehen, so würden in der Gallerte infolge der Diffusionsvorgänge eigenartige Marmorierungen oder bienenzellenartige Strukturen entstehen. Die Bewegung verfolgt auch den Zweck, das bei der Reduktion an den Stellen der tiefsten Schwärzungen reichlich entstehende Bromkalium von diesen Orten fortzuschaffen und auf die ganze Lösung gleichmäßig zu verteilen.

Schaumbildung in der Entwicklerlösung ist zu vermeiden. Öfter gebrauchte Lösungen, die etwas Gelatine enthalten, neigen besonders dazu. Die Luftbläschen des Schaumes setzen sich dann auf der Schicht fest (je kleiner sie sind, desto hartnäckiger haften sie) und verhindern das Hinzutreten des Entwicklers. Kleine weiße Punkte im Negativ, die zu Unrecht als Plattenfehler bezeichnet werden, sind die Folge davon.

Die Trogentwicklung.

Das ständige Prüfen der Platte vor dem roten Licht auf Deckung ist ebenso sinnlos, wie überflüssig und schädlich. Gleichgültig, ob eine Platte über-, unter- oder richtig exponiert war, muß sie jedenfalls die jeweilig vorgeschriebene Mindestentwicklungszeit durchmachen. Diese Zeit lasse man sie ruhig ohne Unterbrechung in der Lösung. Erst nach Ablauf dieser Frist ist eine Überwachung ihrer Deckkraft angebracht.

Dieser Umstand führte folgerichtig zur sog. *Trogentwicklung*. Diese Art der Hervorrufung ist ebenfalls eine Standentwicklung, insofern die Filme in den Entwickler senkrecht eingehängt und in dieser Lage, ohne bewegt zu werden, der chemischen Einwirkung ausgesetzt bleiben. Der Unterschied aber ist der, daß wir jetzt nicht verdünnte, sondern *konzentrierte* Lösungen gebrauchen. Der Entwicklungsprozeß beansprucht daher nicht längere Zeit als bei der gewöhnlichen Schalenentwicklung.

Der exponierte Film wird (bei Rotlicht!) in den ersten, verschließbaren Trog eingehängt, der Deckel wieder aufgesetzt (nun kann Licht gemacht werden) und der Film nach der Uhr die nötige Zeit (4—6 Min.) in der Lösung belassen. Ist die Entwicklungszeit abgelaufen, so nehme man (wieder bei Rotlicht!) den Film aus dem Entwickler, spüle im danebenstehenden Trog kurz ab und tauche ihn sodann in den nächsten

Tank, der das Fixierbad enthält. Die ganze Einrichtung wird vervollständigt durch ein Wässerungsbassin (Abb. 76).

Da alle diese Manipulationen ganz schematisch vor sich gehen und der Film dabei dauernd in einem Metallrahmen bleibt, findet auch eine unerfahrene Laborantin keine Gelegenheit, die Entwicklung auf falsche Wege zu leiten oder gar den Film zu beschädigen. Also auch der ganz Unerfahrene kann auf diese Art entwickeln.

Überexponierte Negative müssen natürlich einer Abschwächung unterzogen werden. — Der Trog, der die Entwicklerlösung enthält, soll stets verschlossen sein, damit der Entwickler nicht zu rasch oxydiere und vor Verschmutzung bewahrt bleibe.

Die Trogentwicklung ist besonders bei Massenbetrieb vorteilhaft, da mehrere Filme gleichzeitig entwickelt werden

Abb. 76.
Einrichtung und Anordnung für die Trogentwicklung.

den können, ohne einander zu stören; nur ist das Verfahren etwas kostspielig, da viel Entwickler verbraucht wird. Andererseits ist aber nicht zu leugnen: mit keiner Entwicklungsart läßt sich bequemer, rascher und sauberer arbeiten als eben mit der Trogentwicklung.

Allgemeine Hinweise.

Man merke, daß man länger als eine Minute im ganzen in $^1/_2$ m Entfernung von der Lichtquelle eine Platte dem roten Licht nicht ungestraft aussetzen darf. Abgesehen vom Lichtschleier, können durch Austrocknung der benetzten Schicht an der Luft Flecken entstehen (s. unter „Fehler im photographischen Prozeß“).

Soll aus irgendeinem Grunde nachträglich ein Zusatz zum Entwickler gemacht werden, so tue man ihn nie unmittelbar in die Schale, in der sich der Film befindet. Vielmehr mische man erst die Lösung mit dem beabsichtigten Zusatz in einem besonderen Gefäße durch und gieße sie erst dann wieder über dem Film, der die (notabene kurze!) Zeit in der Schale trocken gelegen hat.

Bei all den Manipulationen läßt sich kaum vermeiden, daß die Finger des öfteren mit dem Entwickler in Berührung kommen. Personen, die zu Ekzemen neigen, werden daher von ihrer photographischen Betätigung sehr viel zu leiden haben. Besonders gefürchtet ist in dieser Hinsicht der Metolentwickler, der bei vorhandener Disposition zu chronischen Entzündungen der Haut führt. Doch auch andere Entwicklerlösungen bringen das gleiche Übel mit sich; bei diesen handelt es sich nicht um eine spezifische Wirkung der Entwicklersubstanz, sondern das Alkali ist der schädliche Teil. Ätzkalien wirken am stärksten ekzemerregend. Sollte sich diese Schädigung in unerträglichem Ausmaße geltend machen, so bleibt nichts anderes übrig, als das Amidol, das ohne Alkali entwickelt[1], zum Hervorrufen der Negative zu verwenden, oder aber unter Anwendung der jetzt überall erhältlichen Entwicklungsbügel zu arbeiten.

Das Fixieren.

Nach Beendigung der Entwicklung enthält die Schicht sowohl Bromsilber (an den unbelichteten Stellen) als auch metallisches Silber (an den belichteten Stellen) nebeneinander. Damit das Bild gegen Licht beständig werde, muß das lichtempfindliche Bromsilber aus der Gelatine herausgelöst und entfernt werden. Das Natriumthiosulfat (unterschwefligsaures Natron) ist ein Lösungsmittel für Silbersalze, das den metallischen Silberniederschlag unbehelligt läßt. In 20 proz. Lösung wird es als sog. *Fixierbad* benutzt. Der zu Ende entwickelte Film wird nach kräftigem Abspülen (ca. 1 Minute lang) in dieses Bad gelegt. Wenn er einige Zeit darin gelegen hat, verschwinden allmählich alle milchigweißen Stellen aus dem Negativ, welches dann bei Aufsicht vollständig schwarz und in der Durchsicht klar erscheint. Dies besagt, daß alles Bromsilber bereits gelöst ist. Dennoch ist die Fixierung noch nicht als beendet zu betrachten; denn das Bromsilber macht bei seiner Lösung zwei Stadien durch: es bildet sich zunächst ein Komplexsalz mit *einem* Molekül Thiosulfat, das sich erst in einem Überschuß von unterschwefligsaurem Natron in das leicht lösliche Doppelsalz verwandelt und in Lösung geht. Man lasse deshalb nach der sichtbaren Auflösung des Bromsilbers die Platte noch mindestens 5 Minuten im Fixierbad liegen, nach welcher Zeit man die Gewißheit haben kann, daß alles Komplexsalz in das in Wasser leicht lösliche Doppelsalz übergegangen ist. Im ganzen wird man ca. 15 Minuten fixieren. Während des Fixierens kann man ruhig nicht zu grelles künstliches Licht auf die Platte fallen lassen, da eine weitere Entwicklung im Bade nicht erfolgt und eine photochemische Veränderung des Bromsilbers unter solchen Umständen nur bei direktem Tageslicht eintritt.

Das gelöste Silbersalz muß dann aus der Gelatineschicht ausgewaschen werden. Zu diesem Zwecke läßt man die Platten in fließendem oder häufig gewechseltem Wasser ca. 1 Stunde spülen.

An Stelle des gewöhnlichen Fixiernatrons, das wenig haltbar ist, verwendet man meistens sog. *saure Fixiersalze*. Es ist dies ein Gemisch von Thiosulfat mit sauer reagierenden Bisulfiten oder schwefliger Säure. Eine solche Ansäuerung ist schon deshalb zu empfehlen, weil auf diese Weise die in der Gelatineschicht zurückbleibenden Reste der Entwicklerlösung unschädlich gemacht werden und eine Oxydation des Silber-

---

[1] 2 g Amidol, 20 g Natriumsulfit krist. 100 g Wasser. Verdünnung 1 : 3. Beim Gebrauch färbt sich die Lösung sehr rasch braun.

niederschlags, die sonst in Gegenwart von Thiosulfat sehr leicht eintreten kann, vermieden wird. Die Härtung der Schicht, die im saueren Bad eintritt, geht beim Wässern verloren.

Ein viel gebrauchtes saures Fixierbad gibt das nachstehende Rezept:

Natriumthiosulfat . . . . . . 300 g
Natriumbisulfit . . . . 30 g
Wasser . . . . 1000 g

Anstatt Natriumbisulfit kann man auch die gleiche Menge Kaliummetabisulfit verwenden.

Ein stark gerbendes Fixierbad, das die Schicht härtet und namentlich in der warmen Jahreszeit vor Beschädigung beim Trocknen bewahrt, ist das folgende:

I Natriumthiosulfat . . 500 g   II Wasser . . . . 150 cm^3
  Wasser . . . . 2000 cm^3 Natriumsulfit krist. . 60 g
                                   30 proz. Essigsäure . . 90 g
                                   Kalialaun . . . . . . 30 g

Die beiden Lösungen werden zum Gebrauch zusammengegossen.

Ist das Bad häufig verwendet worden, so reichert es sich schließlich mit Silbersalzen an und verliert dabei an Kraft. Sobald es also langsamer zu fixieren beginnt, ist es durch ein frisches zu ersetzen. Aus dem verbrauchten Bad kann das Silber zurückgewonnen werden, was sich in der Röntgenphotographie, die mit großen Plattenformaten und doppelschichtigem Material arbeitet, immer lohnen wird. Das Silber kann entweder durch Reagentpulver ausgefällt werden oder an Kupfer- oder an Aluminiumblechen, die in das alte Bad eingehängt werden, zur Abscheidung gebracht werden[1]; von diesen wird es mit Metallbürsten von Zeit zu Zeit abgekratzt.

Korrektur des fertigen Negativs.

Die Abschwächung. Das fertige Negativ ist noch mancherlei Veränderungen bezüglich seines Kontrastes und seiner Deckkraft zugänglich. Hatte man überbelichtet oder zu lange entwickelt, und fällt das Negativ zu dicht aus, so wird man es einer Abschwächung unterziehen. Die Abschwächung geht so vor sich, daß durch geeignete Reagenzien etwas von dem metallischen Silberniederschlag aus der Gelatineschicht herausgelöst wird. Das Lösungsmittel für metallisches Silber ist Salpetersäure. Diese läßt sich jedoch für die Zwecke der Abschwächung deshalb nicht verwenden, weil sie auch die Gelatineschicht verflüssigen würde. Man geht deshalb den Umweg, daß man das Silber der Schicht in eine Salzverbindung überführt und das entstandene Silbersalz im Lösungsmittel für Silbersalze — dem Thiosulfat — auflöst. Die Abschwächung ist daher eine in zwei Phasen verlaufende Reaktion: 1. durch Einwirkung von Ferricyankalium (rotes Blutlaugensalz) wird das Silber in Ferrocyansilber übergeführt, das sich 2. in Thiosulfat löst. Der Abschwächer

---

[1] Die einfache Ausfällung durch Schwefelleber, wobei das Silber als schwarzes Schwefelsilber abgeschieden wird, ist wegen des abscheulichen, bei der Reaktion entstehenden Geruchs recht widerwärtig.

enthält demnach die zwei Reagenzien: 10 proz. Lösung von Ferricyankalium und 10 proz. Lösung von Thiosulfat, die vor dem Gebrauch im Verhältnis 1 : 5 zu mischen sind (die fertige Mischung ist nur kurze Zeit haltbar).

In dieses Abschwächungsbad kann man die Platte sofort nach beendeter Fixierung und kurzem Abspülen hineintun. Schon trockene Negative wird man besser vorher in Wasser anfeuchten. Der Reaktionsverlauf ist sehr leicht zu überwachen, da der Grad der Aufhellung sich dem Auge direkt darbietet. Ist das Negativ in genügendem Maße aufgehellt, was man in der Durchsicht unmittelbar beurteilen kann, so muß es nach Entfernung aus dem Bade noch ca. 1 Stunde gut ausgewaschen werden, damit der Abschwächer nicht noch nachwirke. Nach dem Trocknen zeigt der so behandelte Film eine schöne glänzende Oberfläche. Das kommt daher, daß aus der obersten Schicht alles Silber weggelöst und die reine Gelatine geblieben ist.

Der Abschwächer beginnt sein Werk zunächst an den feinen Schattenpartien, die zuerst sich aufhellen, und greift erst allmählich auf die stärkeren Schwärzungen über. Bei Negativen, die an sich schon sehr kontrastreich sind, könnten dadurch die Gegensätze zwischen Licht und Schatten allzu groß werden. Man kann in diesem Falle eine andere Lösung, nämlich das Ammonpersulfat verwenden; doch sind die Nachwirkungen dieser Lösungen auf die Platte beim Auswaschen so unberechenbar, daß man lieber von diesem Verfahren ganz absehen wird.— Eine kurze Behandlung mit Abschwächer ist für jede Platte, die verschleiert ist, angebracht.

Die Verstärkung. Eine Verstärkung der Deckkraft des Negativs tritt ein, wenn zum Silberniederschlag sich ein zweiter, stark deckender Metallniederschlag hinzuaddiert; dies der Grundzug jeglichen Verstärkungsverfahrens. In Gebrauch sind *Quecksilber-* und *Uranverstärker.* Am meisten in Verwendung steht die folgende Verstärkung mittels Sublimat: Man badet das schwache Negativ so lange in einer 2 proz. Sublimatlösung, bis die Schicht vollständig weiß geworden und vom Bilde nichts zu sehen ist, spült einige Minuten mit Wasser ab und bringt das latent gewordene Bild in eine 5 proz. Ammoniaklösung, worauf es wieder schwarz und kräftig hervortritt. Die Verstärkung beruht darauf, daß das Quecksilberchlorid (Sublimat) einen Teil seines Chlors an das Silber des Negativs abgibt, wobei es in weißes, unlösliches Quecksilberchlorür (Kalomel) übergeht, während das frei gewordene Chlor mit dem Silber reagierend ebenfalls weißes Chlorsilber ergibt. Die beiden unlöslichen Salze lagern sich bei ihrer Entstehung aneinander und werden durch die Einwirkung von Ammoniak wieder als Metalle ausgefällt — eine Reaktion, die jedem Mediziner vom Physikum her noch wohl im Gedächtnis ist. Nach der ganzen Prozedur ist in der Gelatineschicht an jedes Silberkörnchen auch ein Quecksilberkörnchen angelagert, und das macht die Verstärkung aus.

An Stelle von Ammoniak kann man zur Erzielung der Schwärzung Natriumsulfit in einer Verdünnung von 1 : 5 verwenden, nur muß die Sublimatlösung für diesen Fall bis zu 2 % mit Bromkalium gesättigt werden. Diese Modifikation der Quecksilberverstärkung wirkt kräftig und gleichmäßiger auf alle Bildtöne. Nach Beendigung der Behandlung wird das Negativ eine halbe Stunde lang gut gewässert und ist dann zum Trocknen fertig. Zeigt der trockene Film eine Körnelung, so ist die Sublimatlösung zu alt gewesen und muß durch eine frische ersetzt werden.

Die Intensität der Verstärkung läßt sich durch Abstufen der ersten Prozedur, der „Ausbleichung", dosieren; treibt man diese so weit, daß das Negativ vollständig weiß wird, so fällt die Verstärkung recht kräftig aus. Unterbricht man das Sublimatbad eher, so wird die nachfolgende Schwärzung auch schwächer ausfallen.

Die ergiebigste Verstärkung, die auch bei den dünnsten Negativen noch zum Erfolg führt, bietet die *Uranverstärkung*. Die Reaktion geschieht einzeitig, doch sind zur Herstellung des Bades zwei Vorratslösungen notwendig: 1. 1 proz. Lösung von Urannitrat, 2. 1 proz. Lösung von Ferricyankalium, die vor dem Gebrauch zu gleichen Teilen gemischt werden. Auf 10 Volumteile dieser Mischung wird 1 Volumteil Eisessig hinzugefügt. In diesem Bade nimmt das Negativ rasch eine rotbraune Farbe an. Diese Färbung ist dem Röntgenologen, für den der Bildprozeß mit der Fertigstellung des Negativs beendet ist, nicht erwünscht. Die Uranverstärkung macht ein nachfolgendes Kopieren notwendig, um so mehr, als sie erst auf diese Weise zur vollen Wirkung kommt. Das Braunrot hält nämlich das photographisch wirksame Licht viel stärker zurück als es bei der Durchsicht dem Auge erscheint. Die Kopien erscheinen überraschend kräftig. Also Urannitratverstärkung braucht Kopieren zu ihrer Ergänzung.

Auch hier muß nachher gewässert werden, und zwar so lange, bis die Essigsäure aus der Schicht entfernt ist. Solange diese in der Schicht haftet, ist der Film nicht benetzbar; er verhält sich wie eine geölte Fläche. Erst wenn die Schicht die Flüssigkeit nicht mehr abstößt, ist die Wässerung abzubrechen. Länger darf nicht gewässert werden, da sonst das Negativ wieder blasser wird. Die mit Uran verstärkten Negative trocknen infolge der gerbenden Wirkung des Bades sehr rasch.

Die genannten Verfahren, die Quecksilber- und Uranverstärkung, setzen ein peinliches Auswaschen des Fixierbades aus der Schicht des zu verstärkenden Films voraus. Auch die geringsten Spuren von Thiosulfat führen zu unvertilgbaren gelblich-braunen Flecken. Alles, was irgendwie an Fixiernatron erinnert, ist deshalb aufs strengste vom Verstärkungsprozeß fernzuhalten. Mindestens 2 Stunden langes, gründliches Auswaschen des Negativs habe der Verstärkung vorauszugehen. Will man sich überzeugen, ob die letzten Reste Fixiersalz aus der Schicht entfernt sind, so lege man die fragliche Platte in ein Wasserbad, das durch Zusatz eines winzigen Kriställchens Kaliumpermanganat leicht violett gefärbt ist. Sowie sich noch Spuren von Thiosulfat in der Schicht befinden und ins Wasser diffundieren, wird dieses sofort entfärbt. Dies ist die empfindlichste Reaktion, nach deren negativem Ausfall das Negativ unbedenklich der Verstärkung unterzogen werden kann.

Das Wässern und Trocknen.

Das Wässern. Das Wässern der doppeltgegossenen Filme hat in großen Trögen zu geschehen, in die die Filme senkrecht eingehängt sind. Das Wasser wird oben durch einen Schlauch eingeleitet und fließt unten wieder ab. Abfluß und Zufluß müssen so aufeinander abgestimmt werden, daß das Bassin dauernd gefüllt bleibt und das Wasser dabei in raschem Fluß ist. Wässern in flachen Schalen ist unzweckmäßig und führt meist zu schmutzigen, fleckigen Negativen.

Das Trocknen. Auch an diesem Abschnitt gehe man, so unscheinbar sein Name ist, nicht achtlos vorüber. Ein nasses Negativ ist immerhin eine labile, leicht verletzliche Gallerte, der bis zum Austrocknen noch mancherlei zustoßen kann. Obwohl das Trocknen ohne menschliches Zutun vor sich geht, ist doch einiges der Beachtung wert. Die Gelatine ist, solange sie naß ist, sehr leicht verletzlich. Infolge ihrer Klebrigkeit setzen sich leicht Staub und Insekten auf ihr ab und hinterlassen unvertilgbare Spuren. Ungleichmäßiges, langsames Trocknen hat Streifen und Felder verschiedener Dichtigkeit zur Folge. Man wird also im Interesse der Platte den Trocknungsprozeß womöglich beschleunigen. Das erste und einfachste ist gute Ventilation des Raumes, in dem die Filme zum Trocknen ausgehängt sind. Man lasse genügend Zwischenraum zwischen zwei nassen Schichten, erstens der besseren Verdunstung halber und zweitens, um ein Zusammenkleben zweier Filme zu vermeiden.

Von den künstlichen Mitteln, die Trocknung rasch herbeizuführen, steht obenan die Verwendung des *Alkohols*: Badet man das gewaschene Negativ 10 Minuten lang in 90 proz. Alkohol, so ist in weitern 15 Minuten das Negativ vollständig trocken. Ist der Alkohol des öfteren benutzt worden, so zieht er aus der Gelatineschicht der Filme allmählich Wasser an sich, wobei seine Konzentration abnimmt; seine Wirksamkeit wird demnach schwächer. Die Alkoholtrocknung hat noch einen kleinen Nebeneffekt: durch die wasserentziehende Wirkung des Alkohols tritt das Netzwerk der Gelatine enger zusammen, und der Silberniederschlag wird dichter.

Nicht so rapid, aber immerhin günstig, wirken alle gerbenden Substanzen (Alaune), die am besten schon dem Fixierbad zugesetzt werden (s. Fixierung). Das einfachste und billigste ist aber die Anwendung des *Formalins*. Dieses übt neben der gerbenden auch eine desinfizierende Wirkung auf die Gelatine aus. Seine Anwendung empfiehlt sich deshalb besonders in der heißen Jahreszeit, um das Auswachsen von Bakterienkulturen in der Gelatine, die bekanntlich einen ausgezeichneten Nährboden für Bakterien darstellt, zu verhindern. Nachdem das fixierte Negativ gut gewässert worden ist, wird es für eine Minute in eine 1 proz. Formalinlösung getan und danach direkt zum Trocknen aufgehängt.

Das Kopieren.

Im allgemeinen begnügt sich der Röntgenologe mit dem Negativ. Dieses reicht vollauf dazu aus, um bei eingehender Betrachtung und richtiger Deutung über den Zustand der photographierten Organe Aufschluß zu geben. Es ist aber nicht zu leugnen, daß eine lebhafte Bildwirkung das „Lesen" der Platte wesentlich erleichtert und Einzelheiten hervortreten läßt, die sonst, da zu wenig auffällig, der Betrachtung entgehen können, oder, wenn sie bemerkt werden, zweifelhaft bleiben. In diesem Sinne sei auf den Kopierprozeß hingewiesen, der wohl zu Unrecht in der Röntgenographie noch kein Heimatrecht gefunden hat. Es ist selbstverständlich überflüssig und eine Spielerei, von einfachen Extremitätenaufnahmen, etwa Frakturen, Kopien anzufertigen. Einen Gewinn wird man erst verzeichnen bei Nieren-, Gallenblasenaufnahmen und bei schwierigen Aufnahmen der Knochen des Rumpfes.

Tonen und Retuschieren fällt selbstverständlich weg. Der scharfe, krasse Abzug mit seiner harten Verteilung zwischen Licht und Schatten ist das, was die Röntgenographie benötigt. Man nehme von vornherein „hart arbeitende" Papiere, und zwar am besten Entwicklungspapiere (Bromsilber- oder Gaslichtpapier). Das Negativ wird mit einem Papier in einen Kopierrahmen gelegt, vor einer künstlichen Lichtquelle exponiert und im übrigen so behandelt wie eine exponierte Röntgenplatte. Über die mittlere Expositionszeit sind für jedes Fabrikat in der Packung Anweisungen beigegeben. Von diesen wird man je nach dem Deckungsgrad des Negativs nach oben oder unten abgehen: eine schwach gedeckte, unterbelichtete Platte wird kürzer, eine stark gedeckte dagegen länger exponiert als eine normale. In beiden Fällen gelangt man zu einer Kopie, die einem normalen Negativ entsprechen könnte. Durch diesen kleinen Kunstgriff, der allerdings gelernt werden muß, können alle Expositionsfehler ausgeglichen werden. Die Zusammensetzung des Entwicklers wähle man so, daß schwarze Töne entstehen, da diese deutlich und auffallender sind, und irgendwelche kunsthafte Bildwirkung doch nicht gesucht wird. Auch hierüber sind für jedes Fabrikat Angaben gemacht. Der Abzug gewinnt außerordentlich an Schärfe und Lebhaftigkeit, wenn er eine glänzende Oberfläche erhält (was in der Kunstphotographie verpönt ist). Zu diesem Zwecke muß er naß auf eine emaillierte Blechplatte aufgezogen und am besten vor einem kräftigen Ventilator rasch getrocknet werden. Nach ca. 20 Minuten kann man mit einem entschlossenen, kräftigen Zug das glänzende, trockene Bild abziehen. Das Verfahren ist sehr ermunternd, und es macht Freude, seine Bilder auch einmal im Positiv erscheinen zu sehen.

Das Kopieren kann aber auch mehr geben, als bloße ästhetische Befriedigung; durch mehrfaches Kopieren läßt sich nämlich auch das schwächste Negativ, auf das die Verstärkung keine Wirkung mehr hat, retten. Zu diesem sog. *Umkopieren* verwendet man nicht Kopier*papiere*, sondern durchsichtige Kopier*platten* oder *-filme*, sog. Diapositivplatten bzw. -filme. Das Diapositivmaterial zeichnet sich dadurch aus, daß es mit einer sehr steil gradierten Schicht ausgestattet werden kann. Ein von einem flauen Negativ hergestelltes Kontaktdiapositiv weist schon beträchtlich größere Kontraste auf; das von letzterem durch Kontaktdruck auf die gleiche Weise gewonnene Negativ entspricht meist schon allen Ansprüchen, die man an eine gute Platte stellt. Auf dem Umweg über ein Diapositiv läßt sich fast von jeder unterbelichteten Platte ein neues, brauchbares Negativ herstellen.

Das Aufbewahren des photographischen Materials.

Das erste und wichtigste ist: möglichst weit weg von der Strahlenquelle, besonders, wenn in demselben Institut auch Tiefentherapie getrieben wird. In diesem Falle ist Bleischutz allein nicht genügend, da die vom Blei ausgehende Sekundärstrahlung denn doch zu einer Verschleierung der Platten führen würde. Viel wirksamer ist da die große Entfernung, die die Strahlung im Quadrat der Entfernung abnehmen läßt. Beides zusammen, d. h. Unterbringen der Platten in einen mit Blei ausgelegten Kasten an einem von der Strahlung entfernten Ort, gewährt die größte Sicherheit. Doch bieten zwei Zimmerwände auch einen völlig ausreichenden Schutz. Selbstverständlich darf im Diagnostik- und Therapieraum kein photographisches Material ohne Schaden gehalten werden, da Röntgenstrahlung auch die beste lichtsichere Packung ohne weiteres durchdringt und die Platte unbrauchbar macht.

Außer der Einwirkung von Röntgen-Radiumstrahlen ist eine photographische Platte von zahlreichen anderen — allerdings unverhältnismäßig geringeren — Gefahren belauert. Wenn wir bedenken, wie in unseren Wohnzimmern die glänzendsten Silbergeräte mit der Zeit matt werden und schwärzlich anlaufen, so wird es uns verständlich, daß die Trockenplatte, die das Silber in reaktionsfähiger Form enthält, ein sehr labiles, empfindliches Material ist, dessen sachgemäße Aufbewahrung eine außerordentliche Sorgfalt erfordert. Man kann ohne Übertreibung sagen, daß es außer Glas wohl kaum einen Körper gibt, der nicht mit der Zeit auf die Bromsilberemulsion einwirkte. Am ehesten wird die Packung noch von gasförmigen Stoffen durchdrungen; es ist deshalb alles, was irgendwie riecht, den Platten verderblich, so Leuchtgas, Parfüme, Seifen, Terpentinöl u. dgl. Aber auch nichtriechende Chemikalien wirken mit der Zeit ein, wie namentlich Wasserstoffsuperoxyd, Salzsäure, Salpetersäure usw., weshalb sie vom Plattenmaterial getrennt aufzubewahren sind. Mittelbar wird auch Feuchtigkeit einer Platte gefährlich, da sie zur Entstehung von Ozon und Wasserstoffsuperoxyd, die auch in minimalsten Mengen auf die Emulsion einwirken, Veranlassung gibt. Das alles läßt es erklärlich erscheinen, daß lagernde Platten nach Ablauf einer gewissen Zeit Veränderungen erfahren, die sich zunächst am Rande bemerkbar machen (Randschleier), sich aber weiterhin über die ganze Platte ausbreiten können. An den Veränderungen ist schuld das Papier der Packung und das Material, auf das die Bromsilberemulsion gegossen ist. Da Glas am indifferentesten ist, halten sich Glasplatten am längsten (3—4 Jahre), Filme bei gleicher Empfindlichkeit der Schicht weniger lange; am empfindlichsten sind photographische Papiere, die infolge ihrer papierenen Grundlage am raschesten verderben. Man achte deshalb beim Einkauf auf das Fabrikationsdatum.

Die Dunkelkammer.

Einige Worte über die Dunkelkammer. Um ungestraft mit der Platte ohne Schutzhülle manipulieren zu können, muß man von ihr alle photographisch wirksame Strahlung fernhalten. Die Röntgenplatten sind hauptsächlich für den blauen und violetten Teil des Spektrums empfindlich, während ihnen die roten und ultraroten Strahlen nur wenig antun. Man kann sie daher gedämpftem roten Licht ohne wesentlichen Schaden für einige Zeit aussetzen, vollauf genügend, um indessen die nötigen Manipulationen, wie Einlegen und Entwickeln vornehmen zu können. Man wisse aber, daß auch das rote Licht nicht ganz unwirksam auf die Schicht ist. Solange die Platte trocken ist, ist sie hochempfindlich, weshalb man das Einlegen in einiger Entfernung vom roten Licht vornehmen soll. Nicht ganz so ängstlich muß man bei der Entwicklung sein, da die Empfindlichkeit der Platte in der Entwicklerlösung stark herabgemindert ist.

Als Lichtquelle verwende man schwache elektrische Birnen von etwa 2 Kerzenstärken; hat es doch keinen Sinn, intensives Licht durch dichte Rotscheiben wieder abzudämpfen. Die Rotgläser müssen spektroskopisch geprüft sein, da ein Rot, das unserem Auge so erscheint, noch Beimengungen anderer Farben enthalten kann. Die einfachste Prüfung der Rotscheibe geschieht auf die Weise, daß man eine Platte, die zur Hälfte freiliegt, zur Hälfte mit schwarzem Papier abgedeckt ist, in 20 cm Entfernung etwa 10 Minuten dem gefilterten Rotlicht aussetzt. Bei der nachfolgenden Entwicklung müssen beide Hälften der Platte gleich klar bleiben.

Größte Sauberkeit im gewöhnlichen und chemischen Sinne, scharfe Trennung zwischen Fixierbad und Entwickler, wie auch zwischen allem, was damit irgendwie in Berührung kommt, ist eine Vorbedingung für ein befriedigendes photographisches Arbeiten. Wasserleitung mit Spülbecken und Brause muß natürlich vorgesehen sein.

Fehler im photographischen Prozeß.

Fehler in der Exposition.

Das unterbelichtete Bild: Es sind nur die Lichter und die kräftigsten Schatten ausgeprägt; die Halbtöne fehlen. Das Bild läßt Durchzeichnung und Kontraste vermissen.

Das überbelichtete Bild: Das Negativ ist übermäßig stark gedeckt, seine Kontraste sind gering.

Ungeeignete Strahlenqualität: Die Qualität der zu verwendenden Röntgenstrahlung muß an das Aufnahmematerial angepaßt werden. In gleichem Maße, wie die Kontraste von ihm übertrieben werden, muß der physikalische Strahlenkontrast gedämpft, d. h. die Strahlung härter gewählt werden. Wir müssen also die Strahlenqualität anders wählen, wenn wir als Aufnahmematerial eine einschichtige Platte und anders wieder, wenn wir Doppelfilm verwenden. Bedienen wir uns noch der Folie, so stehen wir wieder vor anderen Bedingungen. Das Optimum der Strahlenqualität liegt für die in der medizinischen Röntgenologie in Betracht kommenden Objekte bei Anwendung von Doppelfilm mit zwei Folien zwischen 55—65 kV effektiv.

Bei Anwendung weicherer Strahlung erhalten wir Bilder, die im Bereich der schwächer absorbierenden Objektteile zu stark, im Bereich der stärker absorbierenden Objektteile dagegen zu schwach gedeckt sind; die Verteilung der Kontraste ist eine ungleichmäßige und ungünstige. Trotzdem imponieren gewöhnlich die mit weicher Strahlung angefertigten Aufnahmen dem Anfänger durch ihren Kontrastreichtum. Die mit härterer Strahlung gewonnenen Bilder sind zwar weniger „schön", zeigen aber eine bessere Differenzierung sämtlicher Helligkeitsstufen. Ein vergebliches Unterfangen wird es aber sein, mit der Betriebsspannung über 80 kV effektiv hinauszugehen; dies ist die Grenze, wo auch der Doppelfilm bei der Gradation, wie sie jetzt vorliegt, seine Dienste verweigert.

Fehler im chemischen Prozeß.

Das unterentwickelte Bild gleicht in der Abstufung der Helligkeiten vollkommen dem unterbelichteten Bild, läßt sich jedoch von diesem dadurch unterscheiden, daß bei zu kurzer Entwicklung auch die objektfreien Teile des Bildes (der Hintergrund) kein tiefes Schwarz annehmen.

Das überentwickelte Bild gleicht vollständig dem überexponierten und dabei normal entwickelten Bild. Eine Unterscheidung ist am fertigen Negativ nicht möglich.

Das allgemein verschleierte Bild: Der Plattenschleier kann mehrere Ursachen haben: 1. Die Platte war zu alt, dann ist der Schleier hauptsächlich an den Rändern ausgeprägt, 2. die Platte war zu lang oder zu oft in großer Nähe vom Rotlicht auf Deckung geprüft worden, 3. die Dunkelkammer ist nicht einwandfrei vor Tageslicht geschützt, 4. die Platte wurde zu lange entwickelt. NB. Durch eine leichte Abschwächung läßt sich der allgemeine Schleier entfernen.

Flecken- und Streifenbildung.

1. *Chemische Flecken.* Entwicklerflüssigkeit gibt kräftige dunkle Flecken, Fixierlösung hinterläßt helle, an der Oberfläche metallisch glänzende Spuren. Wasserspritzer zeichnen sich als dunkle Schatten ab. Die Flecken können auch als Fingerabdrücke erscheinen, wenn die Platte mit Fingern, die mit den Chemikalien in Berührung kamen, angefaßt wurde. Die Platten dürfen deshalb nur an den Kanten angefaßt werden. Auch (in gewöhnlichem Sinne) saubere Finger können durch Einwirkung des Schweißes zu unschönen Fingerabdrücken führen.

Streifungen oder Schlieren entstehen bei Verwendung verschmutzten, verbrauchten oder zu warmen Entwicklers.

2. *Mechanische Flecken.* Der unentwickelte Film ist gegen Druck und Zug sehr empfindlich. Man kann, wenn man ihn in Papierpackung als Schreibunterlage benutzt, durch nachherige Entwicklung den Druck der Handschrift als schwarze Züge hervorrufen. Knickstellen, wie solche bei unsachgemäßem Anfassen namentlich der großen Formate entstehen, geben nach der Entwicklung sichelförmige helle Flecken (Hörnchen genannt), die schon manchmal zu diagnostischen Irrtümern Anlaß gegeben haben. Kleine Luftbläschen, die sich aus schaumigem Entwickler auf der Schicht festsetzen, führen zu punktförmigen, scharf begrenzten, hellen Flecken. Bakterienkulturen, die bei langsamem Trocknen in der

heißen Jahreszeit sich in der Gelatine festsetzen, bewirken kleinste runde Defekte mit kurzem, strichförmigem Fortsatz. Ungenügende Bewegung während der Entwicklung bringt häufig ein ungleichmäßig geschwärztes Bild hervor.

3. *Lichtflecke* kommen zustande, wenn der Film in seiner schwarzen Papierhülle dem Tageslicht oder auch künstlicher Belichtung ausgesetzt wurde. Der Lichteinfall markiert sich meist an einer Ecke als tiefe, einwärts unscharf begrenzte Schwärzung.

V. Die Beseitigung der Streustrahlung.

Wir könnten erwarten, durch die Röntgenographie Bilder zu erhalten, die denen der anatomischen Atlanten nicht nachstehen. Leider sind wir davon noch sehr weit entfernt. Schuld daran ist zu einem Teil das Fehlen von Absorptionsdifferenzen zwischen den einzelnen Gewebsteilen, zum anderen Teil die Streustrahlung; wie sie dem Therapeuten durch ihren zusätzlichen Effekt helfend beisteht, so ist sie dem Diagnostiker der größte Feind, indem sie ihm einen Schleier vor die Augen legt und seinen diagnostischen Blick trübt.

Über die Größe der Streustrahlung macht man sich gewöhnlich keine richtigen Begriffe. Es sei nur daran erinnert, daß bei Durchstrahlung des menschlichen Unterleibes mit einer Spannung von 60 kV bei geöffneter Blende die im Strahlenkegel entstehende Streustrahlung $1^1/_2$ mal intensiver ist, als die direkte Strahlung selbst. In dem gleichmäßigen Grau, das die Streuung auf die Platte wirft, gehen die feineren Kontraste, auf die es diagnostisch gerade am meisten ankommt, verloren. Die Röntgenphotographie erfordert daher, mit allen Mitteln die Wirkung der Streustrahlung herabzumindern.

Die absolute Größe der Streuung ist für alle Wellenlängen, also für harte wie für weiche Strahlung, für ein und dasselbe Medium nahezu gleich. Nur im Vergleich zur Absorption überwiegt bei harter Strahlung die Streuung bei weitem. Und doch besteht zwischen der durch harte und weiche Primärstrahlung ausgelösten Streuung photographisch ein großer Unterschied. Während nämlich die weiche Strahlung von den streuenden Atomen nach allen Richtungen fast gleichmäßig zerstreut wird, weicht die harte Streustrahlung in ihrer Richtung nur wenig von der Primärstrahlung ab, ist also in der Hauptsache gegen die Platte gerichtet. Es kommt noch hinzu, daß die weiche Streustrahlung, da wenig penetrant, zu einem großen Teil schon im Objekt zur Absorption gelangt und nur eine schmale der Platte zunächstliegende Objektschicht als photographisch schädliche, streuende Schicht in Betracht kommt, während bei harter Strahlung sich die schädliche, streuende Schicht mit zunehmender Penetranz bedeutend vergrößert. Wir werden also auch mit Rücksicht auf die Streuung niemals zu harte Strahlung zur Photographie verwenden dürfen.

Weiterhin läßt sich durch einfache technische Maßnahmen noch viel erreichen.

Die Abblendung. Die Streuung ist ein Vorgang, der sich an den Atomen abspielt. Je größer das Volumen des durchstrahlten Objektes, desto größer seine streuende Wirkung[1]. Blendet man den Strahlenkegel so weit ab, als es die beabsichtigte Abbildung erlaubt, so wird der eben kleinste Teil des Objektvolumens durchstrahlt und zur Streuung angeregt. *Engabgeblendete, kleine Bilder werden deshalb stets besser ausfallen als große Übersichtaufnahmen.*

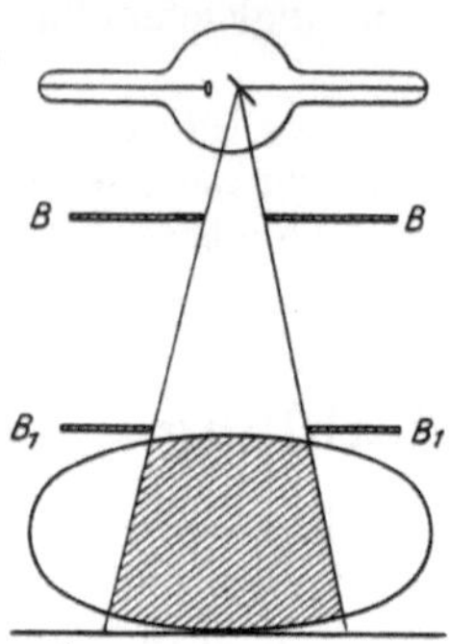

Abb. 77. Die Wirkung der Blende ist in der Stellung *B B* (in der Nähe der Röhre) die gleiche wie in der Stellung $B_1 B_1$ (in der Nähe des Objektes), sofern nur die Blendenöffnung so gewählt ist, daß der Querschnitt des Strahlenkegels der gleiche bleibt.

Es ist völlig gleichgültig, ob man zur Abblendung eine Zylinderblende (Tubus) oder eine Schiebeblende benutzt und ob letztere in der Nähe der Röhre oder in der Nähe des Objektes aufgestellt ist. Soweit die Einengung des Strahlenkegels die gleiche ist, wird auch ihre Wirkung gleich ausfallen (Abb. 77). Eine besondere Wirkung ist vom Tubus nur zu erwarten, wenn mit Gasröhren gearbeitet wird. In diesem Falle wird die Zylinderblende die Glasstrahlung viel stärker absorbieren, als es die Schiebeblende imstande ist. (Abb. 78). Die Elektronenröhren haben bekanntlich keine Glasstrahlung. Das störende Nebenlicht, das sie aussenden, die Stielstrahlung, wird durch die Abblendung kaum beeinflußt.

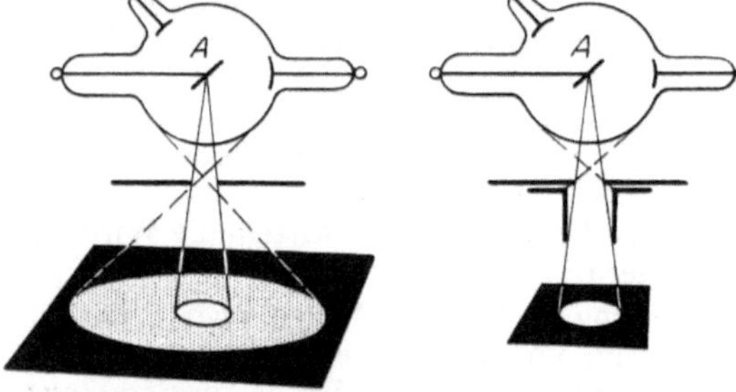

Abb. 78. Die Wirkung des Tubus.
Die von der Glaskugel der Röhre ausgehende Strahlung (linkes Bild: gestrichelte Linie und punktierter Kreis) wird (rechtes Bild) vom Tubus zurückgehalten.

Die Kompression. Die gleiche Wirkung wie die Abblendung hat die Kompression: durch Wegdrängen der Weichteile mittels Tubus, Luffaschwamm oder Kompressionsgurt wird der Objektdurchmesser in der Strahlenrichtung verkleinert und in derselben Weise die Streuung herabgesetzt.

Die Vorderblende.

Abblendung und Kompression führen bei Anwendung nicht zu harter Strahlen (bis maximal 60 kV) — richtige Exposition vorausgesetzt — *immer zu guten und brauchbaren Bildern.* Immerhin bleiben sie doch nur halbe Maßnahmen; denn die im Objekt entstehende Streustrahlung wird durch sie unmittelbar nicht erfaßt. Dies ermöglichen erst die sog.

---

[1] Dieses Gesetz wird uns nochmals unter anderem Gesichtswinkel in der Therapie begegnen: je größer das Einfallsfeld, um so größer infolge der zusätzlichen Streustrahlung die Tiefendosis (s. S. 260).

Vorderblenden, die jetzt in vielfältigen Konstruktionen vorliegen. Sie fangen die Streustrahlung bei ihrem *Austritt aus dem Objekt* vor der Platte bzw. vor dem Leuchtschirm ab. Dabei wird der Streustrahlung ihre von der Primärstrahlung abweichende Richtung zum Verderben. Stellt man nämlich zwischen Objekt und Platte ein geometrisch geordnetes System dünner Bleilamellen auf, deren Flächen alle zum Fokus der Röhre konvergieren, also in der Richtung der Primärstrahlung stehen, so geht diese fast ungehindert durch, während die gestreute Strahlung, die eine andere Richtung hat, auf die Flächen des Gitters auffällt und von diesem absorbiert wird. Man nennt diese Vorrichtung, da sie vor dem Objekt (vom Untersucher aus gesehen) zur Anwendung kommt, *Vorderblende*.

Die Wirkungsweise der Vorderblende ist also leichtverständlich und geht aus Abb. 79 fast von selbst hervor. Die dünnen Bleilamellen, die in

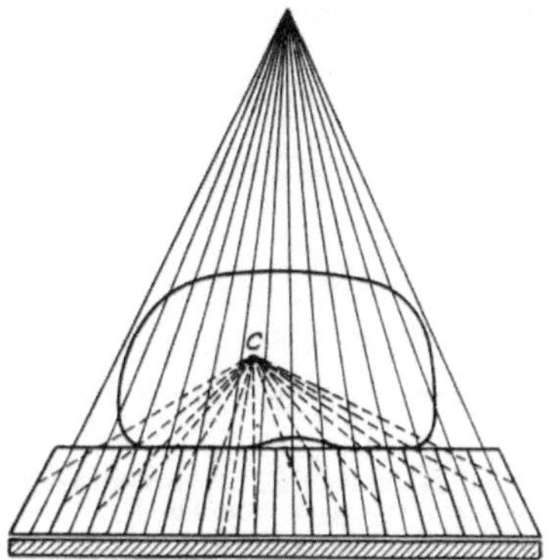

Abb, 79. Wirkungsweise der Vorderblende. Die von Punkt *C* ausgehende Streustrahlung fällt auf die in der Richtung der Primärstrahlung eingestellten Lamellen und wird von diesen absorbiert.

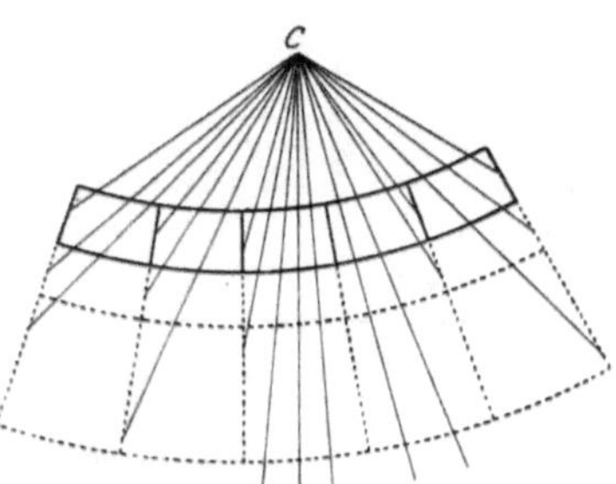

Abb. 80. Die Abschirmung der von *C* ausgehenden Streustrahlung ist eine um so vollständigere, je tiefer die Lamellen der Blende sind.

der Richtung der Hauptstrahlen eingestellt sind, absorbieren von der Primärstrahlung nur so viel, als ihre Kantendicke beträgt, fangen aber je nach ihrer Tiefe einen mehr oder minder großen Teil der Streustrahlen ab. Vollständig läßt sich diese selbstverständlich nicht ausschalten; dazu wäre ein unendlich dichtes Gitterwerk von Lamellen, sozusagen für jedes streuende Atom eine eigene, kleine Blende nötig.

Der Wirkungsgrad der Blende hängt daher zunächst von der Dichte des Gitterwerks, dann von der Tiefe der Lamellen (Abb. 80) und schließlich von ihrer geometrischen Form und Anordnung ab. Am größten ist nämlich die absorbierende Wirkung der Lamellen auf die Streustrahlung in denjenigen Ebenen, die senkrecht zu den Lamellenebenen stehen. Deshalb ist die Kreisform des Gitterwerkes die günstigste (Abb. 81 a, b, c).

Für die Photographie aber erhob sich die schwierige Frage: Wie kann man die Wirkung der Blende auf die Streustrahlung sich nutzbar machen, ohne das störende Gitterwerk der Bleistreifen auf das Bild zu bekommen? Dieses Problem, das Techniker und Röntgenologen lange Zeit beschäftigte,

wurde erst vor einigen Jahren in befriedigender Weise gelöst. Die Lösung
wird durch das folgende einfache Beispiel leicht verständlich: Es sei in

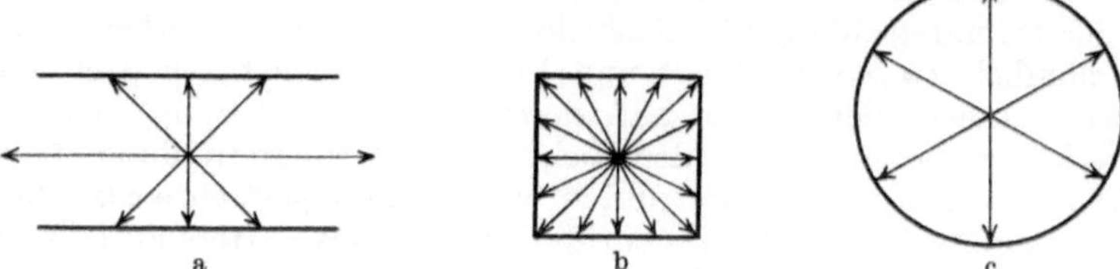

Abb. 81. Einfluß der Form und Anordnung der Lamellen auf die Abschirmung der Streustrahlung.
In Anordnung a wird der Teil der Streustrahlung, der parallel zu den Lamellen verläuft, nicht
abgeschirmt. Am gleichmäßigsten ist die Wirkung auf die Streustrahlung bei der Kreisform.

Abb. 82 a, b, $A\,B\,C\,D$ eine photographische Platte, angenommen Format
24:30, und $E\,F\,G\,H$ ein rechteckiges Stück Bleiblech von 24 cm Länge
und 3 cm Breite. Liegt das Bleiblech während der Belichtung quer über

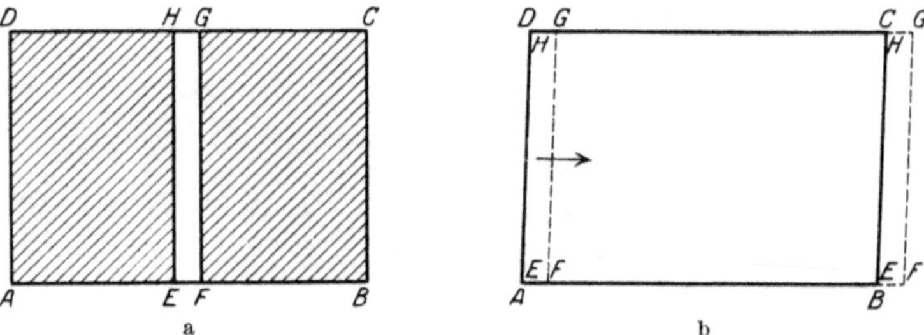

Abb. 82.   Ein während der Exposition mit gleichmäßiger Geschwindigkeit fortbewegtes Bleich-
blech ($C\,F\,G\,H$) wird auf der photographischen Platte nicht abgebildet.

der Platte (Pos. a), so resultiert daraus an dieser Stelle ein vollständiger
Belichtungsausfall. Da die Fläche des Bleiblechs $^1/_{10}$ der Plattenfläche
ausmacht, beträgt der Verlust an auf die Platte einfallender Strahlung
ebenfalls $^1/_{10}$. Wiederholen wir diesen Versuch, bewegen aber diesmal
während der Belichtung das Bleiblech unter paralleler Verschiebung
mit gleichbleibender Geschwindigkeit von $A\,D$ nach $B\,C$, so geht vermöge der Flächenausdehnung der absorbierenden Substanz abermals
$^1/_{10}$ der Strahlung für die Platte verloren. Dieser Strahlenverlust ist jetzt
jedoch nicht auf die Fläche $E\,F\,G\,H$ konzentriert, sondern, da das
Bleiblech infolge seiner gleichförmigen Bewegung auf jedem Punkte
der Plattenoberfläche gleich lange Zeit verweilte, gleichmäßig über die
ganze Platte verteilt. Diese zeigt demzufolge kein „Bild" des Bleiblechs, sondern ist gegenüber einer gleichzeitig belichteten Kontroll-
platte um $^1/_{10}$ schwächer belichtet.

Dasselbe gilt natürlich in gleicher Weise für das metallische Gitterwerk der Blenden. Soll die Vorderblende für die Photographie verwendbar sein und kein störendes Bild des Rasters auf die Platte werfen, so ist
erforderlich, daß 1. die Lamellen während der ganzen Dauer der Exposition in allen Punkten ihrer Ausdehnung mit gleicher und im ganzen
gleichförmiger Geschwindigkeit sich fortbewegen, 2. bei dieser Bewegung

stets in der Richtung der Primärstrahlen eingestellt bleiben. Mit diesen zwei Grundbedingungen hat die Konstruktion photographischer Vorderblenden zu rechnen. Die Lösung ist auf mehrfache Weise möglich, weshalb auch mehrere Konstruktionen vorliegen. Nach ihrem Prinzip unterscheidet man 3 Blendentypen 1. die *Zylinderblende* (POTTER-BUCKY), 2. die *Spiralblende* (ÅKERLUND), 3. die *Radialblende* (ZIEGLER u. a.).

Die Zylinderblende. Es wird ein System dünner, längsgerichteter Lamellenstreifen verwendet, das auf der Innenfläche eines Zylindermantels zur Achse des Zylinders zentriert ist. In der gedachten Achse muß der Brennpunkt der Röhre eingestellt werden. Rotiert der Zylindermantel mit dem Lamellensystem senkrecht zur Lamellenrichtung um seine Achse, so bleiben die Lamellen in jedem Punkte ihrer Bewegung genau gegen den Röhrenfokus eingestellt. Die gebräuchlichen Konstruktionsdaten sind: Lamellenstreifen, 0,2 mm dick, in einer gegenseitigen Entfer-

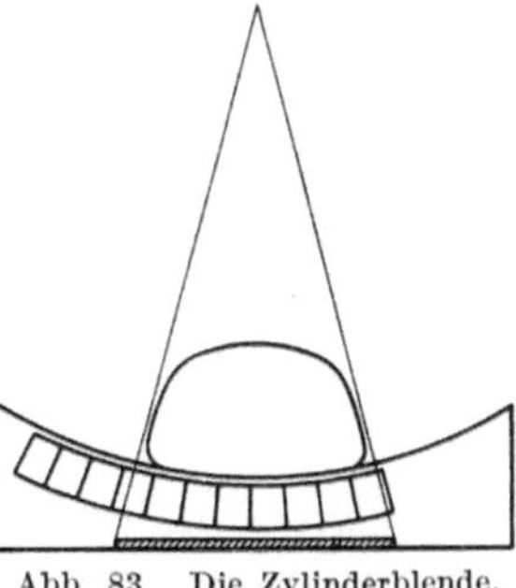

Abb. 83. Die Zylinderblende.

nung von 2 mm aufgestellt. Radius des Zylinders 65 cm (Abb. 83).

Die Spiralblende. Eine kreisförmige Scheibe trägt eine größere Anzahl spiralförmiger Bleibänder, deren gemeinsames Zentrum im Mittelpunkt der Scheibe liegt. Die Lamellen sind 1 cm tief, 0,1 mm dick und verlaufen in einem gegenseitigen Abstand von 2 mm durchwegs parallel

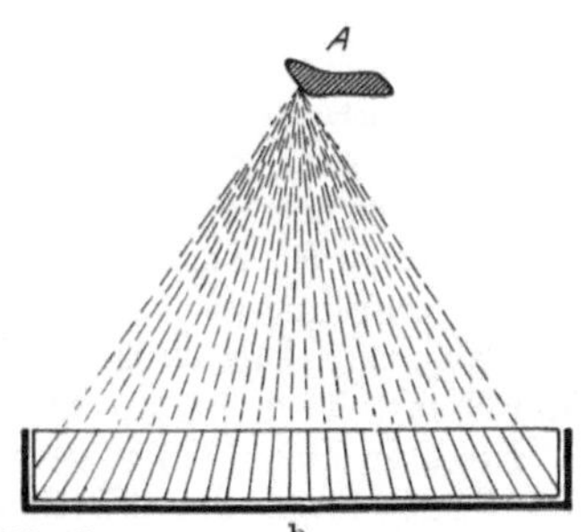

a   b

Abb. 84. Die Spiralblende.
a Aufsicht; b Querschnitt.

zueinander. Sie sind derart auf die Kante gestellt, daß ihre Flächen gegen einen Punkt konvergieren, der sich in 65 cm Abstand genau oberhalb des Zentrums der Scheibe befindet. Für diesen Punkt ist das System zentriert. Das Ganze rotiert in einem Kugellager um seinen geometrischen Mittelpunkt (Abb. 84a und b).

Die Radialblende (Abb. 85 a, b und c). Die Bleilamellen sind diesmal als Radien einer Kreisfläche angeordnet. Diese Anordnung bringt es mit sich, daß an der Peripherie die Lamellenzwischenräume sehr weit sind, während gegen den Mittelpunkt zu die Bleistreifen zu einem dichten Gewirr zusammenlaufen (Abb. 85 a). Das Zentrum selbst läßt sich praktisch als Punkt nicht durchbilden. Die Blende müßte deshalb an der Peripherie weniger wirksam sein als in den zentralen Partien und würde im Zentrum vollends einen strahligen Schattenklecks ergeben. Der erstgenannte Übelstand wird entweder dadurch korrigiert, daß man den Lamellen an den Randpartien größere Tiefen verleiht, sie gegen das Zentrum dagegen immer schmaler werden läßt (Abb. 85b) oder man teilt die Kreisfläche in mehrere schmale Sektoren, innerhalb deren die Lamellen parallel verlaufen (Abb. 85c). Das zweite Übel aber

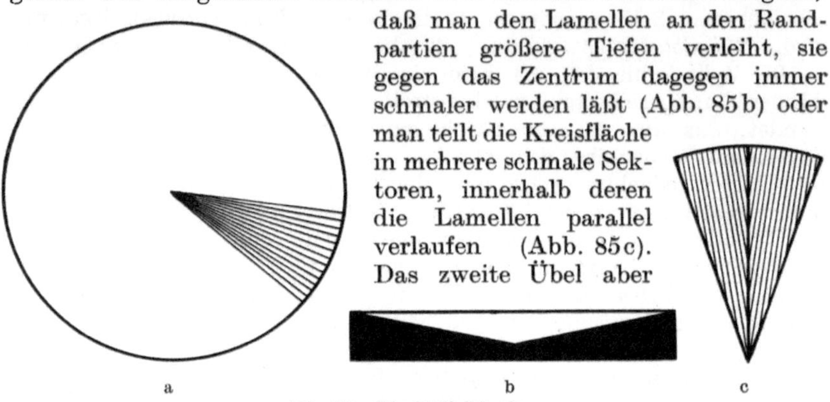

a   b   c

Abb. 85. Die Radialblende.

läßt sich auf keine Weise beseitigen. Man hat deshalb, da dabei nichts zu verlieren war, in dies häßliche Zentrum die Rotationsachse verlegt. Die Blende ist für jeden Röhrenfokus, der — gleichgültig in welcher Entfernung — senkrecht über der Rotationsachse steht, zentriert. Das System ist geometrisch von der Fokusentfernung unabhängig.

Anwendung der Vorderblende.

Jede der genannten Blenden hat ihre praktischen Vor- und Nachteile, die gegeneinander abzuwägen nicht leicht ist. Die Neigung der Lamellen konvergent zum Röhrenfokus charakterisiert die Zylinder- und Spiralblende. Sie sind deshalb nur in einer *bestimmten Entfernung* vom Röhrenfokus verwendbar, bilden mit der Röhre zusammen ein starres System. Der Ablaufsweg der Zylinderblende ist ein begrenzter, der der Spiralblende unendlich, da letztere rotiert. Man kann diese daher auch zur Durchleuchtung verwenden; durch Beschleunigung der Rotation werden nämlich die Bleilamellen dem betrachtenden Auge unsichtbar. Dasselbe gilt von der Radialblende, die noch den weiteren Vorteil, an *keine Fokusdistanz gebunden* zu sein, in sich vereinigt. Dem steht gegenüber, daß die rotierenden Blenden ein störendes Zentrum besitzen (die Spiralblende einen feinen Mittelpunkt, die Radialblende der Achse entsprechend einen etwas größeren runden Fleck). Zu diagnostischen Irrtümern wird dieses wohl niemals Veranlassung geben, da es als solches von vornherein bekannt ist; es kann nur passieren, daß es gerade in einen wichtigen Bildteil fällt. Sonst aber sind die Achsenpunkte mehr als Schönheits- denn als ernstliche Konstruktionsfehler zu betrachten.

Die Blenden sind recht einfach zu handhaben. Eine der wichtigsten Voraussetzungen ist eine exakte Zentrierung und — wo dies nötig ist — Einstellung in bestimmte Fokusdistanz. Die rotierenden Blenden besitzen nur einen Zentrier*punkt*, die Zylinderblende dagegen eine Zentrier-*linie*, nämlich die Achse des Zylinders; für jeden Punkt dieser Linie ist das System zentriert. Die Zylinderblende gestattet daher Aufnahmen mit Verschiebung des Zentralstrahls in der Längsrichtung der Blende (wichtig für stereoskopische Aufnahmen!) sowie schrägem Verlauf des Zentralstrahls in kaudaler und kranialer Richtung. Aber auch gegen geringe seitliche Verschiebungen und gegen Vermehrung oder Verminderung des Fokusblendenabstands ist die Zylinderblende (wenn ihr Gitter nicht zu hoch ist, wie bei der Potter-Bucky-Blende) wenig empfindlich. Die Spiral- und Radialblenden sind dagegen nur bei exakter senkrechter Zentrierung zu gebrauchen. Das zu photographierende Objekt wird in den Zentralstrahl gebracht, die Blende in Bewegung bzw. Rotation versetzt, die mindestens so lange andauern muß, als die Expositionszeit beträgt.

Die Exposition vergrößert sich bei Anwendung einer Vorderblende um das $2-2^1/_2$-fache. Das Gitterwerk der Bleilamellen, das bei den meisten Konstruktionen $^1/_{10}$ der Gesamtfläche einnimmt, absorbiert dementsprechend nur $^1/_{10}$ der direkten Strahlung. Es ist also die nötige Vergrößerung des Expositionswertes auf das Konto der ausfallenden Streustrahlung zu schieben. Doch ist dies dem Sinne nach nicht ganz richtig ausgedrückt, vielmehr verhält sich die Sache so: Aufnahmen ohne Zwischenschaltung einer Blende verlangen einen Abbruch der Exposition, ehe noch die Streustrahlung allzu stark auf die Platte eingewirkt hat. Solche Aufnahmen sind, abgesehen von der Photographie dünner Objekte, mit Rücksicht auf die Streustrahlung niemals bis zum erwünschten Grade exponiert. Dies wird erst möglich durch die Ausschaltung der Streustrahlung mittels der Blende; erst unter ihrem Schutz kann das Objekt im erforderlichen Maße exponiert werden. Man kann sich leicht davon überzeugen, indem man die Aufnahmen etwa eines Hüftgelenkes, mit und ohne Blende angefertigt, gegeneinander hält. Die satten Töne und kräftigen Kontraste des mit Hilfe der Blende hergestellten Bildes lassen ohne weiteres dieses als das stärker exponierte erkennen.

Die Bildschärfe ist bei Anwendung der Blende, da das Objekt durch diese ca. 5 cm von der Platte entfernt wird, sehr gefährdet. Seltsamerweise hat sich der Aberglaube verbreitet, man könnte, wenn man nur mit der Blende photographiert, mit jeder Röhre — auch mit einem Therapierohr — in jedem Falle ein gutes Bildresultat erzielen. Dies ist nicht richtig: die Photographie mit Blende erfordert wegen der Objektentfernung von der Platte und der dabei relativ geringen Fokusdistanz (Objekt-Plattendistanz 5 cm, Fokus-Plattendistanz 65 cm) noch mehr als unter gewöhnlichen Umständen eine *scharf zeichnende* Röhre, die Vergrößerung der Expositionsenergie hinwiederum eine *hoch belastbare* Röhre. Wie wir bereits gesehen haben (S. 130), vereinigt heutigestags nur der strichförmige Brennfleck diese beiden Vorzüge. Man wird sich dieser Röhren bei Blendenaufnahmen mit Vorteil bedienen. Bei Verwendung anderer Röhrentypen (mit hochbelastbarem ovalen oder ringförmigen Fokus) läßt das Bild an Schärfe sehr zu wünschen übrig.

Auch in anderer Hinsicht wird die Wirkung der Blende überschätzt und angenommen, daß, wie immer man photographiere, das Resultat doch brauchbar ausfallen werde. Das hat seine Richtigkeit, aber nur in gewissen Grenzen. Schließlich dürfen wir uns nicht mit *brauchbaren*, sondern nur mit *besten* Resultaten zufrieden geben, und da ist zweierlei zu beachten:

Vielfach wird, um die erforderliche Vergrößerung des Expositionswertes wieder einzubringen, mit der Härte der Strahlung hinaufgegangen. Der Gewinn dieser Maßnahmen ist ein sehr fraglicher. Die Abnahme der Kontraste wird sich als Folge der Härte der Strahlung trotz der Blende natürlich sofort bemerkbar machen, und von der Streustrahlung wird ein größerer Teil auf die Platte einwirken. Die erzielten Bilder werden nicht viel die mit gewöhnlicher Technik aber weicherer Strahlung angefertigten übertreffen. Man bleibe also auch bei Anwendung der Blende im Strahlenoptimum von 55—65 kV. Die Expositionszeit aber ist durch entsprechende Vermehrung der sekundären Stromstärke abzukürzen.

Mit Recht wird hervorgehoben, daß sich mit Hilfe der Blende große Übersichtsaufnahmen (das ganze uropoetische System, große Abschnitte der Wirbelsäule, Becken usw.) anfertigen lassen. Das besagt aber nicht, daß man bei Anfertigung kleiner Bilder jede Abblendung unterlassen könne. Selbstverständlich wird die Verkleinerung des Strahlenkegels von vornherein die Streustrahlung herabsetzen und von Nutzen sein.

Die Anwendung der Blende ist nur anzuraten bei Objekten, deren Durchmesser 10 cm überschreitet. Eine Ausnahme bildet die lufthaltige Lunge, die wegen ihrer geringen streuenden Wirkung auch ohne photographische Hilfsmittel einwandfreie Bilder liefert. Bei dünnen Objekten wird die Blende nur von Nachteil sein. Die Vergrößerung des Expositionswertes und der vermehrte Objekt-Plattenabstand setzen unfehlbar die Schärfe der Zeichnung herab (es sei denn, daß man mit der Radialblende aus größerer Entfernung photographiert). Die Aufnahme wird wertvoller sein, wenn sie zwar weniger brillant ist, aber dafür die Strukturdetails in aller Schärfe wiedergibt.

Die Ablaufsgeschwindigkeit der beweglichen Blende ist der Expositionszeit anzupassen; je kürzer die Aufnahmezeit, desto rascher muß die Blende ablaufen, soll eine störende Schraffierung des Bildes vermieden werden. Blendentypen, die eine beliebige Veränderung der Ablaufzeit nicht gestatten, sind deshalb als untauglich zu verwerfen.

Trotz Beachtung aller Regeln kann gelegentlich eine etwas verschwommene Schraffierung des Bildes auftreten, und zwar dann, wenn der Bewegungsablauf der Blende und die Röhrenimpulse zufällig so aufeinander abgestimmt sind, daß mit jedem Röhrenimpuls jede Lamelle mit der Nachbarlamelle ihren Standort gewechselt hat. Die Blende scheint dann für das intermittierende Röhrenlicht scheinbar stillzustehen. Um bei öfterem Auftreten dieser Art von stroboskopischen Effekt aus dem Synchronismus herauszukommen, muß man den Blendenablauf ändern.

Die Blende ist ein für den Diagnostiker wertvolles Instrument. Sie leistet vieles, am meisten aber, wenn man sorgfältig mit ihr arbeitet.

Man darf von ihr nur nicht verlangen, daß sie Nachlässigkeiten in der photographischen Technik wieder gutmache.

VI. Spezielle photographische Technik.

Allgemeines.

Die Röntgenphotographie erfordert,. abgesehen von dem vielen Detailwissen, auch eine gewisse Geschicklichkeit im Einstellen, nicht nur was die anatomisch-topographischen Verhältnisse anbetrifft, sondern auch soweit es sich um die rein körperliche und psychische Beherrschung des Patienten zur absoluten Ruhigstellung zur Photographie handelt. Über das erstere wird bei den einzelnen Körperteilen das Nötige gesagt werden, über das letztere einige allgemeine Worte: Eine geeignete und dabei bequeme Lagerung des Kranken ist von nicht zu unterschätzender Bedeutung. Mangelt es daran, so wird man selten auch bei kurzer Exposition ein scharfes Bild erzielen; denn selbst die beste Fixierung durch Binden, Gewichte und Sandsäcke wird illusorisch, wenn der Patient unter der Lagerung zu leiden hat. Hierüber bindende Angaben zu machen, ist nicht möglich. Jeder Untersucher wird von Fall zu Fall mit ein bißchen Einfühlung und Erfindergabe für seinen Kranken die jeweils günstigste Stellung herausfinden. Die Klagen, die der Patient dabei äußert, sind ein sicherer Wegweiser; durch sie geleitet, wird man bald hier ein Kissen unterschieben, dort ein Gelenk beugen — und die Situation ist schon gebessert.

Bei manchen Aufnahmen ist nun eine unbequeme Lagerung unvermeidlich. In diesen Fällen wird man so vorgehen, daß man erst alle Vorbereitungen zur Photographie trifft, damit, sobald der Patient seine Stellung eingenommen hat, die Aufnahme sofort erfolgen kann. Überhaupt mache man sich zur Regel, den Kranken nicht unnütz und lange in unbequemer Stellung verharren zu lassen.

Wer nicht die Möglichkeit hat, Momentaufnahmen anzufertigen, wird bei der Photographie von Kindern sehr viel Ärger erleben. Es ist gut, sie durch eine Scheinphotographie mit leerer Kassette von der Harmlosigkeit des ganzen Vorgangs zu überzeugen. Allerdings sind sie solchen Argumenten nicht immer — und in einem gewissen Alter überhaupt nicht zugänglich.

Derjenige Teil des Objektes, der klinisch verdächtigt wird, muß der Platte zunächst zu liegen kommen; denn nur so wird er sich in schärfster Strukturzeichnung abbilden. Auch muß diese Partie gleichmäßig glatt der Platte anliegen und in der Achse des Hauptstrahls sich befinden, damit sie in möglichst objektgetreuen Proportionen ohne Verzeichnung durch Schrägprojektion (wie es bei den peripheren Teilen des Bildes der Fall ist) zur Darstellung gelange. Die projektivische Verzeichnung wird um so stärker, je schräger die Strahlen auf die Platte einfallen. Durch größtmögliche Entfernung des Fokus von der Platte wird sowohl schärfste Strukturzeichnung erreicht, als auch die Verprojizierung auf ein Minimum herabgedrückt (Fernaufnahme).

Damit stets mit den zentralen Strahlen gearbeitet werde, ist die Röhre mit ihrem Fokus über den Mittelpunkt des Blendenausschnittes zu stellen und in dieser Lage zu fixieren. Dieses „Zentrieren“ geschieht durch Visieren des Brennpunktes gegen ein Fadenkreuz, das man in der Mitte des Blendenausschnittes errichtet. Etwas anders ist mit der Röhre zu verfahren, die einen strichförmigen Brennfleck besitzt. Zunächst ist die Brennlinie in die Achse des Hauptstrahls zu orientieren. Da das Strahlungsfeld infolge der ca. 75⁰ betragenden Neigung der Anodenspiegelfläche gegen die Röhrenachse auf der Anodenseite sehr bald einen beträchtlichen Intensitätsabfall zeigt, ist die Röhre, damit das Strahlenfeld gleichmäßig sei, in der Richtung der Antikathode zu verschieben. Man zentriere also nicht auf den Brennpunkt, sondern auf die Mitte des Kathoden-Anodenzwischenraumes.

Man verwende nur Kassetten, die einen Bleiboden besitzen; dieser hat die Aufgabe, die Strahlung, die die Platte durchsetzt, zu absorbieren. Fehlt der Bleiboden, so wird die harte Strahlung, nachdem sie die Platte durchdrungen hat, in der Kassettenunterlage (Lagerungstisch etc.) Streustrahlung erzeugen, die ihrerseits von rückwärts her die Platte schwärzen kann. Photographiert man ohne Kassette, z. B. mit Film in Papierhülle, so unterlasse man aus genanntem Grunde nicht, durch eine Bleiunterlage (Bleigummi) den Film gegen Rückstreuung zu schützen.

Einstellung des Apparates zur Photographie. Arbeitet man mit Gasröhren, so sind mindestens 3 Exemplare erforderlich: ein weiches (6 Wehnelt), ein mittelweiches (7 Wehnelt) und ein hartes (8 Wehnelt) Exemplar. Den Härtegrad der Röhre prüft man am besten photographisch, indem man mit dem zu bestimmenden Exemplar eine Benoistskala bei steigenden Spannungsstufen photographiert[1]. Aus dem entwickelten Film kann man ablesen, welchen Härtegrad das Röhrenexemplar für die betreffende Kurbelstellung ergibt. Sodann gilt noch festzustellen, für welche Energiemenge normale Belastung herrscht (s. darüber S. 16) — und die Röhre ist für den Gebrauch qualifiziert. Die meiste Verwendung findet das mittelweiche Exemplar; es ist so ziemlich für sämtliche Aufnahmen zu gebrauchen. Photographien an Säuglingen, ferner der kindliche Thorax, sowie Zahnaufnahmen bleiben besser einer weichen Röhre vorbehalten. Das harte Exemplar wird man gut für Schädelaufnahmen, wie für Becken-, Wirbelsäulenaufnahmen, bei korpulenten Personen verwenden. Da jetzt Gasröhren gebaut werden, die 100 ja 150 mA Belastung vertragen und bei Argonfüllung recht konstante Eigenschaften besitzen, so läßt sich die Technik der kurzzeitigen Aufnahmen und die Weichstrahltechnik auch bei Gebrauch entsprechender Gasröhren durchführen.

Wesentlich einfacher und sicherer läßt sich die gasfreie Röhre zur Photographie einstellen[2]. Mindestens zwei Exemplare sind notwendig: eines mit einem feinen Fokus für Aufnahmen des Skelettsystems und ein zweites, das für schwere Belastung gebaut ist, mit dem sämtliche

---

[1] Die Umrechnung auf andere Härteeinheiten geschieht nach Tab. 3, S. 77.

[2] Ist kein Kilovoltmeter vorgesehen, so bestimme man den Härtegrad der Röhre in der gleichen Weise, wie es oben bei der Gasröhre beschrieben wurde.

Aufnahmen für die interne Diagnostik sowie Fernaufnahmen hergestellt werden können.

Die mit scharfem Fokus ausgestattete Röhre darf mit nicht mehr als 20 mA belastet werden. Man gehe deshalb mit der Kurbel des Heizstromkreises nur so weit vor, bis die genannte Milliamperezahl erreicht ist. Als Spannungsstufe eignet sich diejenige am besten, bei der das Kilovoltmeter ca. 55 kV Sekundärspannung anzeigt. *Bei dieser Einstellung*: 20 mA, 55 kV *lassen sich sämtliche Extremitätenaufnahmen herstellen.* (Über Aufnahmen mit photographischer Vorderblende siehe das vorhergehende Kapitel.) Bei sehr strahlendurchlässigen Objekten (Säuglinge, Extremitätenenden, Thorax der Kinder, Zähne) kann man mit der Spannung noch um 5 kV heruntergehen, ebenso wie man bei korpulenten Personen die Spannung um den gleichen Betrag steigern kann.

Bei Aufnahmen der inneren Organe, die Eigenbewegung aufweisen bzw. fortgeleitete Bewegungen ausführen, wird man im Interesse der Bildschärfe die Expositionszeit, soweit dies möglich ist, abzukürzen suchen und daher stets mit der maximalen Leistung, die die Apparatur zuläßt, arbeiten, also bei kleinen Apparaturen mit 60 mA, 55 kV, bei mittleren mit 150 mA, 55 kV, bei großen mit 200—400 mA, 55 kV.

Skeletsystem.

Traumatische Erkrankungen: Verhältnismäßig einfach sind die Verletzungen der Extremitäten zu erkennen. Direkt sind nur Knochenbrüche, Verrenkungen und Fremdkörper sichtbar. Die zumindest ebenso wichtigen Weichteilbeschädigungen, wie Zerreißung von Kapseln, Bändern oder Sehnen, bleiben zunächst ohne sichtbare Zeichen. Erst ca. 10 Wochen nach der schweren Kontusion werden die abgerissenen und nekrotisch gewordenen Bindegewebsteile durch Ossifikation sichtbar. Solche Ossifikationen gehören an manchen Stellen schon fast zu den typischen Befunden, so die wolkigen Schatten an den Epicondylen des Humerus nach Rupturen der Lig. collateralia und der Begleitschatten des Condylus medialis femoris als wahrscheinlich periostale Reaktion nach traumatischem Band- oder Sehnenabriß. Ein nach einem frischen Trauma negativer Röntgenbefund darf in seiner Bedeutung nicht überwertet werden; die Weichteilverletzung kann gleichwohl eine schwere sein.

Wichtig ist die räumliche Auflösung des Bildes, wenn eine Fraktur oder Luxation vorliegt. Zu diesem Zwecke müssen zwei Aufnahmen in zueinander senkrechten Projektionsrichtungen oder besser eine stereoskopische Aufnahme angefertigt werden. Nur so kann der Verlauf eines Knochenbruches oder die Dislokation der frakturierten oder luxierten Knochenenden richtig eingeschätzt werden.

Schwer auffindbar und daher häufig übersehen sind die Brüche der kleinen Knochen der Hand- und Fußwurzel, sowie die nicht dislozierten Brüche der Finger und Zehen. Aber auch andere, weniger auffällige Frakturen entgehen leicht der Beachtung, so der Fersenbruch, der

Schrägbruch des äußeren Knöchels und Brüche der hinteren unteren
Tibiagelenkkante; an der oberen Extremität die Brüche des Proc.
styloideus radii, die Fraktur des Radiusköpfchens und des Proc.
coronoideus ulnae.

Größere Schwierigkeiten, sowohl was die Technik der Photographie
als auch die Diagnostik anbelangt, bieten die Verletzungen der Knochen
des Rumpfes und des Schädels. Häufig übersehen werden Rippenbrüche
bei geringer Dislokation, so namentlich die Fraktur der 11. und 12.
Rippe. Sehr schwer zu erkennen sind manche Wirbelfrakturen, besonders
der oberen Brustwirbel, ferner Verletzungen der Schädelbasis, sowie
des Gesichtsschädels. Auch auf allerbesten Bildern werden diese subtilen,
versteckten Veränderungen im Gewirr der sich schneidenden Schatten-
linien nur vom geschulten Auge erkannt.

Liegt eine *Erkrankung* der Knochen oder Gelenke vor, so wird die
Diagnose wesentlich erleichtert, wenn zum Vergleich der normale,
nicht erkrankte Körperteil der anderen Körperhälfte womöglich gleichzeitig mitphotographiert wird. Nur so lassen sich eine Atrophie, oft
das einzige Symptom einer entzündlichen Erkrankung, oder kleinste
Veränderungen in der Knochenstruktur mit Sicherheit erkennen.

Auf jeder angefertigten Photographie sind die Aufnahmebedingungen
mit zu vermerken. Dies ist sowohl für die Beurteilung des Bildes als
auch für eine evtl. Wiederholung der Aufnahme zwecks Kontrolle von
Wichtigkeit. Die Aufnahmebedingungen werden bestimmt 1. durch
die Richtung des Hauptstrahles, 2. durch den vom Hauptstrahl getroffenen Objektpunkt, 3. durch den Winkel, den der Hauptstrahl mit der
Plattenfläche bildet, 4. durch die Entfernung des Fokus von der Platte,
5. durch die Strahlenqualität.

Die Strahlenrichtung wird bezeichnet nach dem Strahlengang vom
Brennpunkt der Röhre aus betrachtet. So besagt beispielsweise die
Bezeichnung „*ventro-dorsal*", daß die Strahlen von der Röhre kommend
zunächst die Vorderseite des Körpers treffen und diesen durchsetzend
auf der Rückseite wieder austreten. Die umgekehrte Strahlenrichtung
bezeichnet man mit „*dorso-ventral*". Der Strahlengang wird nach den
Hauptebenen des Körpers als *sagittal* (Symmetrieebene, Richtung der
Pfeilnaht) und senkrecht darauf als *frontal* oder seitlich bezeichnet.
Daneben werden noch schräge Strahlenrichtungen verwendet. Einige
sind als typisch anzusehen (s. unter „Herz" S. 181).

Im folgenden eine Zusammenstellung der in der röntgenologischen
Aufnahmetechnik gebräuchlichen Raum- und Richtungsbezeichnungen:

Anterio-posterior	Richtung vorne-hinten
Distal	„ fußwärts oder fingerwärts
Dorsal	Rückseitig
Dorso-plantar	Richtung Fußrücken-Fußsohle
Dorso-ventral	„ Rücken-vordere Körperfläche
Dorso-volar	„ Handrücken-Hohlhand
Fibulo-tibial	„ kleiner Zeh-großer Zeh
Frontal	„ seitlich
Fronto-occipital	„ Stirn-Hinterhaupt
Kranial	Kopfwärts
Kaudal	Fußwärts

Lateral	Seitwärts, auswärts	
Medial	Innwärts	
Occipito-frontal	Richtung	Hinterhaupt-Stirn
Occipito-mental	„	Hinterhaupt-Kiefergegend
Parieto-submental	„	Scheitel-Unterkinngegend
Posterio-anterior	„	von hinten nach vorn
Radio-ulnar	„	Daumen-kleinfingerwärts
Tibio-fibular	„	großer Zeh-kleiner Zeh
Ulno-radial	„	Kleinfinger-daumenwärts
Ventro-dorsal	„	vordere Körperfläche-Rücken
Volo-dorsal	„	Hohlhand-Handrücken.

Spezielle Einstelltechnik.

Die Einstelltechnik ist eine leicht erlernbare Kunst. Die Hauptsache ist, daß man die anatomische Struktur des zu untersuchenden Körperteiles kennt und sich beim Dirigieren des Zentralstrahles an einige sicht- und tastbare anatomische Punkte hält. Die jeweils zu wählende Fokus-Plattenentfernung richtet sich nach dem Schärfeindex der Röhre. Sie wird verschieden zu wählen sein, je nach dem Tiefendurchmesser des Objektes. Im allgemeinen kommt man bei *dünnen* Objekten mit *geringen* Entfernungen aus, während Objekte von *großem* Durchmesser einen *größeren* Röhrenabstand notwendig machen. Auch auf den Objektdetailabstand müssen wir Rücksicht nehmen; ist es nicht möglich, das Objektdetail, auf das es ankommt, nahe an die Platte heranzubringen, so kann man die Nachteile, die daraus erwachsen würden, nur ausgleichen, indem man seinerseits die Röhrenentfernung entsprechend vergrößert. Das Objektdetail ist häufig auch für die Lagerung entscheidend: wir werden nämlich immer dafür Sorge tragen, das Objekt so zu lagern, daß der Teil, der nach den klinischen Zeichen vermutlich im pathologischen Sinne verändert ist, der Platte am nächsten zu liegen kommt.

Momentaufnahmen sind im allgemeinen entbehrlich und nur bei Kindern anzuwenden. Im übrigen wird man mit Zeitaufnahmen sein Auskommen finden. Die gangbarste Arbeitsweise ist: scharfzeichnende Röhre mit Feinfokus, Belastung 20 mA bei ca. 50 kV. Objekte, deren Dicke 10 cm überschreitet, werden vorteilhaft unter Verwendung einer Streustrahlenblende photographiert. Dazu wird sich eine stärker belastbare Röhre empfehlen (s. S. 157).

Durch geeignete Lagerung und Fixierung läßt sich in jedem Falle eine vollständige Ruhigstellung erzielen. Aufnahmen des Rumpfes und der großen Gelenke, die den Rumpf mit den Extremitäten verbinden, müssen bei Atemstillstand ausgeführt werden. Bei guter Kompression wird in manchen Fällen auch eine sehr flache Atmung statthaft sein. Stets auf das nötige Bildfeld abblenden! Abdominalaufnahmen immer unter Kompression ausführen!

Schädel.

Es wird im sagittalen, frontalen und schrägaxialen Strahlengang untersucht. Die diagnostische Ausbeute betrifft den Hirnschädel, den Gesichtsschädel und die Nebenhöhlen der Nase. Die Schädelauf-

nahmen lassen erkennen: Verletzungen und Erkrankungen der Schädel-
knochen, Knochenusuren, besonders an der Schädelbasis (Sella turcia,
Keilbeinflügel), Kalkablagerungen im Schädelinnern, ferner allgemeine
Druckveränderungen, wie Sprengung der Nähte, Erweiterung der Ge-
fäßfurchen, Vertiefung der Impressiones digitatae und Erweiterung
der Emissarien. Allen diesen Veränderungen kommt eine hohe diagnostische Bedeutung zu; sie werden zumeist schon durch zwei Aufnahmen, nämlich eine sagittale und eine frontale erkannt.

1. **Sagittale Aufnahme** kann in occipito-frontaler oder fronto-
occipitaler Strahlenrichtung erfolgen. Man wird diejenige Lage wählen,
bei der die vermutete Veränderung näher der Platte zu liegen kommt.
a) *occipito-frontal*: Patient in Bauchlage, Nasenspitze auf der Platte, Stirn
durch Wattebausch gestützt, Kopf genau symmetrisch gelagert (Abb. 86),
Gehörgang beiderseits gleich weit von der Platte entfernt. Eingestellt
wird auf die Protuberantia occipitalis externa Za, b) *Fronto-occipital*:
Patient in Rückenlage, Kopf in ungezwungener Haltung genau symmetrisch. Eingestellt wird auf die Nasenwurzel.

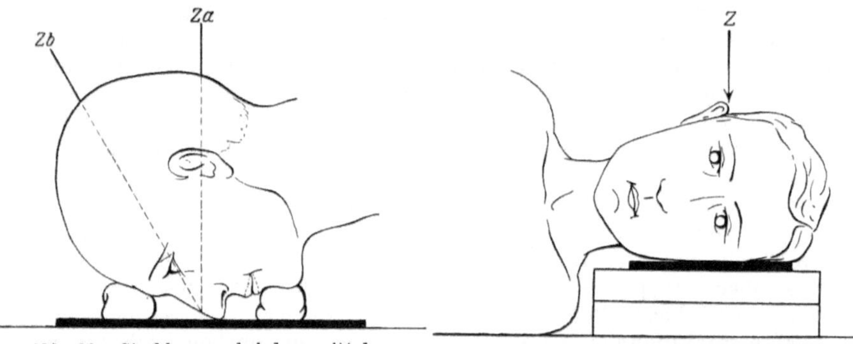

Abb. 86.   Strahlengang bei der sagittalen
Schädelaufnahme.

Abb. 87.   Strahlengang bei der frontalen
Schädelaufnahme.

2. **Frontale Aufnahme.** Patient in Seitenlage, Platte dem Ohr anliegend,
Schulterbreite durch Karton oder Holzeinlagen ausgeglichen. Man
achte, daß die Sagittalebene des Kopfes genau horizontal zu liegen
kommt (Abb. 87). Wird mit Streustrahlenblende photographiert, so
legt man den Kranken auf den Bauch und läßt den Kopf seitwärts
drehen. Bei starkbrüstigen Frauen stößt dies auf Schwierigkeiten;
hier wird man von der Rückenlage aus den Kopf seitwärts drehen lassen.
Eingestellt wird auf die Mitte der Verbindungslinie zwischen Porus
acusticus externus und lateralen Orbitalwinkel.

Das Hauptindikationsgebiet für die occipito-frontalen Aufnahmen
bilden neben den Erkrankungen der Schädelkapsel und des Schädelinnern die Erkrankungen der *Nebenhöhlen der Nase*, insbesondere der
Stirn- und *Kieferhöhle*. Bei diesen Aufnahmen kann der massive
Schatten der Schädelbasis, namentlich der Felsenbeinpyramide sehr
störend werden. Es ist daher bei der Einstellung dafür zu sorgen, daß
diese Schatten in die Orbitae fallen, oder durch Wahl einer in kranio-

kaudaler Richtung schrägen Projektion von den Nebenhöhlen weiter wegrücken. Die erstere Einstellung ist getroffen, wenn der äußere Gehörgang im Zentralstrahl genau über der Orbita steht. Sicherer aber geht man, wenn der Patient Stirn und Nase der Plattenebene anlegt, und der Röhre eine Neigung von 30° in kranialer Richtung verliehen wird (Abb. 86 Z b). Mit dem Zentralstrahl zielt man nach den Augenhöhlen.

Die Stirnhöhlen sind oft klein und werden bei den beschriebenen Aufnahmerichtungen häufig genug zwischen die Orbitalbogen in die Nasenhöhle hineinprojiziert. Man muß in solchen Fällen Projektionen verwenden, die die Stirnhöhlen vergrößert erscheinen lassen. Da die anatomischen Verhältnisse individuell sehr variabel sind, läßt sich ein Gesetz nicht aufstellen und es ist am besten, nacheinander die drei folgenden Aufnahmearten auszuführen: 1. *occipito-frontale* Aufnahme (Stirn und Nase aufliegend), 2. *Occipito-mentale* Aufnahme (Nase und Kinn aufliegend), 3. bei weit aufgesperrtem Mund, Mundöffnung der Platte aufliegend. Die letztere Aufnahmerichtung gibt oft die beste Ausbeute; sie steht der parieto-submentalen Aufnahme (s. weiter unten) nahe, ist aber leichter einzustellen als diese.

Für die allgemeine Übersicht der Nasennebenhöhlen eignet sich vor allem die occipito-mentale Aufnahmerichtung, da dabei auch kleine Stirnhöhlen dargestellt werden, die Siebbeinzellen sich nicht decken und die Augenhöhlen frei von störenden Schatten erscheinen. Kommt es jedoch darauf an, für die Operation die genauen topographischen Lagebeziehungen und Größenverhältnisse klarzulegen, so wird man der occipito-frontalen Aufnahmerichtung den Vorzug geben.

Die Aufnahmen werden gewöhnlich in liegender Position gemacht, wobei der Kopf durch eine Schlitzbinde fixiert wird. Aufrechte Stellung (Sitzen oder Stehen) ist, wenn man über das nötige Stativ verfügt, vorteilhafter; denn im Liegen tritt eine passive Hyperämie der blutreichen Nasenschleimhäute ein, die die Kontraste des Bildes beeinträchtigen. Auf präzise, symmetrische Kopfhaltung ist bei all diesen Aufnahmen aufs sorgfältigste zu achten.

3. Axiale Kopfaufnahmen. Sie sollen womöglich mit Streustrahlenblende angefertigt werden. Patient liegt in Bauchlage, Kopf und Kinn

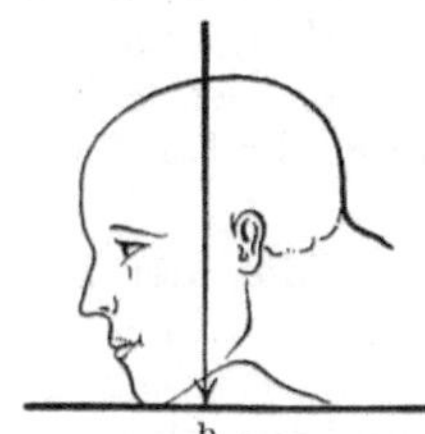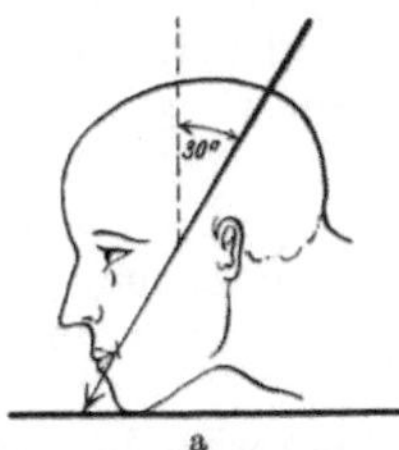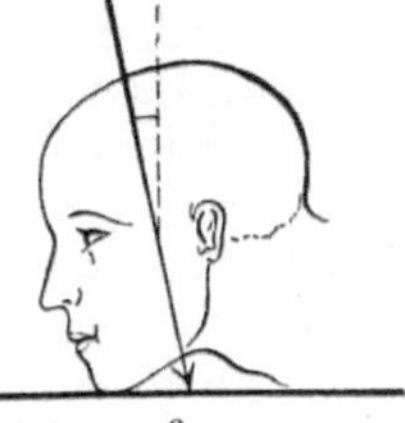

Abb. 88. Axiale Schädelaufnahmen.

soweit wie möglich zurückgestreckt. Je nach der Einstellung und Führung des Zentralstrahles erhalten wir verschiedene Auskunft. 1. Röhre um 30° nach hinten geneigt, Zentralstrahl trifft das Objekt an der Grenze zwischen Hinterhauptschuppe und Scheitelbein (Abb. 88a),

Ergebnis: Axiale Aufnahme des Gesichtsschädels; dargestellt sind Oberkiefer, Unterkiefer, Kiefergelenke, Jochbeinbögen und Nebenhöhlen. 2. Zentralstrahl verläuft senkrecht; die Keilbeinhöhlen und die Felsenbeinpyramiden werden sichtbar (Abb. 88b). 3. Will man die Keilbeinhöhlen noch übersichtlicher haben, so muß man die Röhre ein wenig nach vorne neigen und den Zentralstrahl etwas von vorne eintreten lassen (Abb. 88c).

Zähne.

Die Photographie der Zähne, einst das schwierigste Kapitel der Aufnahmetechnik, ist durch fleißiges Studium der komplizierenden Projektionsverhältnisse auf einige wenige Grundregeln zurückgeführt worden, deren Kenntnis und richtige Anwendung ein Gelingen der Aufnahme verbürgt. Die Technik wird zu einer Präzisionsmethode, wenn man einen jener *Dentalapparate* benutzt, die sich dadurch auszeichnen, daß sie ein genaues Zentrieren und exakte Winkeleinstellung der Röhre gestatten. Aber auch ohne diese kann man durch Markieren einiger Winkelstellungen am Röhrenkästchen und Anbringen einer einfachen Zentriervorrichtung mit einem gewöhnlichen chirurgischen Stativ ähnliches leisten.

Es werden *Detail-* und *Übersichtsaufnahmen* angefertigt. Erstere, die Verhältnisse des Zahnes selbst und seiner nächsten Umgebung wiedergebend (sekundäre Caries, marginale und apikale Periodontitis, Granulome, Cysten, Sequester, Alveolarpyorrhoe, Sitz der Kronen, Wurzelfüllungen usw.), bilden das Gros der für den Zahnarzt notwendigen Aufnahmen. Sie werden *intraoral* angefertigt, d. h. der kleine Film wird in die Mundhöhle eingebracht und an die linguale Fläche des Kieferfortsatzes angepreßt: *intraorale Aufnahme.*

Größere Übersichtsbilder ganzer Kieferteile, wie sie zur Darstellung von Zahnanomalien, Beziehung der Zähne zur Kieferhöhle, Erkrankungen oder Verletzungen der Kieferknochen selbst notwendig sind, erfordern eine andere Technik. Die Größe der erforderlichen Bildfläche verbietet von selbst ein Einlegen des Filmes in den Mund. Man muß deshalb die Platte *extraoral* anbringen: *extraorale Aufnahme.*

Bei der Einstellung zur intraoralen Aufnahme müssen wir uns an zwei anatomisch-geometrische Hilfskonstruktionen halten, nämlich 1. an den *Alveolarbogen* (bogenförmige Begrenzungslinie der Seitenflächen der Zähne), 2. an die *Bißebene* (Ebene gelegt durch die Kaufläche der Zähne).

Die intraorale Aufnahme kann 1. mit *anliegendem* Film (der Film an den Alveolarfortsatz angepreßt) ausgeführt werden, oder 2. der Film liegt frei in der Bißebene.

ad 1. Der kleine Film 3 × 4 cm wird, in eine doppelte Lage schwarzen Papiers gehüllt und mit einer dünnen Bleifolie hinterlegt, in den Mund eingebracht und an die linguale Fläche des Kieferfortsatzes, der die zu untersuchenden Zähne trägt, angepreßt. Dies besorgt der Patient selbst mit dem Daumen der Hand der entgegengesetzten Körperseite (die nicht nötigen Finger müssen aus dem Bildfeld gebracht werden). Der

Rand des Filmes überragt die Kauflächen der Zähne um einige Millimeter. Der Zentralstrahl wird nun senkrecht auf die Tangente des Alveolarbogens im Punkte des zu untersuchenden Zahnes gerichtet. Damit ist der eine Akt der Einstellung getan (Abb. 89). Nun muß die Winkelstellung zur Bißebene eingestellt werden (Abb. 90). Diese ist je nach der Lage des Zahnes verschieden groß zu wählen, und zwar a) Ober-

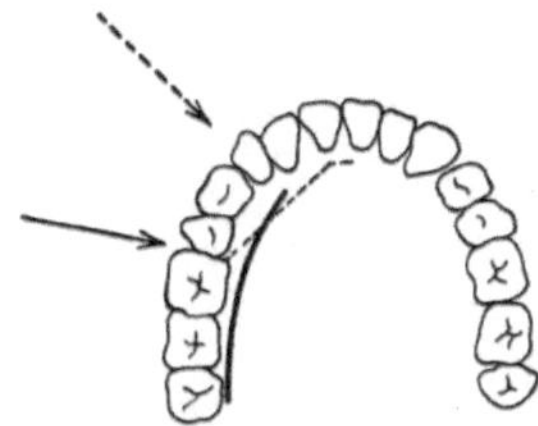

Abb. 89. Strahlengang bei der intraoralen Aufnahme der Zähne. Der Zentralstrahl steht senkrecht auf der Tangente des Alveolarbogens im Standorte des zu untersuchenden Zahnes.

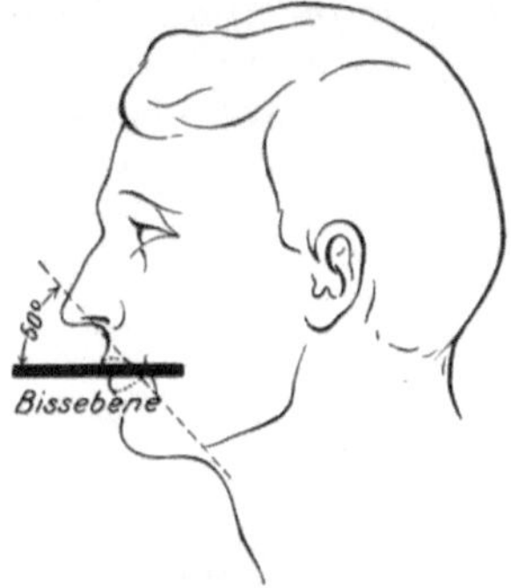

Abb. 90. Strahlengang bei der intraoralen Aufnahme der Zähne. Der Zentralstrahl schließt mit der Bißebene einen bestimmten Winkel ein.

kiefer: Schneidezähne 55—50°, Backzähne 45—35°. Der Winkel ist also distalwärts stufenweise immer kleiner zu wählen. b) Unterkiefer: Minus 10—20°. — Fällt das Bild des Zahnes zu lang aus, so ist der Winkel größer zu wählen.

ad 2. Eine größere Übersicht und größere Teile des Kieferknochens bekommt man zu Gesicht, wenn der Film (4 × 6 cm) in Bißebene liegt, d. h. vom Patienten bei leichter Okklusion zwischen den Zahnreihen gehalten wird: *Aufnahme mit Film in Bißebene.* Die Winkelstellungen sind dabei größer zu nehmen, nämlich ca. 60° für den Oberkiefer, 25 bis 30° für den Unterkiefer. Es kann mit diesen Aufnahmen die Lage retinierter Zähne gut dargestellt werden.

Die extraorale Aufnahme stellt an das körperliche Vorstellungsvermögen des Photographierenden erhöhte Anforderungen. Relativ am günstigsten liegen noch die Verhältnisse für die *isolierte Darstellung eines Unterkieferastes.* Der Strahlengang wird so gewählt, daß die der Platte entfernt liegende Kieferhälfte aus der Bildfläche wegprojiziert wird und nur die anliegende Kieferseite sich abbildet (Abb. 91). Für die Aufnahmen kommen nur die seitlichen Kieferteile vom Eckzahn angefangen in Betracht.

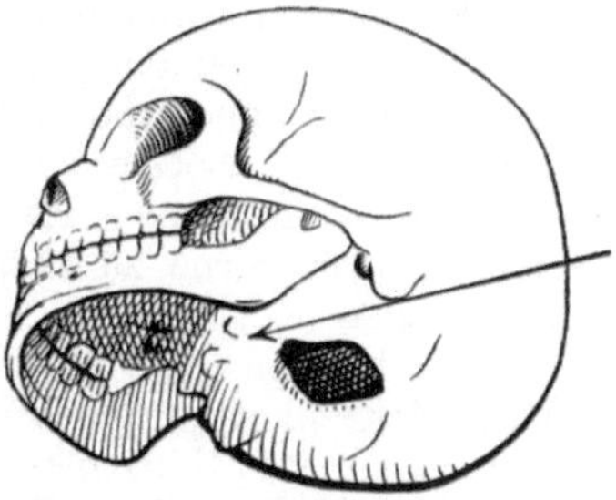

Abb. 91. Strahlengang bei der extraoralen Aufnahme des Kiefers und der Zähne. Der Zentralstrahl zielt schräg von hinten her am Angulus mandibulae der gesunden Seite vorbei durch die Weichteile des Mundbodens hindurch nach dem kranken Kiefer der anderen Seite.

Aufnahme (am Dentalapparat) *im Sitzen:* Platte wird auf der kranken Seite an Jochbogen, Nasenspitze und Unterkiefer angelegt. Mit dem Zentralstrahl zielt man schräg von hintenher am Angulus mandibulae der gesunden Seite vorbei durch die Weichteile des Mundes hindurch nach dem Kiefer der kranken Seite. Das Bild zeigt die Backzähne des Unterkiefers, aber auch die des Oberkiefers und — was besonders wichtig ist — deren Verhältnis zur Highmorhöhle.

Aufnahme im Liegen: Patient in Rückenlage, Sandsack unter dem Nacken. Kopf überhängend und seitwärts nach der kranken Seite gedreht. Platte unter dem kranken Kiefer. Der Zentralstrahl verläuft am Angulus der gesunden Seite vorbei schräg kopfwärts und kinnwärts.

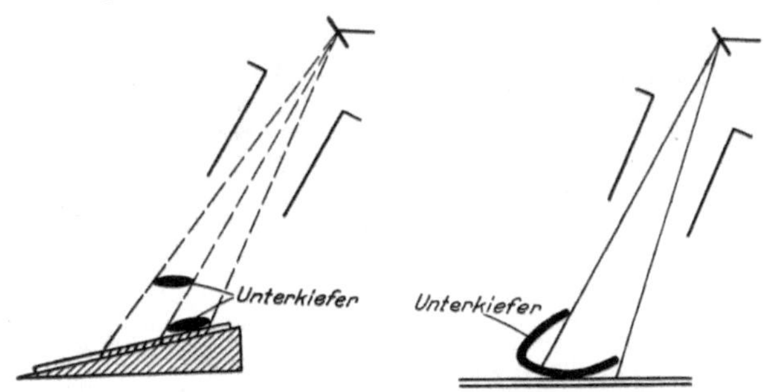

Abb. 92. Strahlengang bei der extraoralen Kieferaufnahme.
Der der Platte fernliegende Kiefer wird (linkes Bild) nach oben und (rechtes Bild) kinnwärts wegprojiziert.

Die Winkelstellung ist verschieden zu wählen, je nach der Absicht, die verfolgt wird. Soll der *aufsteigende* Kieferast dargestellt werden, dann weicht der Zentralstrahl kaudalwärts 30°, dorsalwärts nur 10° von der Senkrechten ab (Abb. 92). Geht es mehr um den *horizontalen* Kieferast, so müssen wir kinnwärts den Winkel auf 20° vergrößern.

Das innere Ohr.

Wie bei der Einstellung zu den Zahnaufnahmen, so richten wir uns auch hier nach anatomisch-geometrischen Hilfsebenen, und zwar nach der Sagittalebene und nach der durch die deutsche Horizontale gelegten Ebene. Letztere muß bei allen Ohreinstellungen senkrecht zur Tischebene stehen. — Es ist zweckmäßig, die Ohrmuschel zur Aufnahme nach vorne zu klappen, um ihren Schatten aus dem Bildfeld zu bringen.

Wir können die Pyramide in der Seitenansicht, Vorderansicht und Draufsicht photographieren. Das Röntgenbild gibt Aufschluß 1. über den Pneumatisationszustand des inneren Ohres, 2. über die topographischen Verhältnisse (Vorlagerung des Sinus, Dicke des Tegmen tympani, Lage des Antrum zum Sinus), 3. über Lokalisation versprengter Zellen, 4. über pathologische Knochenveränderungen.

Aufnahme nach Schüller (Seitenansicht der Pyramide).

Patient in Seitenlage, Sagittalebene parallel zur Plattenebene, Zentralstrahl weicht von der Senkrechten um 30° kranialwärts ab und zielt nach dem der Platte anliegenden Ohr (Abb. 93a und b).

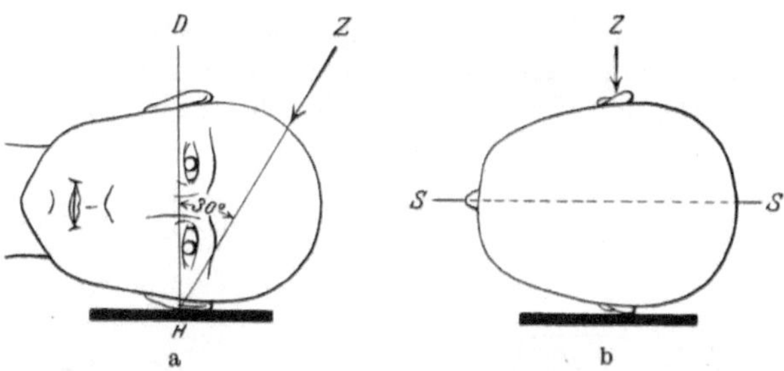

Abb. 93a und b. Strahlengang bei der Aufnahme des inneren Ohres nach SCHÜLLER.
DH = Deutsche Horizontale; *SS* = Sagittalebene; *Z* = Zentralstrahl.

Aufnahme nach SONNENKALB.

Einstellung die gleiche, nur daß der Zentralstrahl nicht nur kranial, sondern auch dorsal um 30° zur Senkrechten geneigt wird (Abb. 94a und b).

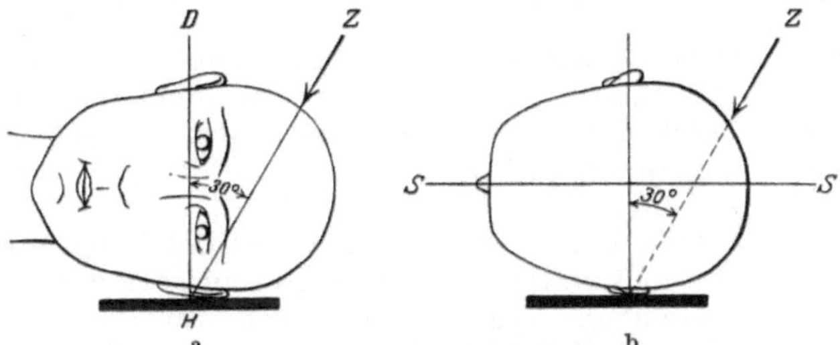

Abb. 94a und b. Aufnahme des inneren Ohres nach SONNENKALB.

Aufnahme nach STENVERS (Vorderansicht der Pyramide).

Patient in Bauchlage, Kopf um 45° gedreht, so daß Nasenspitze, Jochbein und Orbitalrand der kranken Seite der Platte anliegen. Der Zentralstrahl weicht von der durch die deutsche Horizontale gelegten Ebene kaudalwärts um einen Winkel von 10—15° ab und zielt nach dem der Platte naheliegenden Ohr (Abb. 95a und b).

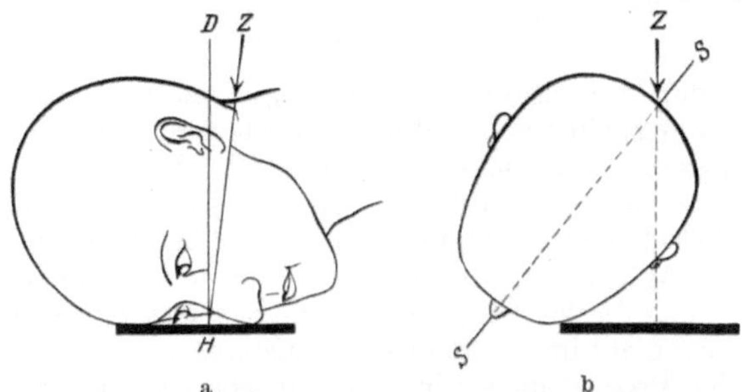

Abb. 95a und b. Aufnahme des inneren Ohres nach STENVERS.

Aufnahme nach E. G. MAYER (Draufsicht der Pyramide).

Patient in Rückenlage, Kopf um 45° nach der zu untersuchenden Seite gedreht, Ohrmuschel nach vorne geklappt, Platte liegt dem Ohr

an. Der Zentralstrahl zielt von der gesunden Seite in der Gegend
des Bregma nach dem äußeren Gehörgang der kranken Seite und
weicht kranialwärts um 45° von der Senkrechten ab (Abb. 96a und b).

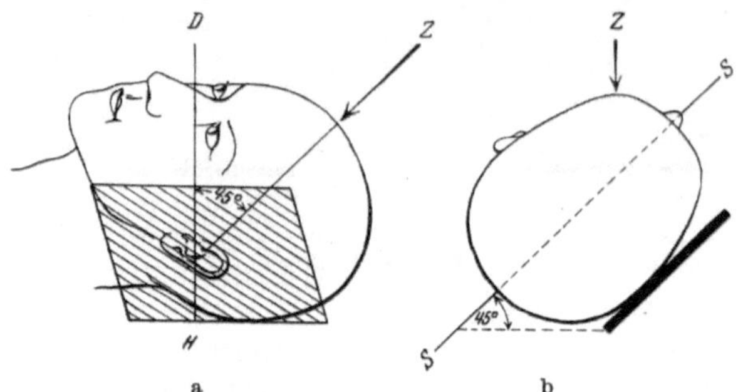

a   b
Abb. 96a und b. Aufnahme des inneren Ohres nach E. G. MAYER.

Die SCHÜLLERsche Aufnahme gibt über die topographischen Verhältnisse Auskunft. Die SONNENKALBsche Aufnahme steht der SCHÜLLER-
schen sehr nahe, gibt einen besseren Überblick über das pneumatische
System, die topographischen Verhältnisse sind dagegen etwas verfälscht.

Bei der Aufnahme nach STENVERS gelangen die Labyrinthorgane
(mit Ausnahme des rückwärtigen Bogenganges) und der innere Gehörgang gut zur Darstellung. Dagegen lassen sich Antrum und Atticus
nicht differenzieren. Die Aufnahme leistet auch gute Dienste bei Veränderungen im Felsenbein (Frakturen, Tumoren, Caries), gleichgültig
ob die Veränderungen in der Pyramidenspitze oder in der Pars mastoidea
liegen.

Die Aufnahme nach MAYER läßt erkennen Antrum, Atticus und
inneren Gehörgang. Alle anderen Gebilde sind bei dieser Aufnahmerichtung schwieriger zu beurteilen.

In unklaren Fällen wird die Anwendung aller drei Aufnahmearten
zu empfehlen sein.

Die Wirbelsäule.

Das Bild der Wirbelsäule ist definiert durch zwei Aufnahmen, angefertigt in zwei zueinander senkrechten Ebenen. Die erste *Aufnahme
im ventro-dorsalen Strahlengang* gibt eine Übersicht über den Verlauf
der Wirbelsäule, die Wirbelkörper, die Proc. transversi und über die
Zwischenwirbelscheiben. Letztere aber sind bei den physiologischen
Biegungen der Wirbelsäule infolge Schrägprojektion nicht immer gut
dargestellt. Auch die Wirbelkörper lassen sich in ihrer Gestalt aus dem
gleichen Grunde nicht immer genügend beurteilen; ferner sind der Wirbel-
bogen und der Proc. spinosus in den Wirbelkörper projiziert, wodurch
das Bild kompliziert wird. Aufschlußreicher, aber etwas schwieriger
anzufertigen, sind die *seitlichen Aufnahmen*; sie gestatten uns oft einen
tieferen Einblick in Erkrankungsprozesse der Wirbelsäule als das
dorsale Bild. Ganz besonders deutlich sieht man die Form der Wirbel-

körper und ihrer Zwischenscheiben. Die Anfertigung eines seitlichen Bildes ist also indiziert bei der Wirbelcaries, Wirbelfrakturen, sowie bei allen mit Kompression des Rückenmarkes einhergehenden Prozessen. Vor allem aber sind sie anzuraten, wenn bei belastendem klinischen Befund das ventro-dorsale Röntgenogramm negativ ausgefallen ist. — Die frontale Aufnahme der Wirbelsäule läßt sich manchmal nicht herstellen im oberen Brustanteil; hier sind die Schultergelenke hinderlich. Schrägaufnahmen im I bzw. II schrägen Durchmesser müssen in diesen Fällen das frontale Bild ersetzen. Fernaufnahmen sind vorteilhaft.

Die Halswirbelsäule. *Ventro-dorsales Bild:* Patient liegt in Rückenlage mit möglichst weit nach hinten zurückgebogenem Kopfe. Der Tubus ist etwas schräg kopfwärts zu richten, damit das Kinn nach oben projiziert werde und die oberen Wirbel noch frei auf der Platte erscheinen. Der Zentralstrahl ist gegen den oberen Rand des Schildknorpels zu dirigieren. Trotzdem erscheinen der I und II Halswirbel nicht auf der Platte. Sie sind einer *Spezialaufnahme durch den Mund* vorbehalten (Abb. 97). Die Zahn-

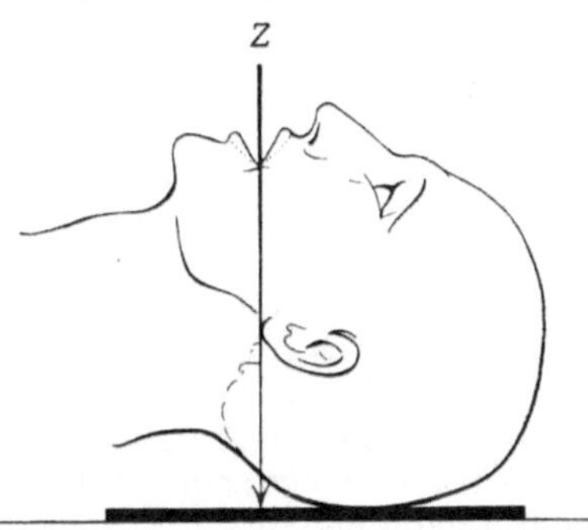

Abb. 97. Strahlengang bei der peroralen Aufnahme des ersten und zweiten Halswirbels.

reihen werden durch ein Stück Kork weit auseinander gesperrrt. Der Zentralstrahl wird so gerichtet, daß er durch die Mitte der Mundöffnung gegen die zwei oberen Halswirbel (1—2 Querfinger unterhalb der Protub. occipitalis) zielt. Bei seitlicher Visierung müssen der Zentralstrahl, die Mitte der Mundöffnung und der Ansatz des Ohrläppchens eine gerade Linie bilden. Dies ist entweder durch Reklination des Hinterhaupts oder, wenn dies die vorliegende Erkrankung verbietet, durch entsprechende Neigung des Tubus zu erreichen.

Seitliches Bild: Hier begegnen wir wieder Schwierigkeiten bei der Darstellung der *unteren* Anteile. Diese sind bei kurzhalsigen, dicken Individuen mitunter nur schwer auf die Platte zu bekommen. Patient liegt in Seitenlage, Arm nach hinten geschlagen. Kopf ruht auf einer Holzunterlage von Schulterhöhe (im Notfalle auch Bücher oder Pappkartons); Platte, seitlich am Halse, wird fest an die Schulter angepreßt, wobei die Schulter am Arm stark nach

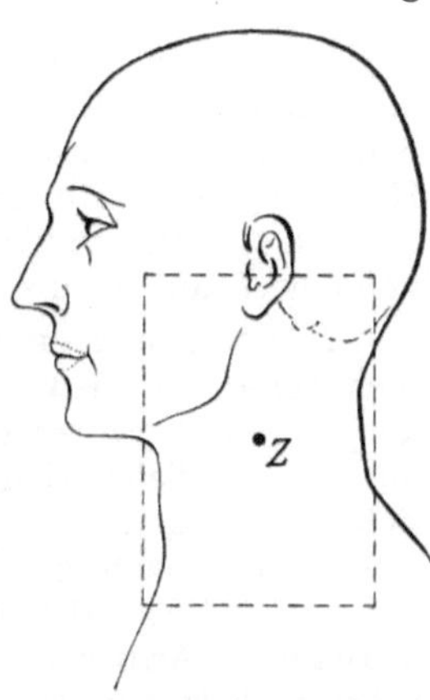

Abb. 98. Seitliche Aufnahme der Halswirbelsäule.
Z = Fußpunkt des Zentralstrahls.

abwärts gezogen wird. Der Zentralstrahl trifft den Hals senkrecht ca. zwei Querfinger unter dem Angulus mandibulae (Abb. 98). Trotz dem heißesten Bemühen sind bei kurzhalsigen Individuen auf diesem

Wege die zwei untersten Halswirbel doch nicht darstellbar. Legt man die Platte der seitlichen Schulterwölbung an, so sind die Wirbel um eine ganze Schulterbreite von der Bildebene entfernt und erscheinen daher unscharf. Man hilft sich in diesen Fällen am besten durch eine Fernaufnahme, wobei der Kranke, den Kopf gerade haltend, in seitlicher, aufrechter Stellung mit der Schulter gegen die Platte lehnt.

Die übrigen Teile der Wirbelsäule bieten für die Einstellung keine Schwierigkeiten. Da nach Einführung der Streustrahlenblende auch für die Photographie alle Schwierigkeiten überwunden sind, ist die Darstellung der Wirbelsäule, bis hinab zur Steißbeinspitze, eine recht einfache. Für die ventro-dorsale Aufnahme ist es notwendig, die Projektionspunkte der Wirbel auf die vordere Körperfläche zu kennen (Abb. 110, S. 189). Dem Jugulum entspricht der 2. bis 4. Brustwirbel (Punkt 1), dem Proc. xyphoideus der 12. Brustwirbel (Punkt 2), der Crista ilii der 4. Lendenwirbel (Punkt 3); in Höhe der Spinae iliacae ant. sup. trifft man die Mitte des Kreuzbeines (Punkt 4); zwei Querfinger oberhalb der Symphyse projiziert sich die Spitze des Steißbeines (Punkt 5). Diese 5 Fixpunkte genügen, um durch entsprechende Teilung der von ihnen begrenzten Entfernungen jeden beliebigen Teil der Wirbelsäule mit einiger Annäherung zu treffen. Ganz genau können diese Angaben nicht sein, da die Projektionspunkte, je nach Körperbau des Individuums, etwa verschieden ausfallen. Sicherer ist es daher, die Punkte am Rücken des Patienten an den Wirbelkörpern auszuzählen und mit Hautstift auf die vordere Bauchwand einzuzeichnen.

Der Schultergürtel.

Das Knochengerüst der Schultergegend hat einen ziemlich komplizierten Bau. Es treffen hier die Knochenvorsprünge des Schulterblattes (Proc. coracoideus, Akromion) mit der Clavicula und dem Humeruskopf zusammen. Um alle diese, in verschiedenen Raumebenen liegenden Teile einzeln und übersichtlich darzustellen, sind zwei Aufnahmerichtungen anzuwenden.

1. Darstellung des Humeruskopfes und seines Verhältnisses zur Gelenkpfanne. Patient liegt in Rückenlage mit leicht erhöhtem Oberkörper (30°). Unter die kranke Schulter wird die Platte geschoben, die gesunde Seite wird durch ein Kissen unterstützt, damit der Patient sich mehr nach der kranken Seite herüberlege und das zu untersuchende Gelenk der Platte gut anliege. Liegt Verdacht auf eine Collumfraktur vor, so wird man den Arm in der typischen Stellung des DESAULTschen Verbandes (Arm rechtwinklig im Ellbogen gebeugt auf dem Abdomen ruhend) belassen müssen. Soll aber aus irgendwelchen Gründen das Tuberc. majus dargestellt werden, so muß der Arm so weit nach außen rotiert werden, bis die Hand in vollständiger Supination auf dem Untersuchungstisch liegt. Sie wird in dieser Stellung mit einem Sandsack beschwert. Der Zentralstrahl verläuft senkrecht (trifft also bei der Lage des Kranken das Gelenk schräg von oben) und wird gegen einen Punkt 3—4 Querfinger oberhalb der Achselfalte gerichtet (Abb. 99).

2. **Anders geht man vor**, wenn mehr das **Schulterblatt mit dem Proc. coracoideus** zur Ansicht kommen sollen, und man das Akromion sowie seine knorpelige Verbindung mit dem peripheren Ende der Clavicula dargestellt haben will. Zu diesem Zwecke legt man den Kranken völlig horizontal. Der Zentralstrahl verläuft senkrecht und trifft im gleichen Punkt wie oben das Gelenk.

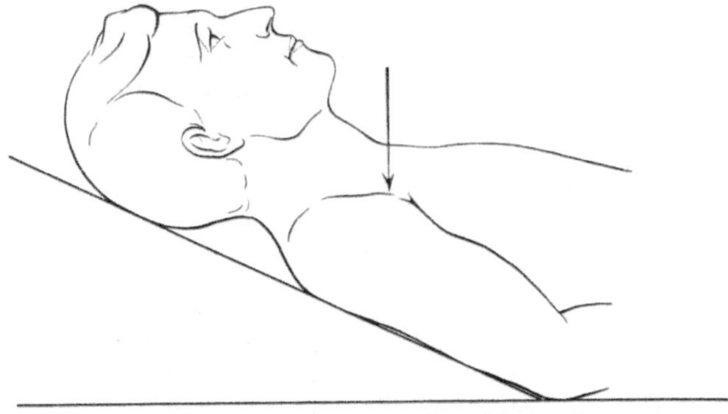

Abb. 99. Strahlengang bei der Aufnahme des Schultergelenks.

Seitliche Schulterblattaufnahme. Patient liegt in Bauchlage; der Arm ist kräftig quer über die Brust herübergezogen, indem der Kranke mit der Hand der verletzten Seite nach der gesunden Schulter greift. Dabei kommt die Scapula senkrecht an die seitliche Brustwand zu stehen und kann im sagittalen Strahlengang erfaßt werden (Abb. 100). Statt den Arm über die Brust zu ziehen, kann dieser auch hochgeschlagen und wie zum Schlaf vor die Stirn gelegt werden.

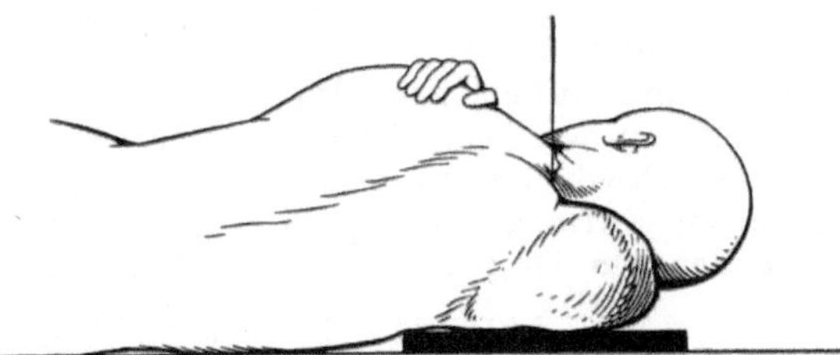

Abb. 100. Seitliche Schulterblattaufnahme nach Lilienfeld.

Schlüsselbein. Um dem Prinzip, das abzubildende Objekt nahe an die Platte zu bringen, gerecht zu werden, muß die Clavicula eigentlich in Bauchlage aufgenommen werden: Man legt dem Kranken einen Sandsack unters Kinn; die Arme werden nach abwärts gezogen. Diese Lage ist für Verletzte recht unangenehm. Steht nur ein chirurgischer Aufnahmetisch zur Verfügung, so wird man in solchen Fällen die Photographie lieber doch bei ventro-dorsalem Strahlengang in Rückenlage vornehmen und den vermehrten Objekt-Plattenabstand durch Vergrößerung des Röhrenabstandes wieder einbringen. Verfügt man über das nötige Stativ, so ist es vorzuziehen, die Aufnahme im Stehen bei dorso-

ventralem Strahlengang und der vorderen Brustwand anliegenden
Platte anzufertigen.

  Brustbein. Das Sternum wird bei dorso-ventralem Strahlengang vom
intensiven Schatten der Wirbelsäule zugedeckt. Zu seiner Darstellung
muß man daher die Strahlen so dirigieren, daß die Wirbelsäule wegprojiziert wird, am einfachsten, indem
man bei aufrechter Stellung des Kranken die Strahlen schräg von rechts oder
links hinten nach links bzw. rechts
vorne einfallen läßt (Abb. 101). Man
kann die Einstellung vor dem Schirm
kontrollieren. In der gleichen Art geht
man vor bei der Darstellung des Sterno-
claviculargelenkes.

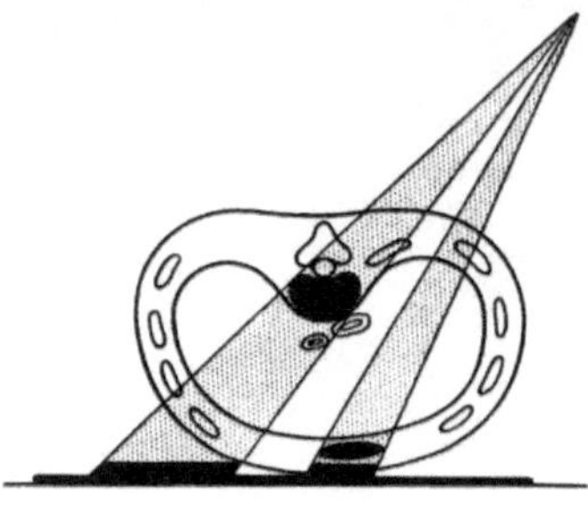

Abb. 101. Strahlengang bei der Aufnahme des Brustbeins.

  Auch die seitliche Aufnahme wird
vorteilhaft im Stehen gemacht. Die Einstellung erfolgt vor dem Leuchtschirm.
Der Patient lehnt mit der seitlichen
Brustwand am Schirm, Brust heraus, Hände auf dem Rücken verschränkt,
tiefe Einatmung. Das Sternum wird tangential in den Strahlengang
gebracht. Da der Objekt-Plattenabstand ein beträchtlicher ist, ist es
ratsam, die Photographie als Fernaufnahme durchzuführen.

Das Ellbogengelenk.

  Das Ellbogengelenk wird in seine Details aufgelöst durch drei typische
Aufnahmen 1. die seitliche, 2. die sagittale, 3. die schräge Aufnahme.

  Seitliche Aufnahme: Der Patient hält den Arm im Ellbogengelenk
rechtwinklig gebeugt, Hand ruht in Pronation auf der Tischplatte.
Damit das Gelenk der Platte gut anliege, muß der Arm bis zur Schulterhöhe gehoben werden und mit dieser eine Ebene bilden. Zu diesem
Zwecke nimmt der Kranke auf einem niedrigen Schemel vor dem Unter-
suchungstische Platz, legt den Arm in der beschriebenen Weise auf den
Tisch, wobei er die Achselhöhle fest an die Tischkante preßt.

  Sagittale Aufnahme. Arm gestreckt, Hand in Supinationsstellung.
Das Olecranon bildet den Objektmittelpunkt (Abb. 102). Die Auf-

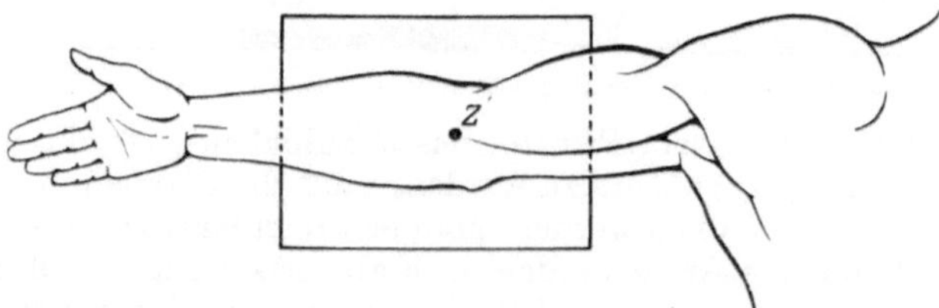

Abb. 102. Einstellung zur Aufnahme des Ellbogengelenks.

nahme kann in der obenbeschriebenen Stellung oder auch in Rückenlage
vorgenommen werden. Bei Verletzungen oder Erkrankungen ist häufig
genug eine Streckung im Gelenk nicht möglich; dann tritt die dritte
Aufnahmerichtung in ihre Rechte.

Schräge Aufnahme: Der Arm wird wie bei 1. gelagert, nur daß der Zentralstrahl in einem Winkel von 40° schräg von außen gegen das Olekranon gerichtet wird.

Bei Stellung 1. sind Humerus und Ulna, sowie das Gelenk, das die beiden Knochen miteinander bilden, gut sichtbar. Der Radius ist dagegen von der Ulna größtenteils überdeckt. Erst bei Stellung 2 und 3 kommt auch der Radius und seine Gelenkverbindung mit dem Humerus deutlich zum Vorschein.

Die Hand.

Die Aufnahmetechnik der Hand versteht sich fast von selbst. Es werden dorso-volare und seitliche Bilder angefertigt. Nur die Mittelhandknochen sind seitlich nicht darstellbar, da sie sich in dieser Stellung überdecken.

Das Becken.

Übersichtsaufnahme: Patient in Rückenlage, Beine in mittlerer Rotationsstellung, Fersen und Zehen geschlossen. Zentriert wird auf den Mittelpunkt der Verbindungslinie der Spinae iliacae ant. sup. (s. Abb. 110, Punkt 4).

Darmbeinschaufel seitlich. Patient in halber Bauchlage, die kranke Seite der Platte anliegend. Der Zentralstrahl wird senkrecht von oben gegen das Sacro-iliacal-Gelenk gerichtet.

Das Hüftgelenk.

Im allgemeinen ist die *ventro-dorsale* Aufnahme mit sagittalem Strahlengang üblich; sie gibt über die an diesem Gelenk und seiner Umgebung vorkommenden Affektionen genügend Aufschluß. Nur selten wird man zu den seitlichen Aufnahmen oder atypischen Stellungen greifen müssen. Besondere Beachtung verdient die korrekte Darstellung des *Schenkelhalses*; er wird nur dann ohne wesentliche Verzeichnung abgebildet, wenn seine Achse parallel oder annähernd parallel zur Platte verläuft. Dies ist dann der Fall, wenn das Bein des zu Untersuchenden in mittlerer Rotationsstellung steht, d. h. bei Rückenlage des Patienten Fersen und Zehen geschlossen sind und die Patellae nach oben sehen. Stellt man dabei den Zentralstrahl 2—3 Querfinger nach unten und außen von der Mitte des POUPARTschen Bandes (Verbindungslinie der Spina iliaca ant. sup. mit der Symphyse) ein (s. Abb. 110, Punkt 6), so erhält man das typische Bild des Hüftgelenks mit Übersicht über die Pfanne, den Gelenkspalt, Schenkelkopf, Schenkelhals, Trochanter minor und major.

Die gleiche Einstellung, jedoch bei *Außen*rotation des Beines, läßt den Trochanter minor deutlicher hervortreten; dagegen verkürzt sich der Schenkelhals sehr und kommt zum großen Teil mit dem Trochanter major in Deckung. Schenkelhalsfrakturen würden sich dabei nur undeutlich abzeichnen und könnten übersehen werden. Leider liegt gerade bei Schenkelhalsfrakturen das kranke Bein in Außenrotation und wir werden uns wohl hüten, diese pathologisch bedingte Stellung der typischen Aufnahme zuliebe zu korrigieren. Um so größere Vorsicht ist bei der Beurteilung solcher Bilder erforderlich.

Innenrotation läßt den Schenkelhals in seiner größten Länge erscheinen; der Trochanter minor tritt in Deckung mit dem Schenkelschaft; am Schenkelkopf wird die Fovea capitis randbildend.

Die *seitliche (frontale) Aufnahme* des Hüftgelenks gibt Aufschluß über Affektionen, die die vorderen und hinteren Anteile der gelenkbildenden Knochen betreffen, ferner orientiert sie rasch und sicher, ob ein Fremdkörper vor oder hinter dem Gelenk liegt, was für die Wahl des Operationsweges entscheidend ist. Der Patient liegt auf der kranken Seite, jedoch in halber Bauchlage, die Hüft- und Kniegelenke gestreckt. Der Trochanter major liegt auf der Platte und bildet den Fußpunkt des Zentralstrahls. Der Expositionswert ist wegen der Dicke der zu durchdringenden Weichteile recht groß.

Das Kniegelenk.

Zur Exploitation der Verhältnisse an diesem kompliziertesten Gelenk reichen meist zwei Aufnahmen, die sagittale und frontale, vollständig hin.

Die *sagittale Aufnahme* wird gewöhnlich in ventro-dorsalem Strahlengang angefertigt, wohl weil die Rückenlage die bequemere ist. Bein gestreckt, in Mittelstellung, d. h. der mediale Fußrand steht senkrecht zur Tischebene. Eingestellt wird 1—2 Querfinger unter dem unteren Rand der Patella. Die Aufnahme in entgegengesetzter Strahlenrichtung, bei Bauchlage des Patienten, hat keine praktische Bedeutung. Man glaube nicht, daß hierbei etwa die Patella besser zur Darstellung kommt.

Die *seitliche Aufnahme* kann sowohl fibulo-tibial, als auch tibio-fibular vorgenommen werden. Für die Wahl der Strahlenrichtung sind klinische Gründe maßgebend. Erwarten wir beispielsweise einen Herd im medialen Condylus, so wird natürlich dieser an die Platte angelegt und umgekehrt, falls die Vermutungen auf den lateralen Condylus deuten. Patient in Seitenlage, Bein in leichter Beugestellung. Eingestellt wird auf den Gelenkspalt, der sich 1—2 Querfinger unter dem unteren Patellarrand befindet.

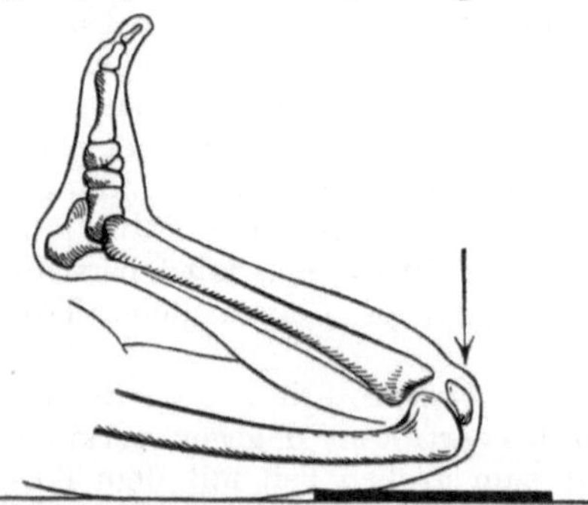

Die Patella ist bei der letztgenannten Aufnahme im Profil gut sichtbar. Schwieriger ist es, sie *sagittal darzustellen*. Einigermaßen gelingt dies auf folgende Weise: Patient in Bauchlage. Bein stark nach innen rotiert. Die Patella läßt sich in dieser Lage manuell etwas nach innen subluxieren. Die Röhre wird schräg gestellt, so daß der Zentralstrahl schräg von außen nach innen durch die Kniekehle verläuft.

Abb. 103. Strahlengang bei der axialen Aufnahme der Patella nach SETTEGAST.

Manchmal kann auch die *axiale Aufnahme* wertvoll werden. Patient in Bauchlage, Knie maximal gebeugt, Unterschenkel soweit es geht an die Rückseite des Oberschenkels herangezogen. Platte halb unter dem gebeugten Knie vorragend. Zentralstrahl axial zur tastbaren Patella (Abb. 103).

Der Fuß.

Sprunggelenk. a) *ventro-dorsal.* Patient in Rückenlage, untere Extremität auf eine rechtwinklige Holzschiene gelagert. Fuß durch einige Bindenzüge fixiert. Eingestellt wird auf den Gelenkspalt in der Mitte der Verbindungslinie beider Knöchel. b) *seitlich*: Je nach Bedarf wird der äußere oder der innere Knöchel der Platte angelegt. Eingestellt wird auf den Knöchel. Die Aufnahme zeigt auch Talus, Calcaneus, Naviculare und Cuboideum; die Ossa cuneiformia dagegen überdecken sich.

Kommt es darauf an, die *Fußwurzelknochen*, sowie die Knochen des *Mittelfußes* übersichtlich, ohne Überschneidungen und Deckungen darzustellen, so wird man folgende Lage wählen: Patient in Bauchlage, Bein etwas nach innen rotiert, Fuß in Spitzfußstellung. Platte unter dem Fußrücken. Die Strahlen treten von der Fußsohle her ein. Eingestellt wird auf die Basis des Metatarsus II (Abb. 104).

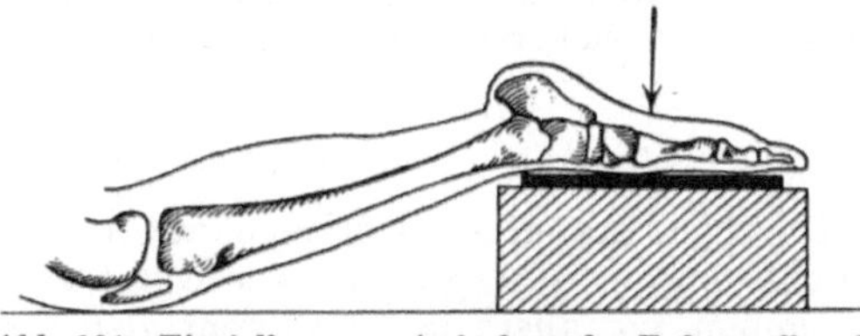

Abb. 104. Einstellung zur Aufnahme der Fußwurzelknochen und der Knochen des Mittelfußes.
Nach R. GRASHEY: Atlas typischer Röntgenbilder.

Der Mittelfuß und die Zehen werden folgendermaßen photographiert: Patient hockt mit hochgezogenem Knie am Untersuchungstisch. Die Fußsohle wird flach auf die Platte gestellt. Einstellung auf die Basis des Metatarsale III.

Zu erwähnen ist noch die *axiale Aufnahme des Fersenbeines*, die einige Schwierigkeiten bereiten kann. Folgende zwei Einstellungen sind möglich: 1. Patient steht, Kniegelenke leicht gebeugt, über eine Sessel-

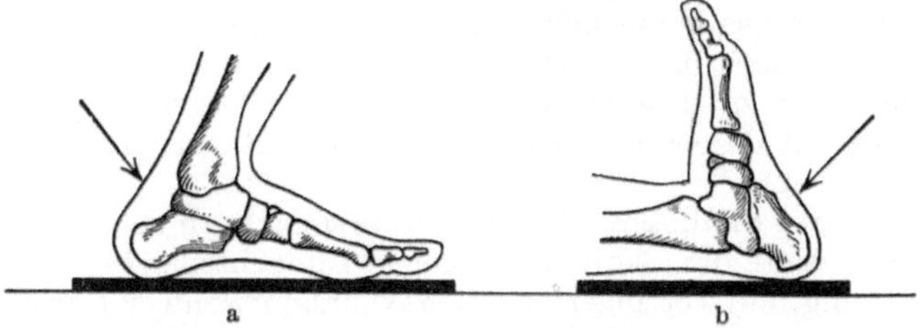

Abb. 105a und b. Einstellung und Strahlengang bei der axialen Aufnahme des Fersenbeins.
Nach R. GRASHEY: Atlas typischer Röntgenbilder.

lehne geneigt, mit den Händen sich auf die Sitzfläche des Stuhles stützend. Platte unter der Fußsohle, den hinteren Fersenrand überragend (Abb. 105a). Oder 2. Patient in Rückenlage, Fuß durch Bindenzug kräftig dorsal flektiert. Einstellung wie aus Abb. 105b ersichtlich.

Innere Organe.

Die inneren Organe werden *unwillkürlich* bei ihrer *Funktion*, *willkürlich* bei der *Atmung* bewegt; ihre Bewegung ist also zumeist eine kombinierte Funktions- und Atmungsbewegung. Läßt sich letztere

durch Atemstillstand ausschalten, so ist erstere dem Einfluß des Willens
entzogen. Damit keine Unschärfe des Bildes eintrete, sind daher Momentaufnahmen notwendig. Die Expositionszeit ist soweit wie möglich
abzukürzen. Man verwende deshalb eine hochbelastbare Röhre an
einem leistungsfähigen Apparat und ziehe die maximale Leistung der
Apparatur zur Photographie heran.

Die Expositionszeit soll um so kürzer gewählt werden, je schneller die
Eigenbewegung des darzustellenden Organs ist. Der Reihenfolge nach
erfordern die kürzeste Expositionszeit das Herz, dann die Lungen, dann
folgen weniger rasch bewegte Organe, wie Magen, Darm und Gallenblase. Die Niere hat keine Eigenbewegung und kann bei guter Kompression und sicherer Atemausschaltung als Zeitaufnahme ausgeführt
werden.

Die Lungen.

Durchleuchtung. Die Untersuchung der Lungen hat zunächst mit einer
Durchleuchtung zu beginnen. Die Durchleuchtung wird im Stehen vorgenommen, vor allem im dorso-ventralen Strahlengang; hierbei wirken
die Rippenschatten wegen des breiteren Zwischenrippenraumes weniger
störend als in umgekehrter Richtung. Die Spitzenfelder werden dagegen
im ventro-dorsalen Strahlengang bei leichtem Vorwärtsneigen des Kranken und Zurückbeugen des Kopfes in den Nacken vergrößert und besser
sichtbar.

Man achte auf die Beweglichkeit des Zwerchfells, die scharfe, spitz-
winklige Kontur der Sinus phrenico-costales und prüfe die Aufhellung
der Spitzen beim Hustenstoß. Man schätze die Helligkeit der Spitzenfelder gegeneinander ab. Das läßt sich sicherer aus einiger Entfernung
beurteilen, als wenn man mit den Augen am Schirme klebt. Ergibt sich
auch auf diese Weise keine sichere Entscheidung, so gehe man mit der
Belastung der Röhre immer weiter zurück, bis auf dem Leuchtschirm
kaum noch etwas zu differenzieren ist. Das Spitzenfeld, das weniger
hell ist, wird bei dieser Probe früher im Dunkel verschwinden (*Aus-
löschphänomen*).

Man achte auf Skoliosen oder andere Asymmetrien des Skeletts: die
an der Konkavseite der Skoliose gelegenen Lungenteile sind an sich infolge Einengung und verringerter Atemexkursion weniger lufthaltig. —
Die vom Herzen und den Gefäßen verdeckten Teile des Mediastinums
müssen durch Untersuchung im schrägen und frontalen Strahlengang
sichtbar gemacht werden. — Rundliche Aufhellungen oder Ringschatten
sind nur dann als Kavernen anzusprechen, wenn sie ihre Form bei verschiedenen Strahlenrichtungen einigermaßen beibehalten. Ein inter-
lobäres Exsudat wird als solches am besten im frontalen Strahlengang erkannt; der flächenhafte Ergußschatten wird dabei je nach der
Projektion als mehr oder minder breiter band- oder strichförmiger
Schatten (das letztere bei Projektion von Schwarten in der Ebene der
Interlobärspalte) erscheinen. Verändert man die Projektionsrichtung
durch Heben und Senken der Röhre, so wechselt der Flächenschatten
seine Breite, was den Eindruck des Schwenkens einer Fahne erweckt

(*Fahnenzeichen*). — Ob Erguß oder Schwarte, läßt sich oft durch Lage-wechsel entscheiden, da hierbei jede Flüssigkeitsansammlung in den Hohlräumen der Pleura oder der Lunge ihre Gestalt nach hydrostatischen Gesetzen in charakteristischer Weise verändert. — Ein kleiner Pneumothorax kann bei der Untersuchung leicht übersehen werden, wenn der Luftspalt nicht tangential durch Drehen des Kranken eingestellt wird.

Um zu entscheiden, ob ein Schatten dem Lungengewebe oder der Brustwand angehört, lasse man tief einatmen. Ein im Lungengewebe liegender Schatten tritt dabei tiefer, während ein der Brustwand an-gehörender Schatten dabei höher steigt. Diese Unterscheidung läßt sich nur für die unteren $^2/_3$ der Lunge durchführen; im Spitzengebiet versagt sie. Hier kann oft erst die stereoskopische Aufnahme Aufklärung schaffen. Auch leichtes Hin- und Herdrehen des Patienten läßt uns nach der Bewegung des Schattens im Verhältnis zum knöchernen Thorax seine Lage erkennen.

Die Lungenphotographie soll ein ideales *Summationsbild* sein, d. h. alle in der Lunge vorhandenen Gebilde sollen mit gleicher Deutlichkeit und Schärfe auf die Ebene des Films geworfen werden. Diese Forderung ist nur dann erfüllt, wenn der Fokusplattenabstand dem Schärfeindex der Röhre entsprechend gewählt wird. Beträgt dieser beispielsweise 1:5, so ist, wenn wir die Tiefe des Brustkorbes mit durchschnittlich 20 cm an-nehmen, eine geringste Fokusplattendistanz von 1 m einzuhalten. Ein Hinausgehen auf etwa 1,50 m über die auf diese Weise gegebene Ent-fernung bringt den weiteren Vorteil, daß der Schatten des Mittelfeldes sich verkleinert und dadurch die Lungenwurzeln freigegeben werden. Verfügt man über die entsprechende Apparatur, so kann man sich den Luxus der 2—3 m-Fernaufnahme leisten. Die Schärfe der Zeichnung nimmt mit dem Abstand zu, steht aber in keinem Verhältnis zum ge-waltigen Anwachsen der Apparat- und Röhrenbelastung.

Mit der geläufigen dorso-ventralen Übersichtaufnahme darf man sich nicht immer zufrieden geben. In jedem Falle von Verdacht auf be-ginnende Lungentuberkulose muß, besonders wenn das Übersichtsbild negativ ausgefallen ist, eine *Spitzenaufnahme* angeschlossen werden. Die Spitzenaufnahme verfolgt den Zweck, die Schatten der ersten, zweiten und dritten Rippe, die bei der Übersichtsaufnahme sich decken, aus-einander zu projizieren und die engen Intercostalräume freizugeben. Am besten bewährt sich die folgende Aufnahmerichtung: Patient liegt in Rückenlage auf einem unter die Schultern geschobenen Holzkeil. Hals-wirbelsäule und Kopf rekliniert, Platte unter den Schultern, oberer Plattenrand am sechsten Halswirbel. Zentralstrahl wird schräg von oben gegen das Jugulum gerichtet (Abb. 106). Aufnahme erfolgt in tiefster Inspiration.

Manche Fälle wiederum erfordern eine *Frontalaufnahme*, und zwar dann, wenn es sich darum handelt, eine Affektion auf den Rand eines Lungenlappens oder auf einen Interlobärspalt zu lokalisieren, oder eine Kaverne von einem pleuralen Ringschatten zu unterscheiden. Diese Aufnahmen, wie auch die Übersichtsaufnahme, werden am besten vor dem Schirm eingestellt.

Die *Strahlenqualität* ist für die Güte eines Lungenbildes von großer Bedeutung. Mit weicher Strahlung läßt sich auf Momentaufnahmen die

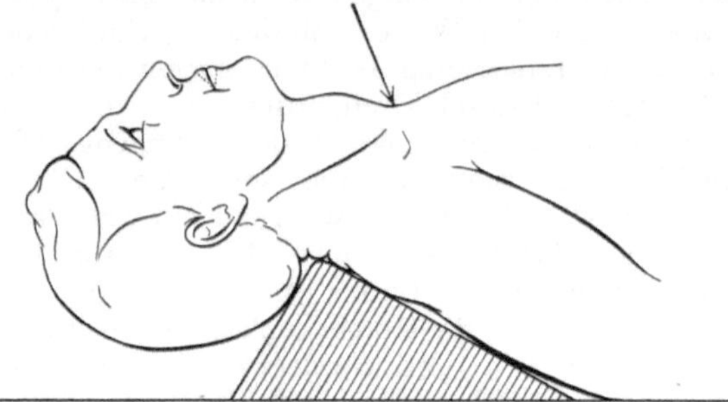

Abb. 106. Einstellung zur Aufnahme der Lungenspitzen nach ALBERS SCHÖNBERG.

Lungenzeichnung bis in ihre feinsten, peripheren Ausläufer darstellen. Bei zu harter Strahlung oder bei Überexposition wird nur der Hilus und seine nächste Umgebung sichtbar.

Die Lungenzeichnung rührt ausschließlich von den Blutgefäßen der Lunge her; sie unterliegt daher den pulsatorischen Erschütterungen und läßt sich aus diesem Grunde auf kurzzeitigen Aufnahmen nicht in absoluter Schärfe darstellen. Namentlich die dem Herzen benachbarten Lungenteile, insbesondere der Hilus, werden nicht nur infolge eigener Pulsation, sondern auch durch die Erschütterungen, die von der Herzpulsation ausgehen, im Bilde unscharf erscheinen, dies um so mehr, je kräftiger und rascher die Herzaktion ist. Daher die Schwierigkeit der Darstellung der Lungenzeichnung bei jugendlichen, erregten Personen im Gegensatz zu der ausgesprochenen Lungenzeichnung bei älteren, emphysematischen Individuen mit verminderter Elastizität des Lungengewebes. Auch auf Momentaufnahmen ($^1/_{50}$—$^1/_{60}$ Sek.) erscheint die Lungenzeichnung nicht immer in der gleichen Schärfe, abhängig davon, in welcher Herzaktionsphase die Aufnahme erfolgte. In der Systole wird infolge der Vibration durch die plötzliche Blutinjektion sich stets ein gewisser Grad von Unschärfe geltend machen, während in der späten Diastole die Lungenzeichnung stets scharf ausfällt.

Die *Expositionszeit* für eine Lungenaufnahme ist kurz genug bemessen, wenn die Lungenzeichnung bis in die feinsten Ausläufer scharf sichtbar ist. Die *Strahlenqualität* ist richtig gewählt, wenn bei kräftiger Schwärzung der Lungenfelder der Herzschatten fast ungeschwärzt bleibt und die Konturen der Wirbelsäule durch ihn eben erkennbar hervortreten.

Das Herz.

Eine Herzuntersuchung verlangt zunächst eine *Durchleuchtung*, die die *funktionellen* Verhältnisse (Pulsation, Verhalten des Herzens bei der In- und Exspiration sowie bei Lagewechsel) feststellt, und anschließend eine Darstellung des Herzens in natürlicher Größe, die über seine *morphologischen* Verhältnisse aufklärt.

Über die *Durchleuchtung* des Herzens ist nicht viel zu sagen. Selbstverständlich ist, daß man in mehreren Strahlenrichtungen untersucht, indem man entweder den Kranken vor dem Schirm dreht, oder die bewegliche Röhre im Kreise um den Patienten herumführt. Nur so kann man über die einzelnen Herzhöhlen Auskunft erhalten und die Teile der Brustaorta sich zu Gesichte bringen. Von den zahlreichen schrägen Durchstrahlungsrichtungen haben einige durch die diagnostische Ausbeute, die sie gewähren, besondere Bedeutung gewonnen (Abb. 107). Im ersten schrägen Durchmesser übersehen wir gut die Aorta, den Conus arter. und den rechten, evtl. den linken Vorhof. Im umgekehrten ventrodorsalen ersten schrägen Durchmesser erscheinen der linke Vorhof, das linke Herzohr und die Aorta descendens scharf und wenig verprojiziert. Der zweite schräge Durchmesser bringt die Brustaorta in ihrem ganzen Verlauf zu Gesichte und läßt, wenn auch in beträchtlicher Verkürzung, den unteren Rand der rechten Kammer erkennen. Die Strahlenrichtung eignet sich auch am besten für stereoskopische Aufnahmen des

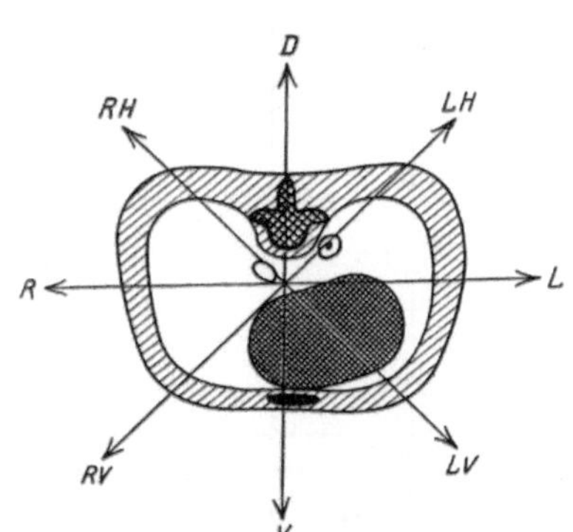

Abb. 107. Die zur Durchleuchtung des Thorax gebräuchlichsten Strahlenrichtungen.

$D-V$ = dorso-ventrale sagittale Strahlenrichtung.
$LH-RV$ = Rechtsvorne-Stellung (Fechterstellung).
= dorso-ventraler I. schräger Durchmesser.
$L-R$ = links-rechte seitliche (frontale) Strahlenrichtung.
$LV-RH$ = Rechtshinten-Stellung.
= ventro-dorsaler II. schräger Durchmesser.
$V-D$ = ventro-dorsale sagittale Strahlenrichtung.
$RV-LH$ = Linkshinten-Stellung.
= ventro-dorsaler I. schräger Durchmesser.
$R-L$ = rechts-linke seitliche (frontale) Strahlenrichtung.
$RH-LV$ = Linksvorne-Stellung.
= dorso-ventraler II. schräger Durchmesser.

Herzgefäßsystems. Der frontale Strahlengang ist zu wählen, wenn es darauf ankommt, die Größe des linken Vorhofs oder der rechten Kammer zu bestimmen. Bei der gleichen Strahlenrichtung können wir auch beurteilen, wie weit das Herz (d. h. die rechte Kammer) und die aufsteigende Aorta vom Brustbein entfernt sind. Bei der Durchführung der Untersuchung ist es nicht angebracht, sich wörtlich an die in Abb. 107 gegebene Gradeinteilung zu halten. Man wird vielmehr durch langsames Drehen vor dem Schirm erst diejenige Stellung aussuchen, die für den betreffenden Fall die geeignetste ist.

Schwieriger ist schon die *Herzgrößenbestimmung*, d. h. die Wiedergabe der Herzumrisse in natürlicher Größe. Das Herz wird bei zentraler Projektion und bei der üblichen Röhrenschirmentfernung beträchtlich vergrößert. Die Vergrößerung ist um so stärker, je tiefer der Brustkorb des zu Untersuchenden, je größer das Herz an und für sich und je weiter es von der vorderen Brustwand entfernt ist. Um ein Objekt in natürlicher Größe darzustellen, stehen uns zwei Wege offen: Entweder ver-

größert man die Entfernung zwischen Röhrenfokus und Objekt so weit,
daß der Strahlengang nahezu parallel ist — *Teleröntgenographie* — oder
man arbeitet bei normaler Fokusdistanz, benutzt aber nur die zentralen,
senkrecht auffallenden Strahlen, mit denen man die Grenzen des darzustellenden Organs umfährt, Punkt für Punkt im Weiterschreiten
markierend — *Orthodiagraphie* (Abb. 108 a u. b).

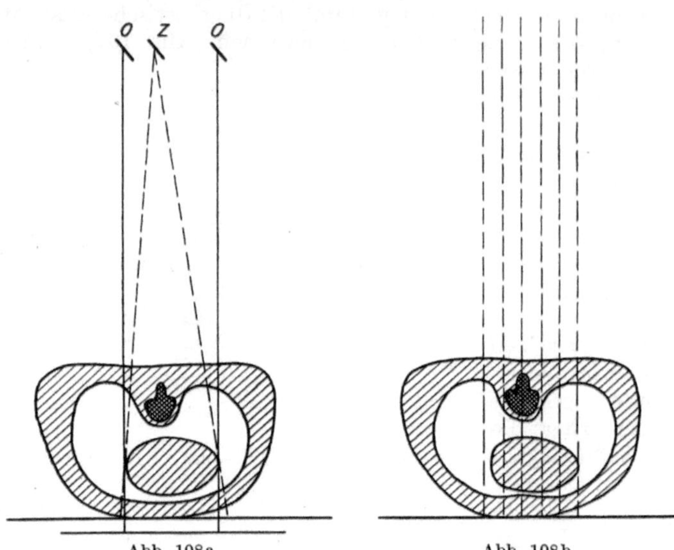

<table>
<tr><td align="center">Abb. 108a.</td><td align="center">Abb. 108b.</td></tr>
<tr><td align="center">Z = zentrale Projektion; OO = Orthoprojektion</td><td align="center">Parallelprojektion.</td></tr>
</table>

Das *Teleröntgenogramm* muß bei einer minimalen Entfernung von
2 m zwischen Fokus und Platte ausgeführt werden. Auch dann erscheint
das Herz noch um ca. 3 mm größer, als der Wirklichkeit entspricht.
Die plattenfernen Teile der Aorta werden noch mehr vergrößert. Die
Aufnahme geschieht in mittlerer Inspirationsstellung (man lasse den
Kranken langsam einatmen und zähle bis drei, wobei der Atem angehalten
und die Röhre eingeschaltet wird).

Die Fernaufnahme hat den Vorteil der objektiven Zuverlässigkeit.
Nachteilig ist, daß man die Abgrenzung der einzelnen Herzbögen an der
leblosen Photographie oft nur schwer erkennen kann. In dieser Hinsicht
ist die Orthodiagraphie der Fernaufnahme überlegen. An der Pulsation
lassen sich die Bögen genau voneinander abgrenzen.

Nun verfügen nicht alle Institute über einen Orthodiagraphen. Sie
müssen daher zu *Ersatzmethoden* greifen. Die einfachste ist die folgende:
Das Gesichtsfeld eines Tubus wird durch zwei dünne, im Mittelpunkt des
Tubusausschnittes sich kreuzende Metalldrähte markiert. Zur Orthodiagraphie befestigt man diesen Tubus vor die vorher *genau zentrierte* Röhre.
Mit dem durch den Schnittpunkt der Drähte gekennzeichneten Zentralstrahl werden die für die Herzsilhouette wichtigen Punkte bei frei beweglicher Röhre auf dem feststehenden Schirm mit dem Stift markiert.

Wer ein zielsicheres Auge und eine treffsichere Hand hat, wird auf diese
Weise zu gleichen Resultaten gelangen, wie mit dem im Prinzip gleichen
aber technisch elegant ausgeführten Orthodiographen. Um ganz sicher
zu gehen, ist es aber angebracht, ein solches Ersatzorthodiagramm durch
eine Fernaufnahme zu ergänzen. Gibt diese die Herzkonturen in einwandfreier Weise wieder, so gestattet jenes die Bogeneinteilung in die
Herzsilhouette einzutragen. Die beiden Methoden ergänzen sich in glück-
licher Weise und führen zu einwandfreien Untersuchungsergebnissen.

Der Verdauungstrakt.

Wenn auch manches schon an sich erkannt werden kann, wird das
Verdauungsrohr doch erst durch Füllung mit Kontrastmitteln der
Diagnostik zugänglich. Als Kontrastmittel dient jetzt fast ausschließlich
Bariumsulfat. Da dieses unlöslich ist, wird es vom Körper nicht resorbiert. Lösliche Bariumverbindungen sind ein schweres Gift. Präparate,
die lösliche Bariumsalze enthalten, können zu schweren Vergiftungen
führen. Man achte auf die chemische Reinheit des Kontrastmittels und
verwende, um sicher zu gehen, nur absolut einwandfreie Präparate des
Barium sulf. purissimum für Röntgenzwecke.

Als Kontrastmahlzeit verwendet man nun entweder eine Suspension
des Schwermetallsalzes in Grießbrei (100 g Ba. sulf. auf 300 g mit Milch
gekochtem Grießbrei) oder in Kefirmilch (100 g Ba. sulf. auf 300 g
Kefir) oder man verwendet eines der fertigen Präparate, die mit Wasser
angerührt eine nicht sedimentierende Suspension ergeben. Zu den
fertigen Präparaten sowie zu der Grießbreisuspension können Schokolade
und Zucker als Geschmackskorrigens in beliebigen Mengen beigegeben
werden.

Speiseröhre. Der Oesophagus liegt im hinteren Mediastinum; er wird
im sagittalen Strahlengang vom Schatten der Wirbelsäule und des
Herzens fast vollständig verdeckt. Deshalb muß man als Untersuchungs-
richtung entweder den ersten und zweiten schrägen Durchmesser im
dorso-ventralen, oder den ersten schrägen Durchmesser im ventro-dorsalen Strahlengang wählen.

Man lasse zunächst einen Bissen steifer Bariumpaste schlucken.
Stenosen werden auf diese Weise gut sichtbar, über Fremdkörpern bleibt
die Bariumpaste stehen. Nicht stenosierende Fremdkörper werden mit
Barium imbibiert und auf diese Weise sichtbar (falls es sich nicht um von
vornherein schattengebende Körper gehandelt hat). Manchmal kann es
vorkommen, daß der dicke Bariumbrei nur sehr langsam herabgleitet,
an manchen Stellen längere Zeit haftenbleibt und dadurch eine Un-
wegsamkeit vortäuscht; deshalb lasse man stets zur Kontrolle dünn-
flüssigen Brei nachtrinken. Man muß dann dasselbe, nur in schnellerem
Zeitablauf sehen. Abzuschließen ist die Untersuchung durch Schlucken-
lassen einer Bariumkapsel. Kapseln aus Stärkemehl werden mit Barium
gefüllt. Die Gelatinekapseln sind zu verwerfen, da sie eine bestehende
Stenose völlig unwegsam machen können. Die Kapseln bleiben an den
physiologischen Engen kurze Zeit stehen. Stenosen oder Stellen, an

denen die Ösophaguswand infiltriert ist (Ca.) werden von den Kapseln nicht passiert. Mit der Kapselmethode lassen sich daher ansonsten schwer sichtbare Ösophaguskarzinome noch entdecken. Auch an spastischen Stenosen bleiben die Kapseln stehen, werden aber durch die kräftige Peristaltik heftig hin und her bewegt.

Magen. Wenn irgendwo, so entscheidet bei der Untersuchung des Magens die Vollkommenheit der Technik über den Erfolg der Untersuchung. Läßt man den Kranken, wie in der Urzeit der Röntgendiagnostik, seinen Brei auslöffeln und beschränkt sich nachher auf Durchleuchtung und Photographie im dorso-ventralen Strahlengang, so wird manche Diagnose nicht gestellt werden können. Der Untersuchungsbericht muß sich auf Beschreibung grober morphologischer Veränderungen beschränken und fällt meist recht nichtssagend aus.

Es ist nicht richtig, den Patienten den Brei aufessen zu lassen und dann erst mit der Untersuchung anzufangen. Die Durchleuchtung hat vielmehr am nüchternen Patienten zu beginnen; Nüchternsekret kann festgestellt werden. Sodann läßt man den Kranken etwa drei Löffel Kontrastbrei schlucken. Diese kleine Menge wird durch Massage über den Magen verteilt, wodurch das Schleimhautrelief sich darstellen läßt und verdächtige Stellen sich bereits an der radiären Faltenbildung verraten können. Manche Nischen, besonders die an der Hinterwand gelegenen, sind gerade bei den ersten Bissen gut sichtbar, während sie bei praller Auffüllung des Magens verdeckt werden und nur schwer auffindbar sind. Beim Herabfließen des Speisebreies in den Magen kann man sehr wichtige Beobachtungen machen, die später verloren gehen können: Ein Stocken des Breies beim Einfließen, kleine Ausbuchtungen an dem ersten herabgleitenden Kontrastbreistreifen sind wichtige Fingerzeige. Spastische Einziehungen sind häufig genug nur bei schwacher Füllung ausgeprägt, während sie bei voller Entfaltung verschwinden können. Die *Beobachtung der Auffüllung* gehört unbedingt zu einer gründlichen Untersuchung. Nach vollendeter Auffüllung legt sich der Kranke zweckmäßig für ca. 5—10 Minuten auf die rechte Seite, wobei der Brei die Möglichkeit hat, die am Magenausgang gelegenen Teile und den Zwölffingerdarm auszufüllen; dann erst wird die Untersuchung wieder aufgenommen.

Der Magen ist ein zylindrisches Organ. Während die Konturen der sichtbaren Magensilhouette normal erscheinen, können sich grobe Veränderungen an seiner Vorder- oder Hinterwand befinden. *Nur was in das Profil der Magensilhouette kommt, wird erkennbar.* Deshalb muß der Kranke vor dem Schirm *gedreht* und so die Vorder- und Hinterfläche des Magens auf Veränderungen abgesucht werden.

Manche Veränderungen (Nischen, Verwachsungen) treten erst bei *Lagewechsel* hervor oder werden erst dann gut erkennbar. Das Antrum und das Duodenum füllen sich manchmal nur in bestimmten Körperlagen. Obwohl sich aus den zahlreichen Möglichkeiten einige bestimmte als besonders geeignet herauskristallisiert haben (rechte Seitenlage, halbrechte Bauchlage oder CHAOUL lage, Rücken-, Bauchlage), ist es doch wünschenswert, ein Stativ zur Verfügung zu haben, das mitsamt

Patient und Röhre in jeglicher Richtung des Raumes eingestellt werden kann.

Rechte Seitenlage. Der Magen sinkt quer über die Wirbelsäule nach rechts herüber. Magenausgang und Duodenum füllen sich gut. Verwachsungen suchen den Magen in seiner ursprünglichen Lage festzuhalten, wobei scharfe Knicke an der Kontur entstehen. Extraventrikuläre Tumoren machen den Lagewechsel nicht mit, lassen sich dadurch gut von echten Magentumoren differenzieren. Der Bulbus kann in rechter Seitenlage vom Antrum verdeckt werden, deshalb zu seiner Darstellung besser die halbrechte Bauchlage. *In Rückenlage* füllt sich der Fundusteil des Magens besser, der Pylorusteil wird fast leer. Veränderungen an der Kardiagegend sowie hochsitzende Ulcusnischen werden gut erkennbar. Spastische Einziehungen, in stehender Position nur angedeutet, werden in Rückenlänge deutlich und können den Magen in zwei Teile zerlegen. So bringt jede Körperlage gewisse Vorteile mit bestimmter diagnostischer Ausbeute und muß zweckentsprechend in den Gang der Untersuchung eingereiht werden.

Auch dann kann noch manches entgehen, erstens dadurch, daß gewisse Veränderungen nur in bestimmten Bewegungsphasen des Magens sichtbar werden, und zweitens andere wieder nur eine Störung des peristaltischen Bewegungsablaufs verursachen. Die ersteren lassen sich durch die sog. *gezielte Momentaufnahme* auf der Platte fixieren: Das Bild des Leuchtschirms wird durch eine Visiervorrichtung beobachtet. Hinter einer schützenden Bleiverschalung steht die Platte bereit. Im Moment, da die Veränderung gut sichtbar wird, kann durch einen einzigen Handgriff die Aufnahme der gewünschten Phase erfolgen. Die gezielte Momentaufnahme ist nur mit einer Spezialeinrichtung, die es erlaubt, von der Durchleuchtung direkt zur Aufnahme überzugehen, ausführbar.

Den Ablauf peristaltischer Bewegungen am Schirm zu beobachten, ist nicht immer leicht, namentlich an der kleinen Kurvatur, auf die es gerade ankommt; hier ist der Verlauf peristaltischer Wellen nur schwer zu verfolgen. Durch die Kombination mit den Atembewegungen ist der Untersucher sehr vielen Täuschungen und Irrtümern ausgesetzt. In objektiver und einwandfreier Weise läßt sich die Peristaltik nur durch eine Reihe, in kurzen Zeitabständen aufeinanderfolgender Aufnahmen im Bilde festhalten (*Serienaufnahmen, Kinographie*). Durch Übereinanderzeichnen der Bewegungsphasen nach bestimmten Fixpunkten kann man einen Bewegungsausfall an der kleinen oder großen Kurvatur in einwandfreier Weise darstellen. Ein solcher Nachweis ist von weittragender diagnostischer Bedeutung.

Serienaufnahmen im abgeschwächten Sinne (meist nur 4—6 Aufnahmen) werden gewöhnlich von der Gegend des Magenausgangs angefertigt. Sie verfolgen nicht so sehr den Zweck, peristaltische Bewegungen zu analysieren, als vielmehr einen verdächtigen Befund mehrmals auf der Platte erscheinen zu lassen und dadurch zur Gewißheit zu erheben. Für die Anfertigung von Serienaufnahmen existieren die kompliziertesten Apparate bis herab zu den einfachsten Vorrichtungen, die sich jeder selbst anfertigen kann.

Ein mit Bleiblech belegtes Holzbrett (Abb. 109), welches von einer Holzleiste eingerahmt ist, hat in der Mitte einen rechteckigen Ausschnitt. Die Ausmaße des Brettes und seines Ausschnittes richten sich nach der Plattengröße, die man zu verwenden beabsichtigt. Man kann die vier Aufnahmen, die diese Vorrichtung anzufertigen gestattet, entweder auf einem Format 18 × 24 oder 24 × 30 vereinigen. Die Seitenlänge des Ausschnittes beträgt $^1/_2$, die des Holzbrettes $^3/_2$ des Plattenformates. Letzteres ist noch jederseits um die Breite des Kassettenrandes zu vergrößern. Seine Ausmaße betragen also für das kleine Format 27 × 36 (vermehrt um die Kassettenrandbreite), für das große Format 36 × 45 (vermehrt um die Kassettenrand-

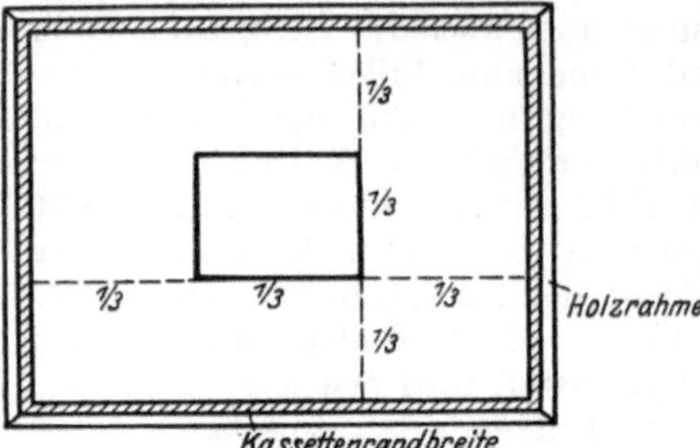

Abb. 109. Einfache Vorrichtung zur mehrfachen Aufnahme der Pylorusgegend.

breite). Die Kassette wird zu jeder Aufnahme entlang der Holzleiste in bestimmter Reihenfolge in je eine Ecke verschoben, wobei ein Viertel der Platte durch den zentralen Ausschnitt hindurch exponiert wird.

Sind die morphologischen Details des Magens und Zwölffingerdarms dargestellt worden, so folgt die Untersuchung der Magenmotilität, indem durch kurzes Nachsehen nach 2, 4 und 6 Stunden die Größe des im Magen befindlichen Kontrastinhalts mit dem in die Därme entleerten verglichen wird. Man beobachtet dabei das Zusammenschrumpfen der Magenwand um den Restinhalt, evtl. sieht man an den schon entleerten Stellen Breireste. Hat man Zweifel bezüglich ihrer topographischen Zugehörigkeit, so kann man durch geringes Nachfüllen des Magens ihre Lage bestimmen.

Zur Kontrastfüllung muß der Magen vollständig leer sein, andernfalls können durch Aufschichtung kontrastgebender und *nicht* kontrastgebender Speisen Füllungsdefekte entstehen, die einen Tumor vortäuschen. Deshalb ist die Untersuchung morgens auf nüchternem Magen zu beginnen. Kann man nicht in den ersten Morgenstunden anfangen, so muß man dem Kranken eine Tasse reinen Tees 3 Stunden vor der Untersuchung gestatten.

Die Einstellung zu den Aufnahmen geschieht vor dem Schirm, wobei man den Kranken in die erforderliche Stellung bringt und auf das nötige Bildfeld einblenden kann. Stärkere Kompression ist zu vermeiden, da durch Druck der Kontrastbrei weggedrückt und ein Füllungsdefekt vorgetäuscht werden kann.

Darm. Der Dickdarm kann sowohl durch *Füllung per os*, als auch durch *Füllung per klysma* sichtbar gemacht werden. *Per os* werden die *proximalen* Teile (Coecum, Ascendens, Transversum) sehr gut, weniger gut die distalen Abschnitte, und dann nur in unzureichendem Füllungszustand, sichtbar; sie sind dem Kontrasteinlauf vorbehalten. *Stets sollen beide Methoden einander ergänzend und kontrollierend angewandt werden.*

Für die Diagnose *funktioneller* sowie *entzündlicher* Erkrankungen ist die souveräne Methode die fortlaufende Beobachtung des Darmes nach Füllung per os. 10—12 Stunden nach Einnahme einer Bariummahlzeit ist meist der ganze Dickdarm gefüllt. Nicht so geeignet ist für solche Fälle der Kontrasteinlauf, da die charakteristischen Veränderungen überhaupt nicht oder erst nach Ausheberung des Einlaufs sichtbar werden.

Der Kontrasteinlauf. Das Einfließen des Kontrasteinlaufs ist vor dem Röntgenschirm zu beobachten. Das Verfolgen des Eindringens der Kontrastflüssigkeit ist der wichtigere Teil der Untersuchung. Die Photographie ist nur Ergänzung und Festlegung des Durchleuchtungsbefundes. Ein Füllungsdefekt, ein Stocken des Einlaufs beim Durchfließen an der gleichen Stelle, evtl. ein lokaler Druckschmerz weisen uns auf die Stelle hin, die durch die Photographie zur näheren Betrachtung festgehalten werden muß. Eine Stenose muß sich auch bei der Ausheberung bemerkbar machen; dann entleert sich nur der distale, hinter der Stenose gelegene Darmteil, während der proximale gefüllt bleibt.

Der Darm muß vorher gut entleert sein, denn Kotballen können ein Stocken des Einlaufs bewirken und eine Stenose vortäuschen.

Als Kontrastmittel verwendet man eine Bariumsuspension in dünner Stärkelösung. Man verfahre folgendermaßen: 150 g Barium werden mit 25 g feingepulverter Stärke gemischt. Dieses Pulver wird mit etwas kaltem Wasser zu einer Paste angerührt und dann in $^3/_4$ l Wasser aufgekocht. Durch Zusatz von kaltem Wasser wird das Ganze auf $1^1/_2$ l verdünnt und dadurch gleichzeitig abgekühlt (nach G. SCHWARZ). Besser noch ist eine Citobariumsuspension nach folgendem Rezept (nach G. SCHWARZ): 3 Eßlöffel Citobar. werden mit ein wenig Wasser dick angerührt, auf $1^1/_2$ l Wasser verdünnt und 4 gehäufte Eßlöffel Bariumsulfat hinzugefügt.

Auf die richtige Temperatur des Einlaufs ist wohl zu achten, denn ein kalter Einlauf führt zu Darmspasmen und Hypertonus. Auch ein zu warmer Einlauf wird schlecht vertragen und führt zu unphysiologischen Verhältnissen.

Der Einlauf erfolgt in liegender Stellung am Trochoskop. Man hat die Wahl zwischen Bauch- und Rückenlage des Patienten. In Bauchlage kann man die distalen Abschnitte, Ampulla recti, Sigma, besser sehen, da sie dem Schirm näher liegen, Transversum und Coecum besser in Rückenlage. Man wird also den Einlauf in Rückenlage beginnen und in Bauchlage zu Ende führen. Tritt während des Einlaufs starker Stuhldrang ein, so kann man durch Senken des Trichters die Ampulle entlasten und den Drang beheben.

Die Darstellung des Schleimhautreliefs des Magen-Darmkanals kann die beschriebenen Untersuchungsmethoden in vielen Punkten wertvoll ergänzen. Die Technik beruht darauf, daß *kleine Mengen* Kontrastbrei auf die Schleimhaut dünn und gleichmäßig (durch ausgiebige Massage) verteilt werden, wobei sich der Kontrastbrei in den Furchen der Schleimhaut ansammelt, während die Erhabenheiten von ihm frei bleiben. Ersetzt man die fehlende Auffüllung des Hohlorgans durch Aufblähung mit Luft, so wird dadurch nicht nur die Schleimhaut entfaltet, sondern ihre Zeichnung tritt auch mit erhöhtem Kontrast, fast plastisch hervor. Auf diese Weise kann das Schleimhautrelief des Magens, Zwölffingerdarms und des Dickdarms dargestellt werden.

Magen: Der Patient bekommt auf nüchternen Magen 25 g Bariumsulfat, das mit 5 g Bolus alba vermischt ist, in dicker Aufschwemmung in einem Weinglas Wasser zu trinken. Auf dem Trochoskop wird bei Rückenlage des Kranken der Kontrastbrei durch Massage über den ganzen Magen dünn verteilt und unter dosierter Kompression (wobei man achtet, daß das Schleimhautrelief möglichst deutlich hervortrete) im dorso-ventralen Strahlengang die Aufnahme angefertigt. *Oder*: Nachdem der Kontrastbrei auf die geschilderte Weise über den Magen verteilt ist, wird eine dünne Sonde eingeführt und der Magen mit 400 bis 500 cm³ Luft aufgebläht und sofort eine Aufnahme in Rückenlage des Kranken (aber ohne Kompression) angeschlossen.

Duodenum: Die Duodenalsonde wird bis in den mittleren Teil der Pars descendens duodeni eingebracht. Am liegenden Patienten werden sodann 15—20 cm³ Bariumaufschwemmung ins Duodenum gespritzt und durch Massage und Lagewechsel (rechte und linke Seitenlage) gleichmäßig verteilt. Bei aufrechter Stellung des Kranken wird mittels Gummiballon etwas Luft eingeblasen (unter Kontrolle vor dem Schirm, Perforationsgefahr!) und, wenn das Duodenum genügend entfaltet ist, photographiert.

Darm: Der Darm muß vor der Untersuchung durch hohe Irrigationen gründlich von Kotresten gesäubert werden. Es wird $1^1/_2$ l Kontrastflüssigkeit per Klysma gegeben, durch Massage gut verteilt und sodann durch Senken des Irrigators wieder abgelassen. Danach bleibt ein feiner Wandbeschlag auf der Darmschleimhaut haften, der direkt, oder nach Aufblähung des Darms photographiert werden kann.

Das uropoetische System.

Vorbedingung für die deutliche Darstellung der Niere ist die gründliche Vorbereitung des Kranken für die Aufnahme. Sie besteht in Reinigung des Darms von Kotresten und Beseitigung seines Gasgehaltes. Man verfahre wie folgt: Am Tage vor der Untersuchung morgens 2 Löffel Ricinusöl, abends 6 Uhr Reinigungsklysma mit 2 l lauwarmen Wassers. 2 Stunden darauf nochmaliger Einlauf mit $^1/_2$ l Wasser, in dem 15 g Carbo animalis suspendiert sind. Schlackenarme nicht blähende Kost.

Bei sehr mageren Menschen erscheint auch bei guter Technik meist nur der untere Nierenpol, während bei beleibten Personen die ganze Niere durch den hohen Kontrast gegen das Fettgewebe des Nierenlagers deutlich sichtbar wird. Warzen, kleine Lipome usw. können steinähnliche Schatten auf der Platte ergeben. Die Rückenhaut des Patienten ist vor der Untersuchung daraufhin nachzusehen.

Die *Nierenaufnahmen* müssen unter kräftiger Kompression ausgeführt werden. Dabei kommt es nicht so sehr darauf an, die Niere als solche zu komprimieren (dies ist wegen ihrer Lage im Schutze des Rippenbogens oft nicht möglich), als durch Druck auf die Bauchdecken die Bauchorgane zu fixieren und die abdominale Atmung auszuschalten. Die Kompression ist daher nicht etwa auf den Rippenbogen, sondern unterhalb anzusetzen und erfüllt ihren Zweck auch dann, wenn sie die Niere selbst nicht ganz trifft.

Der Mittelpunkt der Niere ist zu suchen auf einer Linie, die in der Mitte zwischen Proc. xyphoideus und Nabel hindurchgeht, vier Querfinger seitwärts der Mittellinie des Körpers (Abb. 110). Wird auf diesen Punkt (Punkt 7) der Zentralstrahl gerichtet, so erscheint auf einer Platte (18×24 Hochformat) der Nierenschatten im knöchernen Rahmen der zwei untersten Rippen, der Lendenwirbelsäule und des Beckenkammes. Als Kriterium der guten Weichteildifferenzierung ist die Sichtbarkeit des Psoasrandes und des Quadratus lumborum anzusehen.

Die *Ureteren* sind nicht sichtbar, sollen aber auf Konkremente abgesucht werden. Zu diesem Zwecke muß die Gegend ihres Verlaufs photographiert werden. Die Harnleiter ziehen entlang den Querfortsätzen der Lendenwirbelsäule über das Darmbein-Kreuzbeingelenk herab und streben von da in sanftem Bogen den Kreuzbeinrand entlang gegen die Steißbeinspitze. (Dies ist nicht anatomisch, sondern als Projektion gegen das Skelettsystem zu verstehen.) Ihr oberer Abschnitt (bis zur Kreuzung mit dem Darmbeinkamm) wird schon bei der Nierenaufnahme mitberücksichtigt. Für den unteren Teil ist eine Spezialaufnahme erforderlich. Übersichtsbilder, die das ganze uropoetische System auf einer Platte darstellen, sind zu verwerfen. Große, unabgeblendete Photographien stehen auch bei Anwendung einer Streustrahlenblende kleinen, abgeblendeten Detailaufnahmen nach. Des-

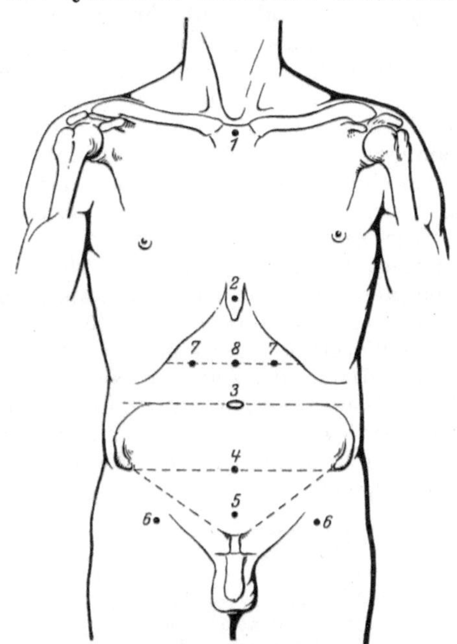

Abb. 110. Projektion einiger Skelet- und Organpunkte auf die vordere Körperfläche.
Es entsprechen: *1* dem 2.—4. Brustwirbel, *2* dem 12. Brustwirbel, *3* dem 3.—4. Lendenwirbel, *4* der Mitte des Kreuzbeins, *5* der Steißbeinspitze, *6* dem Hüftgelenk, *7* dem Nierenlager. Von *8* aus können beide Nieren symmetrisch aufgenommen werden.

halb ist bei Untersuchung des uropoetischen Systems die große darzustellende Bildfläche in einige kleinere Bildteile zu zerlegen. Man muß dabei anders vorgehen bei Anwendung einer Streustrahlenblende und anders wieder, wenn ohne diese gearbeitet wird. In ersterem Falle sind mindestens zwei Aufnahmen erforderlich, 1. beide Nieren auf einem Format 24×30 in Querlage. Eingestellt wird auf den Mittelpunkt zwischen Proc. xyphoideus und Nabel (Punkt 8 der Abb. 110), 2. die unteren Abschnitte der Ureteren auf einem Format 18×24 in Hochlage. Eingestellt wird auf die Mittellinie des Körpers in Höhe der Verbindungslinie der Spin. iliac. ant. sup. (Punkt 4 der Abb. 110). Besser aber ist es, die erste Aufnahme in zwei Teile zu zerlegen und jede Niere einzeln unter ausgiebiger Kompression darzustellen (18×24 Hochformat). Dabei braucht man aber den Einstellungspunkt nicht zu verändern. Die Nieren stellen sich besser in diesem leicht schrägen, mediolateralen Strahlengang dar. Die Röhre bleibt über der Körpermittellinie zentriert, das Bildfeld aber wird durch Abdeckung des Kranken mittels Bleigummi auf das gewünschte Bildformat abgeblendet.

Steht eine Streustrahlenblende nicht zur Verfügung, so muß mit Tubus gearbeitet werden. Wenn ein kleiner Tubus (13 cm Durchmesser) benutzt wird, sind 5 Aufnahmen erforderlich: 1. und 2. Rechte und linke Niere (eingestellt wird wie oben, 4 Querfinger abseits von der Mittellinie; die Aufnahme umfaßt auch den obersten Teil des Ureters), 3. und 4. Die Aufnahmen geben die mittleren Ureterteile wieder (der Tubus wird rechts, bzw. links in das Abdomen zwischen Rippenbogen und Darmbeinkamm eingepreßt). 5. Das Bild umfaßt den unteren Ureterteil und die Uretereinmündung in die Blase (der Tubus wird median, knapp oberhalb der Symphyse in das Abdomen eingedrückt).

Die Aufnahmen sind ausnahmslos im Liegen (Rückenlage) anzufertigen, da nur dann die Bauchdecken erschlaffen und eine wirksame Kompression möglich ist. Eine im Liegen bei manchen Personen auftretende Lendenlordose kann durch einen dreieckigen Bock, der unter die Kniegelenke geschoben wird, ausgeglichen werden.

Die Darstellbarkeit der Nierenkonkremente hängt ab von ihrem Absorptionsvermögen für Röntgenstrahlen. Ist dieses, verglichen mit dem des Gewebes, diesem gleich oder beinahe gleich, so bleiben die Steine im Bilde unsichtbar. Die Vergleichswerte bezogen auf Gewebe $= 1$ sind folgende:

Harnsäure	0,97	unsichtbar
Xanthin	1,00	
Cystin	1,18	
Phosphorsaures Ammoniakmagnesia .	1,20	sichtbar
Phosphorsaurer Kalk	1,25	(H. Schlecht)
Kohlensaurer Kalk	1,25	
Oxalsaurer Kalk	1,36	

Der Darstellung entgehen auch meist die sog. Bakteriensteine; das sind weiche elastische Gebilde von konzentrischer Schichtung und Erbsen- bis Walnußgröße, die fast ganz aus Massen von Bact. coli bestehen.

Zum Glück kommen chemisch reine Steine selten vor, und es werden auch die Harnsäure- und Xanthinsteine durch Beimischung anderer Bestandteile sichtbar. So ist denn der Prozentsatz nicht darstellbarer Nierenkonkremente — richtige Technik vorausgesetzt — ein sehr geringer.

Die Endoradiographie.

Darunter verstehen wir die Darstellung von an sich nicht schattengebenden *Hohlorganen* oder *Gewebsspalten* durch Einführung kontrastgebender Substanzen. Man bedient sich meist schweratomiger öliger Stoffe, hauptsächlich der Jodverbindungen (Lipiodol, Jodipin), die *positive*, und der Luft, die *negative* Kontraste erzeugt. Bei Verwendung von Luft als Kontrastmittel bezeichnet man das Verfahren auch als Pneumoradiographie.

Die Endoradiographie mit positivem Kontrast wird angewandt bei der Darstellung der Gallenblase (*Cholecystographie*), des Nierenbeckens (*Pyelographie*), der Gebärmutter und Eileiter (*Hystero-Salpingographie*), der Bronchiallumina (*Bronchographie*), des Subduralspaltes (*Myelographie*); ferner lassen sich Fistelgänge, die Harnröhre, die Tränenwege, sowie die Nasennebenhöhlen durch Kontrastfüllung darstellen. Auch die übliche Magen-Darmfüllung ist eine Endoradiographie mit positivem Kontrast. Doch ist diese Untersuchung uns so vertraut und alltäglich, daß wir sie nicht als spezielle Untersuchungsart rechnen.

Durch Lufteinblasen können dargestellt werden die Ventrikel des Gehirns (*Encephalo-* oder *Ventriculographie*), der Peritonealspalt (*Pneumoperitoneum*), die Gelenkhöhlen und das Nierenlager.

Endoradiographien mit positivem Kontrast.

Die Cholecystographie.

Nach der Sichtbarmachung der Gallenblase stand seit langem schon der Ehrgeiz und das Streben der Röntgenologen; denn die Differentialdiagnose zwischen Ulcus duodeni, Cholelithiasis und Appendicitis bereitet den klinischen Untersuchungsmethoden unlösbare Schwierigkeiten. Wenn auch die Erkennung des Ulcus duodeni bereits zu den festen Errungenschaften der Röntgendiagnostik zählt, bliebe die abdominelle Differentialdiagnostik immer noch ein Rechnen mit mehreren Unbekannten, hätten die Fortschritte der letzten Jahre hier nicht Wandel geschaffen.

Die Lage der Gallenblase ist für ihre Darstellung eine recht ungünstige. Zwar liegt sie ziemlich nahe der vorderen Bauchwand an und kann gut an die Platte herangebracht werden, doch müssen die Strahlen dabei erst das größte und dabei bluthaltigste, drüsige Organ des Körpers, die Leber, durchsetzen. Die durchblutete Leber aber ist ein absolutes Hindernis für die Darstellung der Gallenblase ohne Anwendung künstlicher Kontraste. Das Pneumoperitoneum ist nicht sehr beliebt, umständlich und nicht ungefährlich; dabei deckt es nur Gallenblasentumoren und hydropisch erweiterte Gallenblasen auf.

Andere Wege geht die Cholecystographie: Salze von hohem Atomgewicht, die sich in der Leber anreichern und mit der Galle ausgeschieden werden, liefern ein Kontrastbild der Gallenblase. Von den zahlreichen Präparaten, die zu diesem Zwecke versucht worden sind, hat sich das Natriumsalz des Tetrajodphenolphthaleins am besten bewährt. In die Blutbahn injiziert (*intravenöse Methode*) oder nach Resorption des per os gegebenen Mittels durch den Dünndarm (*perorale Methode*) erreicht es nach ca. 16—20 Stunden eine solche Konzentration in der Gallenblase, daß auf photographischem Wege ein kontrastierendes Füllungsbild erhalten werden kann. Zur peroralen Verabreichung wird auch das Dijodatophan (Biloptin) verwendet, doch wurden nach seiner Anwendung Nierenschädigungen, in einem Falle sogar ein Icterus gravis beobachtet, so daß große Zurückhaltung gegen dieses Mittel am Platze ist. (Das Dijodatophan wird in Gaben von 4—5 g in $^1/_4$ l warmer Milch verabreicht.)

Die intravenöse Methode. Zur Herstellung der Injektionsflüssigkeit werden 3—4 g des Salzes in 40 cm³ sterilem, destilliertem Wasser gelöst, die Lösung filtriert und 15—20 Minuten im Wasserbad sterilisiert. Die auf Körperwärme abgekühlte Lösung ist zur Injektion fertig. Die Flüssigkeit muß langsam, tropfenweise eingespritzt werden. Die Injektion soll 20—30 Minuten in Anspruch nehmen. Sicherer ist es, in zwei Teilen mit je $^1/_2$ stündigem Abstand zu injizieren. Die Substanz reizt die Haut nicht, subcutan oder intramuskulär macht sie Nekrose.

Die perorale Methode. Die perorale Methode hat nach den großen Hoffnungen, die man anfänglich in sie gesetzt hat, enttäuscht. Die unsicheren Resorptionsverhältnisse des Salzes vom Darmtrakt aus führen in einem recht hohen Prozentsatz zu Mißerfolgen, und dadurch wird einer der Grundpfeiler der Gallenblasendiagnostik, nämlich das Nichterscheinen des Gallenblasenschattens, erschüttert und die ganze Methode in Frage gestellt. Deshalb ist ein großer Teil der Untersucher wieder zur klassischen intravenösen Methode zurückgekehrt. Doch ist ein Versuch mit der weniger eingreifenden oralen Methode immer angezeigt, um so mehr als bei sorgfältiger Durchführung die orale Methode in normalen Fällen und bei nicht infizierten Gallensteinen stets zum Ziele führt. Sie kann also gut zum Ausschluß solcher Fälle dienen.

Sein Hauptaugenmerk hat man dabei auf die gründliche Vorbereitung des Kranken und die richtige Keratinisierung der Pillen zu richten. Da nämlich das Kontrastmittel durch den Magensaft ausgefällt wird, muß es vor dessen Einwirkung durch eine Keratinhülle geschützt werden, die nach Vorverdauung durch das Magensekret sich erst im Dünndarmsaft auflöst. Von hier aus und vom Dickdarm wird der Farbstoff resorbiert. Die Auflösung der Keratinhülle ist nun vom Ineinandergreifen des Magen- und Dünndarmchemismus abhängig. Bei Hyperchlorhydrie wird der Farbstoff gefällt; er erscheint dann im Cöcum, Ascendens und in der Flex. hepatica in Gestalt feiner, wolkiger Schatten. Bei Achlorhydrie oder bei Insuffizienz des Pankreas werden die Pillen überhaupt nicht verdaut. Aber auch unter normalen Verhältnissen werden fabrikmäßig gehärtete Kapseln unverdaut bleiben, wenn sie nämlich durch längeres Lagern zu rigide wurden. Es ist deshalb ratsam, die Keratinisierung selbst vorzunehmen oder knapp vor Verbrauch der Pillen vom Apotheker vornehmen zu lassen. Das Kontrastmittel wird in Pulverform in Gelatinekapseln gefüllt und diese für 2—4 Sekunden in die folgende, frisch zubereitete Keratinlösung getaucht: Keratini 7,0, Alkohol. dilut., Aquae ammoniat. aa 50,0 und danach auf ein Drahtsieb zum Trocknen ausgelegt (ZOLLSCHAN). Nach einigen Stunden, wenn sie sich von der Unterlage ohne Gewaltanwendung abheben lassen, sind sie verwendungsfähig. Da der Farbstoff durch Licht verändert wird, muß die Herstellung in der Dunkelkammer vorgenommen werden. Man gibt 1 g Kontrastmittel pro 10 kg Körpergewicht des zu Untersuchenden.

Die Gallenblase erscheint in dem Viereck, das gebildet wird, durch den unteren Leberrand, die rechte Axillarlinie, die Crista ilii und die Lendenwirbelsäule. Die Achse der Gallenblase kann vertikal oder schräg nach außen oder innen verlaufen. Der Schatten wird gewöhnlich nach 12 Stunden sichtbar, verkleinert sich etwas und wird dichter nach weiteren 4 Stunden. Läßt man sodann eine fette Mahlzeit (Grießbrei mit reichlich Butter oder süßer Sahne) einnehmen, so verkleinert sich der Schatten wesentlich. Form und Größe der Gallenblase sind im allgemeinen abhängig vom Habitus des Kranken; asthenische Menschen haben meist eine lange, schmale, untersetzte eine mehr kurze, kugelige Gallenblasenform.

Die Kriterien der *Güte eines Gallenblasenbildes* sind: Sichtbarkeit des unteren, vorderen Leberrandes und der Niere. Der Nierenschatten zeigt ein Maximum der Intensität vor dem Erscheinen des Gallenblasenkontrastbildes. Besonders kontrastreich wird der Nierenschatten in Fällen verzögerter oder behinderter Farbstoffausscheidung durch die Leber. Es hängt dies damit zusammen, daß die Niere die Ausscheidung an Stelle der Leber übernimmt und sich mit dem Farbstoff anreichert.

Für die Schattendichte ist die Konzentrationskraft der Gallenblase, also die normale Funktion der Gallenblasenschleimhaut, der wesentlichste Faktor. Um eine hohe Konzentration zu erzielen, ist darauf zu achten, daß nach Einnahme des Kontrastmittels kein Gallenfluß mehr stattfinde und so die Konzentrationsarbeit der Gallenblase nicht gestört werde. Da Gallenfluß ausgelöst wird, sowie Speisebrei ins Duodenum eintritt, muß der Kranke nach Einverleibung des Kontrastmittels bis zur Ausführung der Photographie sich *jeglicher Nahrung enthalten.* Trinken von Wasser ist dagegen in beliebigen Mengen gestattet.

Die Aufnahme wird meist in Bauchlage gemacht. Die Platte wird vom rechten Rippenbogen gequert. Eingestellt wird vom Rücken her, 4 Querfinger rechts von der Mittellinie, in Höhe des zweiten Lendenwirbels. Bei der Wahl der Projektion ist vor allem darauf zu achten, daß der Schatten der Gallenblase nicht mit dem Wirbelsäulenschatten zusammenfalle. Ferner ist zu vermeiden, daß das Bild der Gallenblase in den Leberschatten projiziert werde. Der ersten Forderung wird Genüge getan, indem etwas schräg von rechts außen eingestellt wird; die Wirbelsäule wird dadurch nach links wegprojiziert. Neigt man dabei das Röhrenkästchen leicht kranialwärts, so tritt der Gallenblasenschatten tiefer und aus der Leber heraus. Die Aufnahme erfolgt in tiefster Exspiration. Bei nicht zu dicken Patienten kann man in Rückenlage photographieren, wobei man genau wie zur Nierenaufnahme einstellt, aber den Zentralstrahl etwas schräg von oben nach unten einfallen läßt. Auch im Stehen läßt sich die Aufnahme unter Kompression wie eine Magenaufnahme ausführen.

Die Cholecystographie gibt nicht nur über Form und Lage des Organs, sondern auch über seine Funktion Auskunft. Diese Funktionsprüfung der Gallenblase auf Konzentrationsfähigkeit ist zumindest ebenso wichtig wie der Nachweis pathologischer Form- und Lageveränderungen. Um alle Möglichkeiten, die sich aus dem Gang der Untersuchung ergeben, voll auszunützen, empfiehlt sich folgendes Vorgehen: Vor Einverleibung des Kontrastmittels *Leeraufnahme*. Diese hat den Zweck, uns mit dem Hintergrund, auf dem die Gallenblase erscheinen soll, bekannt zu machen, um evtl. an sich schon sichtbare Steine aufzudecken und ferner bei sehr schwacher oder nicht erfolgender Füllung die fälschliche Konstruktion eines Schattens aus Darmteilen oder anderen Weichteillinien zu verhüten. 12 Stunden nach Einnahme des Mittels *zweite* Aufnahme, nach weiteren 4 Stunden die *dritte*. Hat der Schatten einen hohen Grad der Intensität erreicht, so wird eine fettreiche Mahlzeit verabfolgt und 2 Stunden darauf ein *viertes* Bild angefertigt, um die Kontraktionsfähigkeit der Gallenblase zu prüfen. Bei der *fünften* Aufnahme, 24 Stunden nach Einnahme des Farbstoffes, soll der Schatten normalerweise verschwunden sein.

Vorbereitung des Patienten. Reinigung des Darms wie zur Nierenaufnahme. Ist dies erfolgt und sind auch alle Gase beseitigt (was vor dem Schirm zu kontrollieren ist), so kann die Einverleibung des Kontrastmittels erfolgen. Während der Vorbereitungen bekommt der Patient schlackenarme, nicht blähende Kost (Grießbrei, Schinken, geschabtes Fleisch, Zwieback). 4 Stunden vor Eingabe des Kontrastmittels letzte Mahlzeit. Von da ab bis zur Aufnahme Fasten; Trinken von alkalischen Wässern gestattet. Um die Gallenblase für die Aufnahme des Kontrastmittels vorzubereiten, muß sie durch Hypophysininjektion entleert werden. Dies wird eine Stunde nach Einnahme des Kontrastmittels getan.

Die intravenöse Methode hat ihre *Gefahren:* toxische Reaktion (Blutdrucksenkung bis zum Vasomotorenkollaps) und Thrombophlebitis an der Injektionsstelle. Um der ersteren zu begegnen, verabreicht man kurz vor der Injektion 1 mg Atropin. Die Phlebitis ist durch Nachspritzen von Ringerlösung vor Zurückziehen der Nadel zu vermeiden. Wegen der starken Vagusreizwirkung und der Gefahr des Vasomotorenkollapses ist bei senilen Patienten, bei Myokardschädigungen und bei Vorhandensein kardiorenaler Symptome die Injektion zu unterlassen. Ein unschädliches Mittel ist bisher nicht gefunden worden. Als weniger giftig hat sich das Isomere des Tetrajodphenolphthaleins nämlich, das *Phenoltetrajodphthalein* erwiesen. Dieses Mittel ist zwar wesentlich teurer, läßt sich aber gleichzeitig als Farbstoffprobe für die Leberfunktion verwenden.

Mit Rücksicht auf die Giftwirkung des Mittels ist eine Kontrolluntersuchung (intravenös nach zweifelhaftem peroralen Resultat) erst nach Ablauf einer Woche angebracht.

Die Pyelographie.

Darstellung des Nierenbeckens durch Füllung mit kontrastgebenden Substanzen. Es werden erkannt Anomalien, Erweiterungen des Nierenbeckens, Nierentuberkulose, Nierentumoren. Kontraindiziert ist die Pyelographie bei Pyonephrose. Als Kontrastmittel dient Jodlithiumlösung (Umbrenal) oder auch 25proz. Bromkalium. Für normale Nierenbecken braucht man 3—15 ccm, in pathologischen Fällen 60—80 cm^3.

Der Katheter wird unter den Kautelen, die für den Ureterkatheterismus gelten, bis ins Nierenbecken vorgeschoben (ca. 25 cm hoch). Man lasse den Urin aus dem Nierenbecken abfließen und fange ihn auf, um so einen Anhaltspunkt über die Kapazität des Nierenbeckens zu gewinnen. Danach bestimmt sich die Menge der zu injizierenden Kontrastflüssigkeit. Eine Spannung des Nierenbeckens, die dem Kranken Schmerz in der Nierengegend oder auch in der Leistenbeuge bereitet, fordert zum Abschluß der Injektion auf. Der zu Untersuchende muß deshalb angehalten werden, Schmerzsensationen anzugeben. Der Ureterkatheterismus kann auf urologischen Spezialgeräten vorgenommen werden. Sobald der Katheter sitzt, ist der Patient auf den Aufnahmetisch zu lagern, Platte und Röhre einzustellen und die Aufnahme bis auf das letzte Signal vorzubereiten. Dann erst wird mit der Injektion begonnen. Die Aufnahme kann sofort nach der Füllung erfolgen. Einstellung wie für die Niere.

Für manche Fälle (namentlich große Hydronephrosen oder wenn Verdacht auf Steine vorliegt, die aber im gewöhnlichen Röntgenbild sich nicht darstellen) ist die *Luftfüllung* geeigneter. Man verfahre, wie oben angegeben, nur daß man statt des flüssigen Kontrastmittels nun die gleiche Menge Luft mit der Pravazspritze einbläst. Als *Nebenerscheinungen* können Druck in der Nierengegend, Übelkeit und Erbrechen bei leichtem Fieber auftreten.

Indiziert ist die Pyelographie bei hartnäckigen Infektionen des Harntrakts, bei Hämaturien, die nicht einwandfrei als Systemerkrankung oder akute Entzündung der unteren Harnwege erkennbar sind, ferner bei nicht lokalisierten abdominellen oder retroperitonealen Tumoren, die in irgendeiner Beziehung zur Niere oder zum Harnleiter stehen könnten.

Die Cystographie.

Die Blase wird mit 10 proz. Bromnatrium gefüllt; es sind 30—100 cm^3 erforderlich. Die ventro-dorsale Aufnahme allein ist nicht ausreichend, da bei einem Divertikel der Blasenhinterwand das Divertikel durch den Blasenschatten überdeckt wird; deshalb sind seitliche und axiale Aufnahmen notwendig. Nach der Aufnahme Entleerung der Blase und Nachspülen mit abgekochtem Wasser.

Die Cystographie kann die Cystoskopie nicht ersetzen, soll sie aber ergänzen. Besonders wertvoll ist sie zur Feststellung der Größe und Entleerungsfähigkeit der Blasendivertikel; Bedeutung kommt ihr auch zu bei der Darstellung von Fisteln der Harnwege.

Die Hysterosalpingographie.

Als Kontrastmittel dient Lipiodol oder 20 proz. Jodipin. Die Uterusfüllung kann nach zwei prinzipiell verschiedenen Methoden ausgeführt werden, und zwar 1. bei *nicht verschlossener* Cervix, 2. bei *festverschlossener* Cervix. In ersterem Falle füllt man mit einem kurzen, nur über den inneren Muttermund reichenden Metallkatheter tropfenweise in Mengen von 1—5 cm^3 die Uterushöhle. Die Aufnahme muß dabei sofort nach erfolgter Füllung vorgenommen werden. Nach der anderen Methode hingegen wird der Katheter mit einer Gummieichel armiert, die nach Einführung des Katheters fest gegen den äußeren Muttermund angepreßt wird.

Die Cervix wird im Speculum eingestellt, mittelst Kugelzange an der vorderen Muttermundlippe gefaßt und nach vorne gezogen. Reinigung und Jodanstrich des Muttermundes. Nun wird der mit einer 5-cm³-Spritze verbundene Uteruskatheter in den Cervixkanal eingeführt, die Eichel, die sich 5 —7 cm vor seinem Ende befindet, fest an den Muttermund angepreßt und der Inhalt der Spritze unter gelindem Druck in das Uteruscavum entleert. Um die Luft aus dem Katheter zu verdrängen, wird vor der Einführung der Katheter gefüllt (ca. 1 cm³ Kontrastflüssigkeit). Die Uterushöhle faßt durchschnittlich 1,5—2,5 cm³. Um auch die Tuben darzustellen, sind durchschnittlich 5 cm³ notwendig.

Patient in Rückenlage, der Zentralstrahl wird auf den oberen Rand der Symphyse eingestellt. Es genügt eine Platte 18×24 Hochformat. Stereoskopische Aufnahmen sind sehr vorteilhaft. Zur Feststellung der Tubendurchgängigkeit reicht *eine* Aufnahme nicht aus. Es ist unbedingt eine Kontrollaufnahme 10 Minuten nach erfolgter Füllung anzuschließen, und in manchen Fällen auch in 24 Stunden, da sich nur dann das frei in der Bauchhöhle befindliche Öl von dem in einer Sactosalpinx befindlichen durch seine veränderte Form und Lage unterscheiden läßt.

Die Bronchographie.

Unter Bronchographie versteht man die Einführung von Jodöl in das Bronchialsystem der Lunge. Die Einführung kann auf zweierlei Art geschehen. Entweder wird das Öl nach gründlicher Anästhesie des Kehlkopfes und des oberen Teils der Trachea in die Luftröhre injiziert — *supraglottische* oder *transglottische* Methode. Zu diesem Zwecke wird eine gebogene Kanüle an eine Spritze gesetzt, hinter den Zungengrund gebracht und in die Stimmritze eingeführt. Oder es wird nach Anästhesie der Haut und Unterhaut eine gebogene Nadel durch die Membrana krikothyreoidea direkt in das Trachealiumen gestoßen. Zu einer Untersuchung benötigt man durchschnittlich 20 cm³ Öl, bei Verdacht auf große Hohlräume kann man auch das Doppelte einverleiben.

Während der Injektion muß der Kranke in die zweckentsprechende Lage gebracht werden, damit das visköse Öl, der Schwere folgend, sich in die gewünschten Lungenteile ausbreite. Also: sollen die mittleren oder die unteren Teile des Bronchialsystems einer Seite dargestellt werden, so muß sich der Kranke mit leicht erhobenem Oberkörper auf die entsprechende Seite legen; kommt es mehr auf die oberen Lungenabschnitte an, so muß eventuell die Beckenhochlage angewendet werden. Dabei ist darauf zu achten, daß das Lipiodol nicht in den Pharynx zurückfließt. Überhaupt ist sorgfältig zu vermeiden, daß Jodöl in den Magen-Darmtrakt gelange. Die Lunge resorbiert es in so geringen Mengen, daß eine toxische Wirkung nicht zu befürchten ist. Anders aber, wenn durch fehlerhafte Technik oder durch heftige Hustenstöße des Kranken das Öl ausgehustet, verschluckt wird und in den

Magen gelangt. Von hier aus wird es rasch resorbiert und kann zu Jodismus führen. Man sei also mit der Indikation der Bronchographie in Fällen von Hyperthyreoidismus, Störungen der Nierenfunktion, sowie bei Idiosynkrasie gegen Jod sehr zurückhaltend.

Während der Injektion kann man vor dem Schirm das Hinabgleiten des Öls verfolgen und durch Lagerung des Kranken an die gewünschten Stellen dirigieren. Die Aufnahme erfolgt am besten 2—3 Minuten nach der Injektion.

Die Bronchographie ist indiziert in Fällen, wo bei klinischem Verdacht auf Bronchiektasen diese im gewöhnlichen Lungenbild sich nicht darstellen oder von vornherein nicht sichtbar werden, weil sie entweder durch eine allgemeine Verschattung des Lungenfeldes zugedeckt sind oder hinter dem Herzschatten oder der Zwerchfellkuppe verborgen bleiben. Sehr wertvoll ist die Methode beim Bronchuskarzinom, wo sie eine direkte Diagnosestellung ermöglicht.

Wird das Jodöl dem Licht, feuchter Luft oder hohen Temperaturen ausgesetzt, so scheidet sich freies Jod ab, und die Flüssigkeit färbt sich braun. So verfärbtes Öl darf zur Injektion nicht gebraucht werden. Es ist ratsam, das Öl, um es flüssiger zu machen, zur Injektion leicht anzuwärmen.

Die Myelographie.

Die Myelographie versetzt uns in die Lage, den Subduralspalt mit Hilfe eines Kontrastmittels röntgenologisch zu durchforschen. Das Kontrastmittel wird durch Suboccipitalstich in den Subduralspalt eingebracht. *Technik.* Patient in Seitenlage. Eingehen mit der Injektionsnadel in der Mittellinie in der Mitte zwischen Protuberantia occipitalis externa und Tuberculum atlantis posterius. Sobald die Kanüle sitzt, läßt man den Patienten aufsitzen und injiziert nun langsam 1—2 cm³ Jodipin oder Lipiodol. Die Nadel wird nicht sogleich wieder entfernt, damit das Öl nicht durch den Stichkanal entweiche. Nach Entfernung der Nadel wird der Rücken des sitzenden Kranken leicht beklopft, um das Herabsinken des Jodipins zu beschleunigen. ¹/₂—1 Stunde nach der Injektion kann die Aufnahme erfolgen.

In normalen Fällen sinkt das Kontrastöl in sirupähnlichen Strängen und Tropfen nach abwärts, unregelmäßige, längliche, dunkle Flecken in einer Ausdehnung über 4—6 Wirbel ergebend. Das Kontrastmittel sammelt sich allmählich in der Cauda equina. Dieser Vorgang beansprucht längere Zeit. Aus dem Subduralspalt entweicht ein Teil des Kontrastmittels durch die Foramina intervertebralia und kann später längs der Rippen und spinalen Wurzeln in den Nervenscheiden nachgewiesen werden. Intradurale Tumoren, destruktive Wirbelerkrankungen (Karzinom, Malum Potti), Frakturen, bisweilen auch Spina bifida occulta, führen zu einem Verschluß des Subduralspaltes und zur Stockung des Lipiodols oberhalb dieser Stelle.

Das Kontrastmittel umschließt bei aufrechter Stellung des Kranken in Form eines Hohlzylinders das Rückenmark. In Rückenlage dagegen sammelt es sich in den Seitenteilen des Subduralspaltes an; denn vom

Boden wird es durch das dorsal sinkende Mark verdrängt (Abb. 111).
Es ergeben sich daraus zwei parallele Randstreifen des Rückenmark-
kanals, die im Bilde der Wirbelsäule sichtbar
werden.

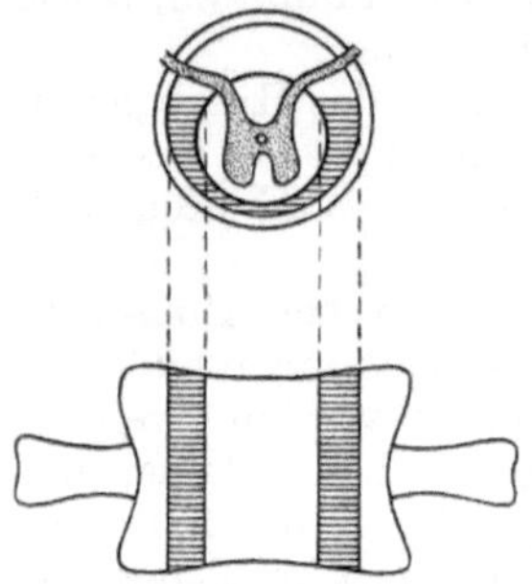

Abb. 111. Die Myelographie.
In Rückenlage des Patienten wird
das Kontrastöl durch das dorsal
sinkende Mark nach den Seiten-
wänden des Subduralspalts verdrängt und erscheint im Bilde
als parallele Randstreifen.
Nach E. REISER.

Es soll nicht verabsäumt werden, noch vor
der Injektion eine Aufnahme des zu untersuchenden Wirbelsäulenabschnittes anzufertigen, um evtl. Knochenveränderungen, die
differentialdiagnostisch von Bedeutung sein
können, unverdeckt durch Lipiodol auf die
Platte zu bekommen. Ist eine Kompression
des Subduralspalts festgestellt worden, so muß
diese Stelle in aufrechter Stellung im sagittalen und auch frontalen Strahlengange photographiert werden. Auch eine Aufnahme in
liegender Stellung kann von Nutzen sein, indem sie die Kompressionsstelle als Aussparung
zwischen den zwei Randstreifen anzeigt. Die
Befunde müssen durch Kontrollaufnahmen in
den folgenden Tagen nachgeprüft werden.

Nebenerscheinungen können mitunter beobachtet werden. Sie bestehen
in Temperaturanstieg, Kopfschmerzen, Rückensteifigkeit, Schmerzen in
den unteren Extremitäten. Die Beschwerden klingen nach 2—4 Tagen ab.

Die Fistelfüllung.

Als Kontrastmittel dient eine Paste, bestehend aus 1 Teil Wismut
und 2 Teilen Vaselin, die, auf Körpertemperatur erwärmt, in den Fistelgang injiziert werden (BECK). Oder man verwendet Zirkonoxyd, das
mit Kakaobutter zu Stäbchen geformt bei der Fistelfüllung bessere
Dienste leistet und dabei ungiftig ist. Man benütze das folgende Rezept
(nach HOLZKNECHT):

Zirkonoxyd chem. pur.
Butyri cacao   āā
Xeroformi 5 %
S. Fiant bacilli longitudine 8 mm, crassitudine 2 mm.

Im Notfall kann Ba. sulf. das Zirkonoxyd ersetzen. Die Stäbchen
werden mittels Pinzette gefaßt und in die Fistelöffnung eingeführt. Da
der Schmelzpunkt der Kakaobutter etwas unterhalb der Körpertemperatur liegt, zerfließen die Stäbchen, sowie sie in den Fistelgang ein-
gedrungen sind. Das Sekret, das durch die schwere Füllmasse verdrängt
aus der Fistelöffnung quillt, wird mit einem Gazetupfer weggewischt.
Sobald Füllmasse aus der Fistel zurückzufließen beginnt, ist die
Füllung als beendet zu betrachten. Indem man jetzt den Fisteleingang
durch Chloräthylspray vereist, bildet sich von selbst eine Plombe, die
die Fistelöffnung verschließt. Nunmehr wird zur Orientierung der Aufnahme die Fistelöffnung mit einem Metallring (Wäscheknopf) markiert
und eine Aufnahme (am besten stereoskopisch) angefertigt.

Die Untersuchungsmethode gibt Aufschluß über Form, Ausdehnung und Ursprung der Fistel. Vor allem klärt sie darüber auf, ob der fistulierende Prozeß in den Weichteilen sitzt, oder in Beziehung zum Knochen steht.

Die Fistelfüllung darf nur dann vorgenommen werden, wenn die Fistel vollständig von Granulationen ausgekleidet ist, also die Fistel nur Eiter, aber kein Blut mehr entleert und im Fisteltrichter die Granulationsauskleidung sichtbar ist.

Die Füllmasse wird innerhalb 3, spätestens innerhalb 24 Stunden von selbst ausgestoßen. Die Ausstoßung kann durch heiße Umschläge beschleunigt werden.

Endoradiographien mit negativem Kontrast.

Die Encephalographie (Ventrikulographie).

Die Encephalographie gestattet, Lage, Form und Größe der Ventrikel und (durch Füllung des Subarachnoidalraumes) das Oberflächenrelief des Gehirns zu erkennen. Sie ist nicht nur zur Lokalisation von Hirntumoren, sondern auch zur Erkennung von Hirnhautverwachsungen und Passagestörungen zwischen den Ventrikeln wertvoll. Die Indikationen sind: Tumor, Epilepsie, Paralyse, Porencephalie, Hirntraumen, Hydrocephalus congen. und ex vacuo.

Die Lufteinblasung kann geschehen 1. *direkt* in einen der Seitenventrikel, 2. *indirekt* durch den Lumbalsack. Die direkte Methode wird nur wenig angewendet. Meist wird das Gas durch Lumbalpunktion in den Lumbalsack eingebracht. Da dieser mit den Hirnventrikeln sowie mit dem Subarachnoidalraum normalerweise in offener Kommunikation steht (Foramen Magendi, Foramina Luschka, Aquaeductus Sylvii, Foramen Monroi), so füllt die Luft, bei aufrechter Stellung des Kranken natürlich nach oben steigend, die Ventrikel und den Subarachnoidalraum aus. Ist eine oder sind mehrere der Kommunikationsöffnungen verschlossen, so füllen sich nur die kommunizierenden Teile. In Fällen von Tumor der hinteren Schädelgrube oder auch des Schläfenlappens ist die Kommunikation zwischen Lumbalsack und Hirnventrikeln meist unterbrochen. Man wird also von vornherein bei Verdacht auf solche Lokalisation zur *direkten* Ventrikelpunktion schreiten.

Die Lumbalpunktion wird wie gewöhnlich ausgeführt. Es wird so viel Liquor abgelassen, als man Luft einzublasen beabsichtigt. 50—80 cm^3 sind hinreichend. In Quantitäten von je 15 cm^3 und Intervallen von je $^1/_4$ Stunde läßt man Liquorflüssigkeit abfließen und bläst gleich darauf mit der Pravazspritze das gleiche Volumen Luft ein. Es ist sogar ratsam, das Luftquantum stets etwas geringer zu halten, da unter dem Einfluß der Körpertemperatur die Luft sich ausdehnt und den intrakraniellen Druck vermehrt. Die Luft dringt zunächst in die Ventrikel und breitet sich erst danach in den Subarachnoidalraum aus. Die Resorption erfolgt in umgekehrter Reihenfolge: erst verschwindet die Luft aus dem Subarachnoidalraum und dann erst aus den Ventrikeln.

Die Aufnahme muß in aufrechter Stellung erfolgen. Es sind 5 Bilder anzufertigen: 1 und 2 rechts und links seitlich, 3 und 4 anterio-posterior und posterior-anterior, 5 parieto-submental. Statt dieser 5 Aufnahmen sind zwei stereoskopische Aufnahmen, nämlich seitlich und occipito-frontal nicht nur praktischer, sondern auch diagnostisch wertvoller. NB. Die Ventrikulographie hat eine Mortalität von 8% (!) Die Encephalographie dagegen eine von kaum 1%.

Das Pneumoperitoneum.

Gründliche Vorbereitung des Patienten wie zur Nierenaufnahme. Kurz vor der Untersuchung nochmalige Reinigung des Darms durch Einlauf.

Patient in Rückenlage. Nach Desinfektion der Haut, Eingehen mit einer 1 mm dicken Kanüle etwas lateral von der Mitte der Verbindungslinie zwischen Nabel und Spina iliaca auf der linken Seite. Sobald man glaubt, in der Bauchhöhle zu sein, spritzt man zunächst aus einer Rekordspritze ca. 10 cm³ physiologische Kochsalzlösung ein. Geht der Spritzenkolben leicht, so können wir sicher sein, daß die Nadel im Cavum peritoneale sitzt. Durch die Kochsalzlösung werden die zunächst liegenden Darmschlingen beiseite gedrängt, und man kann mit der Nadel gefahrlos etwas tiefer gehen. Jetzt nimmt man die Spritze ab und verbindet die Kanüle mit dem Schlauch eines Pneumothoraxapparates.

Die Gasmenge, die erforderlich ist, schwankt zwischen 1—4 l. Man wird etappenweise in Teilportionen einblasen, wobei man auf das subjektive und objektive Verhalten des Patienten achtet. Schulterschmerz, Atemnot und Pulsverkleinerung mahnen zum Abbruch der Insufflation. Am leichtesten ist das Pneumoperitoneum anzulegen bei Vorhandensein von Ascites, da man nur zu punktieren und die abgelassene Flüssigkeit durch Luft zu ersetzen braucht.

In *aufrechter Stellung* sind sichtbar: die oberen Konturen von Leber und Milz, sowie die Bögen des Zwerchfelles. In *rechter Seitenlage* stellt sich die Seitenkontur der Milz, in *linker* die Seitenkontur der Leber dar. Die beste Übersicht bietet die *Bauchlage auf dem Trochoskop*; Leber, Milz und Nieren werden in vollem Umfang sichtbar.

Gefahren: 1. *Anstechen einer Darmschlinge*. Bei guter Vorbereitung des Patienten (1—2 Tage fasten vor Vornahme des Eingriffs) sind die Folgen nicht weiter schlimm und gehen ohne Zwischenfall vorüber. Schon nach Einblasen der ersten Luftmenge kann man bei seitlicher Durchleuchtung sehen, ob die Nadel frei in den Luftraum hineinragt oder in Darm oder Netz eingespießt ist, und kann ihre Lage korrigieren. 2. *Emphysem der Bauchwand*: Um dieses zu verhüten, spritzt man, wie oben beschrieben, nach Einstoßen der Nadel zunächst Kochsalzlösung ein.

Die Pneumoradiographie der Gelenke.

Die Gasfüllung der Gelenke hat nur für das Kniegelenk mit seinem komplizierten intraartikulären Band- und Knorpelapparat praktische Bedeutung. Gewisse Veränderungen werden erst auf diese Weise sichtbar, so Bandzerreißungen, Dislokation und Zerreißung der Menisken.

Technik: Nach Lokalanästhesie der Haut, Einführung der Nadel am unteren Rand der Patella bei leichter Beugestellung des Gelenks. Bis 75 cm³ Gas sind notwendig, am besten chemisch reiner Sauerstoff oder Kohlensäure, die durch chemische Reaktion frisch erzeugt werden und durch einen geeigneten Drägerapparat der Punktionsnadel zugeführt werden. Der Gasdruck darf nicht zu hoch ansteigen, da sonst Kapselrisse, namentlich im oberen Recessus eintreten können, wobei das Gas in die Muskelinterstitien eindringt. Man benütze zur Punktion möglichst dünne Kanülen, um ein Entweichen des Gases durch den Stichkanal zu verhüten.

Wie bei allen Lufteinblasungen besteht auch hier die Gefahr der Luftembolie.

Die Pneumoradiographie der Niere.

In Höhe des ersten Lendenwirbels, 5 cm seitlich von der Medianlinie, wird die Punktionsnadel eingestoßen und Luft in den Retroperitonealraum eingelassen. *Technik* wie bei der Füllung der Gelenke. Die Niere wird auf dem mit Gas infiltrierten, lockeren perirenalen Gewebe kontrastreich sichtbar. Das Verfahren hat seine großen Gefahren (Luftembolie). Man wird es meist entbehren können, da bei vollendeter Technik und Verwendung einer Streustrahlenblende sich die ganze Nierenkontur, auch der obere Pol, ja in vielen Fällen sogar die Nebenniere einwandfrei darstellen lassen. Kommt man auf diese Weise nicht zum Ziel, so ist das Pneumoperitoneum vorzuziehen.

VII. Lagebestimmung von Fremdkörpern.

Der Nachweis des Vorhandenseins eines Fremdkörpers ist, wenn sein Absorptionsvermögen größer als das der Umgebung ist, leicht; jede gute Aufnahme verrät ihn. Über seine Lage läßt sie uns im unklaren. Er kann auf jedem Punkte des abbildenden Strahls, ja außerhalb des Körpers (über oder unter ihm) liegen. Die so beliebte Ergänzung durch eine zweite Aufnahme, rechtwinklig zum ersten Strahlengang, ist die Vervollständigung des eingeschlagenen Irrweges. Indem wir meinen, eine Exaktheit erreicht zu haben, fallen wir dem Irrtum vollständig in die Arme. Wie dieser zustande kommen kann, zeigt Abb. 112. Ein an der Oberfläche einer Kugel liegender Körper wird innerhalb der

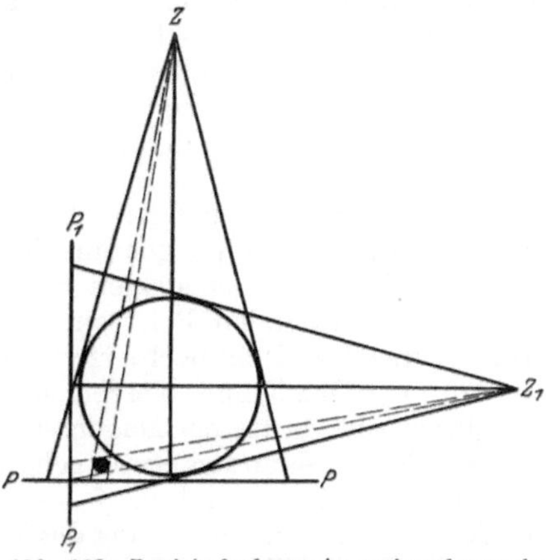

Abb. 112. Zwei Aufnahmen in zueinander senkrechten Projektionsrichtungen können bei der Bestimmung der Lage von Fremdkörpern zu Fehlschlüssen verleiten. Ein auf der Oberfläche einer Kugel liegender Körper scheint beim Strahlengang Z und Z_1 auf den Platten PP und P_1P_1 *in* der Kugel zu liegen. Nur wenn die Strahlen im Punkte, wo der Körper die Kugelfläche berührt, tangential verlaufen, wird seine Lage sich richtig darstellen.

Kugel liegend erscheinen. Zwei Aufnahmen in zwei verschiedenen Projektionsrichtungen reichen also nicht für jeden Fall aus. Ja auch mehrere Aufnahmen könnten in diesem Falle zum selben Fehlschluß führen. Wir brauchten unendlich viele Aufnahmen in verschiedenen Projektionsrichtungen oder bei wenigen Aufnahmen eine bestimmte Methode, die uns Aufschlüsse über die wirkliche Lage des Fremdkörpers gibt.

Wir können einen Fremdkörper anatomisch lokalisieren, indem wir ihn in Beziehung zu Muskeln, Knochen oder anderen Organen setzen: *anatomische Lokalisation,* oder wir bestimmen seine Tiefe nach seinem Abstand von bestimmten Hautmarken: *geometrische Lokalisation.* Um die Indikation und den Operationsplan festzulegen, brauchen wir die anatomische Lokalisation; für die Operation selbst ist die geometrische Lokalisation die wichtigere.

Die anatomische Lokalisation.

Die anatomische Lokalisation ergibt sich meist von selbst aus der geometrischen Lagebestimmung, indem aus Querschnittsatlanten mit Bildern von natürlicher Größe die anatomische Lage des Fremdkörpers durch Rekonstruktion der geometrisch ermittelten Fremdkörperlage im Querschnitt ersichtlich wird.

Abgesehen davon stehen uns noch andere Wege offen: So können wir aus der Mitbewegung des Fremdkörperschattens bei bestimmten Muskelkontraktionen seinen Sitz in bestimmte Muskeln verlegen (*myokinetisches Verfahren*). Im Nervensystem sind typische Ausfallserscheinungen ein sicherer Hinweis. Fremdkörper in den oberen Luftwegen verraten sich durch ihre bedrohlichen klinischen Erscheinungen und lassen sich daher schon durch die gewöhnliche Aufnahme anatomisch lokalisieren. In den Hauptbronchien geben eine Atelektase oder inspiratorische Einziehung des Mediastinums weiteren Aufschluß. In der Lunge liegende Fremdkörper machen (in den unteren zwei Dritteln) die Atemexkursionen mit. Herz oder Gefäße tangierende Fremdkörper zeigen Pulsationsbewegungen. Im Verdauungstrakt ist das Verhalten verschieden: Im Oesophagus und in seiner Umgebung im Mediastinum steckende Fremdkörper steigen beim Schlucken nach oben; im Magen liegen sie im caudalen Pol, von wo sie mit der Peristaltik von jeder Welle etwas (ca. 1 cm hoch) rhythmisch (alle drei Sekunden) gehoben werden; im Duodenum bleiben sie meist am Genu inferius stecken; hier liegen sie bei leerem Magen still, bei der Magenverdauung werden sie ca. alle 12 Sekunden etwas gehoben. Ähnlich verhalten sie sich im Jejunum. Im Ileum und im Kolon ist abgesehen von der Mitbewegung bei der Atmung eine Bewegung des Fremdkörpers nicht zu konstatieren.

Als weitere Hilfsmittel stehen uns zur anatomischen Lokalisation bei Hohlorganen sämtliche Endoradiographien (siehe diese) zur Verfügung, wobei wir stets, um ein Zudecken des Fremdkörpers zu verhindern, dem negativen Kontrast den Vorzug geben werden. Bei Anwendung der Stereoskopie sind die gewonnenen Resultate einwandfrei und in jeder Hinsicht aufschlußgebend.

Die geometrische Lokalisation[1].

Für einfache Fälle reicht die **Lokalisation auf die Haut bei Rotation des Körperteils** vor dem Schirm aus. Man dreht den Körper vor dem Schirm hin und her, wobei man die wechselnde Distanz zwischen Fremdkörper und Hautoberfläche aufmerksam verfolgt. Für eine bestimmte Stellung wird diese Entfernung am kleinsten sein. Diese Distanz markieren wir mittels Fettstifts auf dem Schirm; sie ist infolge Divergenz der Strahlung etwas größer als in Wirklichkeit. Die Körperstellung aber halten wir fest; denn wir müssen noch den Hautpunkt, für den die oben gefundene Fremdkörpertiefe gilt, bestimmen. Zu diesem Zwecke zielen wir mit einer Metallsonde, die wir parallel zum Schirm halten und deren Spitze wir auf die Haut aufsetzen, gegen den Fremdkörper. Dabei erscheint die Sondenspitze meist im Schatten der Weichteile. Bewegen wir aber die Sonde parallel zu sich entlang der Hautoberfläche bald zur Röhre, bald zum Schirm zu, so wird sich eine Stelle ergeben, an der die Sondenspitze sich mit der äußeren Weichteillinie nicht schneidet, sondern sie nur berührt. Die Sondenspitze bezeichnet dann jenen Hautpunkt, für den die gefundene Tiefenlage des Fremdkörpers gilt.

Die Blendenrandmethode ist die einfachste und dabei praktischste Methode der Fremdkörperbestimmung. Ihre technischen Voraussetzungen sind gering und auch im bescheidensten Röntgenkabinett gegeben: Röhrenkästchen mit Blende (am besten Schlitzblende), unabhängig vom Schirm verschieblich. Bei der Messung muß der Schirm dem Körper des zu Untersuchenden anliegen und dabei parallel zur Blendenebene stehen. (Doch braucht man dabei nicht allzu ängstlich zu sein, denn kleine Ungenauigkeiten seiner Lage bewirken nur minimale Meßfehler.)

Die Bestimmung geschieht auf folgende Weise: Wir fassen den Fremdkörper am Schirm ins Auge und stellen ihn in die Mitte des maximal verengten Blendenfeldes ein. Den Punkt, der mit dem Fremdkörperschatten zusammenfällt, bezeichnen wir uns hinter dem Schirm auf der Haut des Patienten und befestigen sodann an dieser Stelle eine Metallmarke. Für diesen Punkt (*orthodiagraphischer Fußpunkt*) gilt die Tiefenbestimmung. Nunmehr gehen wir nochmals vom Fremdkörperschatten aus, öffnen aber die Blende als schmalen Schlitz in horizontaler Richtung zu maximaler Weite und verschieben das Röhrenkästchen so weit seitwärts, bis der Fremdkörperschatten vom Blendenrand geschnitten wird. Diesen Punkt markieren wir mit Fettstift auf dem Schirm. Dieselbe Verschiebung nehmen wir nach der anderen Seite vor und erhalten am anderen Blendenrand einen zweiten Punkt. Wie aus Abb. 113 ersichtlich, sind die Dreiecke $B_1 F B_2$ und $P_1 K P_2$ ähnliche Dreiecke. Es verhält sich daher in ihnen $F Z_1$ (die Fokusblendendistanz) zu $K Z_2$ (der Fremdkörpertiefe) wie $B_1 B_2$ (Blendenweite) zu $P_1 P_2$ (Punktdistanz).

---

[1] Alle zu diesem Zweck angegebenen Methoden mit ihren vielfachen Modifikationen aufzuzählen, würde Bände ausfüllen. Es wurden nur die einfachsten und zweckentsprechendsten Methoden dargestellt.

Der aus beiden Größen erhaltene Quotient muß daher für beide Dreiecke stets gleichbleiben. Ist das Verhältnis $\frac{B_1 B_2}{F Z_1}$ bekannt, so brauchen wir nur die gemessene Punktentfernung mit dieser Zahl zu multiplizieren, und es ergibt sich daraus die Entfernung $K Z_2$.

Das Verhältnis $\frac{\text{Blendenweite}}{\text{Fokus-Blendendistanz}}$, das sich leicht bestimmen läßt, beträgt für die meisten Röhrenkästchen 0,6—0,9. Anstatt der umständlichen Multiplikation mit dieser Zahl können wir uns einen Maßstab anfertigen, der an Stelle der Zentimetereinheit eine nach dem obigen Verhältnis korrigierte Größe (also 1 cm $\times$ 0,6—0,9) als Skaleneinheit enthält. Lesen wir mit einem so verfertigten Maßstab die Punktdistanz ab, so ergibt die Anzahl der Teilstriche ohne weitere Umrechnung die gesuchte Fremdkörpertiefe in Zentimetern.

Zu erklären ist noch der Zweck der orthodiagraphischen Fußpunktbestimmung. Wir beziehen bei der Messung die Fremdkörpertiefe eigentlich nicht auf die Hautoberfläche, sondern auf die Schirmebene. In Fällen, wo der orthodiagraphische Fußpunkt dem Schirm anliegt, fallen beide zusammen und der Punkt dient nur Kontrollzwecken: die beiden Blendenrandpunkte müssen beiderseits gleich weit von ihm entfernt sein. Kann der Fußpunkt aber dem Schirm nicht anliegen (denn der Schirm muß parallel zur Blendenebene stehen), so bestimmen wir seinen Abstand von der Schirmebene in der gleichen Weise wie den Fremdkörper durch Visieren gegen den Blendenrand. Wir erhalten dann auf dem Schirm vier Punkte. Die Entfernung der beiden mittleren Punkte, die sich auf den Hautpunkt beziehen, müssen wir von dem Abstand der peripheren Punkte in Abzug bringen.

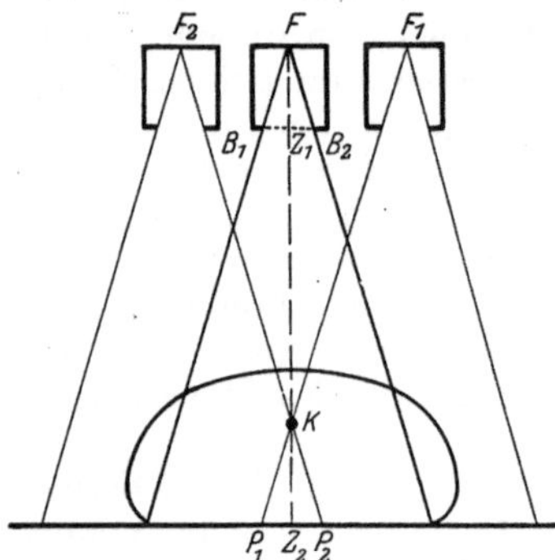

Abb. 113. Die Blendenrandmethode.
In der Stellung F wird bei enger Blende der dem Fremdkörper K entsprechende Projektionspunkt Z_2 (orthodiagraphischer Fußpunkt) bestimmt. Sodann wird bei schlitzförmig geöffneter Blende die Röhre nach F_1 so weit verschoben, bis der Randstrahl durch den Körper K hindurchgeht; es resultiert auf dem Schirm der Projektionspunkt P_1. Indem man das gleiche bei Verschiebung nach der anderen Seite vornimmt, erhält man den Punkt P_2. Aus der Distanz der Punkte P_1 und P_2 läßt sich, wenn Blendenweite ($B_1 B_2$) und Fokus-Blendenabstand ($F Z_1$) bekannt sind, die Entfernung des Körpers K vom Punkte Z_2 angeben.

Es ist sehr zweckmäßig, bei der Messung gleichzeitig die Tiefe eines benachbarten Knochenschattens mitzumessen. Man kann dann die Fremdkörperlage nicht nur auf den Hautpunkt, sondern auch auf anatomische Punkte in Beziehung bringen, was für die Beurteilung des Falles von nicht zu unterschätzender Bedeutung sein kann.

Die Viermarkenmethode. Während der Durchleuchtung wird in einer Lage, in der der Fremdkörper gut sichtbar ist, der ihm entsprechende Hautpunkt bei dem betreffenden Strahlengang mittels Bleimarke bestimmt. Der zu Untersuchende wird sodann um 180° gedreht, so daß die Bleimarke jetzt der Röhre zugekehrt ist, beide (Bleimarke und Fremdkörper) in Deckung gebracht und der diesem Strahl entsprechende Hautpunkt auf der Gegenseite des Körpers abermals markiert. Wir wiederholen dieses Manöver, gehen aber diesmal von einer Durchstrahlungsrichtung aus, die mit der erstgewählten einen Winkel einschließt, der sich womöglich einem rechten nähern soll (bei zu spitzem Winkel fällt die Messung etwas ungenau aus). Wir erhalten auf diese Weise vier Punkte (Abb. 114 $ABCD$), deren Verbindungslinien ein Viereck bilden, dessen Diagonalschnittpunkt K der Lage des Fremdkörpers entspricht. Die Bestimmung dieses Punktes kann man so vornehmen, daß man die Hautpunkte entweder mittels Tasterzirkels oder mit Hilfe zweier durch ein Scharnier verbundener Bleibänder, die

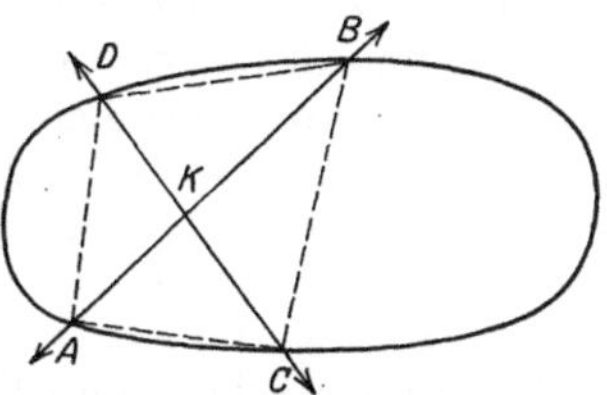

Abb. 114. Die Viermarkenmethode. Der Körper K wird bei der Strahlenrichtung AB und BA auf die Haut projiziert; es resultieren die Hautpunkte A und B. Auf die gleiche Weise erhält man bei Strahlengang CD und DC die Hautpunkte C und D. Durch den Diagonalschnittpunkt des Vierecks $ABCD$ ist die Lage des Körpers K eindeutig bestimmt.

in Höhe der vier Hautpunkte dem Körper angeschmiegt werden, auf ein Blatt Papier überträgt und die Diagonalen zieht.

Die bisher geschilderten Methoden bedürfen keiner besonderen Einrichtung und können überall da ausgeführt werden, wo die einfachsten Bedingungen für eine Durchleuchtung gegeben sind. Es versteht sich von selbst, daß die Verfahren nur für solche Fremdkörper angewendet werden können, die am Schirm sichtbar sind.

Lagebestimmung mittels Photographie.

Eingangs wurde schon darauf hingewiesen, daß die Beurteilung der Lage eines Fremdkörpers durch *zwei Aufnahmen*, die in zueinander *senkrechtem* Strahlengang angefertigt werden, zu Fehldeutungen führen kann. Wollen wir trotz dieser Gefahr bei dem Verfahren bleiben, so ist es eine Mindestforderung, daß die beiden Photographien als *Fernaufnahmen* ausgeführt werden, um Divergenzfehler auszuschalten. Eins, was wir mit dieser Methode gewinnen können, ist die anatomische Lokalisation; zur geometrischen Lokalisation werden wir den genauen messenden Verfahren den Vorzug geben.

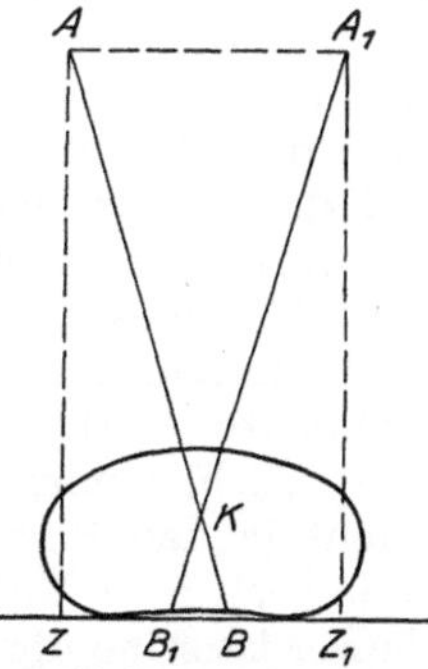

Abb. 115. Die Verschiebungsaufnahme. Es wird das gleiche Objekt zweimal exponiert, und zwar das eine Mal von A, das andere Mal von A_1 aus; dabei wird der Körper K nach B, bzw. nach B_1 projiziert. Durch Rekonstruktion des Strahlenganges läßt sich der Schnittpunkt K der Strahlen AB und A_1B_1, der der Lage des Körpers K entspricht, jeweils bestimmen.

Die Verschiebungsaufnahme. Es wird zweimal nacheinander das Objekt auf ein und demselben Film mit halber Expositionszeit exponiert (Abb. 115), wobei die Röhre zur zweiten Exposition parallel zur Platte um einen bestimmten Betrag verschoben wird. Wir erhalten ein Doppelbild, auf dem außer allen anderen Gebilden auch der Fremdkörper zweimal in einer gewissen Entfernung abgebildet ist. Rekonstruieren wir den Strahlengang, indem wir an den Enden eines Holzstabes, dessen Länge der Röhrenverschiebung $A A_1$ gleich ist, zwei Fäden befestigen und diese aus der Entfernung und Lage der Brennpunkte, wie sie bei der Aufnahme eingehalten wurde, gegen korrespondierende Punkte des Doppelbildes spannen, so ergibt der Schnittpunkt K jeweils die Entfernung der Objekte von der Bildfläche. Diese Rekonstruktion kann nur dann mit Genauigkeit erfolgen, wenn der Fokusabstand genau gemessen ist und die beiden Fußpunkte der Zentralstrahlen $Z Z_1$ auf der Platte durch Marken kenntlich gemacht sind. Über diese nämlich müssen zur Messung die Enden des Holzstabes $A A_1$ lotrecht gestellt werden.

VIII. Die Stereoröntgenographie.

Es unterliegt keinem Zweifel, daß wir vor einem Siegeszug der Stereoskopie in der Röntgendiagnostik stehen, indem diese Methode nicht nur die frühere Orientierung durch zwei Aufnahmen in zueinander senkrechten Strahlenrichtungen verdrängen, sondern auch dort ihren berechtigten Platz finden wird, wo man bisher sich mit *einer* Strahlenrichtung begnügt hat.

Das stereoskopische Sehen.

Über das Wesen der Stereoskopie belehrt uns der folgende einfache Versuch: Halten wir die Finger unserer Hand leicht auseinander gespreizt etwa 25 cm vor den Augen und schließen abwechselnd das eine und das andere Auge, so sieht das rechte Auge ein ganz anderes Bild der Hand als das linke. Heften wir *beide* Augen *gleichzeitig* auf die Hand, so sehen wir doch nur *ein* Bild[1], aber ein körperliches Bild. Die beiden disparaten Bilder, die auf dispare Teile der Netzhaut fallen und höheren Gehirnzentren übermittelt werden, erwecken in unserem Vorstellungsvermögen das Gefühl der Körperlichkeit des Gesehenen.

Wiederholen wir den gleichen Versuch, halten aber diesmal die Hand möglichst weit vom Auge, so merken wir, daß die Verschiedenheit der Bilder für jedes Auge schon geringer ist, aber auch die Körperlichkeit der Wahrnehmung des Objektes abgenommen hat. Ganz weit entfernte Objekte, z. B. eine Bergkette am Horizont, erscheinen nicht mehr körperlich, sondern so, wie der Maler sie auf die Leinwand bannt. Das macht ja den Reiz der Ferne.

Aus je geringerer Entfernung wir also einen Gegenstand betrachten, desto besser ist seine körperliche Auffassung. Die geringste Entfernung, aus der wir einen Körper noch ins Auge fassen können, ist gegeben durch den *Nahepunkt* des Auges; dieser liegt durchschnittlich zwischen 26—32 cm, entfernt sich aber mit Abnahme der Akkommodationsfähig-

---

[1] Auch mit *einem* Auge sehen wir körperlich, doch ist dieses körperliche Sehen eine durch das ständige binokulare Sehen, sowie durch die Erfahrung auf Grund der Perspektive und Schattenverteilung *erlernte* Fähigkeit.

keit im zunehmenden Alter immer weiter vom Auge, beträgt im Mittel das 4- bis 5fache der Pupillendistanz.

Für die Annäherung eines Objektes an das Auge ist aber nicht nur sein Nahepunkt, sondern auch die Tiefenausdehnung des Objektes maßgebend: damit ein Objekt bei naher Betrachtung nicht unübersichtlich werde, soll die Entfernung vom Auge mindestens das 4fache der Objekttiefe betragen.

Betrachtung aus maximaler Nähe ergibt maximale Körperlichkeit. Mit zunehmender Entfernung des Objektes vom Auge nimmt die Körperlichkeit der Wahrnehmung rasch ab. Es liegt dies daran, daß die vom einzelnen Auge gesehenen Bilder so wenig verschieden sind, daß sie unter jene Größe der Disparation fallen, die erforderlich ist, daß die Empfindung der Tiefe zustande komme.

Könnten wir die Standorte unserer Augen meterweit hinausschieben, so würden wir auch sehr weit entfernte Objekte so körperlich sehen, als ob sie unseren Blicken nahe lägen. Das können wir nun freilich nicht, aber dieses Prinzip ist im Scherenfernrohr verwirklicht.

Die stereoskopische Reproduktion.

Ahmen wir den biologischen Vorgang des binokularen Sehens nach, so sind wir imstande, jede flächenhafte Reproduktion von Gegenständen (Zeichnung oder Photographie) körperlich erscheinen zu lassen. Man bezeichnet die Körperlichkeit solcher Reproduktionen als *Plastik*. Wir brauchen dazu nur zwei Zeichnungen bzw. Photographien von zwei verschiedenen, horizontal voneinander entfernten Standpunkten aus anzufertigen und die so gewonnenen verschiedenen Bilder durch optische Apparate in die Blicklinien unserer Augen einzustellen; die beiden Bilder ergeben dann *eine plastische* Wahrnehmung.

Für die Röntgenstereophotographie ergibt sich daraus die folgende Arbeitsweise: Es werden nacheinander in möglichst kurzem Zeitabstand zwei Aufnahmen von ein und demselben Objekt angefertigt, wobei die Röhre jedesmal um die halbe Pupillendistanz von der im Plattenmittelpunkt errichteten Lotrechten FP abweicht und so gewinkelt ist, daß der Zentralstrahl gegen den Fußpunkt P gerichtet ist (Abb. 116a). Die Röhre muß also um den Punkt P einen Kreisbogen von der Sehne F_1F_2 (= Pupillendistanz) beschreiben. Es handelt sich also um eine Verschiebung mit gleichzeitiger Winkelung der Röhre. Letztere hat dieselbe Bedeutung wie die Konvergenz der Augen beim binokularen Sehen. Diese Winkelung ist für die Erzielung eines stereoskopischen Effektes nicht wesentlich, erhöht aber den plastischen Eindruck des Bildes. Steht uns ein Spezialapparat, der die notwendige Verschiebung und Zentrierung der Röhre automatisch besorgt, nicht zur Verfügung, so können wir nach Abb. 116b die Röhre jedesmal parallel zur Plattenebene um die Pupillendistanz verschieben. Da die Strahlung der Röhre in weitem Umkreis sich verbreitet, erhalten wir auch auf diese Weise Bilder mit stereoskopischem Effekt, nur daß die Bilder nicht mit den zentralen Strahlen angefertigt, auf die Platte nicht zentriert sind und daher um so stärker verzeichnet sind, aus je geringerer Entfernung

photographiert wird. Wir brauchen zur Einstellung solcher Bilder im
Stereoskop zur Orientierung die Markierung der Fußpunkte der Zentral-
strahlen $Z_1 Z_2$. Die Verschiebung nimmt man womöglich senkrecht zum
Aufbau, bzw. zur Längsachse des Körperteils vor.

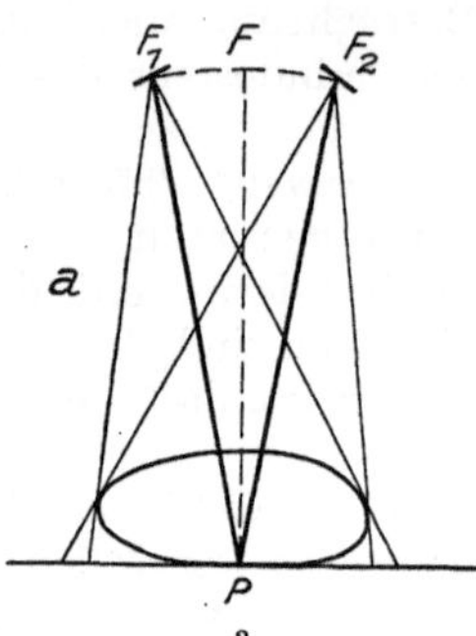
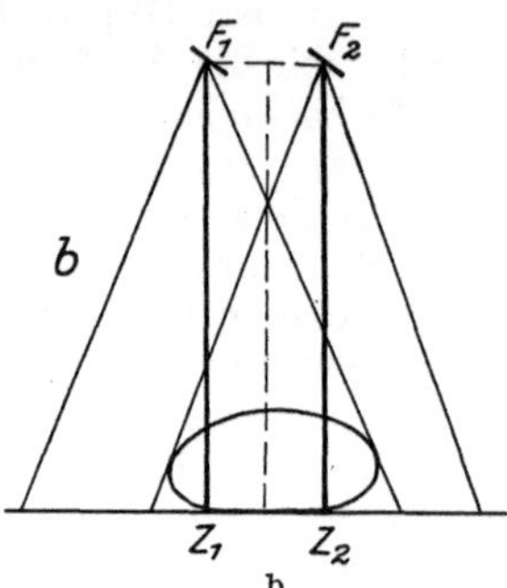

Abb. 116a und b. Die Methode der stereoskopischen Reproduktion.

Man erzielt einen stereoskopischen Effekt, indem man das Objekt von zwei verschiedenen, um
die Pupillendistanz oder weiter voneinander entfernten Standorten (F_1 und F_2) photographiert.
Dabei wäre zu fordern, daß (Abb. a) der Zentralstrahl beide Male gegen den Mittelpunkt der
Platte P gerichtet ist, die Röhre also bei der Verschiebung den Bogen $F_1 F_2$ beschreibt. Man
erhält aber auch dann einen ungestörten stereoskopischen Effekt, wenn man nach Abb. b die
Röhre parallel zur Platte von F_1 nach F_2 verschiebt. Für diesen Fall ist es notwendig, die Fußpunkte der Zentralstrahlen Z_1 und Z_2 auf der Platte zu markieren.

Wir müssen uns aber bei der Anfertigung der beiden Bilder durchaus
nicht an die Pupillendistanz halten; im Gegenteil wird es in vielen
Fällen von Vorteil sein, über dieses Maß hinauszugehen und eine größere
Distanz als Aufnahmebasis zu wählen. Wir bezeichnen die Stereoskopie
mit vergrößerter Basis als *Hyperstereoskopie*. Wie nämlich aus den
obigen Ausführungen hervorgeht, nimmt die plastische Wirkung der
Bilderpaare sehr rasch ab, wenn die Objektentfernung im Verhältnis
zur Aufnahmebasis sehr groß ist, da dann die beiden resultierenden
Bilder sich fast gar nicht voneinander unterscheiden. Wählen wir aber
die Aufnahmebasis so groß, daß ihr Verhältnis zur Objektentfernung
das gleiche ist, wie das der Pupillendistanz bei der Nahebetrachtung
(also 1 : 4 bis 5), so erhalten wir auch die gleiche plastische Wirkung
wie bei der Nahebetrachtung, nämlich *maximale Plastik*. Da bei der
Wahl der Basis auch die Tiefenausdehnung (Dicke) des Objektes eine
Rolle spielt, ist es gut, wenn wir uns der Formel von MARIE und RIBAUT
bedienen, die alle drei Größen berücksichtigt:

$$\varDelta = \frac{D(D+E)}{50\,E}.$$

In dieser Formel bedeuten $\varDelta$ die Basis, D die Fokusplattendistanz,
E die Dicke des Objektes.

Bei dickeren Objekten müssen wir aus Gründen, die für die gewöhnliche Radiographie bereits auf S. 124 dargelegt wurden, bei großer
Fokusplattendistanz photographieren. Diese Gründe gelten für die
Stereoradiographie in verstärktem Maße, da wir eine in allen Tiefen
scharf gezeichnete Wiedergabe des Objekts brauchen, sonst erschiene

der Gegenstand zur Hälfte (plattennah) scharf, zur Hälfte (plattenfern) unscharf. Wir werden also in allen diesen Fällen von der Fernaufnahme Gebrauch machen müssen, die Aufnahmebasis gleichzeitig aber so weit vergrößern, daß wir maximale Plastik erzielen. Man bezeichnet die Stereoradiographie bei großer Fokusplattendistanz und dementsprechend vergrößerter Basis als *Telehyperstereoradiographie.*

Die Telehyperstereoradiographie vereinigt die Vorzüge der Fernaufnahme (scharfe Zeichnung und Orthoprojektion aller Objektteile) mit einer Plastik, die der Nahepunktbetrachtung entspricht.

Die Stereoskopie gibt in vollkommenster Weise die räumliche Auflösung des Projektionsbildes, das das einfache Negativ uns bietet. Anstatt einer nur notdürftigen Raumorientierung durch Aufnahmen in zwei zueinander senkrecht stehenden Ebenen bietet das stereoskopische Bild mit zwei Aufnahmen, also dem gleichen Platten- und Apparataufwand, unvergleichlich mehr. Und dabei ist die Methode gar nicht so schwer und kompliziert, wie ihr Name zunächst glauben läßt. Mit der Tunnelkassette oder mit Hilfe der Potter-Bucky-Blende lassen sich schnell und ohne technische Schwierigkeiten zwei Aufnahmen mit der erforderlichen Verschiebung des Röhrenfokus herstellen. Dabei macht es nichts aus, ob man die Verschiebung in der Längsrichtung der Blende oder senkrecht dazu vornimmt; die Bleistreifen des Bucky-Rasters kommen auch dann nicht zur Abbildung, nur daß die Expositionszeit in letzterem Falle um ca. 25% erhöht werden muß.

Selbstverständlich ist darauf zu achten, daß das Objekt während der beiden Aufnahmen seine Lage nicht verändert und die Kassette stets an den gleichen Ort zu liegen kommt.

Die greifbarsten Vorteile bringt das stereoskopische Verfahren bei Objekten von kompliziertem Aufbau, wie beim Hirn- und Gesichtsschädel, ferner bei solchen, die eine Aufnahme im frontalen Strahlengang nicht gestatten, wie Schulter- und Hüftgelenk. Dankbare Objekte sind auch das Becken sowie Schwangerschaftsaufnahmen. Viel angewendet wird die Stereoskopie in der Lungendiagnostik und Magen-Darmdiagnostik. Da es sich um bewegliche Organe handelt, müssen die beiden Aufnahmen in den letzteren Fällen in möglichst kurzen Zeitabständen angefertigt werden, wozu eine automatisch arbeitende Spezialapparatur erforderlich ist. Leichter darstellbar ist der Dickdarm, wenn die Füllung per os erfolgt ist; die Bewegungen des Organs erfolgen so langsam, daß stets ein ungestörter stereoskopischer Effekt erzielt werden kann.

Die Betrachtung des stereoskopischen Bildes.

Die Stereoskopie setzt beim Betrachter einige organische Bedingungen voraus: zunächst müssen beide Augen volle Sehschärfe aufweisen und normale oder durch Gläser korrigierbare Refraktion besitzen; Akkommodations- und Konvergenzfähigkeit müssen voll erhalten sein. Aber auch wenn diese Voraussetzungen erfüllt sind, ist es noch nicht gesagt, daß man stereoskopisch sieht. Bei etwa $^1/_5$ der Menschen fehlt der Sinn für das räumliche Sehen. Man überzeuge sich von seinen stereoskopischen Fähigkeiten an eigens zu diesem Zwecke angefertigten Zeichenproben, die jede Täuschung durch Perspektive und Schattenverteilung ausschließen. Liegen keine organischen Fehler vor, so kann dieser Sinn durch Übung erworben werden, genau so wie ein Kind erst allmählich das Sehen und die Orientierung im Raume erwirbt.

Manche Personen vermögen ohne weitere Hilfsmittel die beiden Aufnahmen eines stereoskopischen Bilderpaares zu einer einheitlichen räumlichen Wahrnehmung zu vereinigen. Dazu ist nur erforderlich, die Blicklinien durch kräftige Konvergenz vor oder hinter den für jedes Auge gesondert dargebotenen Objekten zu kreuzen. Man merkt dann, wie die Bilder sich zusammenschieben und bei weiterer Anstrengung sich decken, wobei sie körperlich erscheinen. Den meisten Personen gelingt aber die Verschmelzung nur mittels einer besonderen Einrichtung, dem Stereoskop.

Wir haben die Auswahl, das Bilderpaar zu verkleinern und mit einem gewöhnlichen Handstereoskop zu betrachten, oder die Originalnegative mit Hilfe größerer Apparate, die durch Spiegelung oder durch Wirkung von Prismen die Vereinigung der Bilder gestatten, zu studieren. Am bequemsten und einfachsten aber ist es, sich des Stereobinokels[1] zu bedienen, das in der handlichen Form eines Opernglases die notwendige Optik in sich vereinigt.

Bei der Beurteilung der Einstellung und der richtigen Ausführung der stereoskopischen Aufnahme halten wir uns an die Fußpunktmarken. Diese sind Bleimarken, die, auf der Kassette liegend, den Plattenmittelpunkt und die Fußpunkte der Zentralstrahlen bezeichnen.

 - Wir haben die Möglichkeit, das Raumbild sowohl von vorne als auch von hinten zu betrachten.

Wollen wir das erstere, so muß das rechte Bild dem rechten, das linke Bild dem linken Auge gegenübergestellt werden, und zwar in der Lage, wie das Objekt bei der Aufnahme sich befand (*orthoskopisches Bild*). Die Fußpunktmarken liegen dann bei der Betrachtung *hinter* dem Raumbild.

Drehen wir nun die Bilder, ohne ihre Standorte zu vertauschen, um, oder vertauschen wir das rechte Bild gegen das linke und umgekehrt, so erscheint uns nun das Raumbild in der Ansicht von hinten (*pseudoskopisches Bild*). Die Fußpunktmarken schweben jetzt vorne beim Beschauer.

Wir können so das Objekt in Muße in der Ansicht von vorne und von hintenher studieren.

Kleine Lageveränderungen von Objektteilen in der Zeit zwischen den beiden Aufnahmen zerstören noch nicht den stereoskopischen Effekt, verändern aber die Raumbeziehungen des bewegten Objektteiles. Dies ist besonders bei Magen-Darmaufnahmen, wenn sie nicht in sehr kurzem Zeitabstand hintereinander ausgeführt werden konnten, zu berücksichtigen; so kann eine Darmschlinge, die sich in der Zwischenzeit verschoben hat, verlagert erscheinen, so weit, daß sie in manchen Fällen außerhalb des Beckens zu liegen scheint. Ebenso verhält es

---

[1] Elektromedizinische Werkstätten, München.

sich mit Aufnahmen der Pylorusgegend; der stereoskopische Effekt
stellt sich meist ein, doch mit der Feststellung einer Verlagerung sei man
vorsichtig.

Die Stereogrammetrie.

Jedes stereoskopische Bild, gleichgültig bei welcher Basis und Fokusplattendistanz angefertigt, ist für die Messung geeignet. Vorbedingung
für die Genauigkeit der Messung ist, daß ein stereoskopischer Effekt
zustande kommt, daß Basis und Fokusplattendistanz bekannt sind
und daß der Fußpunkt beim orthoskopischen Bild unmittelbar hinter
und nicht etwa in oder in weiterem Abstand hinter dem Raumbild liegt.

Die stereoskopische Messung beruht auf dem Vergleich eines Punktes
im Raumbilde mit künstlich in dieses gebrachten Marken, deren Tiefenlage genau bekannt ist. Man benutzt dazu einen stereoskopischen
Gittermaßstab. Wir erhalten einen solchen Gittermaßstab, indem wir
ein quadratisches Drahtgestell, in welchem von Zentimeter zu Zentimeter in aufeinander senkrechten Richtungen Drähte gespannt sind,
stereoskopisch photographieren. Gewöhnlich aber werden die Linien
eines solchen Gitters mittels geometrischer Konstruktion angefertigt. Ist
ein solcher Gittermaßstab ein für allemal in das Blickfeld eines Stereo-
skops eingebracht, so erscheinen alle betrachteten Objekte durchzogen von
den sich kreuzenden Meßlinien. Selbstverständlich gelten die Maßstäbe
nur für Aufnahmen, die unter den gleichen Bedingungen (Basis, Fokusplattendistanz) gewonnen wurden, wie der Maßstab angefertigt wurde.

Für gewöhnlich aber verwenden wir nicht so dichte Raumgitter, da
sie unübersichtlich wären, sondern nur einige Meßlinien, und bestimmen
dazwischenliegende Raumpunkte durch die sog. *wandernde Marke*:
Die Zeiger Z_1 und Z_2 (Abb. 117) sind
sowohl jeder für sich als auch gemeinsam beweglich. Man stellt nun
monokular Z_1 über den zu bestimmenden Bildpunkt im linken Bild L
und in der gleichen Weise (monokular) Z_2 über den gleichen Bildpunkt im rechten Bild R. Blicken
wir nun binokular in das Stereoskop,
so verschmelzen wohl die beiden
Zeiger zu einem; dieser steht aber
nicht in der gleichen Tiefenebene

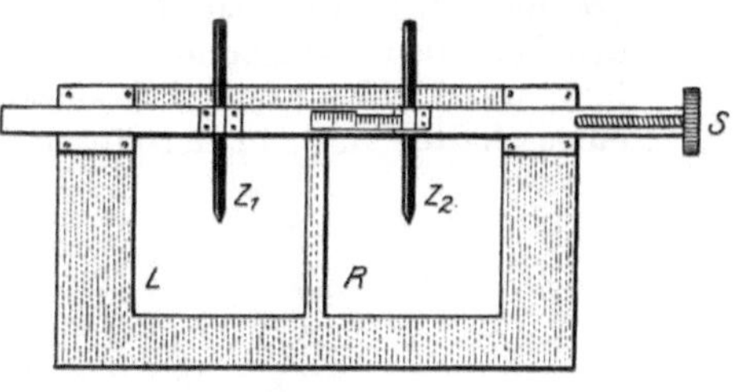

Abb. 117.
Vorrichtung zur Messung im stereoskopischen
Bilde mit Hilfe der „wandernden Marke".

wie der gesuchte Punkt. Nähern oder entfernen wir Z_2 von Z_1, so
sehen wir abermals nur *einen* Zeiger, aber dieser scheint dabei nach
vorne bzw. in die Tiefe zu rücken. Wir verschieben Z_2 mit der Mikro-
meterschraube S so lange, bis die einfach gesehene Zeigerspitze im Raumbild über dem zu bestimmenden Punkte einsteht. Aus der Größe der Verschiebung (*Parallaxe*) können wir dann, wenn Basis und Fokusplattendistanz bekannt sind, die Entfernung d des Punktes von der Plattenebene

nach Formel $d = \dfrac{D}{\dfrac{\Delta}{p\,x} + 1}$ berechnen. $D = FPD$, $\Delta = $ Aufnahmebasis,

14*

$px =$ Parallaxe. Ist aber das Stereogramm von Meßlinien durchzogen, so brauchen wir die Umrechnung nicht, sondern gehen mit dem Zeiger auf diesen und können so unmittelbar sehen, mit welchem Strich die Tiefenlage des gesuchten Punktes übereinstimmt.

Anhang.

Die Röntgenkinematographie.

Das technische Rüstzeug der Röntgendiagnostik ist bereits so weit vervollkommnet, daß man mit Ernst an eine Röntgenkinematographie denken kann. Unzweifelhaft wird dieser lang gehegte Wunsch schon in kurzer Zeit seine praktische Erfüllung finden. Die technischen Voraussetzungen und Möglichkeiten sind die folgenden:

Mit einem Objektiv größter Lichtstärke kann man das bei hohem Röhrenstrom intensiv leuchtende Schirmbild in $^1/_{50}$ Sek. Belichtung photographieren. Sind Filmwechsel und Röhrenentladung (100 Röhrenimpulse beim Gleichrichter, 50 beim Halbwellenapparat, 50 periodischer Wechselstrom vorausgesetzt) aufeinander abgestimmt, so kann man in einer Sekunde mit Leichtigkeit 25 Bilder erhalten, was für den kinematographischen Effekt völlig ausreichend ist. Mit Rücksicht auf die bei dem hohen Röhrenstrom starke Belastung der Haut des Objektes ist der Dauer der Filmaufnahme eine Grenze gesetzt. Länger als 8 bis 10 Sek. darf daher ein solcher Film am gleichen Objekt an der gleichen Hautstelle nicht „gedreht" werden.

Ein anderer aussichtsreicher Weg ist der der indirekten Röntgenkinematographie. Das Prinzip ist das gleiche wie bei der Telephotographie. Mit Hilfe eines aus Selenzellen bestehenden Schirmes, der das Durchleuchtungsbild auffängt, muß es möglich sein, das Schirmbild, wenn die einzelnen Selenzellen in einen elektrischen Stromkreis eingeschaltet sind, in der Ferne kinematographisch aufzunehmen.

Dritter Teil.

Die therapeutische Technik.

I. Dosierung der Röntgenstrahlen.

Der Dosisbegriff.

Am Anfang jeder therapeutischen Anwendung der Röntgenstrahlen steht ihre Dosierung. Wir verstehen darunter die Applikation einer gemessenen Strahlenenergiemenge, der erfahrungsgemäß ein *bestimmter* und daher *voraussehbarer* biologischer Effekt entspricht.

Seit etwa dem Jahre 1900 verwendet man die Röntgenstrahlen therapeutisch, ohne sich zunächst auf eine exakte Dosierung zu stützen — mehr gefühlsmäßig. Diese Unsicherheit der Dosierung spiegelte sich auch im therapeutischen Handeln wieder; bald wurden die Dosen herauf-, bald heruntergesetzt, bald in *einer* Sitzung gegeben, bald in Dosi refracta, und das Resultat aller dieser Versuche war für jeden Versucher ein durchaus verschiedenes. Sehr erklärlich, daß ein Werturteil über die Röntgenstrahlung als therapeutisches Mittel nicht ausgesprochen werden konnte, daß es Zeiten gab, wo man mit Überschwang und Feuereifer für ihre Anwendung eintrat, dann hinwiederum, abgeschreckt durch die bösen Folgen nicht vorausgesehener und ungewollter überstarker Einwirkung, ihre Anwendung eingeschränkt wissen wollte, ja sogar vor ihr warnte.

Zwar verfügt die Röntgentherapie schon seit längerer Zeit über eine Anzahl verschiedener Dosis-Meßinstrumente, wie die Sabouraud-Tablette, das Kienböck-Quantimeter, das Fürstenau-Intensimeter und die Ionisationskammern. Jedes mißt nach seiner Weise mit einiger Annäherung die Röntgenstrahlen, jedes hat seine eigene, nach persönlichen Initialen bezeichnete Einheit, die sich aber nicht mit einer anderen in Beziehung setzen läßt. Die rasche Entwicklung der Hochspannungsmaschinen mit ihren unbegrenzten Möglichkeiten, immer härtere und immer größere Strahlenmengen zu produzieren, ließ die Meßtechnik zunächst weit hinter sich. Der Strahlentherapeut hatte jetzt ein starkwirkendes Mittel in der Hand, dessen zellschädigende Wirkung wohl bekannt war, dessen Anwendung jedoch dadurch erschwert war, daß man mangels einer verläßlichen Meßmethode nicht mit Sicherheit angeben konnte, bis zu welcher Menge man dem biologischen Objekt Röntgenstrahlen einverleiben kann, ohne eine irreparable Schädigung im bestrahlten Gewebe anzurichten und dabei doch den beabsichtigten therapeutischen Effekt zu erzielen. Mit anderen Worten, es war nicht möglich, mit ausreichender Genauigkeit festzustellen, bis zu welchen Strahlenmengen sich die *therapeutische Dosis* erstreckt und wo die *toxische Dosis* beginnt. Die zahlreichen Röntgenschädigungen, die gerade in dieser Entwicklungsperiode der Strahlentherapie (um 1920) registriert wurden, sind die traurigen Folgen jener Unsicherheit.

Das hat wohl die deutsche Röntgengesellschaft bewogen, auf dem Kongreß im Jahre 1923 (in München) die Röntgenstrahlen unter die *stark*wirkenden *Gifte* einzuordnen, die dem öffentlichen Verkehr entzogen sein müssen und nur auf *ärztliche Verordnung* und *nur durch Ärzte* abgegeben werden dürfen.

Leider sind die Röntgenstrahlen nicht durch die Wage des Apothekers zu bestimmen; denn während die Dosis der pharmakologischen Medikamente durch die Masse der Substanz, also durch das Gewicht eindeutig gegeben ist, stellen die Röntgenstrahlen eine *Energie* dar. Es müssen also *Energie*meßmethoden angewendet werden, und der Begriff der Dosis ist auf energetischen Prinzipien zu definieren. Wir kommen in Analogie zu den für das Licht geltenden Gesetzen zu folgender Definition:

Die einem organischen Gewebe applizierte Dosis ist gegeben durch das Produkt aus Strahlenmenge mal der Größe der bestrahlten Fläche, mal der Einwirkungszeit. Bezeichnen wir wieder, in Analogie zu den Gesetzen des sichtbaren Lichtes die Strahlenmenge pro Flächeneinheit als Strahlenintensität J_f, so erhalten wir für die Dosis die einfache Formel $D = J_f \cdot t$. Soweit wären diese Vorgänge mit der Energiebestimmung des Lichtes ziemlich konform. Doch die Röntgenstrahlen wirken nicht wie das Licht nur auf die Oberfläche, sondern dringen in die Tiefe und ein Teil verläßt wieder das Gewebe, ohne seine Energie abgegeben zu haben. Wir werden also richtiger sagen: die Dosis ist die in der *Volum*einheit des Gewebes während der Einwirkungszeit *absorbierte* Energie. Es tritt also zu obiger Formel der Absorptionskoeffizient des Gewebes μ_g als wichtiger Faktor hinzu. An Stelle der Flächeneinheit ist, da es sich um eine Tiefenwirkung handelt, die Volumeinheit zu denken. Die Formel lautet jetzt $D_{ph} = J_v t \mu_g$ (dabei ist J_v die Intensität pro Volumeneinheit). Diese Formel gibt die *physikalische Dosis*. Doch auch diese Definition befriedigt nicht restlos, denn von den absorbierten Röntgenstrahlen sind nicht alle in der gleichen Weise biologisch zu bewerten, die kurzwelligen anders als die langwelligen, diese wieder anders als die Streustrahlen. Wir müssen also noch einen Faktor w einführen, der die biologische Wirksamkeit der absorbierten Energie angibt. Nach dieser dritten Korrektur lautet die Formel (BEHNKEN) also $D_b = J_v t \mu_g \cdot w$ (*biologische Dosis*).

Betrachten wir nun das Problem von der meßtechnischen Seite: Die Größen t und μ_g bereiten der Messung keine Schwierigkeiten. Der Faktor w bleibt der biologischen Forschung vorbehalten, kann aber bei der Messung vernachlässigt werden, da wir vorläufig nur ein Maß der Strahlenmenge anstreben, das die biologische Wirksamkeit in keiner Weise präjudiziert. Die große Krux aber ist die Bestimmung der

Strahlungsintensität J. Am einfachsten läßt sich eine Energie messen, indem man sie in eine andere leicht meßbare Energieform umwandelt, z. B. in Wärme. Das ist nun gerade bei den Röntgenstrahlen bisher nicht in vollkommener Weise gelungen. Außerdem ist diese Methode so schwierig und umständlich, daß sie wohl der mathematisch-physikalischen Forschung wird vorbehalten bleiben müssen. Deshalb muß der Dosimetrie eine andere Energietransformation zugrunde gelegt werden, die sich messend leicht verfolgen läßt und dabei auf alle Strahlenarten gleichmäßig reagiert, mit anderen Worten wellenlängen*unabhängig* ist. Als solche hat sich die *Ionisation*, die von Röntgenstrahlen bei ihrer Schwächung durch Gase in diesen erzeugt wird (s. S. 82), außerordentlich gut bewährt, weil dieser Vorgang in weitgehendem Maße den genannten Anforderungen entspricht.

Auch durch Luft wird ein Bruchteil der Röntgenstrahlung absorbiert, ein anderer gestreut. Doch nur sehr weiche Strahlen, die in der Praxis keine Verwendung finden, werden in nennenswerter Weise absorbiert. Schon die gebräuchliche Diagnostikstrahlung wird nur noch zu Zehntausendsteln absorbiert. Bei therapeutischen Strahlungen ist der absorbierte Anteil der Strahlung so gering, daß er sich nur rechnerisch erfassen läßt. Hier dominiert die Streuung, die bekanntlich von der *Wellenlänge unabhängig* ist. Daher eignet sich die Energieumsetzung in Luft, da sie fast ausschließlich durch Streuung zustande kommt, so ausgezeichnet zur Intensitätsmessung *heterogener* Röntgenstrahlen.

Durch Messung des maximalen Stromes (*Sättigungsstromes*), den ein auf diese Weise ionisiertes Gas zu leiten vermag, ist die Größe der Ionisation genau zu ermitteln. In ähnlicher Weise, wie für die Dosis im Gewebe, läßt sich ein Ausdruck für die Dosis in der bestrahlten Luft finden, die dann ihr physikalisches Maß in der beim Sättigungsstrom S während der Bestrahlungszeit t transportierten Elektrizitätsmenge hat. Die Größe der Dosis, die ein rein physikalischer Ausdruck ist, ergibt sich dann folgendermaßen: $D_{ph} = St = Jt\mu_L q$.

In dieser Formeln bedeuten μ_L den Absorptionskoeffizienten in Luft, q den Bruchteil der absorbierten Energie, der in Ionisation umgewandelt wurde. Die Größe St ist mit Hilfe der auf S. 83 geschilderten Ionimeter leicht zu bestimmen. Ist aber St bekannt, so können wir nach der obigen Gleichung auf J schließen. Es bleibt noch übrig, den Zusammenhang mit der biologischen Dosis herzustellen, der sich d rch die mathematische Gegenüberstellung der für die beiden Dosen gefundenen Größen ergibt. $\dfrac{Jt}{Jt}$ wird 1, fällt aus der mathematischen Beziehung heraus. Wichtig ist das Verhältnis $\dfrac{\mu_g}{\mu_L}$ d. h. das Verhältnis der Absorption im Gewebe zu der in Luft. Diese Vorgänge verlaufen in beiden Medien für alle in der Therapie gebräuchlichen Wellenlängen nahezu gleichsinnig. Das Verhältnis $\dfrac{\mu_g}{\mu_L}$ ist also eine Konstante. Der Aufklärung harrt nur noch die Beziehung $\dfrac{w}{q}$, die uns angeben soll, ob die Ionisation in Luft uns ein Abbild gibt von der biologischen Wirksamkeit der Strahlen im Gewebe. Viele biologische Versuche befassen sich mit dieser Frage, ohne daß eine endgültige Lösung bisher erfolgt wäre, denn die Resultate verschiedener Forscher widersprechen sich. Der Widerspruch liegt aber nicht im biologischen Objekt, sondern in der Verschiedenheit der Messung der Röntgenstrahlen.

Die Standardisierung der Dosismessung.

Solange keine Einigkeit darüber herrscht, wie man messen soll und in welchen Einheiten das Meßresultat angegeben werden soll, kann die Therapie wegen Mangels an einem großen, einheitlichen Erfahrungsmaterial aus dem Versuchsstadium nicht herauskommen, die biologische Strahlenforschung aber muß im Dunkeln bleiben. Denn die größten Statistiken verlieren ihren Wert, wenn die Angaben über die verwendete Strahlenmenge so gehalten sind, daß man sich die Größe der Dosis nicht auch nur annäherungsweise rekonstruieren kann.

Auch die Messung mit dem besten und präzisesten Ionisationsmeßgerät bietet noch keine Lösung der Frage. Denn die Angaben der Meßinstrumente sind abhängig von ihrer Konstruktion, so von der elektrischen Kapazität des Systems, dem Volumen der Meßkammer, dem Wandmaterial, der Länge des Stiftes, der Güte der Isolation und vielen anderen Bedingungen. Verschiedene Konstruktionen zeigen verschieden an. Ja auch Instrumente gleicher Bauart stimmen in ihren Angaben durchaus nicht überein. Jeder Röntgenologe könnte mit seinem Meßgerät für seine eigenen Zwecke genügend genau messen, doch wäre er außerstande, Angaben über seine Dosen zu machen, noch hätte er die Möglichkeit, Dosisangaben, die anderen bei bestimmten Erkrankungen sich bewährt haben, zu reproduzieren.

Die einzige Möglichkeit, hier eine Verständigung herbeizuführen und die Röntgentherapie auf eine gesicherte Basis zu stellen, ist die Einführung eines *Einheitsmaßes*. Es hat wohl auf keinem Gebiete der Wissenschaft die Festsetzung der physikalischen Einheit solche Schwierigkeiten bereitet, wie bei den Röntgenstrahlen. Zwei Wege zur Vereinheitlichung sind vorgeschlagen worden: von *deutscher* Seite die Zurückführung der Luftionisation der Röntgenstrahlen auf die elektrostatische Einheit, von *französischer* Seite der Vergleich der konstanten Ionisation eines Radiumpräparates mit der zu bestimmenden Röntgenstrahlung.

Die deutsche Definition lautet:

„Die absolute Einheit der Röntgenstrahlendosis wird von der Röntgenstrahlenenenergiemenge geliefert, die bei der Bestrahlung von 1 cm³ Luft von 18 ° C Temperatur und 760 mm Quecksilber Druck bei voller Ausnutzung der in Luft gebildeten Elektronen und bei Ausschaltung von Wandwirkungen eine so starke Leitfähigkeit erzeugt, daß die bei Sättigungsstrom gemessene Elektrizitätsmenge eine elektrostatische Einheit beträgt. Die Einheit der Dosis wird ein „Röntgen" genannt und mit „R" bezeichnet" (BEHNKEN).

Mit einem Instrument, das vermöge seiner Konstruktion allen Forderungen der Definition gerecht wird, läßt sich diese Einheit physikalisch bestimmen und ein für allemal festlegen. Dieses Instrument wird ebenso wie das Normalmaß des Meters oder Kilogramms an amtlicher Stelle unter besonderen Kautelen aufbewahrt; seine Angaben dienen für alle weiteren Messungen als Standard. Nach diesem Standardgerät werden mehrere Meßinstrumente geeicht und an die Eichämter als sog. *Eichstandgeräte* abgegeben. An letzteren erst werden die im praktischen Betriebe verwendeten Geräte geeicht. Die Eichung geschieht in der Weise, daß die von *einer* Strahlenquelle ausgehende Strahlung, durch eine Bleiblende in zwei gleich große Strahlenbündel zerlegt, *gleichzeitig auf beide* Meßinstrumente (das geeichte und das zu eichende) fällt. Es läßt sich dann leicht angeben, wieviel Skalenteile des zu eichenden Instrumentes einer Eicheinheit entsprechen.

Die Franzosen haben einen anderen Weg eingeschlagen. Ihre Eichmethode basiert auf der Konstanz der Gammastrahlung des Radiums. Genau so, wie man die Intensität von Lichtquellen nach einem gleichbleibenden internationalen Normalmaß, nämlich nach der Normalkerze bestimmt, so mißt man die Röntgenstrahlen, indem man sie mit der konstanten und überall leicht reproduzierbaren Strahlung des Radiums vergleicht. Die Idee ist plausibel und verlockend einfach, besonders auch deshalb, weil sie die Möglichkeit *direkter* Eichung, ohne Vermittlung einer technischen Reichsanstalt, bietet. Die Eichung wird auf die Weise vorgenommen, daß man die Ablaufszeiten des Ionimeters einmal bei Einwirkung der Radiumstrahlung, das andere Mal bei Einwirkung von Röntgenstrahlung mißt. Der Quotient beider Ablaufszeiten bildet den Dosiswert in R. Als Einheit gilt diejenige Röntgenstrahlenmenge, die im Dosimeter die gleiche Ionisation pro Sek. hervorruft wie 1 g Radiumelement in 2 cm Abstand von der Meßkammer, wenn es in der Kammerachse angebracht und mit 0,5 mm Platin gefiltert ist. Die von SOLOMON gegebene Definition lautet wie folgt:

„Nous définissions ainsi l'unité R: c'est l'intensité d'un rayonnement de Roentgen produisant la même ionisation à la seconde qu'un gramme de radiumélément, placé à 2 cm de la chambre d'ionisation (d'axe en axe) et filtré par 0,5 mm de platine."

Ein deutsches R ist gleich 2,25 französischen R.

Beide Methoden der Strahleneichung sind, wenn sie exakt durchgeführt werden, als gleichwertig zu betrachten. In der Praxis aber hat die Eichung mit Radium ihre zahlreichen Fehlerquellen. Deshalb auch ist die auf ihr aufgebaute Methode nicht ganz einwandfrei. Eine selbständige Eichung ist nur an den dem SOLOMONschen Ionimeter vollständig gleich gebauten Instrumenten möglich und nur unter diesen Bedingungen zulässig. Denn bei der außerordentlichen Penetranz der γ-strahlen ist eine reine Luftionisation unter Ausschaltung von Wandwirkung nicht zu erzielen. Ferner sind die Einflüsse ungewollter Strahlung, die schon bei harter Röntgenstrahlung auf das Meßsystem außerhalb der eigentlichen Meßkammer einwirken, bei einem axial zur Ionisationskammer aufgestellten Radiumpräparat nicht zu vermeiden und je nach Konstruktion des Instrumentes verschieden groß[1]. Es wird

---

[1] Es ist deshalb auf diese Weise eine direkte Eichung von Röntgendosimetern verschiedener Konstruktion mit Radiumstrahlen nicht möglich.

deshalb wahrscheinlich die exakte, physikalisch formulierte deutsche Einheit in der Wissenschaft und in der Praxis Eingang finden. Die französische Methode behält gleichwohl ihren hohen Wert: die absolute zeitliche Konstanz der Radiumstrahlung ist dazu berufen, die äußerst labilen, nach der elektrostatischen Einheit geeichten Präzisionsmeßinstrumente auf die Konstanz ihrer Angaben zu prüfen (s. weiter unten). Diesen Weg haben auch die meisten Firmen, die Dosimeter herstellen, betreten, indem in bestimmter Entfernung und Lage zur Ionisationskammer ein radioaktives Präparat angebracht ist, das eine Ionisierung von gleichbleibender Intensität erzeugt. Zeigt das Meßinstrument bei Einwirkung des radioaktiven Elementes denselben Zeigerausschlag wie am Tage der Eichung, so hat man die Gewißheit, daß seine Empfindlichkeit in keiner Weise sich verändert hat.

Die physikalische Bestimmung der Dosis.

Sich auf die Einheit stützend und im Besitz eines entsprechenden Meßinstrumentes kann man daran gehen, Röntgenstrahlenintensitäten zu messen.

Man kann die Strahlenintensität bestimmen 1. an der Strahlenquelle (*emittierte Dosis*), 2. an der Hautoberfläche (*Oberflächendosis*), 3. im Gewebsinnern (*Tiefendosis*). Die von der Volumeinheit absorbierte Dosis (*Volumdosis*) ist die eigentliche wissenswerte, uns interessierende. Leider stehen ihrer Bestimmung außerordentliche Schwierigkeiten entgegen.

Bei Vornahme der Messung kann man nicht pedantisch genug vorgehen. Die Meßinstrumente sind äußerst empfindlich, und kleine Änderungen in der Vornahme der Messung können die Resultate stark beeinflussen, ja mitunter vollständig fälschen. Der Grund dieser weitgehenden Beeinflußbarkeit liegt teils in der Konstruktion der Kammer, teils in der Streuwirkung der Umgebung. Es sind 6 Effekte aufgezeigt worden, welche die Angaben der Meßkammer zu fälschen vermögen. Die wichtigsten seien hier aufgezählt:

1. Die Meßkammer zeigt verschiedene Werte an, je nach ihrer Lage an der Grenze Luft-Medium (*Kammerlage-Effekt*).

2. Die Länge der Kammerstiftelektrode hat Einfluß auf die absoluten und prozentualen[1] Angaben der Meßkammer (*Stifteffekt*).

3. Die Messung der von allen Seiten einfallenden Streustrahlung ist auf der Seite des Kammerträgers durch dessen absorbierende Wirkung beeinträchtigt (*Kammerträger-Schatteneffekt*.)

4. Die Angaben der Ionisationskammer sind verschieden für die verschiedenen Strahlungsrichtungen in bezug auf die Kammerachse (*Richtungseffekt*).

---

[1] Die absoluten Angaben sind die in der freien Strahlung oder an der Oberfläche des Objekts erhaltenen, die prozentuellen sind die in der Tiefe eines Phantoms gemessenen und in Prozenten der Oberflächendosis angegebenen Resultate.

ad 1. Sehr verschieden wird die Anordnung der Kammer im Medium gehandhabt. Abb. 118 zeigt, was darunter zu verstehen ist und welche Anordnungen möglich sind. Man kann die Meßkammer an ein streuendes Medium anlegen (Fall I), man kann sie halb (Fall II), man kann sie ganz (Fall III) darin versenken. Man kann die Meßkammer auch völlig frei in der Luft aufstellen (Fall IV). Diese scheinbaren Kleinigkeiten bewirken schon beträchtliche Unterschiede in den Meßresultaten, da die Kammer, je tiefer sie eintaucht, um so mehr Streustrahlung erhält,

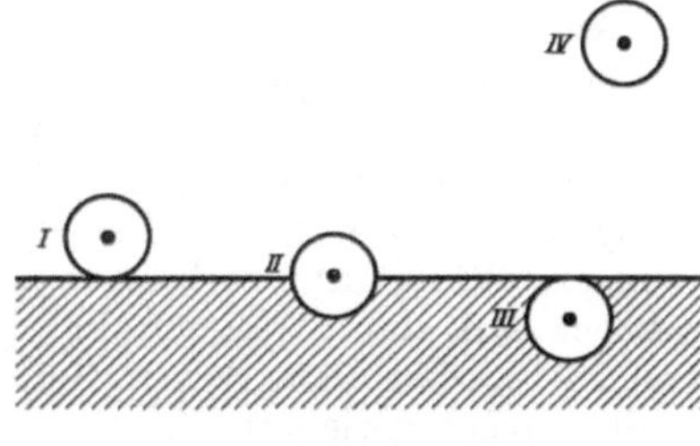

Abb. 118.
Anordnung der Kammer zur Messung.

ohne daß sich dabei die Größe der Primärstrahlung sonderlich ändert. Bei Position II und III vergrößert sich die gemessene Intensität infolge des Streuzusatzes um 10 bzw. 25% gegenüber Position I. Recht beträchtlich sind aus dem gleichen Grunde die Intensitätsunterschiede zwischen Position I und IV. Sie können 40—80% betragen.

Erklärlicherweise ist der Therapeut geneigt, die Meßkammer an das Medium anzulegen, da ihn die Dosis am biologischen Objekt selbst interessiert. Die am Objekt gemessene Dosis ist natürlich infolge der aus dem Medium rückgestreuten Strahlung, die mitgemessen wird, beträchtlich größer. Die Rückstreuung ist je nach den Bestrahlungsbedingungen verschieden groß.

ad 2. Die Angaben der Kammer nehmen mit wachsender Stiftlänge zu. Auch die relativen Messungen werden dadurch beeinflußt. So fällt die prozentuelle Tiefendosis, pro Millimeter Stiftlänge um 1,3% wachsend, größer aus.

ad 3. Durch den Kammerträger wird ein nicht unbeträchtlicher Teil der ungerichteten, gestreuten Strahlung absorbiert und gelangt gar nicht erst in die Meßkammer (Abb. 119). Diese kann also wohl direkte, gerichtete Strahlung richtig anzeigen, gestreute Strahlung jedoch wird von ihr nur unvollständig erfaßt und zu gering angegeben. Die gebräuchlichen kleinen Kammern, die auf einer Seite von einem Kammer-

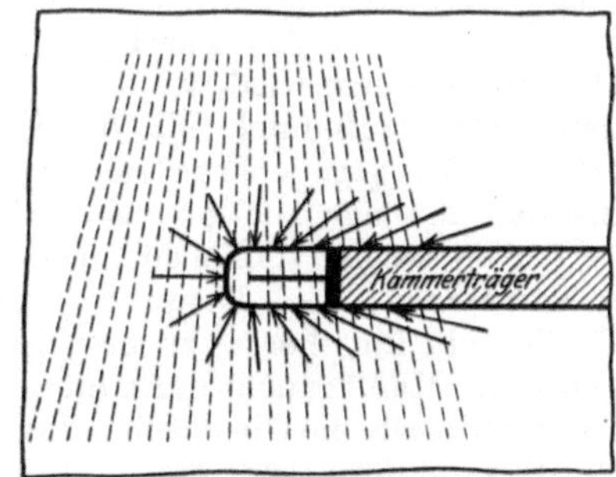

Abb. 119. Der Kammerträgerschatteneffekt.
- - - - = direkte Strahlung;
—➤ = gestreute Strahlung.

träger getragen werden, sind daher zum Messen nicht das Ideal. Vor allem ist ihre Form unzulänglich. Um der von allen Seiten einwirkenden Streustrahlung gleiche Eintrittsbedingungen zu schaffen, müßte die Kammer *rund* und in *allen* Strahlenrichtungen *gleich* durchlässig sein.

ad 4. Auch der Richtungseffekt ist eine Folge der unsymmetrischen Gestaltung der Kammer. Die axial auftreffende Strahlung wird höher

angezeigt als die senkrecht einfallende. Es ist noch folgendes zu beachten: Ist die Kammer vom Kammerträger nicht durch eine Bleischeibe
gedeckt (sog. *Stielschutz*), so können axial auftreffende Strahlen in
den Stiel des Kammerträgers gelangen und diesen aufladen. Der Ablauf des Elektroskops wird dadurch sehr verändert. Instrumente, die
keinen Stielschutz besitzen, können bei axialem Einfall der Strahlung
einen ca. 9fachen Wert gegenüber der normalen Strahlungsrichtung
anzeigen, weshalb sie von Messungen auszuschalten sind. Aber auch
wenn ein Stielschutz vorhanden ist, bleibt doch noch die kleine Meßkammer auf die Strahlenrichtung empfindlich. Das Meßgerät gibt
deshalb die von allen Seiten einfallende *gestreute* Strahlung anders an
als die *direkte*, gerichtete Strahlung. Da die Dosis im Objekt sich immer
aus gerichteter und gestreuter Strahlung zusammensetzt, ist eine absolute Genauigkeit bei Messungen am Objekt nicht zu erzielen. Da ferner
der Anteil an gestreuter und direkter Strahlung je nach der Lage des
Raumpunktes im durchstrahlten Medium verschieden ist (die Oberflächendosis ist durchschnittlich zu 60 % aus direkter und 40 % aus gestreuter, die Dosis in 10 cm Tiefe umgekehrt größtenteils aus gestreuter
und nur zu einem kleinen Teil aus direkter Strahlung zusammengesetzt),
so können auch alle prozentuellen Angaben, die sich auf die Oberflächendosis beziehen, keinen Anspruch auf Richtigkeit erheben; die Tiefendosis wird von den Instrumenten infolge Effekt IV meist zu hoch angezeigt.

Um klare und einfache Verhältnisse zu schaffen, empfiehlt die Standardisierungskommission deshalb die *Messung der Dosis in der freien
Strahlung* mit der triftigen Begründung, daß jedes Instrument, je nach
seiner Bauart, infolge der aufgezählten Effekte die ungerichtete Strahlung verschieden angibt, und daher eine Genauigkeit nur dann zu erzielen ist, wenn das geeichte Instrument in der gleichen Weise zur
Messung benutzt wird, wie es geeicht wurde, d. h. im freien, abgeblendeten Strahlenbündel. Mit dieser Meßart wird nur die *emittierte Dosis*
erfaßt. Bei gegebener Strahlenqualität, Feldgröße und Fokus-Hautdistanz läßt sich aus ihr auf alle anderen Dosen, wie Oberflächendosis
und Tiefendosis, schließen. Die Standardisierungskommission hat es
übernommen, diese Dosen in Abhängigkeit von den genannten drei
Größen ein für allemal zu bestimmen und in Tabellenform zusammenzufassen. Man braucht dann nur die freie Strahlung zu messen und kann
aus der Tabelle die Oberflächendosis bzw. die Tiefendosis für die gegebene
Strahlenqualität und die vorliegenden Bestrahlungsbedingungen ersehen.

Ein Beispiel möge den Vorgang der Messung erläutern. Die Messung
ist im freien, eng abgeblendeten Strahlenbündel unter sorgfältiger Vermeidung jeder Streuwirkung der Umgebung vorzunehmen. Um diesen
Forderungen nachzukommen, ist eine sorgfältige Justierung der Kammer
und der zu bestimmenden Röntgenröhre erforderlich. Man verwendet
mit Vorteil folgende Anordnung (Abb. 120): In einen geräumigen Holz-
kasten wird durch eine seitliche Öffnung die Meßkammer eingeführt
und mittels Klemmschrauben fixiert. Eine Marke am Kammerträger

läßt erkennen, wie tief die Kammer eingeschoben werden muß, damit sie senkrecht unter den Mittelpunkt einer kreisrunden Öffnung zu liegen kommt, die im Bleibelag der Decke des Kastens ausgeschnitten ist. Die zu bestimmende Röhre wird nun genau über die runde Deckenöffnung zentriert. Bei einer solchen Anordnung ist für jede Messung die gleiche Strahlenkegelweite und der gleiche Fokus-Kammerabstand garantiert.

Stellen wir uns die Aufgabe, mit dem geeichten Meßinstrument die Zeit zu bestimmen, die bei beispielsweise 200 kV Röhrenspannung, 1 mm Cu-Filter und 30 cm Fokus-Hautdistanz nötig ist, um bei einem bestimmten Röhrenstrom 550 R freier Strahlung auf ein Objekt auffallen zu lassen. Unser Meßinstrument habe für einen Teilstrich seiner Skala

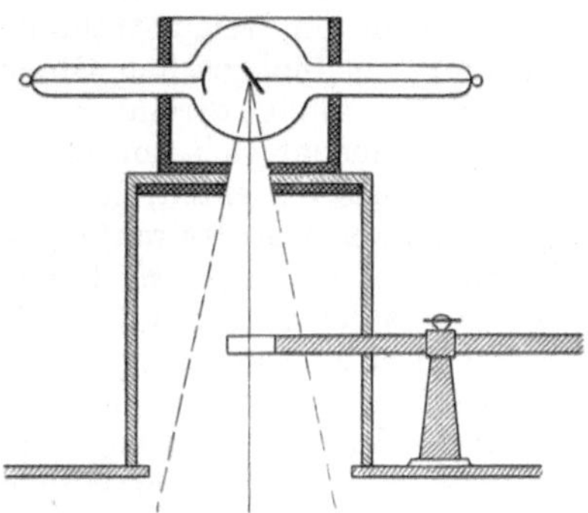

Abb. 120. Aufstellung der Kammer zur Messung in der freien Strahlung.

einen Eichwert von 1,5 R. Die Kammer wird, wie oben angegeben, in einer bequemen Meßentfernung von 50 cm Fokus-Kammerdistanz (die größere Meßentfernung empfiehlt sich, um der Wirkungssphäre der Hochspannungsleitung zu entgehen) unter der genannten Filterung und Röhrenspannung der Strahlung ausgesetzt. Nehmen wir an, der Elektrometerfaden sei in 48 Sek. von Teilstrich 4—0 der Skala abgelaufen. Den vier Skalenteilen entsprechen $4 \times 1,5$ R $= 6$ R. 1 R wird also in $^{48}/_6 = 8$ Sek. erreicht. 550 R demnach in $8 \times 550 = 4400$ Sek.$=$ 73 Minuten. Wollen wir in 30 cm Entfernung bestrahlen, so ist die Bestrahlungszeit im umgekehrten Verhältnis der Entfernungsquadrate zu verkürzen, nämlich $\left(\dfrac{30}{50}\right)^2 \times 73$, was 26 Minuten ergibt.

Vor der Vornahme einer Messung müssen wir auf den sog. *Dunkeleffekt* prüfen, d. h. wir müssen die Größe jener Einflüsse feststellen, die auf das Meßinstrument während der Messung einwirken, seine Anzeige beeinflussen und dabei *nicht* von der Strahlung herrühren. Es handelt sich hier um Nebeneffekte, die zum Teil von der Hochspannungsleitung ausgehen, zum Teil aus dem allmählichen, selbsttätigen Abfall des aufgeladenen Elektrometerfadens sich herleiten. Wir bestimmen diesen Effekt, indem wir eine Zeitlang (sagen wir 5 Minuten) unter Vorschaltung eines dicken Bleifilters bestrahlen; die Ausfallsstrahlung wird dann vollständig zurückgehalten, während die Nebeneffekte voll zur Geltung kommen. Wir ersehen auf diese Weise ihre Größe und können nun den entsprechenden Teil (dauert die Messung beispielsweise 1 Minute, so $^1/_5$ des in 5 Minuten bestimmten Effekts) bei der eigentlichen Messung in Abzug bringen.

Ist das Instrument ein Dosisleistungsmeßgerät (d. h. es zeigt mit seinem Ausschlag die Intensität pro Sek. an), so geschieht die Berechnung ganz ähnlich: Angenommen, das Instrument zeigt unter der Einwirkung der Gebrauchsstrahlung einen bestimmten Ausschlag, der nach der Eichtabelle 0,125 R pro Sek. entspricht. Dann wird 1 R in 8 Sek. erreicht. Der weitere Verlauf der Rechnung entspricht vollständig dem oben gegebenen Beispiel.

Diese in der freien Strahlung gemessenen R wachsen bei ihrer Verwendung am biologischen Objekt durch Verschiebung der Strahlungsintensitäten infolge Streuung zu recht verschiedener Größe an. Die Streustrahlung macht sich am eklatantesten an der Einfallsfläche (also an der Haut des Patienten) geltend, da sie sich hier zu der noch völlig ungeschwächten Primärstrahlung hinzuaddiert. Die Größe dieser zusätzlichen *Rückstreuungsdosis* kann je nach den Bestrahlungsbedingungen 30—100 % der primären, im freien Strahl gemessenen Strahlenquantität betragen und ist abhängig von Strahlenqualität, Feldgröße und Fokus-Hautabstand[1]. Zur vollständigen Definition der Oberflächendosis ist also, außer der Intensität der Primärstrahlung, die Angabe der genannten drei Größen unerläßlich. An Tabellen, die von der Standardisierungskommission ausgearbeitet sind, kann man bei Berücksichtigung der Bestrahlungsbedingungen die faktische Dosis am Objekt in R errechnen. Damit ist aber die Aufgabe der Röntgenstrahlenmessung noch keineswegs erschöpft. Es ist nämlich noch die Dosis am Erfolgsorgan zu bestimmen. Darüber s. Kap. VI, S. 265.

Die Nachprüfung der Konstanz des Meßinstrumentes mittels Radium geschieht auf folgende Weise. Benutzen wir das oben angeführte Beispiel: Zur Erreichung von 550 R in der freien Strahlung ist unter den genannten Bedingungen eine Bestrahlungszeit von 26 Minuten erforderlich. Die Entladungszeit des Elektrometers beträgt dabei 48 Sek. Bei der unmittelbar darauffolgenden Prüfung des Instruments mit dem Radiumpräparat betrage die Entladungszeit beispielsweise 10 Minuten. Es gelten also für die Messung folgende feste Beziehungen:

10 Minuten Ra. E. ... 48 Sek. Rö. E. ... 26 Minuten zur Erreichung von 550 R.

Angenommen, das Instrument zeigt nach einigen Monaten bei einer neuerlichen Nachprüfung mit dem Radiumpräparat eine Ablaufszeit von 11 Minuten. Dann hat sich also die Entladungszeit im Verhältnis 10 : 11 verändert. Wir müssen alle gemessenen Ablaufszeiten in demselben Verhältnis korrigieren. Es gilt die Proportion 10 Min. Ra. E : 11 Min. Ra. E = 48 Sek. Rö. E. : x Sek. Rö. E. x = $\frac{11 \times 48}{10}$ = 53 Sek. Jetzt gelten für die Messungen folgende Proportionen:

11 Min. Ra. E. ... 53 Sek. Rö. E. ... 26 Min. zur Erreichung von 550 R. Zeigt nun bei Messung der Strahlung das Instrument eine Ablaufszeit von beispielsweise 60 Sek., so errechnet sich die Bestrahlungszeit zur Erreichung der Standarddosis nach folgender Proportion: 53 : 26 = 60 : x. x = $\frac{26 \times 60}{53}$ = 29 Minuten.

---

[1] Die Größe der Rückstreuung schwankt auch bei gleichen Bestrahlungsbedingungen an verschiedenen Individuen und auch an der gleichen Person, je nachdem, welche Gegend des Körpers bestrahlt wird, nicht unbeträchtlich, was wohl auf Organverschiedenheiten zurückzuführen ist.

Die biologische Bestimmung der Dosis.

Dies die technische und mathematische Seite der Messungen. Schwieriger und nur mit approximativer Genauigkeit ist eine *biologische* Bestimmung der Dosis nach der Hautreaktion möglich. Sie ist eine Bestimmung *a posteriori*, denn sie stützt sich auf Veränderungen, die erst *nach* einer gewissen *Latenzzeit* an der bestrahlten Haut sichtbar werden, und zwar handelt es sich um das Erythem, das als Folge der Bestrahlung in der bestrahlten Hautpartie auftritt. Nach SEITZ und WINTZ ist die *HED* (*Haut-Einheits-Dosis*) dadurch charakterisiert, daß als Folge der Bestrahlung eines Hautfeldes von 6×8 cm^2 Fläche, aus 23 cm *FHD*, mit harter Strahlung (mindestens 0,5 mm Zn-Filter oder Äquivalenz) nach 8 Tagen eine leichte Hautröte, nach 3 Wochen eine leichte, hellbraune Verfärbung, nach 6 Wochen eine deutliche Bräunung der bestrahlten Hautstelle auftritt. Die HED stellt die Maximaldosis dar, die dem menschlichen Gewebe zugemutet werden kann, ohne daß eine dauernde Schädigung zu befürchten wäre. Ihre Bestimmung bereitet am biologischen Objekt erhebliche Schwierigkeiten, da das Erythem keine quantitativ scharf definierte Reaktions*größe* ist, sondern nur eine Reaktions*form* der Haut auf die Strahleneinwirkung darstellt. Überdies ist die Beurteilung der Verfärbung auf der schon an und für sich sehr verschiedenen Grundfarbe der Haut der subjektiven Willkür in uneingeschränktem Maße ausgesetzt.

Eine Nachprüfung der Dosen, die an deutschen Universitätskliniken als die HED aufgefaßt wurden, ergab denn auch die Scheinexaktheit und Haltlosigkeit der biologischen Dosierung nach der HED. Es stellten sich Differenzen bis zu 400% heraus! Da wir überdies die Größe der Dosis erst nach Auftreten der Hauptreaktion, also 3 Wochen nach der primären Strahleneinwirkung feststellen können, widerspricht diese Art der Bestimmung der eingangs in der Definition der Dosierung postulierten *Voraussage* der Reaktionsgröße. Wir sind also nicht imstande, biologisch nach der Hautreaktion zu dosieren, wohl aber können und müssen wir nach der Größe der biologischen Reaktion die physikalisch bestimmte Dosis biologisch nachkontrollieren. Ob man die Dosis dann nach der physikalischen R-Einheit oder der biologischen HED bezeichnet, ist für die Praxis völlig gleichgültig, ebenso wie es gleichgültig ist, ob wir nach Zentimeter oder nach Zoll messen, wenn nur zwischen den beiden Maßen ein bestimmtes festes Verhältnis herrscht. Und das ist die vorzüglichste Aufgabe der physikalischen Messung: die biologische Reaktion am elektrometrischen Meßinstrument in einer bestimmten R-Zahl festzulegen.

Eingehende Untersuchungen haben nun folgendes ergeben: die R-Zahlen, die zur Erreichung derselben Reaktionsgröße an der Haut erforderlich sind, sind für eine schwergefilterte Tiefentherapiestrahlung konstant. Nach einem großen, am Menschen gesammelten Erfahrungsmaterial entsprechen der HED, so wie sie biologisch von SEITZ und WINTZ festgelegt wurde, 550 R am physikalischen Meßinstrument, *gemessen in der freien Strahlung* mit einer physiologischen Schwankungsbreite von ± 15%.

Die HED ist die *Maximaldosis* der Röntgenstrahlung. Bei 110% der HED besteht die Gefahr einer Verbrennung ersten Grades, bei 120% der HED einer Verbrennung zweiten, bei 130% einer Verbrennung dritten Grades.

Die Reaktion der Haut auf die Strahlung fällt aber nur dann gleich aus, wenn auch gleiche Strahlenintensitäten auf sie einwirken bzw. von ihr absorbiert werden. Und hier setzen nun erst die Schwierigkeiten ein. Die in der freien Strahlung gemessenen 550 R (die emittierte Dosis) wachsen nämlich an der Oberfläche des Objektes infolge der Rückstreuung (d. i. der aus dem Objekt zurückgestreuten Strahlung) zu recht verschiedener Größe an (s. S. 222 und S. 258). Zu den 550 R der freien Strahlung kommt im praktischen Fall die Zusatzdosis, die bei einem Einfallsfeld von 6×8 cm und einer Fokus-Hautdistanz von 23 cm im Bestrahlungsfeld zu verzeichnen ist, hinzu; für diese Bestrahlungsbedingungen sind die oben gemachten Angaben bindend. Da aber die Rückstreuungsdosis sich mit der Größe des Feldes, der Fokus-Hautdistanz und der Strahlenqualität ändert, muß dies in der emittierten Dosis entsprechend berücksichtigt werden, d. h. wir müssen weniger R bei großem Feld (da die Rückstreuung größer ist) und mehr R bei kleinem Feld (da die Rückstreuung kleiner ist) verabfolgen, um auf der Haut die gleiche faktische Dosis zu erzielen. Aus dem gleichen Grunde müssen wir in derselben Weise (wenn auch in viel geringerem Grade) die Strahlenqualität in Betracht ziehen.

Beschränken wir uns aber nicht nur auf eine Tiefentherapiestrahlung, sondern dehnen unsere Betrachtungen auch auf weiche und ungefilterte bzw. schwachgefilterte Strahlungen aus, so tritt der Rückstreuungsfaktor an Bedeutung zurück, dagegen werden jetzt die veränderten Absorptionsverhältnisse für die Hautdosis entscheidend. Da die weiche Strahlung von der Haut viel stärker absorbiert wird, führt schon eine geringere emittierte Dosis zum Erythem. Wir haben also bei gleicher, mit Hilfe einer Meßkammer in der freien Strahlung gemessener Dosis, auch wenn wir die Rückstreuung in Korrektur ziehen, einen Gang der Hautreaktion mit der Härte der Strahlung zu verzeichnen, der in der verschiedenen Absorption der Strahlung seinen Grund hat und eigentlich nichts anderes besagt, als daß die gleiche Hautreaktion stets nur durch die *gleiche absorbierte* Strahlenmenge hervorgerufen wird. Deshalb ist mit zunehmender Härte der Strahlung eine zunehmend größere emittierte Dosis zur Erlangung der gleichen Hautreaktion notwendig. Wir vermerken ein Ansteigen von 350 R bei 100 kV auf 550 R bei 180 kV. (Von manchen Autoren wird diese Abhängigkeit der Erythemdosis von der Strahlenqualität in Abrede gestellt und für alle therapeutisch in Betracht kommenden Strahlungen die gleiche emittierte Dosis von 550 R als der HED entsprechend angesehen.) Es ist deshalb die Erythem-R-Zahl mit einem Rückstreuungs- und Qualitätsfaktor zu versehen und nach diesem zu korrigieren.

Die Bestimmung der Bestrahlungszeit, die unter gegebenen Bestrahlungsbedingungen mit einem bestimmten Apparate und Röntgenröhre auf der bestrahlten Haut die Maximaldosis ergeben soll, hat demnach folgende Zwischenstufen zu durchlaufen:

1. Quantitative Messung: Bestimmung des R-Wertes (d. h.: in welcher Zeit wird 1 R erreicht) der freien Strahlung und Multiplikation dieses Wertes mit 550.

2. Qualitative Messung: Bestimmung der Qualität der Strahlung, ausgedrückt durch die Halbwertschicht in Kupfer (s. S. 266).

3. Rückstreuungskorrektur. Korrektur der erhaltenen R-Zahl nach Halbwertschicht, Feldgröße, Fokus-Hautabstand (Korrektur nach Standardtabellen).

Die Errechnung der Dosis nach irgendwelchen mathematischen Formeln, die die Spannung, Filterdicke, Milliamperezahl usw. als variable Größen enthalten, ist noch als verfrüht zu betrachten, solange eine solche außergewöhnliche Mannigfaltigkeit an Apparaten mit verschiedenen elektrischen Verhältnissen herrscht. Es ist wünschenswert und bleibt im Interesse der Entwicklung der Strahlentherapie zu hoffen, daß in Zukunft für Therapiezwecke ein einziger, überall gleich gebauter, konstante Gleichspannung liefernder Apparat sich durchsetzen wird. Dann wird die Dosierung auf eine wesentlich einfachere Basis gestellt und indirekte Methoden zu ihrer Ausführung herangezogen werden können. Vorläufig sind, abgesehen von den mit Ventilröhren ausgestatteten Kondensatorapparaten, die elektrischen Verhältnisse an den Röntgenmaschinen so wechselnd und unsicher, daß Apparate vollständig gleicher Konstruktion auch unter gleichen Bedingungen doch verschiedene Röntgenstrahlenintensitäten liefern.

II. Therapeutische und toxische Wirkung der Röntgenstrahlen.

Lokale Wirkungen der Röntgenstrahlen.

Wirkungen auf die Haut (*lokale Wirkungen*). Seitdem die ersten Pioniere der neuen Wissenschaft bei ihrer Beschäftigung mit den Röntgenstrahlen unliebsame Erfahrungen an der Haut ihrer Hände machen mußten und nachdem CURIE, der eine Probe der von ihm entdeckten Substanz mit sich in der Westentasche herumzutragen pflegte, ein hartnäckiges Geschwür auf seiner Bauchhaut entstehen sah, rückte die Erforschung der Strahlenwirkung auf die Haut in den Mittelpunkt des Interesses. Aber auch jetzt, wo diese unliebsamen Vorfälle nicht mehr aktuell sind, muß sich jeder Strahlentherapeut mit den Veränderungen, die in der bestrahlten Haut vor sich gehen, eingehend bekanntmachen[1]. Stellt doch in der *Oberflächentherapie die Haut das Ziel*, in der *Tiefentherapie die Haut die Eingangspforte* für die Strahlung dar, und ist doch das Hauterythem ihr biologisches Maß.

---

[1] Es sind nur die sinnfälligen makroskopischen Veränderungen aufgezählt; die feineren, histo-biologischen Veränderungen haben — als den Rahmen dieses Buches überschreitend — keine Berücksichtigung gefunden.

Therapeutische Dosen.

Bei der Verwendung therapeutisch üblicher, sog. pharmakologischer Dosen, die aber mindestens 80% der Maximaldosis betragen, tritt nach einer gewissen Latenzzeit ein in mehreren (meist 3) Schüben auftretendes flüchtiges Erythem auf. Die drei Schübe fallen durchschnittlich auf den Beginn der ersten, dritten und sechsten Woche nach der Strahleneinwirkung. Die einzelnen Wellen sind manches Mal nicht distinkt, sondern fließen ineinander und sind dann nur an den Kulminationspunkten des Rötungsverlaufs zu erkennen. Das eine Mal kann die zweite, das andere Mal die dritte Welle als die *Hauptreaktion* imponieren. Dem Erythem folgt regelmäßig die *Pigmentierung* nach. Ihre Intensität ist von der Stärke des vorausgegangenen Erythems *unabhängig* und individuell sehr *variabel.*

Bei jungen Leuten verläuft die Reaktion rascher und intensiver, bei älteren Individuen wickelt sie sich viel träger ab; es kann dann die letzte Welle zwischen den 50. bis 60. Tag fallen. Die Kinderhaut ist im Gegensatz zu den bisher geltenden Anschauungen *nicht* empfindlicher als die Haut der Erwachsenen, nur daß der Ablauf der Rötungswellen kurzfristiger ist. (Dies gilt nicht in gleicher Weise für die inneren Organe!)

Die erste Rötungswelle wird, da sie unter Umständen klinisch besonders in Erscheinung treten kann, als *Frühreaktion* bezeichnet. Früher als eine von der Röntgenwirkung unabhängige, akzidentelle Begleiterscheinung einer Bestrahlung angesehen, wurde sie erst in späteren Forschungen als ein integrales Teilstück der Röntgenreaktion erkannt. Umstritten ist noch die Frage, ob es sich um eine echte Entzündung oder bloß um eine vorübergehende und individuell schwankende, angio-neurotische Reizerscheinung handelt. Vieles spricht für die letztere Auffassung, besonders aber der starke Ausfall der Reaktion bei angio-neurotischen Personen (Morbus Basedowii, Dermographismus, Urticaria, QUINCKEsches Ödem), der oft in krassem Gegensatz zur Größe der verabfolgten Dosis steht. Man unterscheidet die *oberflächliche Frühreaktion,* womit man die Vorgänge an der Haut meint, von der *tiefen Frühreaktion,* die die Schwellung der tieferliegenden Gewebe bezeichnet. Letztere kann manchmal dadurch zur Gefahrenquelle werden, daß infolge der Gewebsschwellung während der Frühreaktion bedrohliche Symptome hervorgerufen werden, z. B. Verlegung der Atemwege nach Bestrahlung einer Struma oder eines Thymus, oder Hirndruckerscheinungen resp. Erscheinungen der Rückenmarkskompression nach intensiver Bestrahlung des Gehirns bzw. des Rückenmarks.

In sehr seltenen Fällen kommt es im Anschluß an die Frühröte der Haut zum Auftreten eines toxischen Exanthems von urticariellem oder papulösem Charakter, das gewöhnlich auf den bestrahlten Hautbezirk beschränkt bleibt, sich aber auch über den ganzen Körper ausbreiten kann.

Toxische Dosen.

Wird die Haut von *toxischen Dosen* getroffen, so verkürzt sich die Latenzzeit zwischen Einwirkung und Hauptreaktion, und zwar im gleichen Maße, wie die Dosis zunimmt. Die Erscheinungen an der Haut bezeichnet man in diesem Falle als *Röntgenverbrennung*, da in der Tat die Vorgänge sehr an eine Verbrennung erinnern. Man denke an die stufenweise Abhängigkeit der Wirkungen von der Intensität der Strahlungen: erster Grad: *Rötung*, zweiter Grad: *Blasenbildung*, dritter Grad: *Nekrose*; nur daß wir vor dem ersten Grad der Einwirkung noch eine, nur den Röntgenstrahlen eigene Reaktionsart zu verzeichnen haben, nämlich den *Haarausfall*.

Während die therapeutischen Dosen stets in Restitutio ad integrum ausgehen (auch die Pigmentierung verschwindet mit der Zeit), führen die toxischen Dosen zu bleibenden Veränderungen; erster und zweiter Verbrennungsgrad zu Atrophie, Teleangiektasien und abnormen Pigmentierungen. (Im Verlauf von Jahrzehnten kann eine so geschädigte Haut eine wesentliche Besserung erfahren, doch stellt sie immer einen Locus minoris resistentiae dar, der bei Einwirkung anderer Schädigungen mit schweren Veränderungen reagieren kann.) Dritter Verbrennungsgrad führt zum *Röntgengeschwür*: sehr torpides Ulcus mit geringer Heilungstendenz, äußerst schmerzhaft. Die Prognose richtet sich nach der Größe des Geschwürs und dem Zustand der Umgebung. Ist die Umgebung ebenfalls durch Röntgenstrahlen verändert (großes Bestrahlungsfeld, harte Strahlung mit beträchtlicher Tiefenwirkung), so ist eine Regeneration kaum möglich, die Prognose daher als ungünstig zu bezeichnen. Kleine Hautstellen dagegen (Naevi, Verrucae) können, wenn ihre Durchmesser 1 cm nicht überschreiten, bis 100% überdosiert werden, sowohl wegen der günstigen Regenerationsbedingungen als auch, weil die Hautdosis infolge der bei dem kleinen Feld geringfügigen Rückstreuung relativ klein ausfällt.

Die Empfindlichkeit der Haut ist je nach der Körpergegend verschieden groß; die Unterschiede sind gering; sie betragen maximal 15%. Nach der Empfindlichkeit geordnet ergibt sich folgende Reihenfolge: Hals, Bauch, Oberschenkel, Rücken, Gesicht.

In pathologischen Fällen haben wir mit einer Empfindlichkeitssteigerung zu rechnen beim Morbus Basedowii (bis 30%), bei Nephritis (bis 40%), besonders im Bereich eines nephritischen Ödems. Etwas empfindlicher ist die Haut auch bei Lues, Alkoholismus und exsudativer Diathese. Die Haut Kachektischer verträgt dagegen recht hohe Dosen (bis 30% Überdosierung) ohne Schaden.

Allgemeinwirkung der Röntgenstrahlung.

Neben der lokalen Einwirkung auf die bestrahlte Haut geht eine *Allgemeinwirkung* der Röntgenstrahlung einher. Hervorgerufen wird sie wohl durch Eiweißabbauprodukte[1], die durch die Bestrahlung in den alterierten Zellen entstehen und in die Blutbahn gelangen. Eine Stütze findet diese Anschauung darin, daß die künstliche Einbringung von Eiweiß in die Blutbahn (Proteinkörperinjektion) zu Stoffwechsel-

---

[1] Es sind noch manche andere Theorien zur Erklärung dieser Erscheinung aufgestellt worden.

veränderungen und Störungen des Allgemeinbefindens führt, die sehr weitgehende Analogie zu den Allgemeinveränderungen nach Röntgen- und Radiumbestrahlung zeigt. Sowohl bei der Röntgenbestrahlung wie bei der Proteinkörperinjektion kommt es in leichteren Fällen zu Eingenommenheit des Kopfes und Magenverstimmung. Bei stärkerer Einwirkung steigert sich die Magenverstimmung zum Erbrechen, das oft tagelang anhalten kann. In schwersten Fällen kommt es unter der Strahleneinwirkung zur Ausbildung einer Kachexie, der auf der anderen Seite die Proteinkörperkachexie entspricht. Es heben sich also deutlich 3 Grade der Röntgenintoxikation hervor. Den ersten Grad nennen wir *Röntgenkater*, den zweiten *Röntgenchok* und den dritten *Röntgen-kachexie.*

Die Röntgenintoxikation ist in ihrem Grade abhängig:

1. *von der Größe der applizierten Dosis.* Dabei ist nicht so sehr die Oberflächendosis, als die Raumdosis ausschlaggebend, d. h. die Größe des durchstrahlten Körpervolumens und die Menge der absorbierten Strahlung. Bei gleicher Oberflächendosis ist daher die Intoxikation um so stärker, je größer das Einfallsfeld, je größer der Objektquer- schnitt und je penetranter die Strahlung ist;

2. *von der Körpergegend, die bestrahlt wird.* Am empfindlichsten ist die Oberbauchgegend, dann der Unterbauch. Weniger häufig treten Intoxikaltionen auf nach Bestrahlung des Thorax und des Kopfes, so gut wie nie nach Bestrahlung der Extremitäten. Sehr radiosensible, pathologische Gewebe, die unter der Strahleneinwirkung rasch ein- schmelzen, führen unabhängig von ihrer Lokalisation schon bei kleinen Dosen zu Intoxikationserscheinungen;

3. *von der psycho-physischen Konstitution des Patienten.* Nervös- labile Personen reagieren bereits auf eine Dosis, die beim Normal- menschen keine Erscheinungen hervorruft, mit mehr oder minder schweren Symptomen.

Die im Therapiezimmer während des Betriebes entstehenden Gase (Ozon, Nitrosegase) führen an sich zu keinen Intoxikationen, können jedoch bei Kranken, die bereits eine leichte Röntgenintoxikation haben, die Symptome eines ausgesprochenen Röntgenkaters hervorrufen oder bestehende Vergiftungserscheinungen verstärken.

Der Widerwille gegen die Atmosphäre im Therapieraum ist oft sehr ausgesprochen und bleibt bei den Kranken lange Zeit erhalten. Auch nach Monaten, wenn die Patienten zur Wiederholung der Bestrahlung sich einstellen, kommt es bei vielen sofort nach Betreten des Therapie- zimmers zu Empfindungen nausealen Charakters.

Man begegnet den schweren Erscheinungen der Röntgenintoxi- kation, indem man bei Bestrahlung radiosensibler Körpergegenden und Organe entweder das Einfallsfeld klein wählt, oder, falls dies nicht angängig ist und große Felder erforderlich sind, die Dosis in mindestens zwei Teildosen verabfolgt.

Die maximale Tagesraumdosis, die unter normalen Verhältnissen ver- tragen wird, ist erreicht, wenn bei einem Einfallsfeld von 15×15 cm und einer Spannung von 200 kV die Maximaldosis verabreicht wird. Eine solche Dosis kann ohne Schaden für den Kranken 3 Tage nacheinander verabfolgt werden; danach 3tägige Pause. Art und Lokalisation des zu bestrahlenden Gewebes muß natürlich berücksichtigt werden.

Von den Faktoren, die die Größe der maximalen Raumdosis bestimmen (Einfallsfeld, Oberflächendosis, Strahlenhärte), können wir in gewissen Grenzen, die für die Praxis ausreichen, einen Faktor auf Kosten der anderen verändern, wenn nur das Gesamtprodukt der einzelnen Faktoren das gleiche bleibt, also die Konstante 45,000 (1 [HED] × 15 × 15 [Einfallsfeld] × 200 [kV]) nicht überschreitet. So ist es beispielsweise gestattet, bei Verabfolgung einer $^{1}/_{2}$ HED unter den obengenannten Bedingungen zwei Felder an einem Tag zu geben, oder bei verminderter Spannung ein größeres Einfallsfeld zu wählen usf. In allen diesen Fällen werden stärkere und unangenehme Reaktionen ausbleiben.

Ablauf der Reaktion.

Der Ablauf der durch eine therapeutische Dosis hervorgerufenen Einwirkung ist über eine Zeitspanne von mehreren Wochen verteilt. Nach Verlauf dieser Zeit kehren die durch die Strahleneinwirkung alterierten Zellen in den Status quo ante zurück, gewisse Effektreste werden allerdings für immer zurückbehalten. Der Reaktionsablauf ist bezüglich seiner zeitlichen Ausdehnung abhängig 1. vom biologischen Range des Gewebes, 2. von der Qualität der inkorporierten Strahlung, 3. von der Größe der verabfolgten Dosis, 4. von ihrer Konzentration.

ad 1. *Mausergewebe*, d. h. Gewebe mit rascher Zellfolge und kurzer Lebensdauer der einzelnen Zelle (z. B. alle Drüsengewebe), zeigen eine relativ kurze Reaktionszeit, *Dauergewebe* (Knochen, Knorpel, Bindegewebe, Gefäße, Nerven) eine außerorderntlich lange Reaktionszeit.

ad. 2. Die biologische Strahlenwirkung hält um so länger an, je kürzer die Wellenlänge der elektromagnetischen Schwingung ist. Abb. 121 ist eine graphische Darstellung des Reaktionsablaufs elektro-

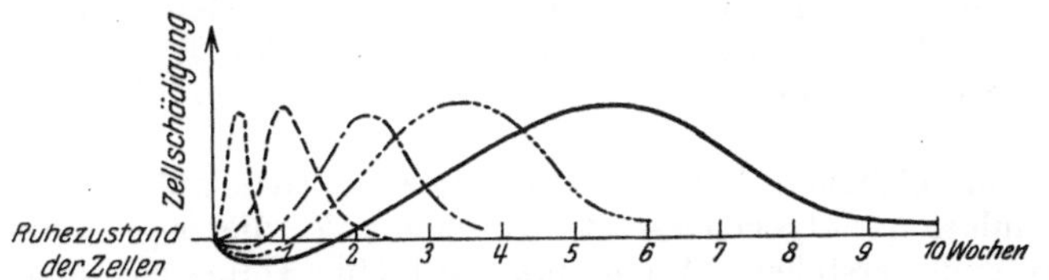

Abb. 121. Graphische Darstellung des Reaktionsablaufs der Strahleneinwirkung im Gewebe.

- - - - - - - = Ultraviolettstrahlung;   — · — · — = Diagnostikstrahlung;
— — — — = Grenzstrahlung;   — · · — · · = Oberflächentherapiestrahlung;
———— = Tiefentherapiestrahlung.

magnetischer Schwingungen in der Haut. Wir ersehen daraus: die Reaktion einer Ultraviolettbestrahlung ist nach ca. 5—6 Tagen vollständig abgeklungen, die der Grenzstrahlung nach ca. zwei Wochen, dann folgt der Reaktionsablauf weicher, mittelharter und harter Röntgenstrahlung. Die längste Reaktionszeit zeigt die ultraharte, durch Schwermetalle gefilterte Tiefentherapiestrahlung. Man muß diese Verhältnisse genau kennen, um, falls eine Wiederholung der Bestrahlung erforderlich ist, das richtige Intervall zwischen beide Bestrahlungen einzuschalten. Man wird die nächste therapeutische Dosis erst dann verabfolgen, wenn die erste in ihren Wirkungen bereits vollständig abgeklungen ist.

Eine während des Reaktionsablaufs applizierte Dosis summiert sich in ihrer Wirkung zu der gerade bestehenden Ablaufsphase der voraufgegangenen Strahleneinwirkung, führt also zur *Kumulierung* (Abb. 122).

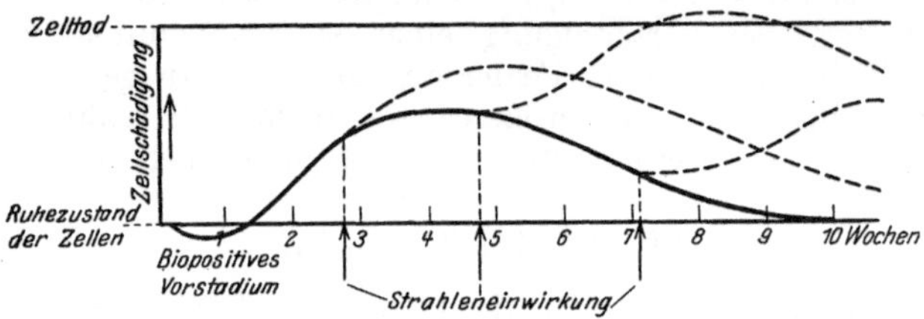

Abb. 122. Graphische Darstellung der Kumulationswirkung (gestrichelte Kurven). Nach H. HOLFELDER.

Man kann dies beabsichtigen, muß aber die Dosis entsprechend wählen. Gefährlich ist die ungewollte Kumulierung, die meist dadurch zustande kommt, daß an sich scheinbar unschädliche Dosen in zu kurzen Zwischenräumen ungebührlich häufig wiederholt werden. Da die biologische Ablaufszeit mit jeder folgenden Bestrahlung sich verlängert, werden die Verhältnisse recht unübersichtlich; außerdem verlockt die Unversehrtheit der Haut zu immer weiterer Bestrahlung. Die einzelne Dosis ist doch so klein! beruhigt man sein Gewissen. Es verläuft auch alles ganz gut, bis nach mehreren Monaten, ja in manchen Fällen nach einigen Jahren durch irgendeine belanglose Schädigung, sei es eine Hautabschürfung, eine Verbrennung oder eine kleine Operation, in dem bestrahlten Gebiet sich plötzlich ein Ulcus entwickelt, das sich ebenso verhält, wie die akute Röntgenverbrennung. Die Kumulation birgt die Gefahr solcher Spätschädigungen in sich. Die Einzeldosen sind klein; es handelt sich lediglich um die Summation kleiner Einzelwirkungen.

Aus dem zeitlichen Ablauf der Röntgenreaktion läßt sich auch die der Kumulation entgegengesetzte Erscheinung, die sog. *Verzettelung* herleiten und verstehen. Wenn man auf eine Hautstelle eine halbe Dosis und nach einigen Tagen abermals eine halbe Dosis gibt, so erhält man je nach der Qualität der Strahlung eine schwächere Wirkung, als wenn man die ganze Dosis auf einen Schlag verabfolgt. Die Verzettelungswirkung tritt um so mehr in Geltung, je rascher der Reaktionsablauf, je weicher also die Strahlung ist. Bei harter Strahlung spielt dieser Effekt eine geringere Rolle. Man bezeichnet die Applikation der Röntgenstrahlen in zeitlich auseinanderliegenden Teildosen als „*Verabfolgung in dosi refracta*".

ad 3. und 4. Umgekehrt ist eine Röntgenstrahlendosis um so wirksamer, je konzentrierter, d. h. in einem je kürzeren Zeitraum sie verabfolgt wird. Der Endeffekt ist verschieden, je nachdem ob die Dosis auf *einmal* oder *geteilt* inkorporiert wird. Schon Pausen von einer Stunde zwischen den einzelnen Teildosen setzen die Wirkung der Gesamtdosis herab. Es ist auch nicht gleichgültig, ob man für die Verabfolgung der Dosis bei geringem Röhrenstrom längere Zeit gebraucht (beispielsweise 3 mA, 30 Minuten), oder ob man sie bei hoher Stromintensität in kurzer Zeit verabfolgt (beispielsweise 30 mA, 3 Minuten). Letztere Applikationsweise — die *konzentrierte Dosis* — wirkt stärker.

Es spricht manches dafür, daß der Abfall des Strahleneffektes gesetzmäßig nach dem für physikalisch-chemische Vorgänge geltenden Massenwirkungsgesetz vor sich geht. Wir müssen uns dabei vorstellen, daß der Strahleneffekt mit der Konzentration eines bei der Bestrahlung entstehenden hypothetischen Zersetzungsproduktes parallel geht und mit dessen Diffusion vom Bestrahlungsorte weg abnimmt. Die Diffusionsgeschwindigkeit aber ist abhängig vom Grade der im Gewebe herrschenden Konzentration. Sie ist also am größten kurz nach Einverleibung der Dosis. In der gleichen Weise, wie die Konzentration abnimmt, nimmt auch die Diffusionsgeschwindigkeit ab. Deshalb findet in der ersten Zeit der hohen Konzentration ein rasches Absinken des Strahleneffektes statt, während die letzten Effektreste noch lange festgehalten werden. So sinkt der Strahleneffekt der Maximaldosis einer bis zum Homogenitätspunkt gefilterten Tiefentherapiestrahlung schon nach 8 Tagen auf 50 %, nach 17 Tagen auf 25 % des Anfangswertes ab. Aber erst nach weiteren 25 Tagen (also im ganzen 42 Tagen) ist er so weit abgesunken, daß er zu vernachlässigen ist (KINGERY).

Unter Voraussetzung der Gültigkeit des Massenwirkungsgesetzes läßt sich der Vorgang des Effektabfalls in folgende Formel gießen:

$$E_t \text{ (Endeffekt)} = E_0 \text{ (Anfangseffekt)} \cdot e^{-kt}.$$

Hierin bedeuten e die Basis der natürlichen Logarithmen, t die seit der Bestrahlung verstrichene Zeit, K eine für die Strahlenqualität geltende Konstante; sie wird für die gebräuchliche Tiefentherapiestrahlung mit 0,82—0,84 angegeben. Die praktischen Folgerungen, die wir aus der nach dieser Gleichung gewonnenen exponentiellen Kurve herauslesen können, sind beispielsweise folgende: Eine Maximaldosis kann nach 6 Wochen, eine halbe Dosis nach 10 Tagen wiederholt werden. Soll eine Maximaldosis in 4 gleichen Teildosen verabfolgt werden, so müssen bei Verteilung der Teildosen auf 4 Tage 113 %, auf 7 Tage 126 %, auf 2 Wochen 154 % der Maximaldosis gegeben werden. Nach einer solchen Volldosis kann die Bestrahlung wie nach einer einzeitig verabfolgten Maximaldosis wiederholt werden.

Es sei nicht verschwiegen, daß die Praxis sich mit dieser Kurve nicht deckt, sondern (vielleicht nur aus Vorsicht) sich *unter* den angegebenen Zahlen hält und die Zeitintervalle größer wählt (s. Kurven der Abb. 121 und 122).

Alle diese Folgerungen gelten für gesunde Haut im Alter von 20 bis 60 Jahren, also nicht für die rascher sich erholende Kinderhaut, noch für die stärker kumulierenden Gewebe Kachektischer.

Ursachen von Röntgenschädigungen.

Das *schwere akute, nekrotische Röntgenulcus*, das 5—8 Tage nach der fehlerhaften Bestrahlung aufschießt, entsteht am häufigsten durch *Vergessen des Filters*. Die Folge des Filtervergessens ist, daß die volle, ungeschwächte Strahlung in schädlicher Qualität und übermäßiger Quantität den Körper trifft. Man kann dieser Gefahr vorbeugen durch Filtersicherungen (s. S. 280).

Die *mittleren und leichteren Überdosierungen* haben ihren Grund meist in der *Dosierung nach Zeit* (s. S. 275). Es ist nicht zu bestreiten, daß bei völlig konstanten Betriebsbedingungen die gleichen Dosen auch stets in gleicher Zeit erreicht werden, doch darf man nicht außer acht lassen, daß auch die modernen Therapieapparate noch keine so ausreichende Konstanz des Betriebes gewährleisten, daß man mit ihnen nur nach der Zeit, ohne Kontrolle der Hautdosis dosieren könnte. Die Hauptquelle der Inkonstanz liegt in den Schwankungen des Stadtstromes. Zur Sicherung des Betriebes muß entweder ein Spannungsregler vorgeschaltet, oder die Hautdosis mit einem Dosimeter kontrolliert werden.

Schwere *lokale Schädigungen* in der *Tiefe des Gewebes* kommen zustande durch falsche Überschneidung mehrerer Strahlenkegel bei hochdosierter Mehrfelderbestrahlung (s. S. 264). Besonders gefährdet ist bei solcher Bestrahlungstechnik der Darm. Dieser kann auch aus einem anderen Grunde schwer geschädigt werden; es ist nämlich die Möglichkeit nicht von der Hand zu weisen, daß ein leicht bewegliches Darmstück — etwa eine Ileumschlinge oder eine lange Sigmaschlinge — bei Bestrahlung der einen Seite eines Abdominalfeldes im Strahlenkegel liegt und bei der nachfolgenden Bestrahlung der anderen Seite ebenfalls dorthin zu liegen kommt und abermals vom Strahlenkegel getroffen wird. Diese Gefahr läßt sich ganz nie beseitigen. Von anderen Organen sind durch falsches Dirigieren des Strahlenkegels bei der Mehrfelderbestrahlung gefährdet: die Blase (Bestrahlung des Uteruskarzinoms), die Lunge (beim Mammakarzinom), der Kehlkopf und das Gehirn.

Die *Spätschädigungen* sind, wie oben erwähnt, auf die zu kurze Serienpause zurückzuführen. Sie werden hauptsächlich nach Bestrahlungen mit harten, schwergefilterten Strahlen beobachtet. Das Absorptionsmaximum liegt dabei 1—2 cm unter der Haut, also im Unterhautzellgewebe. Dieses hat gegenüber der Haut einen relativ langsamen Reaktionsablauf. Das intakte Epithel der rascher regenerierenden Haut verleitet zu vorzeitiger Wiederholung der Bestrahlung, durch die das stark belastete Unterhautzellgewebe, besonders die Kapillaren, geschädigt werden. Mit Rücksicht darauf müssen die Intervalle länger gewählt werden, als dem Reaktionsablauf des Epithels entsprechen würde. Durchschnittlich wird man daher nach Verabfolgung einer Maximaldosis schwer gefilterter Strahlung 8—10 Wochen, einer halben Dosis 4 Wochen, einer Vierteldosis 2 Wochen Pause einschalten. Manche Autoren erachten nach Applikation einer Maximaldosis ultraharter Röntgenstrahlung ein Intervall von 3 Monaten für notwendig.

Der *Tod als unbeabsichtigte direkte Folge* einer Röntgenbestrahlung ist beim Menschen wohl kaum in Betracht zu ziehen, liegt jedoch im Bereich des Möglichen. Vom Tierexperiment her ist bekannt, daß Tiere, denen eine im Verhältnis zu ihrem Körpervolumen sehr große Volumendosis Strahlung appliziert wird, zugrunde gehen. Als Todesursache ist die Wirkung der Eiweißabbauprodukte und die Zerstörung der Blutbildungsorgane anzusehen. Eine entsprechend große Volumdosis kann beim Menschen dieselbe schwere Einwirkung hervorrufen. Ein solcher Fall wurde von italienischen Autoren (Fall des Radiologen TIRABOSCHI) beschrieben.

TIRABOSCHI ging nach kurzer, aber sehr intensiver radiologischer Tätigkeit an einer schweren aplastischen Anaemie zugrunde. Er hatte ohne ausreichenden Strahlenschutz gearbeitet. Der Sektionsbefund ergab eine schwere essentielle Anämie, Atrophie des Knochenmarks, Atrophie der Malpighischen Follikel und Pigmentanhäufungen in der Milz — ein Bild, das den letalen Bestrahlungen im Tierexperiment gleicht.

Indirekt können die Röntgenstrahlen zur Todesursache werden bei intensiver Bestrahlung sehr großer, aus lymphatischem Gewebe bestehender Tumoren. Die Überschwemmung des Körpers mit Tumorzerfallsprodukten ist hier anzuschuldigen. Schwere Nekrosen nach Röntgenverbrennungen sind häufig die Eingangspforte für eine septische Infektion; auch sie können also indirekt den Tod des Geschädigten herbeiführen.

III. Wirkungsmechanismus der Röntgenstrahlen.

Bisher haben wir bei unseren Betrachtungen über die Strahlenwirkung den Körper als Ganzes berücksichtigt, wobei wir die sinnfälligen oder leicht feststellbaren Veränderungen verfolgten. Legen wir nun einen anderen, viel, viel kleineren Maßstab unseren Betrachtungen zugrunde, so können wir vielleicht an die Wurzel des Geschehens gelangen, das sich uns makroskopisch als Strahlenwirkung offenbart. Von den kleinsten Teilchen, den Elektronen und Atomen, den Molekülen und Molekülkomplexen wird hier die Rede sein. Wüßten wir, wie das kleinste Teilchen in das größere und dieses in den Organismus sich einfügt, so könnten wir aus dem Geschehen im kleinen die Wirkung auf das Ganze ableiten. Leider trennt uns vom physikalischen Teilchen (Elektron, Molekül) eine nur durch Hypothesen überbrückte Kluft vom organischen Teilchen, der Zelle. Wir sind daher auf Vermutungen angewiesen, wenn wir uns erklären wollen, wie das physikalische Geschehen in das biologische Geschehen übergeht. Dagegen können wir ziemlich weit die physikalischen Umwandlungen der ins Gewebe hineingeschickten Strahlung verfolgen.

Umsetzung der Strahlenenergie in Elektronenenergie.

Die im Gewebe stattfindende Absorption und Streuung der Röntgenstrahlung wirkt sich physikalisch vorwiegend in der Emission von

Elektronen aus[1]. Diese Energieumwandlung ist die Umkehrung des Vorgangs, der uns von der Röntgenröhre her bekannt ist: entstanden dort die Röntgenstrahlen durch Aufprall von Elektronenschwärmen auf die Atome der Antikathode, so werden sie hier wieder beim Zusammenprall mit den Atomen des Gewebes zu Elektronen. Je nach dem, ob das Energiequant des Röntgenstrahls an ein Elektron im Atom*innern* (gebundenes Elektron) oder an eines der *äußeren* Elektronen, das nur lose an das Atom gebunden ist (freies Elektron), abgegeben wird, haben wir es mit Absorption, bzw. mit Comptonscher Streuung zu tun; beide sind nur zwei verschiedene Erscheinungsformen ein und desselben Vorganges. Bei Stoffen hoher Ordnungszahl (z. B. Schwermetalle) überwiegt die Absorption sehr stark die Streuung. Die Atomstruktur (es überwiegen die gebundenen Elektronen) bewirkt, daß hauptsächlich absorbiert wird. Bei Stoffen niedriger Ordnungszahl — und zu diesen gehören die Weichteile des menschlichen Körpers —, bei denen die Elektronen nur in lockerer Bindung zum Atomkern stehen, tritt die Absorption gegenüber der Comptonschen Streuung weit zurück. Die Röntgenstrahlenenergie wirkt sich hier vorwiegend in der Streuung aus, und dies um so mehr, je härter, d. h. je größer das Energiequant der Strahlung ist.

Die emittierten Elektronen sind nach der jetzt herrschenden Anschauung entweder direkt oder indirekt die Träger der biologischen Wirkung. Ihr Schicksal im Gewebe erfordert daher unser größtes Interesse.

Das Photoelektron und seine Wirkungen.

Die bei der Absorption der Röntgenstrahlen im Innern des Gewebes ausgelösten Elektronen (die sog. *Photoelektronen*) verlassen ihre Mutteratome mit einer Beschleunigung, die der Geschwindigkeit der die Strahlung erzeugenden Kathodenstrahlen in der Röntgenröhre nahezu gleichkommt. Die Elektronengeschwindigkeit ist der Härte der Strahlung proportional und läßt sich aus dieser ableiten. Die Grenzwellenlänge einer 200-kV-Strahlung löst bei ihrer Absorption Elektronen aus, deren Geschwindigkeiten bis an $^2/_3$ der Lichtgeschwindigkeit heranreichen. Mit dieser Beschleunigung schießt das Elektron auf die Nachbaratome los, durchquert wohl einige, wobei es aus manchen von diesen neue Elektronen abspaltet (*Sekundärelektronen*), bis es bei verminderter Energie sich in einem Atom festrennt. Dieses letztere hat dadurch ein Elektron zuviel und erhält eine negative Aufladung. Das Molekül, zu dessen Verband ein solches Atom gehört, ist in diesem Zustand chemisch aktiv, d. h. bereit, chemisch-physikalische Veränderungen einzugehen.

Trotz seiner großen Anfangsgeschwindigkeit wird das Elektron einer 200-kV-Strahlung im Gewebe schon nach Durchlaufen einer maximalen Wegstrecke von ca. 0,6 mm absorbiert. Die zahlreichen Zusammenstöße mit den sehr eng stehenden Atomen verhindern ein

---

[1] S. S. 67.

weiteres Vordringen. Noch viel kleiner sind die Wegstrecken, die die Elektronen, welche von weicher Strahlung ausgelöst werden, durchlaufen; sie sind von mikroskopischer Kleinheit und betragen nur Hundertstel bis Tausendstel eines Millimeters.

Die meisten der *Photoelektronen* werden nach nur wenigen Zusammenstößen absorbiert, durchfliegen auch Atome, ohne Elektronen abzuspalten, d. h. sie lösen nur wenig oder gar keine Sekundärelektronen aus. Ihre Energie wird fast vollständig in Wärme[1], zu einem ganz kleinen Bruchteil in Röntgenstrahlung (sog. charakteristische Strahlung) umgewandelt. Nur einige wenige Elektronen von großer Rasanz können durch Zufall (der Zufall spielt hier eine große Rolle) eine so große Anzahl von Zusammenstößen erleiden, daß sie allein über 1000 Sekundärelektronen auslösen. So kommt es, daß die Anzahl der Sekundärelektronen ein großes Vielfaches der Primärelektronen ausmacht. Die Anzahl der sekundär ausgelösten Elektronen wächst mit der Rasanz der Primärelektronen, d. h. mit der Härte der Strahlung rasch an. Die Gesamtzahl der beim Absorptionsvorgang ausgelösten Sekundärelektronen steigt mit wachsender Spannung (bis 100 kV) erst schnell, dann langsam an (bis 150 kV), erreicht bei 220 kV ein Maximum und nimmt dann allmählich ab, ist aber zwischen 150—400 kV praktisch nahezu konstant.

Die Geschwindigkeit der *Sekundärelektronen* ist, da sie ihre Energie erst aus zweiter Hand bekommen, eine viel geringere, die Wegstrecken, die sie durchlaufen, sehr klein. Sie werden in mikroskopischer Nähe von ihrem Entstehungsort absorbiert. Sie können ihrerseits abermals Elektronen auslösen (Tertiärelektronen), die dementsprechend noch geringere Durchschlagskraft aufweisen und sofort der Absorption anheimfallen. Doch ist damit der Vorgang theoretisch noch nicht beendet, denn die letzteren sind abermals zur Elektronenemission befähigt. Das Energiequant des Röntgenstrahls wird also wie ein vielfaches Echo an den Atombestandteilen der Materie zurückgeworfen, bis seine Kraft sich aufgebraucht hat. Die Absorption der Röntgenstrahlung ist, wie ersichtlich, ein recht komplizierter Vorgang, wird doch die einfallende Energie mehrere Male umgewandelt, ehe sie sich endgültig auswirkt.

Das Rückstoßelektron und seine Wirkungen.

Anders vollzieht sich die Energieumwandlung bei der Comptonschen Streuung. Der Röntgenstrahl wird aus seiner Richtung abgelenkt und gibt dabei nur einen *Teil* seiner Energie ab. Dieser Energieteil wird einem Randelektron mitgeteilt, das mit einer gewissen Beschleunigung fortgeschleudert wird. Die Geschwindigkeit des Streuelektrons ist nicht groß, da ihm ja nur ein *Teil* der primären Strahlenenergie mitgegeben wird. Die Streuelektronen — oder *Rückstoßelektronen*, wie sie allgemein genannt werden — sind also *langsame Kathodenstrahlen*.

Der aus seiner Richtung abgelenkte Röntgenstrahl kann auf seinem weiteren Wege an einem zweiten Atom abermals gestreut werden. Es

---

[1] Der Begriff ist hier nicht nur im landläufigen Sinne, sondern auch als potentielle chemische Energie zu verstehen.

wiederholt sich dann der eben geschilderte Vorgang nochmals in der gleichen Weise, nur daß entsprechend der bereits geschwächten Energie des Streustrahls das Rückstoßelektron seinerseits einen noch kleineren Betrag an kinetischer Energie mit auf den Weg bekommt. Diesen Vorgang können wir uns theoretisch beliebig oft wiederholt denken. Es entstehen so Rückstoßelektronen 2ter, 3ter, 4ter usw. Ordnung, die immer kleinere Beträge an kinetischer Energie besitzen. In Wirklichkeit aber wird der Streuvorgang früher oder später durch die Absorption abgelöst, und der Streustrahl wirkt sich im weiteren Verlauf so aus, wie es oben bei der Absorption geschildert wurde.

Die Vorgänge, die hier gesondert betrachtet wurden, spielen sich in Wirklichkeit gleichzeitig ab. Versuchen wir sie gedanklich zu verbinden und unserem Vorstellungsvermögen näher zu bringen:

Im Gewebe, das von einem Röntgenstrahlenkegel durchdrungen wird, wird als Teiläquivalent der absorbierten Energie ein dichter Elektronenhagel ausgelöst. Die aus dem Atomverband durch die Energie der Strahlung hinausgeschleuderten Elektronen schießen nach allen Richtungen durch das Gefüge der Atome hindurch, ihrerseits wieder aus diesen Elektronen losreißend. Es entstehen dabei *rasante, schnelle* Elektronen, wenn der Röntgenstrahl sein *ganzes Energiequant* an das Elektron abgibt, d. h. absorbiert wird, und *langsame* Elektronen, wenn der Röntgenstrahl an einem Randelektron abgelenkt, d. h. gestreut wird, diesem nur *einen Teil seiner Energie* abgebend. Der Gegensatz zwischen schnellen und langsamen Elektronen wird um so deutlicher, je härter die einfallende Röntgenstrahlung ist. Auch verschiebt sich ihr zahlenmäßiges Verhältnis mit zunehmender Härte zugunsten der letzteren. Eine harte Röntgenstrahlung löst im Gewebe verhältnismäßig wenig schnelle Absorptionselektronen (entsprechend der geringen Absorption), aber die 10—100fache Anzahl an langsamen Streuelektronen aus (da die Streuung überwiegt).

Das zahlenmäßige Verhältnis $\dfrac{\text{Rückstoßelektronen}}{\text{Photoelektronen}}$ als Funktion der Wellenlänge stellt sich folgendermaßen dar:

$$
\begin{aligned}
0{,}3 \ \text{Å} &\ \ldots \ldots \ldots \ 2{,}7 \\
0{,}2 \ \text{Å} &\ \ldots \ldots \ldots \ 9 \\
0{,}17 \ \text{Å} &\ \ldots \ldots \ldots \ 17 \\
0{,}13 \ \text{Å} &\ \ldots \ldots \ldots \ 72 \quad \text{(nach Compton und Simon).}
\end{aligned}
$$

Es ist wahrscheinlich, daß die ultraharten Röntgenstrahlen, wie auch die γ-Strahlen des Radiums vorwiegend durch diese langsamen Streuelektronen biologische Wirkungen entfalten.

In allen den Fällen von Strahlenabsorption, durch die ein Elektron der inneren Atombahn abgeschleudert wird, wird das Atom um den Betrag der Energie, der zur Elektronenabspaltung notwendig war, energiereicher. Das Molekül, zu dessen Verband ein solches Atom gehört, ist in diesem Zustand geneigt, chemisch-physikalische Veränderungen einzugehen; man sagt, das Molekül ist „*angeregt*" und bezeichnet den ganzen Vorgang als „Molekülanregung". Die angeregten Moleküle behalten ihre Energie nur kleinste Bruchteile von Sekunden, da sogleich aus den höheren Ringen Elektronen in die entstandene Lücke hinabstürzen. Hierbei wird die im Atom vorübergehend gespeicherte Energie in Form von monochromatischer Strahlung, als sog. charakteristische Strahlung des Atoms wieder frei. Es fehlt dann zwar immer noch ein Elektron am äußersten Atomring, was aber dem Atom, außer daß es durch den Verlust einer negativen Ladung zu einem positiven Elektrizitätsträger wurde, keinerlei Ansehen nach außen hin verleiht. Man bezeichnet jetzt das Molekül als ionisiert.

Zur Molekülanregung ist nicht unbedingt erforderlich, daß das Elektron vollständig aus dem Atomverband gelöst wird; auch wenn kleinere Energien, z. B. Lichtquanten oder — um bei den Röntgenstrahlen zu bleiben — langsame Photo- oder Rückstoßelektronen ein Elektron aus dem inneren Atomring auf die äußerste Atombahn werfen, wird das Atom angeregt. — Die Molekülanregung ist die Einleitungsreaktion photochemischer Prozesse.

Theorien zur Strahlenwirkung.

Bisher haben uns wohlbegründete, mathematisch-physikalische Anschauungen geleitet und die Vorgänge unserem Vorstellungsvermögen erfaßbar gemacht. Auch die Elektronenabschleuderung ist nicht blasse Hypothese, sondern Quasi-Wirklichkeit, durch die WILSONschen *Nebelversuche*[1] für Gase handgreiflich gemacht. Die Vorgänge von der Elektronenabschleuderung bis zum biologischen Effekt sind jedoch noch völlig im Dunkeln. Keine der bisher aufgestellten Hypothesen vermag die Kette des kausalen Geschehens zu schließen und völlig zu befriedigen. Nicht um die Erforschung der letzten Wirklichkeit geht es, sondern um die Aufstellung einer fruchtbaren Arbeitshypothese, eines richtig supponierten „Als-Ob". Eine solche Arbeitshypothese, die alle bisher bekannten strahlenbiologischen Erscheinungen ohne Zwang und ohne inneren Widerspruch zu erklären imstande wäre, könnte der Ideenbewegung eine bestimmte Richtung geben und auf die Entwicklung der Therapie fruchtbar einwirken.

Zur Zeit werden zwei Anschauungen verfochten. Die eine erblickt im Elektronenbombardement und seinen Folgen die Quelle der biologischen Strahlenwirkung: *mechanistische Theorie.* Für diesen Fall wäre die biologische Wirkung der Röntgenstrahlen wellenlängen*abhängig*; denn von einem rasanten Elektron müssen wir rein mechanisch weit größere Wirkungen erwarten als von einem weniger beschleunigten.

Die andere, die *physikalisch-chemische* Theorie, mißt den chemischphysikalischen Vorgängen, die durch die Ionisation bzw. Molekülanregung ausgelöst werden, die ausschlaggebende Bedeutung zu. Hierbei hinwiederum wäre die biologische Wirkung wellenlängen*unabhängig*, da die Geschwindigkeit der ausgelösten Elektronen auf die Zahl der

---

[1] Diese beruhen darauf, daß Elektronen aus den Luftmolekülen entlang ihres Weges Ionen erzeugen, die wie Staubteilchen zur Nebelbildung in mit Wasserdampf übersättigter Luft führen.

Elektrizitätsträger und die Größe der Ionisierung keinen Einfluß hat. Neigen wir zur letzteren Anschauung, so hätte eine Vermehrung der Spannung über das Optimum der Tiefendosis keinen Sinn mehr. Nicht so in Konsequenz der ersten Theorie: hier hätten wir von höheren Spannungen noch besondere Wirkungen zu erwarten. Wir sehen, wie eine Theorie im Sinne einer Arbeitshypothese unser therapeutisches Tun und Denken entscheidend beeinflussen kann.

Beide Theorien werden verschiedenartig interpretiert. Nach der einen Interpretation (DESSAUERS *Punktwärmehypothese*) setzt für die mechanistische Theorie das biologische Wirken an den kleinen Orten (Punkten) ein, wo die quantenhafte Absorption stattfindet und infolge Beteiligung kleinster Massenteilchen sehr hohe Bewegungsgeschwindigkeiten oder, mit anderen Worten, hohe Temperaturen entstehen. Die andere Auffassung (PORDES) sieht im Elektronenbombardement einen „ultramikromechanischen Insult“, der die Struktur der Zelle alteriert. Je nach ihrem Strukturcharakter kann die eine Zelle durch den Insult schwer geschädigt werden, während eine zweite von andersartigem Strukturcharakter dem gleichen Insult widersteht.

Die zweite Theorie sieht die Ursache der biologischen Wirkung teils in photochemischen Prozessen (HOLTHUSEN), teils in Einleitung katalytischer Vorgänge, teils in Ausflockung von Kolloidteilchen infolge Neutralisation der wesentlichen intrazellularen Kolloide durch Ionisation (WELS).

Für beide Theorien ist die Kette des Geschehens gleich, nur daß die eine das letzte und entscheidende Glied der physikalischen Aktion von der aus der Energie der Elektronen stammenden *Wärmebewegung*, die andere von der Energie der *angeregten*, bzw. *ionisierten* Moleküle ableitet.

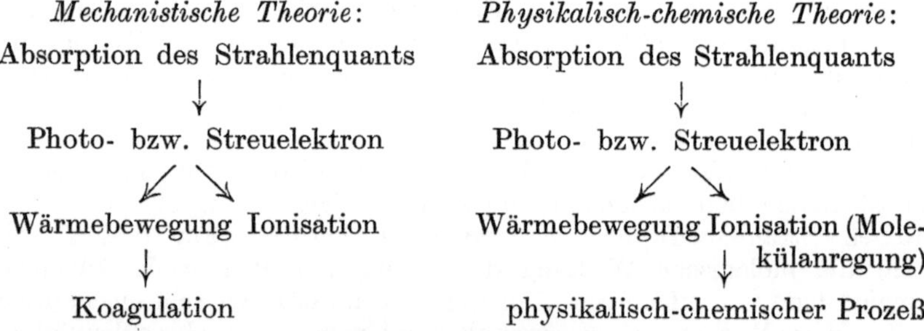

In beiden Fällen endet es mit einem chemischen Prozeß (denn auch die Koagulation ist als ein chemischer Prozeß zu bezeichnen), nur die Aufeinanderfolge der Energieumwandlungen ist eine verschiedene.

Die Punktwärmehypothese DESSAUERS bedarf wegen ihrer Eigenart und hohen Bedeutung einer besonderen Besprechung. Nach dieser Theorie haben wir uns vorzustellen, daß der Hauptvorgang der Strahlenwirkung in einer punktförmigen Hitzedenaturierung hochmolekularer Eiweißkomplexe an den von Elektronen getroffenen Zellpunkten zu suchen ist[1]. Die Theorie nimmt an, daß die hohe Temperatur, die am Orte des Zusammenstoßes entsteht, für eine sehr kleine, aber endliche Zeit auf die Teilchen innerhalb des riesenhaften Eiweißmoleküls beschränkt bleibt und erst allmählich bei Zusammenstößen mit den Nachbarmolekülen auf diese übergeht, wonach sie naturgemäß bedeutend absinkt. Die getroffenen Eiweißmoleküle werden dabei so wie durch Wärme verändert. Die Strahlenwirkung wäre demnach eine Wirkung hoher, auf Punkte konzentrierter Temperaturen, also eine Wärmewirkung von *adiabatischem* Charakter. Und in der Tat zeigt das Experiment, daß es für die Vorgänge, die sich im Molekülkomplex, bzw. in der Zelle abspielen, tatsächlich gleichgültig ist, ob die Energie in Form von Strahlung oder in Form von Wärme zugeführt wird. In dem ersten Falle wird die Energie durch die bei der Absorption ausgelösten Elektronen übermittelt, im zweiten Falle stammt sie aus den bei höheren Temperaturen gesteigerten Bewegungen (Translationsbewegungen[2]) der Moleküle. Der Effekt ist in beiden Fällen der gleiche:

Kolloidale Eiweißlösungen werden durch hohe Dosen Röntgenstrahlung (100 fache HED) koaguliert. (Dabei erwärmt sich die Lösung fast gar nicht.) Kurzes Aufkochen leistet dasselbe. Der Unterschied ist nur der, daß in letzterem Falle innerhalb kurzer Zeit *alle* gleichgearteten Moleküle *dieselbe* Umwandlung erleiden, während bei der Strahlenabsorption die Koagulation von herdförmigen, über das Bestrahlungsgebiet zufallsmäßig verteilten Absorptionspunkten ausgeht (NAKASHIWA).

Biologische Objekte (z. B. Ascariseier) werden durch eine Bestrahlung in der gleichen Weise geschädigt wie durch Erwärmung im Brutschrank. Dabei findet man die charakteristischen Züge der Strahlenschädigung bei der Wärmeschädigung wieder (z. B. vermehrte Empfindlichkeit der Zellen im Stadium der Mitose [HOLTHUSEN]).

Bei solcher Lage der Dinge ist die Frage sehr naheliegend, warum wir denn ein Gewebe nicht einfach durch Erwärmung zu beeinflussen suchen, anstatt es auf so komplizierte Art zu bestrahlen. Der Grund ist der, daß der Körper bei der Wärmeapplikation das Entstehen übermäßiger Temperaturen verhindert, indem er die Wärme durch vermehrte Blutzirkulation konvektiv rasch fortschafft. Die Wirkung geht daher nicht über die ersten Millimeter in die Tiefe hinaus. Außerdem ist die Applikation höherer Wärmegrade sehr schmerzhaft.

Anders bei der Bestrahlung mit Röntgen- oder Radiumstrahlen. Diese werden als Strahlen gleichsam durch die Oberfläche geschmuggelt, indem sie erst nach mehreren Umwandlungen im Innern des Gewebes in Wärmeenergie übergeführt werden. Dabei kommt es zur Entstehung hoher Temperaturen, die zunächst auf Punkte konzentriert bleiben und an diesen ihre Wirkungen entfalten, den Organismus als Ganzen aber nicht merklich erwärmen. Solche punktförmige Wärmewirkung ist gegenüber der gemeinen Wärmezufuhr mit einer unverhältnis-

---

[1] Nach mathematischen Überlegungen sind zur nachhaltigen Schädigung einer Zelle 100 000—1 000 000 Elektronentreffer notwendig.

[2] Wärme ist Bewegung der Moleküle und der Atome innerhalb des Moleküls.

mäßigen Energieverschwendung erkauft. Vorläufig aber haben wir keine Möglichkeit, im Körperinnern auf andere Weise hohe Temperaturen entstehen zu lassen[1].

Jetzt stehen sich als wesentlich und beachtenswert die Punktwärmehypothese DESSAUERs einerseits und die photochemische Theorie HOLTHUSENs andererseits gegenüber. Wahrscheinlich werden beide Anschauungen in *eine* verschmelzen.

Die Dosis.

Über diesen Begriff herrscht wegen uneinheitlicher Auffassung noch einige Verwirrung. Man muß klar auseinanderhalten: Wir bestimmen die Dosis *biologisch indirekt* nach der an der Oberfläche des Objektes zur Wirkung kommenden Strahlung — HED. Wir bestimmen die Größe der Dosis auf *physikalischem* Wege *indirekt* nach der von der Röhre emittierten Strahlung-R. Die gemessenen Größen sind in beiden Fällen nur ein *Maß der Dosis*, aus dem wir auf diese schließen können (das eben nennen wir dosieren), *nicht* aber die Dosis selbst. Unter Dosis verstehen wir die pro Volumeneinheit des bestrahlten Objektes zur Wirkung kommende Energie.

Wir haben aus dem Vorausgehenden gesehen, daß, wie immer wir die biologische Wirkung interpretieren mögen, sie in beiden Fällen der Elektronenabspaltung und der durch sie hervorgerufenen Ionisation parallel geht. Wir sind also berechtigt anzunehmen, daß diejenige Strahlenenergiemenge, die im Gewebe in der Auslösung von Elektronen sich auswirkt, biologisch wirksam ist.

Zur Elektronenabspaltung führt die totale (quantenhafte) Absorption (= Absorption im gewöhnlichen Sinne) und die partielle Absorption des Strahlenquants bei der Comptonschen Streuung. Die biologische Wirkung ist also von der Anzahl der in der Volumeneinheit durch Absorption und Comptonsche Streuung ausgelösten Elektronenzahl abhängig, wobei wir nach dem heutigen Stande unseres Wissens unentschieden lassen müssen, ob die Wirkung der Elektronenenergie selbst oder der Ionisation zuzuschreiben ist, und wir über eine verschiedene biologische Wirksamkeit verschieden stark beschleunigter Elektronen noch nichts präjudizieren dürfen. Wir müßten demnach die biologische Dosis folgendermaßen definieren:

Die biologische Dosis ist diejenige Röntgenstrahlenenergiemenge, die in der Volumeinheit des Bestrahlungsobjektes in Elektronenabspaltung umgesetzt wird.

Vorläufig läßt sich eine mathematische Formulierung dieser Größe noch nicht geben. Doch da die Energieumwandlung der Strahlen hauptsächlich über die Elektronenabspaltung vor sich geht (charakteristische Strahlung, klassische Streuung und Wärmewirkung bilden, wenn wir unsere Betrachtungen auf eine therapeutische Strahlung und

---

[1] Wir haben vielleicht vom „*Ultraklang*", das sind Schallwellen von sehr hoher Frequenz, die bei ihrer Absorption starke Wärmewirkungen entfalten, neue Ausblicke und Möglichkeiten zu erhoffen.

tierisches oder menschliches Gewebe beschränken, nur einen verschwindend kleinen Bruchteil), ist die biologische Dosis wohl kleiner, aber nicht weit entfernt von der physikalischen Dosis, die den gesamten, im Gewebe stattfindenden Verlust an Energie in Betracht zieht.

Den physikalischen Dosisbegriff leiten wir folgendermaßen ab (Abb. 123): Auf den Körper K fallen Röntgenstrahlen von der Energiemenge E_0 auf. Die in den Körper hineingeschickte Strahlenenergie tritt nicht mehr vollständig aus ihm aus, sondern bleibt zum Teil in ihm stecken. Nach Durchtritt der Strahlung hat ihre Energiemenge nur noch die Größe E_1. Die Differenz $E_0 - E_1$ entspricht der im Medium des Körpers K umgewandelten Energiemenge; wir bezeichnen sie als die Röntgenstrahlendosis des Mediums K. Diese Differenz faßt die durch Absorption, Streuung, charakteristische Strahlung und Wärmewirkung eintretenden Verluste in sich, läßt sich aber durch Ionisationsmessung (Bestimmung von E_0 und E_1) nicht einwandfrei bestimmen, da durch diese die Energieeinbuße, die bei der Comptonschen Streuung eintritt (es kommt dabei bekanntlich nur zu einer Änderung der Qualität der Strahlung, während die Intensität unverändert bleibt), nicht ganz richtig angezeigt werden kann. Nur durch schwierige bolometrische Messungen kann die wahre Größe der absorbierten Energie angegeben werden.

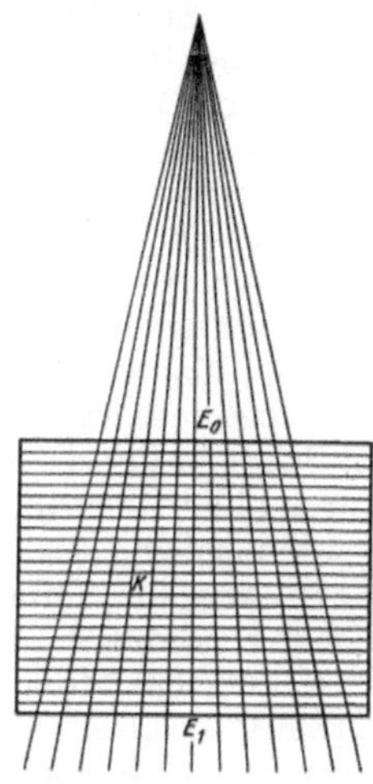

Abb. 123. Ableitung der physikalischen Dosis.

Als Einheit der Dosis definieren wir die in der Volumeinheit des Mediums absorbierte Röntgenstrahlenenergie. Ist das Volumen des durchstrahlten Raumes V, so ist die Dosis D in der Volumeinheit $D = \dfrac{E_0 - E_1}{V}$. Diese Formel gibt nur einen mittleren Dosenwert (*mittlere Dosis*). In Wirklichkeit ist die Dosis der Volumeinheit nicht gleich groß für den ganzen durchstrahlten Raum, sondern sinkt infolge der Absorption einerseits und der quadratischen Abnahme der Strahlungsintensität andererseits von der Oberfläche nach der Grundfläche des absorbierenden Mediums ab. Das Maximum der Energieumsetzung, d. h. also der Dosis, liegt zufolge den Gesetzen der Absorption immer in den obersten Schichten des durchstrahlten Mediums.

Die Röntgenstrahlenbehandlung ist vorwiegend eine *Lokalbehandlung*. Der Krankheitsherd soll das Maximum der Strahlungsenergie erhalten. Für die oberen Gewebsschichten ist dieses Ziel leicht zu erreichen. Schwieriger und eine besondere Aufgabe der therapeutischen Technik ist es, die Dosis auch für tiefer gelegene Krankheitsherde ausreichend groß zu gestalten. Nach der Verschiedenheit der Aufgabe und der Verschiedenheit der anzuwendenden Technik teilt sich die Röntgentherapie ohne Zwang in eine *Oberflächentherapie*, deren Strahlenziel die Oberfläche des Körpers, also Haut und Unterhautzellgewebe ist, und eine *Tiefentherapie*, die die Strahlungsenergie in tiefere Gewebsschichten sendet.

IV. Oberflächentherapie (= Hauttherapie).

Kurz nach Entdeckung der Röntgenstrahlen wurden schädigende Wirkungen dieser neuen Strahlung auf die Haut festgestellt. Die ersten unliebsamen Erfahrungen zeigten, ein wie stark wirkendes, aber auch gefährliches Agens die Röntgenstrahlen für die Haut darstellen. Nach einigen schweren Schädigungen bei den ersten tastenden Versuchen, die neue Strahlung in der Hauttherapie in Anwendung zu bringen, sind sie heute ein unentbehrliches Therapeutikum für den Dermatologen geworden. Von besonderem Werte sind sie bei den Pilzerkrankungen der behaarten Haut des Kopfes und des Gesichts, wo sie durch die leichte und elegante Art der Epilation eine rationelle Therapie erst ermöglichen.

Unter die Technik der Oberflächenbestrahlung fallen diejenigen Erkrankungen, deren tiefste Ausläufer nicht über das Unterhautzellgewebe hinausreichen. Die Strahlenwirkung soll auf die erkrankte Haut beschränkt bleiben. Die Anwendung stark penetrierender Strahlen ist daher in der dermatologischen Behandlung unangebracht, zumindest durch nichts begründet und in Fällen, wo größere Hautflächen bestrahlt werden sollen, sogar kontraindiziert, da sonst zahlreiche, unter der Haut liegende, innere Organe geschädigt würden. Nach einer Beziehung, die CHRISTEN aufgestellt hat, wird von einer bestimmten Strahlung ein Maximum an Strahlungsintensität bis in jene Tiefe absorbiert, die gleich ist der Halbwertschicht der Strahlung im betreffenden Gewebe multipliziert mit der Konstante 0,69. Eine Strahlung von der Halbwertschicht 1,5 cm hat demnach ihr Absorptionsoptimum bis in eine Tiefe von $1,5 \times 0,69 = 1,03$ cm. Eine größere Tiefenwirkung als 1 cm ist in der Hauttherapie nicht erwünscht. Eine Strahlung, die eine Halbwertschicht von 1,5 cm in Gewebe (= 1 mm in Al) aufweist, ist daher für die Hauttherapie als die maximal penetrante Strahlung anzusehen. Wir benötigen daher Spannungen von 80 bis höchstens 130 kV max.

Apparatur.

Der Dermatologe braucht also einen Apparat, der bei geringer sekundärer Stromleistung Spannungen von 90—100 kV max. zu entwickeln vermag. In dieser Hinsicht kann der kleine Induktorapparat, der mit allen Nachteilen des Induktorbetriebes behaftet ist, nicht gerade empfohlen, aber als vollständig ausreichend bezeichnet werden. Sollen andere Ansprüche an die Apparatur nicht gestellt werden, so ist er der billigste und dabei doch geeignete Apparat. Soll jedoch auch Diagnostik getrieben werden, so wird man sich mit Vorteil der kleinen Halbwellenapparate nach dem Typ Explorator, Heliodor, usw. bedienen. Auch tieferliegende maligne Hauttumoren mit den regionären Lymphdrüsenmetastasen, wie auch andere dermatologisch wichtige Lymphdrüsenerkrankungen können mit dieser Apparatur erfolgreich behandelt werden.

Filterung.

Jede Röntgenröhre sendet, gleichviel mit welcher Spannung sie betrieben wird, ein Strahlengemisch aus, in dem auch die weichsten Anteile nicht fehlen. Diese weichen Anteile werden in den obersten Schichten der Haut sehr stark absorbiert und können dort irreparable Veränderungen hervorrufen, ehe es zu einer genügenden Einwirkung auf die Cutis bzw. Subcutis kommt; *die toxische und die therapeutische Dosis eines solchen Strahlengemisches liegen sehr eng beieinander.* Man ist deshalb allgemein dazu übergegangen, diesen weichen, langwelligen Anteil aus dem Strahlengemisch zu entfernen. Erreicht wird dies dadurch, daß man die Strahlung erst eine absorbierende Leichtmetallschicht passieren läßt (über Filter und Filterung s. S. 253), in der die weiche Strahlung größtenteils zurückgehalten wird. Als solches Filter kommt für die Oberflächentherapie ein Aluminiumblech von 0,5 — 4 mm Dicke in Betracht. Bei ganz oberflächlichen Dermatosen ist eine weiche Strahlung therapeutisch erwünscht. Doch wird man auch bei diesen aus Gründen der Sicherheit das Filter nicht ganz weglassen, sondern nur sehr dünn wählen[1].

Obwohl es ein leichtes ist, durch die Wahl der geeigneten Strahlenqualität das Maximum der Absorption auf den Ort des beabsichtigten Erfolges zu lokalisieren, so ist doch in manchen Fällen eine Wirkung auf Organe, die unter der bestrahlten Hautstelle liegen, nicht zu vermeiden. So tritt beispielsweise bei der Epilation des Bartes fast stets eine vorübergehende Lähmung der Speicheldrüsen des Mundes, bei der Bestrahlung der Haut des Hodensackes eine vorübergehende Azoospermie ein. Bei Bestrahlungen in der Umgebung des Auges muß dieses besonders geschützt werden (s. später S. 248). Sehr große Vorsicht sei geraten bei Bestrahlung von Säuglingen oder Kleinkindern. Bei den geringen Körperdurchschnitten und der großen Empfindlichkeit des jugendlichen Gewebes ist die Gefahr, innere Organe zu schädigen, nicht unbeträchtlich. Besonders gefährdet sind Thymus, Thyreoidea, Milz, Knochenmark. Auch Knochenkerne können geschädigt werden und zur Verkümmerung des wachsenden Knochens führen. Man wird daher, wo eine andere Therapie zur Verfügung steht, bei Kindern auf eine Röntgenbestrahlung verzichten.

Die Technik der Flächenbestrahlung.

Die dermatologischen Bestrahlungen sind *Flächenbestrahlungen.* Die technische Aufgabe des Therapeuten besteht darin, die zu behandelnde Hautfläche *gleichmäßig* mit Strahlenenergie zu beschicken. Dies zu erreichen bereitet einige Schwierigkeiten, weil die Röntgenstrahlung bei den in Betracht kommenden Fokus-Hautabständen eine *fokale* Strahlung ist, die Körperoberfläche hinwieder die mannigfachsten

---

[1] Das durch überweiche Strahlung gesetzte Röntgenulcus hat, wenn es nicht von zu großer Ausdehnung ist, eine relativ gute Prognose. Da die tieferliegenden Gewebsschichten fast vollständig intakt sind, kommt es ziemlich schnell zu Regeneration und Überhäutung.

Formen aufweist. Zwei Erscheinungen spielen hier eine Rolle 1. die Abnahme der Strahlungsintensität mit dem Entfernungsquadrat, 2. die Abnahme der Strahlungsintensität mit dem Sinus des Einfallswinkels. Beide machen sich bei Bestrahlung einer ebenen Fläche mit einer fokalen Strahlung aus geringer Entfernung hinsichtlich der Gleichmäßigkeit der Bestrahlung störend bemerkbar. Aus Abb. 124 ist ersichtlich, daß nach dem Rande des Bestrahlungsfeldes zu die Entfernung von der Strahlenquelle immer größer, der Einfallswinkel immer kleiner wird. Aus diesen Gründen ist bei Bestrahlung ebener Hautflächen das Maximum der Strahlenintensität im Fußpunkt des Zentralstrahls gelegen, wo die kürzeste Entfernung von der Strahlenquelle ist und die Strahlen senkrecht auftreffen; nach der Peripherie zu nimmt die Intensität all-

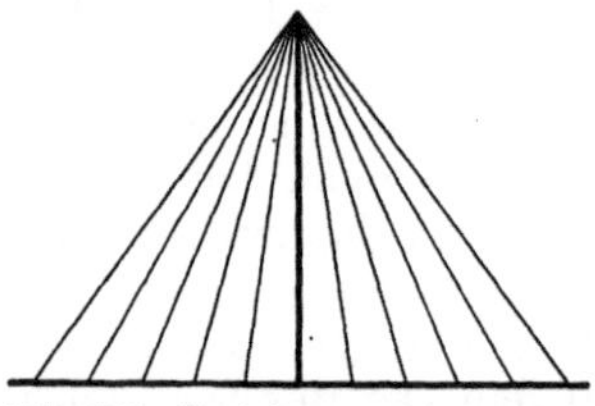

Abb. 124. Verteilung einer fokalen Strahlung auf eine ebene Fläche.

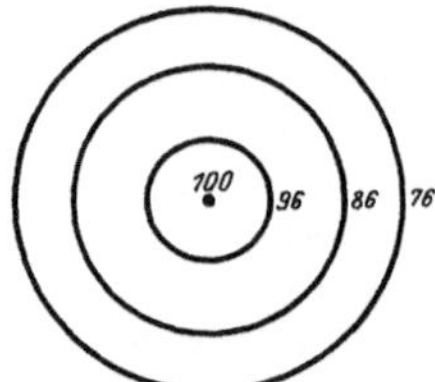

Abb. 125. Verteilung der Strahlenintensitäten auf einer ebenen Fläche im Umkreis (Radius) von 12 cm bei Bestrahlung aus 25 cm Entfernung. (Nach SCHREUS und BERGERHOFF.)

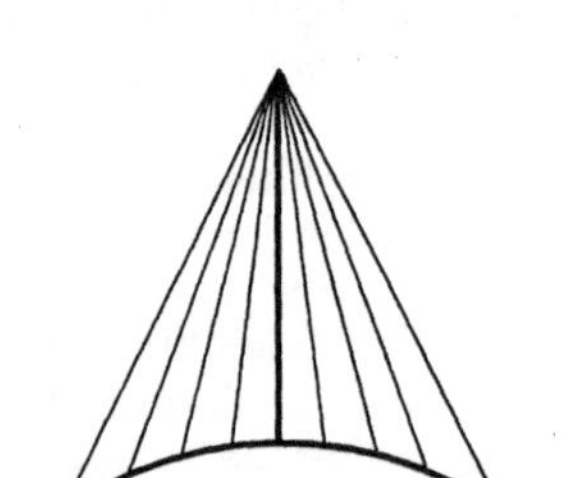

Abb. 126. Verteilung einer fokalen Strahlung auf eine konvexe Fläche.

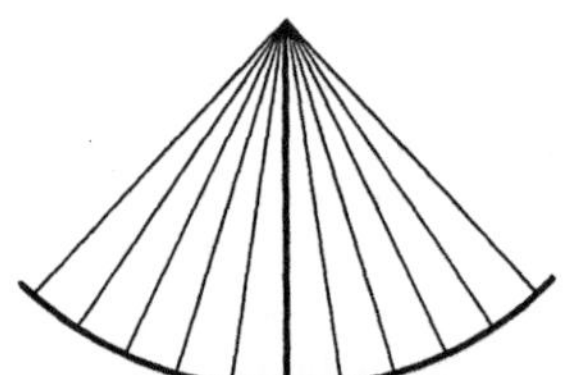

Abb. 127. Verteilung einer fokalen Strahlung auf eine konkave Fläche.

mählich ab. Abb. 125 zeigt die Intensitätsverteilung in einem Bestrahlungsfeld von 24 cm Durchmesser bei einer Bestrahlung aus 25 cm Fokus-Hautdistanz, wenn im Feldmittelpunkt die Intensität 100 herrscht.

Dieselbe Erscheinung macht sich in wesentlich stärkerem Maße bei konvexen (Kopf) oder zylindrischen (Gliedmaßen) Körperoberflächen geltend (Abb. 126). Am einfachsten liegen die Verhältnisse bei Bestrahlung konkaver Flächen (Achselhöhle, Hals-Schultergegend); bildet hierbei die zu bestrahlende Fläche den Teil einer Hohlkugel, in deren Mittelpunkt sich die Strahlenquelle befindet, so sind sämtliche Punkte der Fläche von der Strahlenquelle gleich weit entfernt, und alle Strahlen treffen senkrecht auf sie auf (Abb. 127).

Die Idealformen des Bestrahlungsfeldes sind in Wirklichkeit am Körper niemals vollständig gegeben; meist stellen sie Kombinationsformen verschiedengestaltiger Oberflächen dar, so daß das Problem der Homogenbestrahlung immer komplizierter wird. Die einfachste Lösung ist, die Strahlenquelle so weit zu entfernen, daß die Strahlung als parallel zu betrachten ist: **Fernbestrahlung.** Dadurch fällt die Verschiedenheit der Einfallswinkel weg und die Ungleichmäßigkeit der Oberflächengestaltung nivelliert sich. Den Verlust an Strahlungsenergie und die Verlängerung der Bestrahlungszeit, die früher in der Wahl der Bestrahlungsbedingungen eine Rolle spielten, dürfen wir heutigestags vernachlässigen. Mit einer leistungsfähigen Apparatur und einer guten Röhre läßt sich eine Erythemdosis auch aus großer Entfernung in kurzer Zeit erreichen.

Rücken wir andererseits mit dem Röhrenfokus näher an die Körperfläche heran, so wird die Strahlung ausgesprochen fokal und die Strahlenverteilung immer ungleichmäßiger. Wir sind daher gezwungen, einen Kompromiß zu schließen. Der Kompromiß besteht darin, daß wir aus Gründen der Energieersparnis mit der Strahlenquelle möglichst nahe an die Körperoberfläche herangehen, aber doch noch eine solche Distanz halten, daß eine genügend gleichmäßige Strahlenverteilung verbürgt bleibt. Wir erstreben nur eine praktisch genügende Gleichmäßigkeit, da kleine Intensitätsunterschiede bei der relativen Breite der biologischen Reaktion den Endeffekt nicht in Frage stellen. Eine Abnahme des biologischen Effektes wird erst von einem gewissen Minus von Strahlenenergie an bemerkbar. HOLZKNECHT hat in praktischen Versuchen diese biologischen Schwellenwerte bestimmt und danach für die Bestrahlung von Hautflächen folgende Beziehungen aufgestellt:

1. *Bei planen Bestrahlungsflächen ist eine annähernd gleichmäßige Strahlenverteilung und gleiche biologische Wirkung verbürgt in einem Umkreis, dessen Durchmesser halb so groß ist wie die Fokus-Hautdistanz.* Es ist daher die Fokus-Hautdistanz doppelt so groß zu wählen, wie der Durchmesser des Bestrahlungsfeldes beträgt. So verlangt beispielsweise ein Feld von 12 cm Durchmesser eine Fokus-Hautdistanz von 24 cm. Im weiteren Umkreis nimmt die Strahlenintensität schon beträchtlich ab.

2. *Bei konvexen Flächen betrage die Fokus-Hautdistanz das Doppelte des Krümmungsradius der Fläche.* Der Krümmungsradius des Schädels beträgt ca. 10—12 cm; man wird ausgebreitete Hautaffektionen am Schädel aus einer FHD von mindestens 20—24 cm bestrahlen.

Auf der Intensitätsabnahme in den peripheren Randzonen des Bestrahlungsfeldes basiert die Methode der **Totalbestrahlung.** Durch Überkreuzung zweier benachbarter Randzonen wird durch Summation der Wirkungen in diesen fast die gleiche Strahlenintensität erreicht wie in der Mitte der Bestrahlungsfelder[1]. Dieser Bestrahlungsmodus wird angewendet, wenn große Hautflächen gleichmäßig mit Strahlung beschickt werden sollen. Man geht dabei so vor, daß man das ganze Be-

---

[1] Totalbestrahlungen sind genau genommen nur mit *frei aufgestellten* Röhren ausführbar. Steckt die Röhre in einem Schutzkasten, so muß die Strahlenaustrittsöffnung so weit sein, daß der Felddurchmesser das Doppelte der Fokus-Hautdistanz beträgt. Bei Geräten mit kleinem Blendenausschnitt wird aus der vermeintlichen Totalbestrahlung eine mangelhafte Partialbestrahlung.

strahlungsfeld in mehrere ideelle Einzelfelder zerlegt und diese so groß
wählt und so anordnet, daß die schwach bestrahlten Randzonen sich
überkreuzen derart, daß die sich an diesen Stellen summierenden
Strahleneffekte denen im Zentralstrahl etwa gleichkommen. Dies ist
dann der Fall, wenn jedes dieser ideellen Felder einen Durchmesser von
der Größe der FHD hat und die Entfernung der Mittelpunkte der Einzelfelder ebenfalls der FHD gleich ist. Man verwendet für die Totalbestrahlungen meist eine Distanz von 30 cm. Die Einzelfelder werden
so gewählt, daß ihre Mittelpunkte gleichfalls je 30 cm voneinander entfernt zu liegen kommen. Abb. 128 zeigt die Bestrahlung eines Feldes

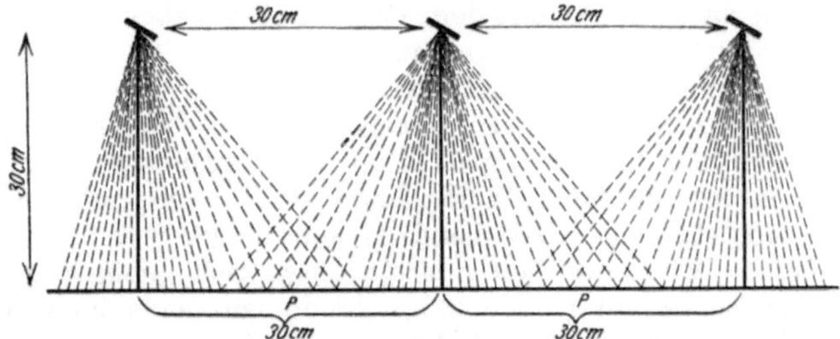

Abb. 128. Die Methode der Totalbestrahlung nach HOLZKNECHT.

von 75 cm Längenausdehnung. Die Strahlenverteilung ist grobsche-
matisch aus dem Bilde ersichtlich. Werden auf diese Weise Felder
*hintereinander*gereiht, so daß sie nur je *eine* Überschneidungszone gemeinsam haben, so ist die Homogeni-
tät noch eine leidliche. Allein im
Punkt P wird eine um 50 % zu hohe
Dosis zu verzeichnen sein. Versucht
man aber die Felder auch *nebeneinander* zu reihen, indem man etwa
3 oder 4 Felder nach Abb. 129
nebeneinander setzt, so ergeben sich
Dosensummationen, die, da sie die
beabsichtigte Dosis um 100 % über-
steigen können, als gefährlich bezeichnet werden müssen. Nur bei
konvexen Flächen (Kopf), bei denen
die Intensitätsabnahme nach der
Peripherie hin eine sehr starke ist,
dürfen wir die Felder gefahrlos auf
diese Weise nebeneinander setzen,
sonst aber müssen wir die beabsichtigte Dosis auf $^2/_3$ (bei zwei Feldern), bzw. die Hälfte (bei mehreren Feldern) reduzieren.

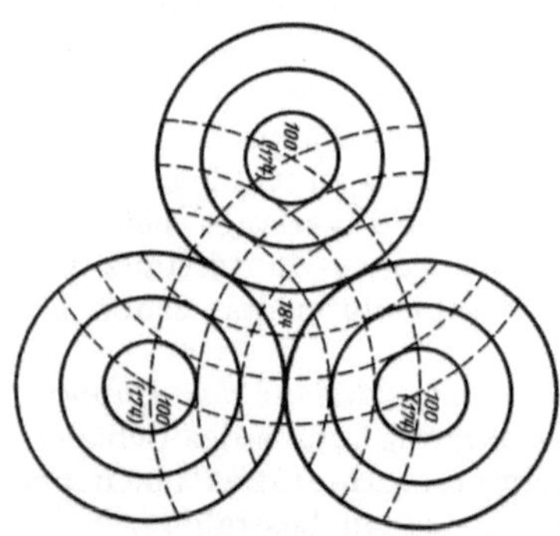

Abb. 129. Intensitätsverteilung bei der Totalbestrahlung.

Die Totalbestrahlung führt bei Hinter- und
Nebeneinanderreihung mehrerer Felder zu
recht beträchtlichen Dosensummationen. Bei
einer Intensität von 100 pro Feldmittelpunkt
herrscht am Berührungspunkt der drei Felder
die Intensität 184, in den Feldmittelpunkten
selbst steigt die Intensität infolge Einwirkung
der Randzonen der Nachbarfelder auf 174.
Dieser Umstand ist bei Bestrahlung mit
Dosen, die 30 % der H E D überschreiten, zu
berücksichtigen.
(Nach SCHREUS und BERGERHOFF.)

Bei der Bestrahlung ausgedehnter ebener Flächen bleibt uns noch
der eine Ausweg, nämlich die *Fernbestrahlung*. (Um eine starke Allgemein-

wirkung zu vermeiden, werden wir nie einer so großen Fläche die therapeutische Dosis in *einer* Sitzung verabfolgen, sondern auf mehrere Sitzungen verteilen.)

Der andere Bestrahlungsmodus, die sog. **Partialbestrahlung,** der jeweils bei scharfer Abdeckung der Umgebung ein kleines Einzelfeld exponiert, hat auch seine Schattenseiten; denn es liegt bei diesem Vorgehen die Gefahr sehr nahe, daß die Grenzen der Abdeckung nicht genau innegehalten werden, daß durch eine kaum bemerkbare Bewegung (vielleicht durch die Atmung des Patienten) das Abdeckungsmaterial sich verschiebt und der schmale Grenzstreifen bei Ansetzung des Nachbarfeldes nochmals bestrahlt wird. Der ängstliche Bestrahler wird wiederum zwischen zwei Feldern einen unbestrahlten Saum des Respektes freilassen — ebenfalls ein Fehler, der sich durch nachträgliche Bestrahlung des schmalen Streifens kaum wiedergutmachen läßt.

Spezielle Bestrahlungstechnik.

Die reichgegliederten Formen des menschlichen Körpers stellen bezüglich Felderwahl und Feldgröße von Fall zu Fall an den Therapeuten schwierige Aufgaben. In dieser Hinsicht bedürfen der behaarte Kopf und das Gesicht, der häufigste Sitz von Hautaffektionen, einer besonderen Besprechung.

Kopfbestrahlungen. Die Totalbestrahlung hat die Aufgabe, auf der konvexen Fläche des Schädels gleiche Strahlenintensitäten zu verteilen und einerseits zu starke Überkreuzungen zu vermeiden, andererseits ungenügenden Überstrahlungen vorzubeugen. Die Feldeinteilung ist daher wohl zu überdenken. Bei Kindern[1] kommt man mit 5 Feldern aus. Die Zentralpunkte der Felder sind: 1. Mitte der vorderen Haargrenze, 2. rechter, 3. linker, oberer Ohrmuschelansatz, 4. Tuber occipitale, 5. Bregma (Haarwirbel), (Abb. 130a) F H D 23 cm. Die in das Ge-

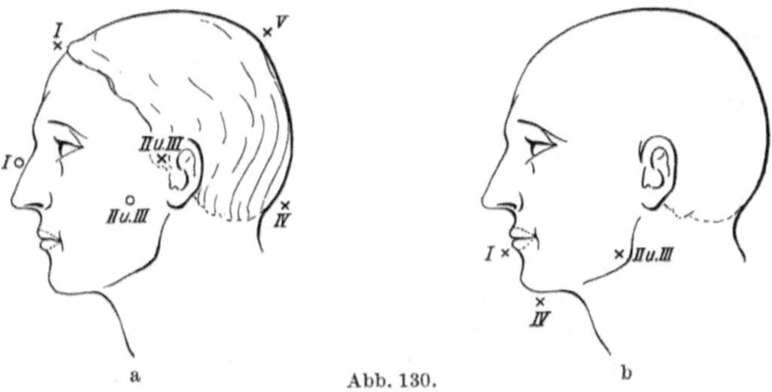

Abb. 130.

a. × = Feldmittelpunkte bei der Totalbestrahlung des behaarten Kopfes.
 ○ = Feldmittelpunkte bei der Totalbestrahlung des Gesichtes.
b. × = Feldmittelpunkte bei der Epilation des Bartes.

---

[1] Eine Epilation des Kopfes kann bei Kindern frühestens nach vollendetem 2. Lebensjahr vorgenommen werden. Beobachtungen der „Favusaktion in Osteuropa", die sich über einen Zeitraum von 8 Jahren erstrecken, haben ein Abweichen von der normalen geistigen Entwicklung der im frühen Alter bestrahlten Kinder nicht feststellen können.

sicht bzw. in den Nacken sich erstreckenden Teile der Felder 1—4 müssen, falls es sich um eine Epilation handelt, abgedeckt werden. Bei Erwachsenen oder Kindern mit größerem Schädel wird man entweder die FHD vergrößern (etwa 25 cm) oder mit 6 Teilfeldern bestrahlen. Anstatt Feld 1 zentriert man je ein Feld über dem rechten und linken Tuber frontale. Im übrigen Bestrahlung wie oben.

Totalbestrahlung des Gesichtes. 3 Felder: Feld 1, Zentralstrahl Nasenrücken, FHD wegen der reliefreichen Oberfläche 25—30 cm; Feld 2 und 3 rechte und linke Wange. Zentralstrahl im Halbierungspunkt der Verbindungslinie zwischen Mundwinkel und oberem Ohrmuschelansatz FHD 23 cm (Abb. 130a).

Totalbestrahlung des behaarten Gesichtes (Epilation des Bartes). 4 Felder: Feld 1 Zentralstrahl median über dem Kinn am Saum der Unterlippe. Feld 2 und 3 Zentralstrahl über dem rechten und linken Angulus mandibulae. Feld 4 Zentralstrahl median unter dem Kinn bei maximal retroflektiertem Kopfe. Kehlkopf durch zurechtgeschnittenen Bleigummi abdecken. Die dort stehenden Haare manuell epilieren. Die FHD ist mit 23 cm zu bemessen (Abb. 130b).

Genitalgegend. Rückenlage des Patienten, Becken etwas erhöht auf Sandsäcken. Oberschenkel maximal abduziert. FHD 30 cm. Bei männlichen Individuen muß der Hodensack geschützt werden, am einfachsten, indem der Patient mit den eigenen, durch Schutzhandschuhe geschützten Händen den Hodensack hochzieht und abdeckt.

Extremitäten. Sie werden als Zylinderflächen betrachtet. Bei kleinen Durchmessern, wie dem Vorderarm, genügen zwei Felder, beim Unterschenkel und Oberarm werden 3, beim Oberschenkel 4 Felder zur Totalbestrahlung benötigt.

Lagerung des Patienten. Man bevorzugt stets die liegende Haltung. Nur bei Bestrahlung der Hände, Vorderarme und Schulterwölbungen wird man sitzende Stellung wählen müssen.

Abdeckung. Das Allgemeine über die Abdeckung ist in Kap. VIII auf S. 281 niedergelegt. Hier seien nur einige für die Hauttherapie wichtige Kniffe beschrieben: Bei Gesichtsbestrahlungen wird die Augengegend auf die Weise geschützt, daß man sie mit zurechtgeschnittenen ovalen Bleigummiplättchen, die die Augenbrauen[1], das Lid und die Wimpern decken, abdeckt und sie in dieser Lage durch einige Bindenzüge fixiert. Soll das Augenlid (z. B. bei Epitheliom) bestrahlt werden, so muß der darunterliegende Bulbus geschützt werden[2]. Hierzu bedarf es eines speziellen Augenschutzplättchens, das aus einer dünnen Bleiglasschale besteht, die die Form des vorderen Bulbus nachahmt. Diese Bleiglasschale wird unter lokaler Cocainanästhesie unter das Lid in den Bindehautsack eingeschoben. Kleinere Hautpartien wie Lippenrot, Augenbrauen

---

[1] Die Augenbrauen sind gegen den Ausfall ziemlich resistent. Ihre Epilationsdosis liegt höher als die des behaarten Kopfes.

[2] Wenn kleine Dosen ($^1/_{10}$—$^1/_5$ HED) auf das Lid oder die Umgebung des Auges verabfolgt werden, so ist ein besonderer Schutz des Bulbus bei geschlossenen Lidern nicht nötig. Daß die Sicherung des Auges gegen harte, schwergefilterte Röntgenstrahlung anders zu bewerten ist, darüber siehe S. 270.

und ähnliche, wo eine Abdeckung mit Bleigummi[1] oder mit Bleiblech nicht durchführbar ist (z. B. unregelmäßig gestaltete gesunde Flächen zwischen disseminierten Efflorescenzen) werden mittels Bariumbrei abgedeckt. Den Bariumbrei bereitet man sich selbst, indem man Bariumsulfat mit einigen Tropfen Wassers zu einer dicken Paste anrührt. Diese trägt man sodann auf die zu deckenden Hautstellen messerrückendick auf. An kosmetisch wichtigen Stellen (Gesicht, Hals, Nacken, Handrücken) ist bei höheren Dosen, die zur Pigmentierung führen, (von 50% der HED an) jede scharfe Abdeckung zu vermeiden; denn scharf begrenzte, pigmentierte Stellen sind viel auffälliger als eine sich allmählich verlierende Bräunung. Man geht am besten so vor, daß man die Deckschichte während der ersten Hälfte der Bestrahlungszeit beläßt, in der nachfolgenden Hälfte entfernt. Die halbe therapeutische Dosis wird der gesunden Umgebung kaum einen Schaden zufügen. Andererseits erzielen wir durch dieses Vorgehen einen allmählichen Übergang des Bestrahlungsfeldes zur Umgebung, also ein gutes kosmetisches Resultat.

Die Dosierung.

Die Ermittlung der Dosis geschieht am besten durch ein geeichtes Ionimeter, wie auf S. 218 bereits geschildert. Steht ein solches nicht zur Verfügung, so kann man mit einer für die Praxis genügenden Genauigkeit mit dem HOLZKNECHTschen Radiometer oder dem Kienböck-Streifen die Oberflächendosis bestimmen und, falls man stets ein und dieselbe Strahlenqualität benutzt, ein für allemal festhalten.

Die Größe der erforderlichen Dosis ist eine verschiedene. Manche Indikationen, so die Dauerepilation und die Entfernung von gutartigen Neubildungen, zwingen den Therapeuten, die Maximaldosis um ein beträchtliches zu überschreiten und toxische Dosen anzuwenden. Maligne Hautleiden, wie Melanome oder Karzinome, verlangen die Maximaldosis. Knapp unterhalb dieser (etwas $^3/_4$ der Maximaldosis) liegt die für die Dermatologie so wichtige *Epilationsdosis*. Sie bewirkt nach ca. 3 Wochen einen Haarausfall mit nachfolgender Pigmentation der Haut. Die meisten Hautaffektionen aber reagieren schon auf kleine Teildosen ($^1/_3$ bis $^1/_4$ der Maximaldosis). Die Empfindlichkeit der Haarpapille ist je nach der Körpergegend eine andere. In der Größe der Epilationsdosis müssen diese örtlichen Verschiedenheiten berücksichtigt werden. Das Kopfhaar reagiert mit Epilation schon auf kleinere Dosen (60% HED = 6 H); größere Strahlenintensitäten verlangen das Barthaar und die Schamhaare (70% HED = 7 H); sehr resistent sind Augenbrauen und Wimpern, die erst durch eine Maximaldosis zum Ausfallen gebracht werden. (Mißlungene Epilationen mit Rücksicht auf die Restitution des Haarkleides nicht vor 10—12 Wochen wiederholen!)

Kontrolle der Dosis. Auch wenn man über moderne Therapieapparate verfügt, verschmähe man nicht, die Oberflächendosis, besonders wenn

---

[1] Das Bleigummi wird zum Zwecke der Desinfektion mit Wasser und Seife abgewaschen, auf 1 Stunde in 2proz. Carbollösung eingelegt und hernach an der Luft getrocknet.

es sich um Verabfolgung der Maximaldodis handelt, mit dem einfachen HOLZKNECHT-Radiometer oder Kienböckstreifen zu kontrollieren. Die Dosenkontrolle sei mit ein integrierender Bestandteil in der Betriebsweise der dermatologischen Bestrahlungen. Man gewöhne sich folgenden Gang des Betriebes an: Nachdem der Bestrahlungsplan wohl überlegt ist, wird die Röhre über dem Bestrahlungsfeld derart eingestellt, daß ihre Achse parallel zur Oberfläche des Feldes verläuft, der Zentralstrahlindex im Mittelpunkt des Feldes und auf diesem senkrecht steht. Der Patient wird dabei so gelagert, daß die zu bestrahlende Fläche (soweit sich das erreichen läßt) horizontal zu liegen kommt. Die FHD wird genau eingestellt, im Feldmittelpunkt eine Meßtablette oder ein Kienböckstreifen mittels Heftpflaster befestigt. Nach Entfernung des Zentralstrahlindex wird mit der Bestrahlung begonnen. Die Weckuhr wird auf $^3/_4$ der vorausgesehenen Bestrahlungszeit aufgezogen. Sobald das Läutewerk signalisiert, wird die Bestrahlung unterbrochen, die Meßtablette abgelesen und je nach dem Ergebnis die Bestrahlung entweder abgebrochen, oder um den fehlenden Bruchteil ergänzt. Dieses Vorgehen wird dem behandelnden Arzte wohl etwas Mühe bereiten, ihn aber vor manchen unliebsamen Überraschungen bewahren.

V. Tiefentherapie.

Vor einer ganz anderen und wesentlich schwierigeren Aufgabe steht der Therapeut, wenn das Erfolgsorgan in der *Tiefe* des Körpers liegt. Die schematische Darstellung der Absorption eines Strahlenkegels in zunehmender Körpertiefe (Abb. 131) stellt uns die Schwierigkeiten, die zu überwinden sind, klar vor Augen. Der größte Anteil der Strahlung wird in den oberen Schichten absorbiert, in größere Tiefen dringen nur kärgliche Reste hinab. Von der in Abb. 131 charakterisierten Strahlung würden nur noch 15 % in 10 cm Tiefe wirksam sein, während das Gros der Strahlung in den darüberliegenden Schichten, besonders in den obersten 4 cm, bereits zur Absorption gelangt ist. Wie sollten wir also unter diesen Umständen einen in 10 cm Tiefe liegenden Herd mit einer therapeutischen Dosis beschicken können? Bei solchen Absorptionsverhältnissen wird in den obersten Schichten, in der Haut und im Unterhautzellgewebe längst die toxische Dosis erreicht sein,

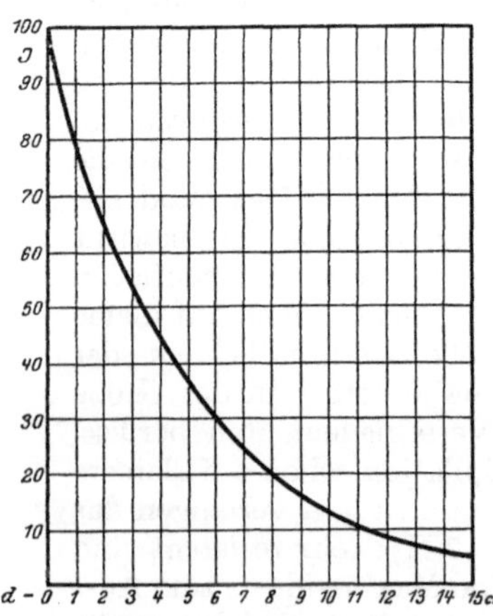

Abb. 131. Graphische Darstellung der Absorption einer Röntgenstrahlung im Gewebe.

ehe auch nur der Schwellenwert der kleinsten therapeutischen Wirkung in der Tiefe zu verzeichnen ist. Ein therapeutischer Erfolg in der Tiefe könnte nur mit einer schweren Schädigung der darüberliegenden Gewebe erkauft werden. Der sog. *Dosenquotient*, das ist das Verhältnis der Dosis des gleichen Strahlenkegels in der Einfallsfläche zur Tiefendosis, ist sehr ungünstig, eine Tiefenwirkung unter diesen Umständen nicht zu erzielen.

Das Problem, dennoch hinreichende, therapeutisch wirksame Mengen von Röntgenstrahlen an tiefliegende Organe unter Vermeidung von Schädigungen der deckenden Gewebe zur Absorption zu bringen, läßt sich von drei Seiten her lösen. Es sind dies 1. die *absolute Vermehrung der Strahlenpenetranz*, 2. *die relative Vermehrung* der *Strahlenpenetranz*, 3. das Angehen des Strahlenherdes von mehreren Seiten (*Mehrfelderbestrahlung*). Bei Anwendung aller drei Wege ist es sogar möglich, einem in 10 cm Tiefe gelegenen Herd auch hohe toxische Dosen zu verabfolgen, ohne daß die Haut mit mehr als der halben Maximaldosis belastet zu werden braucht. Technik und Physik haben in gemeinsamer Arbeit dem Arzt die Wege zu seinen Wünschen geöffnet. Sehen wir, wie dies möglich wurde.

Die absolute Vermehrung der Strahlenpenetranz.

Die prozentuale Tiefendosis.

Das Ziel, das wir in der Tiefentherapie verfolgen, ist, die Dosis in der Tiefe im Verhältnis zur Oberflächendosis möglichst groß zu gestalten. Die Verhältniszahl wird immer einen echten Bruch ergeben, weil die Tiefendosis unvermeidlich hinter der Oberflächendosis zurückstehen muß aus zwei Gründen, 1. durch die größere Absorption (s. Absorptionsgesetz S. 72), 2. durch die größere Entfernung (s. Quadratgesetz S. 66). Auch für den idealen Fall einer homogenen und sehr harten Strahlung nimmt die Dosis nach einer Exponentialkurve von Schicht zu Schicht ab. Auch unter optimalen physikalischen Voraussetzungen gelangen daher nur Bruchteile der eingestrahlten Energie in die Tiefe.

Um die Tiefenwirkung einer Strahlung leicht anschaulich zu machen, ist es allgemein üblich geworden, die Tiefenintensität in Prozenten der an der Oberfläche wirksamen Dosis auszudrücken und sie auf 10 cm Tiefe, 23 cm F H D und ein Einfallsfeld von 6×8 cm zu beziehen. Die Defintion dieser sog. *prozentualen Tiefendosis* ist (nach Seitz und Wintz) folgende:

Unter der prozentualen Tiefendosis verstehen wir jene Röntgenstrahlenmenge, die in 10 cm Wassertiefe, bei einem Einfallsfeld von 6×8 cm und 23 cm Fokus-Oberflächenabstand gemessen wird, ausgedrückt in Prozenten der Oberflächendosis des gleichen Strahlenkegels.

Die Verbesserung der prozentualen Tiefendosis ist einer der Kardinalpunkte im Programm der Tiefentherapie. Alle nachstehenden technisch-physikalischen Konstruktionen und Berechnungen beschäftigen sich nur mit der einen Frage: Auf welche Weise kann das Optimum der proz. Tiefendosis erreicht werden?

Als erster und wichtigster Faktor tritt auf den Plan die *absolute Vermehrung der Strahlenpenetranz*. Auf S. 64 ist bereits darauf hingewiesen worden, daß mit Steigerung der Betriebsspannung das von der Röntgenröhre ausgehende Strahlengemisch seinen Charakter ändert derart, daß das Spektrum sich in Richtung der kurzen Wellenlängen verschiebt. Im Strahlengemisch beginnen die harten Strahlen zu dominieren. Nach den Absorptionsgesetzen werden die kurzen Wellenlängen nur in geringem Ausmaße absorbiert und daher wird die Weglänge der Strahlen im Medium eine größere sein. Die Kurve der Abb. 131 würde anders ausehen, ihr Verlauf ein viel flacherer sein; die eingestrahlte Energie läuft sich erst in tieferen Schichten tot. Das ist es, was wir erzielen wollen. Das Verhältnis: Dosis in der Tiefe zu Dosis an der Oberfläche gestaltet sich für die Zwecke der Tiefentherapie bei kurzwelliger Strahlung wesentlich günstiger.

Die *prozentuale Tiefendosis wächst* demnach mit der *Steigerung der Betriebsspannung* an. Der Technik sind in dieser Beziehung fast keine Schranken gesetzt. Die Spannung läßt sich — wenigstens theoretisch — beliebig erhöhen. Der Traum des Therapeuten, auf maschinellem Wege Strahlen zu erzeugen, die so kurzwellig sind wie die Radiumstrahlen, ist nicht mehr als Utopie zu bezeichnen. Nach der Beziehung $\lambda_0 = \dfrac{12{,}35}{V}$ müßte man, damit λ_0 der γ-Strahlung des Radiums gleichkäme, eine Spannung von über 1000 kV anwenden. Vorläufig aber gibt es keine Röntgenröhre, die die erforderlichen Spannungen vertragen könnte, ganz zu schweigen von der Lebensgefahr, die solche Transformatoren in Tätigkeit für die Umgebung bedeuten würden.

Einigermaßen enttäuschen muß uns die Einsicht, daß die prozentuale Tiefendosis diese beliebige Steigerung nicht mitmacht. Sie wächst nur im Bereiche niedriger Spannungen in bemerkenswerter Weise an, nähert sich aber bei ca. 150 kV einem Grenzwert, der bei 220 kV sein Maximum erreicht. Eine Steigerung der Spannung über dieses Maß hat auf die Tiefenwirkung der Strahlung keinen weiteren Einfluß, da die Schwächung jetzt fast ausschließlich durch die Streuung bewirkt wird und diese einen von der Wellenlänge unabhängigen Wert hat. Der gleiche Gang mit der Spannung ist uns bereits bezüglich der Anzahl der bei der Absorption abgeschleuderten Sekundärelektronen bekannt (s. S. 235). Auch hier ein Maximum bei 220 kV. Es fragt sich also, ob es angesichts dieser Tatsache einen Zweck hat, die Spannung über 220 kV noch weiter zu erhöhen und eine Verkürzung der Wellenlänge anzustreben.

Es wird auch die Befürchtung geäußert, daß infolge Verminderung der Absorption die biologische Wirkung abnehmen müßte. Die Erfahrungen bei der Radiumbehandlung werden in dieser Frage immer als Gegenargument vorgeschoben. Die γ-Strahlen des Radiums werden bekanntlich in 10 cm Gewebsdicke nicht meßbar absorbiert; dennoch rufen sie außerordentliche therapeutische Wirkungen hervor. Eine Erklärung dieses scheinbaren Widerspruchs bietet der Comptoneffekt. Für γ-Strahlen ist die Absorption verschwindend klein gegenüber der Streuung, die ganz vorherrscht. Die Rückstoßelektronen, die zufolge der Kurzwelligkeit der Radiumstrahlung große Rasanz haben, sind wahrscheinlich als die Träger der biologischen Wirkung der γ-Strahlung zu betrachten. Es ist nun durchaus denkbar, daß solcher Art Rückstoßelektronen dank ihrer viel größeren Beschleunigung auch andere biologische Wirkungen hervorrufen, als die durch Röntgenstrahlung von 220 kV Spannung im Gewebe ausgelöste, relativ langsame Elektronenstrahlung. Ein Hinausgehen über die bis jetzt erreichten Spannungen ist daher zumindest aus wissenschaftlichen Gründen geboten, um das unbekannte Strahlungsgebiet, das zwischen kürzester, bis jetzt bekannter Röntgenstrahlenwellenlänge und der γ-Strahlung des Radiums liegt, zu erforschen.

Im Interesse der Tiefendosis allein ist das Streben nach möglichst hohen Spannungen keine Notwendigkeit. Eine Apparatur, die 200 kV liefert, setzt uns in der gleichen Weise in den Stand, genügende Mengen von Strahlenenergie in die Tiefe des Gewebes zu dirigieren, wie ein Ungetüm, das 350 oder gar 400 kV Spannung entwickelt. Ja auch der Induktor kann bei einer Betriebsspannung von 38—40 cm Funkenlänge bezüglich der Tiefenwirkung fast dieselben Dienste leisten. Der Unterschied liegt nur in der Arbeitsweise der Apparaturen. Da die Intensität der Strahlung, ohne daß die Röhrenstromstärke geändert wird, mit dem Quadrat der Spannung ansteigt, wird die mit der höheren Spannung betriebene Röhre eine bedeutend größere Strahlenintensität aussenden. Es wird daher die erforderliche Dosis bei sonst gleichen Betriebsbedingungen mit hohen Spannungen wesentlich rascher erreicht. Der minder leistungsfähige Apparat arbeitet unökonomisch und zwingt uns, die Bestrahlung stundenlang auszudehnen, was für den Patienten quälend ist, für den Arzt und sein Personal einen Zeitverlust bedeutet. Mit einer modernen Apparatur kann die gleiche Dosis in wenigen Minuten verabfolgt werden.

Das sind die Erfolge, zu denen die Technik mit der bewunderungswürdigen Entwicklung der Apparatur uns verholfen hat. Es ist sehr wenig. Vorläufig sind wir mit den besten technischen Waffen in der Hand im Kampf gegen das Karzinom noch nicht sehr weit gekommen, und das deshalb, weil wir das Terrain des Feindes, die Biologie des Krebses, nicht genügend kennen. —

Die relative Vermehrung der Strahlenpenetranz.

Die Filterung.

Auch wenn sehr hohe Spannung an der Röntgenröhre liegt, sendet diese ein Strahlengemisch aus, in dem auch die *weichen* Strahlenkomponenten vertreten sind. Diese werden in den obersten Hautschichten absorbiert und vergrößern dort die Oberflächendosis beträchtlich. Die Erreichung der Maximaldosis an der Haut schiebt aber der weiteren Einstrahlung von Energie in die Tiefe einen Riegel vor. Es muß daher unser Bestreben sein, in der Tiefentherapie die weichen Strahlenkomponenten aus dem Strahlengemisch zu entfernen. Schaltet man zwischen Röhre und Hautoberfläche einen absorbierenden Körper dazwischen, so vollzieht sich in letzterem das nämliche, was sonst in der Hautoberfläche statt hat: die weichsten Strahlenanteile werden abgefangen, die Haut bleibt von ihnen verschont.

So ideal läßt sich die Sache allerdings nicht lösen. Der absorbierende Körper, den man in Analogie als Filter bezeichnet, ist kein Filter im physikalischen Sinne, das alle Partikelchen, die größer als die Filtermasche sind, zurückhält; das Strahlenfilter wirkt auf andere Weise. Seine Wirkung beruht auf der Absorptionsdifferenz zwischen weichen und harten Strahlen im gleichen Medium. Da die Absorption von der dritten Potenz der Wellenlänge abhängig ist, werden die weichen Strahlen durch das Filter prozentuell viel stärker zurückgehalten als die harten. Aber aus einem Strahlengemisch den weichen Anteil auszusondern, ohne daß der andere Teil beeinträchtigt würde, ist eine Sache der Unmöglichkeit. Die gestellte Aufgabe läßt sich nur unvollständig lösen. *Die Aussonderung des weichen Strahlenanteils wird mit einer Schwächung des gesamten Strahlengemisches erkauft.* Jedes Filter wird je nach seiner Besonderheit diese Aufgabe mehr oder weniger gut lösen; die Auswahl des Filtermaterials ist daher keineswegs gleichgültig.

Wahl des Filtermaterials. Wir beabsichtigen, den langwelligen Anteil des Strahlengemisches womöglich ganz auszuschalten, die kurzen Wellenlängen dagegen ungeschwächt durchzulassen. Mit einiger Annäherung läßt sich das erreichen, wenn das Absorptionsgesetz in seiner idealen Form (der Absorptionskoeffizient ist proportional λ^3) zur Wirkung kommt. Dann wird beispielsweise für die Wellenlänge 0,9 Å der Massenabsorptionskoeffizient 729 mal größer, als für die Wellenlänge 0,1 Å ($0,9^3 = 0,729$, dagegen $0,1^3 = 0,001$). Leider wird die Schwächung niemals durch reine Absorption, sondern immer auch durch Streuung bewirkt. Die Streuung aber schwächt die Strahlung auf ganz andere Art. Da sie in ihrer Größe nur vom Medium, von der Wellenlänge aber unabhängig ist, würde ein Filter, das bloß streut, *sämtliche* Wellenlängen, die weichen wie die harten, im *gleichen* Prozentsatz abschwächen. Die Streuung schwächt also die Gesamtstrahlung, ohne in unserem Sinne filternd zu wirken. Je mehr daher in einem Stoffe die Streuung vorherrscht, um so weniger wird er sich als Strahlenfilter eignen, je mehr die Absorption überwiegt, um so idealer wird er als Filter wirken. Es schalten daher alle leichtatomigen Elemente (Ordnungszahl unter 25) von vornherein aus, und wir werden zunächst auf die Schwermetalle als Filtermaterial verwiesen. Hier begegnet uns aber wieder eine andere Klippe: eine große Zahl von Schwermetallen, nämlich diejenigen, deren Ordnungszahl höher als 45, deren Atomgewicht größer als 80 ist, besitzt gerade für das Strahlengebiet, das wir in der Tiefentherapie verwenden, selektive Absorptionen, d. h. der Absorptionskoeffizient verläuft nicht proportional λ^3, sondern ändert sich bei bestimmten Wellenlängen sprunghaft, die dann besonders stark absorbiert werden. Wird das Gebiet der selektiven Absorption der kurzwelligen Strahlung nicht vermieden, so wird diese durch die Filterung mehr geschwächt, als die langwellige, was unserer Absicht gerade zuwiderliegt. Alle Elemente, die diesen Fehler aufweisen, scheiden daher als Filtermaterial ebenfalls aus. Beachten wir diese Einschränkungen, so verbleiben als taugliche Filtermaterialen die Elemente: *Kupfer, Zink, Eisen, Nickel* und Legierungen aus diesen Metallen. Von diesen werden hauptsächlich

Kupfer und Zink in der Praxis verwendet, und zwar deshalb, weil sie leicht zu homogenen Blechen ausgewalzt werden können und billig sind.

Einigermaßen eine Sonderstellung nimmt das *Aluminium* ein; bezüglich seiner Filterwirkung muß eine Einschränkung gemacht werden. Bei seinem relativ geringen Atomgewicht (27) ist seine absorbierende Wirkung zu einem nicht unbeträchtlichen Teil auf die Streuung zurückzuführen. Es sind daher die Filtereigenschaften des Aluminiums den gestellten Anforderungen nicht entsprechend, insofern die Absorption des weichen Strahlenanteils keine ideale ist. Abb. 132 zeigt, wie die einzelnen Filter wirken. Der Flächeninhalt der Kurve E_{200} stellt die Strahlenenergie einer ungefilterten, mit 200 kV erzeugten Strahlung in ihrer spektralen Verteilung dar. Das Vorschalten eines Kohlenstoffilters (geringes Atomgewicht) schwächt das ganze Spektrum ziemlich gleichmäßig, läßt vor allem recht viel vom langwelligen Anteil durch. Vom Aluminium wird schon ein großer Teil der weichen Strahlung zurückgehalten. Wir sehen aber, daß es in dieser Beziehung vom Kupfer noch weit übertroffen wird, das das Strahlengebiet auf

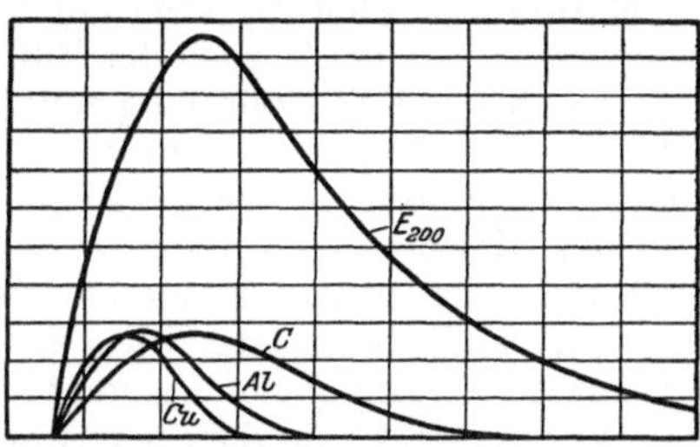

Abb. 132.
Spezifische Wirkung des Filtermaterials.

Eine bei 200 kV erzeugte Strahlung E_{200} wird mit 44 mm Kohlenstoff, 17,5 mm Aluminium und 1 mm Kupfer gefiltert. Die Kurven C, Al und Cu zeigen die Schwächung und Einengung des Strahlenspektrums durch Kohlenstoff (C), bzw. Aluminium (Al), bzw. Kupfer (Cu).
(Nach G. GROSSMANN: Physikalische und technische Grundlagen der Röntgentherapie.)

wenige kurze Wellenlängen einengt. Das Aluminium ist daher als Filter in der Tiefentherapie zu verwerfen. In der Hauttherapie, wo es darauf ankommt, nur die allerweichsten Anteile aus der Strahlung zu entfernen, wird man dünne Aluminiumfilter schon deshalb verwenden müssen, weil es schwer wäre, entsprechend dünne Kupferfilter herzustellen.

Noch eins können wir aus dem Kurvenbild herauslesen: die Gesamtstrahlenintensität wird durch das Kupferfilter sehr stark reduziert. Der größte Teil der Strahlung geht im Filter nutzlos verloren. Dieses Verhältnis wird mit zunehmender Filterdicke auch zunehmend ungünstiger. Es treten enorme Strahlungsverluste ein; nur ein kleiner Teil passiert und wird als Nutzstrahlung dem Körper einverleibt. Um so schlimmer sind natürlich die Folgen, wenn einmal ein solches Schwerfilter vergessen wird: dann trifft die ungeschwächte Strahlung in ungebührlicher Menge und mit der ganzen Breite des Spektrums die Haut, die dann samt dem darunterliegenden Gewebe auf schwerste geschädigt wird (s. auch S. 279).

Wie stark soll gefiltert werden? Auch diese Frage ist vom Gesichtspunkt der Erzielung einer möglichst hohen prozentualen Tiefendosis zu beantworten. Die Reaktion der Haut bestimmt die Einwirkungszeit in die Tiefe. Wir strahlen so lange Energie in die Tiefe ein, als wir es mit Rücksicht auf das Gewebe des Einfallsfeldes tun dürfen. Es liegt nun in der Natur der Sache, daß die Haut, wie wir es auch anstellen mögen, vom Strahlenkegel das Maximum an Energie abfängt aus mehreren Gründen: 1. liegt die Haut der Strahlenquelle näher als der von ihr gedeckte tiefliegende Herd, 2. wird die Haut von der noch ungeschwächten Ausfallsstrahlung getroffen, 3. wird vom Strahlengemisch natürlich ein relativ größerer Anteil, nämlich die weichsten Komponenten, in den oberen Schichten absorbiert. Das ist die unvermeidliche Folge der Heterogenität der Strahlung. Dem letzteren soll die Filterung abhelfen.

Schaltet man vor die von der Antikathode ausgehende Strahlung ein Metallfilter, so wird, wie es nicht anders zu erwarten war, die Strahlenenergie um einen je nach der Filterdicke ganz beträchtlichen Prozentsatz geschwächt, da alle langwelligen Komponenten, die einen großen Teil der Gesamtstrahlenenergie darstellen, mit Leichtigkeit abgefangen werden. Schalten wir vor die so gefilterte Strahlung abermals ein Filter von der gleichen Dicke vor, so wird die prozentuale Abschwächung jetzt einen bedeutend kleineren Wert aufweisen als vorher. Sehr erklärlich, da dieses zweite Filter einer anderen Strahlung von härterer Zusammensetzung gegenübersteht und nicht so leichtes Spiel hat, wie sein Vorgänger gegenüber den weichen Strahlenkomponenten. Jedes weitere Filter wirkt, da es der immer kleiner werdenden Schar harter Strahlen, die fast gar nicht absorbiert werden, gegenübersteht, zusehends schwächer, bis wir schließlich an einen Punkt gelangen, wo die Filterwirkung bei stärkster Einengung des Strahlengemisches auf die härtesten Strahlenanteile ihr Maximum erreicht hat. Jede weitere Filterung schwächt die Reststrahlung immer wieder um den gleichen Prozentsatz. Die Strahlung verhält sich jetzt also wie eine homogene Strahlung. Man bezeichnet die Filterdicke, bei der dies erreicht wird, als *Homogenitätspunkt*, und eine bis zum Homogenitätspunkt gefilterte Strahlung nennt man *praktisch homogen*.

In Wirklichkeit aber ist eine solche Strahlung beileibe nicht homogen, sondern erstreckt sich in ihrer Zusammensetzung meist noch über einige kurzwellige Spektralbereiche. Die Homogenität wird nur dadurch vorgetäuscht, daß für die auf die kurzwelligsten Anteile eingeengte Reststrahlung die Streuung gegenüber der Absorption ganz in den Vordergrund tritt. Jede weitere Schwächung wird hauptsächlich durch Streuung bewirkt, die aber bekanntlich von der Wellenlänge unabhängig ist und nur von der Dichte des Mediums bestimmt wird. Ein weiteres Vorschalten von Filtern ist jetzt zwecklos, da durch das Filter die Strahlung nur geschwächt, ihre spektrale Verteilung jedoch in keiner Weise mehr verändert wird. Schon aus ökonomischen Gründen wird sich eine weitere Filterung verbieten.

Der Homogenitätspunkt gibt an, wann für das betreffende Filter die maximale Filterdicke erreicht ist oder mit anderen Worten, für welche harte Reststrahlung in dem Filtermaterial die Schwächung durch Streuung in den Vordergrund tritt. Der Homogenitätspunkt wird daher, da er eine Materialkonstante ist, für gleiche Strahlungen aber verschiedene Filtermaterialien verschieden liegen. Für ein und dasselbe Filtermaterial wird er aber für bestimmte Strahlungen ganz bestimmte

Werte annehmen. Wenn es allgemein üblich werden sollte, ein einziges Filtermaterial zu benutzen, so kann der Homogenitätspunkt zu einer praktisch recht brauchbaren Größe werden. Die untenstehende Tabelle gibt für Kupfer als Filtermaterial die Filterdicke an, die eine Strahlung bestimmter Qualität bis zur praktischen Homogenität einengt:

$$200 \text{ kV} \ldots \ldots \ldots 1{,}3 \text{ mm Cu}$$
$$180 \text{ kV} \ldots \ldots \ldots 0{,}8 \text{ mm Cu}$$
$$160 \text{ kV} \ldots \ldots \ldots 0{,}5 \text{ mm Cu}$$
$$150 \text{ kV} \ldots \ldots \ldots 0{,}5 \text{ mm Cu} \quad \text{(Lorenz u. Rajewsky).}$$

Wird die praktisch homogene Strahlung schon im Schwermetallfilter fast nur durch Streuung geschwächt, so ist dies im Gewebe, das aus Elementen von viel niedrigerem Atomgewicht besteht, natürlich erst recht der Fall. Das bedeutet aber nichts anderes, als daß die so gefilterte Strahlung beim Eindringen ins Gewebe in diesem von Schicht zu Schicht immer um den gleichen Prozentsatz geschwächt wird. Es ist dies die geringste Abschwächung, die das eindringende Strahlenbündel erleiden kann.

Die Entfernung der Strahlenquelle.

Fokus-Hautdistanz: Bei unseren Betrachtungen über die Intensitätsabnahme und Dosisverteilung eines Strahlenbündels in zunehmender Gewebstiefe haben wir bisher außer acht gelassen, daß außer dem Strahlungsverlust durch Energieumwandlung sich in der Tiefe eine weitere Intensitätsabnahme dadurch bemerkbar macht, daß mit zunehmendem Tieferdringen die Strahlung sich auch von der Strahlenquelle entfernt und dabei unvermeidlich entsprechend der wachsenden Entfernung quadratisch abnimmt. Bestrahlen wir beispielsweise einen in 10 cm Tiefe liegenden Herd aus einer Fokus-Hautdistanz von 20 cm und sehen wir jetzt von den Strahlungsverlusten durch Absorption und Streuung vollständig ab: die Strahlungsintensität am Herd, der 30 cm vom Fokus entfernt ist, wird zur Strahlungsintensität auf der Haut, die 20 cm vom Fokus entfernt ist, im umgekehrten Verhältnis der Entfernungsquadrate stehen also wie 400 zu 900. Die Haut erhält in diesem Falle bei *bloßer Berücksichtigung der räumlichen Entfernung* schon $\dfrac{(20 + 10)^2}{20^2} = 2{,}25$ mal mehr Strahlen als die Tiefe. Wesentlich besser wird dieses Verhältnis, wenn wir die Fokus-Hautdistanz vergrößern. Die Differenz zwischen Fokus-Herd- und Fokus-Hautdistanz gleicht sich auf diese Weise einigermaßen aus. Bestrahlen wir den gleichen Fall aus 50 cm Entfernung, so verhalten sich die Intensitäten bei bloßer Berücksichtigung der Entfernungen jetzt wie 25 zu 36. Die Intensität fällt bis 10 cm Tiefe infolge der größeren Entfernung nur noch um 30 % ab. Die Haut erhält $\dfrac{(50 + 10)^2}{50^2} = 1{,}44$ mal mehr Strahlung als der Herd. Alles dies natürlich unter der Fiktion, daß keine Absorption stattfindet.

Wir erreichen also durch Vergrößerung des Bestrahlungsabstandes eine Verbesserung der Tiefendosis. Die Verbesserung macht anfangs, wenn wir von kleinen Fokus-Hautabständen zu größeren übergehen, recht beträchtliche Fortschritte. Ist aber einmal die Differenz zwischen

Fokus-Haut- und Fokus-Herddistanz einigermaßen ausgeglichen (was für eine Herdtiefe von 10 cm bei 50 cm FHD der Fall sein dürfte), so wird eine weitere Entfernung der Strahlenquelle nur geringen Nutzen bringen, wie man sich durch einfache Rechnung überzeugen kann. Dagegen wird sich eine andere Erscheinung in nachteiliger Weise bemerkbar machen: mit wachsender Entfernung der Röhre vom Körper wird die den Körper treffende Strahlungsintensität durch die nämliche Gesetzmäßigkeit der Abnahme im Entfernungsquadrat immer geringer. Wollten wir auf der einen Seite das Entfernungsgesetz umgehen, indem wir die Herdtiefe durch möglichst große Bestrahlungsentfernung nivellieren, so fallen wir dem gleichen Gesetz auf der anderen Seite ins Garn dadurch, daß wir bei großer Entfernung große Mengen Strahlungsenergie verlieren. Die FHD, zu der man sich entschließt, wird sich also aus einem Kompromiß ergeben, der klug abwägt zwischen genügender Tiefenwirkung und Bewahrung der Ökonomie des Betriebes. Es wird wohl selten die Notwendigkeit eintreten, der Tiefendosis zuliebe über eine FHD von 50 cm hinauszugehen.

Der Streuzusatz.

Unsere Betrachtungen über die Abnahme der Strahlungsenergie in zunehmender Gewebstiefe beschränkten sich bisher auf die Absorption und räumliche Ausbreitung der Strahlung. Wie wir sehen, nimmt durch diese beiden Faktoren die Intensität des einfallenden Strahlenbündels sehr rasch in der Tiefe ab. Es wäre um die Tiefenintensität der Röntgenstrahlen sehr schlecht bestellt, würde es dabei sein Bewenden haben. Zum Glück aber kommt ein anderer Faktor, nämlich die Streustrahlung der Tiefentherapie zur Hilfe. Der ganze Vorgang der Absorption ist nämlich in zwei Teile zu teilen, und zwar in die Absorption der *direkten* Strahlung und in die Absorption der *gestreuten* Strahlung. Nur die erstere folgt bezüglich des Absorptionsortes dem Schema, das ihr die mathematische Formel zuweist. Nicht so die gestreute Strahlung; sie breitet sich nach allen Richtungen des durchstrahlten Raumes aus, und ihre Absorptionspunkte verteilen sich in diesem nach den Gesetzen der Wahrscheinlichkeit. Es resultiert daraus eine Veränderung der Absorptionsverteilung mit einer Verschiebung der Strahlenenergie nach dem Zentrum des durchstrahlten Raumes. Da aber die absolute Größe der Streustrahlung mit Abnahme der Primärstrahlung durch Ausbreitung und Absorption in zunehmender Tiefe abnimmt, so ergibt sich eine äußerst komplizierte Verkettung der verschiedenen Faktoren, die auf die Dosisverteilung Einfluß haben.

Die Dosis, die durch Absorption der gestreuten Strahlung zustande kommt, bezeichnet man als *Streuzusatzdosis*. Sie addiert sich zu der durch primäre Absorption hervorgerufenen und ergibt mit ihr zusammen die wirkliche Dosis. Diese ist durch diesen Zuwachs bedeutend höher als die nach Absorption und Ausbreitung errechnete Größe. Man spricht daher mit Recht von einem *Streuzusatz*.

Der Streuzusatz macht sich am auffälligsten bemerkbar an der vom Strahlenkegel getroffenen Oberfläche des Mediums. Hier tritt nämlich zu der noch ungeschwächten Primärstrahlung die aus dem Medium rückgestreute Strahlung hinzu, so daß die an der Oberfläche gemessene Strahlenintensität die Intensität des freien Strahlenkegels beträchtlich überragt. Der Streuzusatz an der Bestrahlungsoberfläche bewegt sich je nach der Strahlenqualität und Feldgröße zwischen 30—80% der Primärstrahlenenergie. Bei weicher Strahlung, wie sie z. B. in der Oberflächentherapie verwendet wird, überwiegt die primäre Absorption die Streustrahlenabsorption, so daß der Streuzusatz sich wenig bemerkbar macht. Für harte Strahlen, wie sie in der Tiefentherapie Verwendung finden, tritt die Streuung gegenüber der Absorption in den Vordergrund und die Dosisverteilung wird durch die Streuung beherrscht.

In der schematischen Abb. 133 erhält der Punkt P_0 an der Oberfläche die ungeschwächte Primärstrahlung S, vermehrt durch die von seiner Unterschicht nach rückwärts (d. h. entgegen der Strahlenrichtung) gestreute Strahlung. Der im Zentrum des durchstrahlten Raumes gelegene Punkt P_c wird getroffen von der durch Absorption und Entfernung bedeutend geschwächten direkten Strahlung und der von *allen* Seiten auf ihn eindringenden Streustrahlung. In den Randpunkten P_r addiert sich ähnlich wie in P_0 nur *einseitige* Streustrahlung zu der geschwächten Primärstrahlung.

Die Streuzusatzdosis wird je nach der Lage des Punktes im durchstrahlten Raume verschieden groß ausfallen. Da die Intensität der Streustrahlung eine Funktion der Intensität der Primärstrahlung und eine Volumfunktion ist,

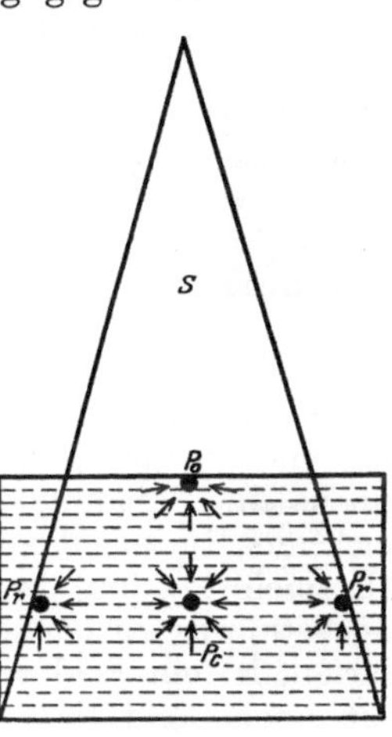

Abb. 133.
Schematische Darstellung des Streuzusatzes in Abhängigkeit von der Lage des Raumpunktes im durchstrahlten Medium.

so ergibt sich die zunächst etwas paradox erscheinende Tatsache, daß das Maximum der zur Absorption gelangenden Strahlenintensität nicht an der Einfallsfläche, sondern etwas unterhalb dieser zu liegen kommt. Hier nämlich macht sich neben der noch wenig geschwächten Primärstrahlenenergie die von dieser ausgelöste und daher relativ intensive Streustrahlung bemerkbar. Außerdem wirkt schon das Volumen des durchstrahlten Mediums mit, indem die Punkte unterhalb der Oberfläche von allen Seiten unter Streustrahlung stehen. Messungen haben denn auch ergeben, daß der größte Streuzusatz bei harter, bis zum Homogenitätspunkt gefilterter Strahlung ca. 1—2 cm *unterhalb* der Strahleneintrittsfläche im Gewebe liegt. Da die Primärstrahlung in dieser Tiefe noch fast ungeschwächt ist, ergeben beide für diese Gewebstiefe ein Maximum der Dosis. Dieses liegt also nicht, wie man zunächst erwarten könnte, in der Oberhaut, sondern 1—2 cm tiefer. Bei hoher Belastung der Oberfläche liegt also hier im Unterhautzellgewebe die am meisten gefährdete Gewebsschicht. Dieser Umstand kann bei Verabfolgung von Maximaldosen durch Überlastung des Unterhautzellgewebes zu den gefürchteten Spätschädigungen führen. Die

Versuche, durch 2—3 cm dicke Deckschichten diese kritische Zone außerhalb des Körpers zu verlegen, sind sehr berechtigt.

Von dem Maximum in 2 cm Tiefe beginnt der Streuzusatz langsam abzunehmen, da mit wachsender Tiefe die Primärenergie durch Absorption und Entfernung von der Strahlenquelle schwächer wird. Er nimmt aber langsamer ab, als der Schwächung der Primärenergie entsprechen würde, da, je tiefer die Strahlung dringt, immer mehr die Einwirkung des streuenden Volumens sich geltend macht. Die zentralen Teile des durchstrahlten Raumes stehen unter einem dichten Kreuzfeuer von allen Seiten eindringender Streustrahlung. Dieses Kreuzfeuer ist um so intensiver, je mehr streuende Atome im Raume vorhanden sind, je geringer also das Atomgewicht und je größer der durchstrahlte Raum ist. Letzterer ist in seiner Größe vom Einfallsfeld abhängig. Der Streuzusatz wird daher um so größer ausfallen, je größer das Einfallsfeld gewählt wird. Aus diesem Grunde wird die Erythemdosis bei großen Feldern mit der gleichen Primärstrahlenenergie früher erreicht als bei kleinen Feldern. Aus der gleichen Ursache verbessert sich mit Vergrößerung des Einfallsfeldes bei Übergang von kleinen Feldern zu maximal großen (25 cm × 25 cm) die Tiefendosis bis um 50 %[1]. Doch auch in diesem Falle strebt die Verbesserung einem Grenzwert zu, so daß bei zunehmender Vergrößerung des Feldes über eine bestimmte Grenze hinaus eine Zunahme des Streuzusatzes nicht mehr erfolgt. Wir dürfen auch aus Rücksicht auf die nicht erkrankten Gewebe und die schwere Allgemeinreaktion das Einfallsfeld nicht beliebig groß wählen. Das Höchste, was wir bei der harten Therapiestrahlung dem Körper zumuten dürfen, ist ein Feld von 20 × 20 cm. Im allgemeinen wird man aber mit einem Feld 15 × 15 cm sein Auskommen finden.

Berechnen wir den Streuzusatz in Prozenten der direkten Strahlung, so erhalten wir ein anderes Bild: der *prozentuale Streuzusatz* ist an der Oberfläche klein, steigt aber von da in rascher Zunahme mit zunehmender Tiefe an. Das besagt nichts anderes, als daß in größeren Tiefen die Dosis vorwiegend durch Streustrahlung zustande kommt. Während die Oberflächendosen zum größeren Teil durch die direkte Strahlung zustande kommen und durch die Streustrahlung vergrößert werden, rühren die Tiefendosen zum kleinsten Teil von der direkten Strahlung her und beruhen fast ausschließlich auf absorbierter Streustrahlenenergie.

Der Streuzusatz kann auch therapeutischen Zwecken nutzbar gemacht werden. Man bedient sich hierzu streuender Medien (Reis, Bolus), die an den zu bestrahlenden Körperteil angelegt (Anbau) und mit bestrahlt werden. Die aus dem Anbau austretende Streustrah-

---

[1] Aus diesem Grunde sind alle Dosismessungen am Tier, wo stets mit kleinen Einfallsfeldern gearbeitet wird und nur kleine Körperdurchschnitte durchstrahlt werden, ganz anders zu bewerten. Bestrahlt man beispielsweise ein Mäusekarzinom mit der gleichen Exposition, die beim Menschen eine Maximaldosis darstellt, so erreicht man am Tiere bei dem engen Strahlenkegel und dem geringen Körperquerschnitt wegen des unscheinbaren Streuzusatzes nur eine halbe Maximaldosis.

lung wirkt ihrerseits auf den Körper ein. Der Anbau findet Anwendung bei über das Körperniveau vorragenden Tumoren, ferner in Körperfalten (Achselhöhle, Nates).

NB. Nicht eigentlich in diesen Zusammenhang gehörend, aber um Verwechslungen vorzubeugen, sei hier der sog. *Zusatzdosis* gedacht. Man versteht darunter folgendes: Die Intensität der Röntgenstrahlen nimmt bekanntlich mit dem Quadrat der Entfernung von der Strahlenquelle ab. Dieses Gesetz, das geometrisch feststeht, ist durch physikalische Messungen bestätigt worden, nicht jedoch durch die biologische Reaktion. Diese fällt, wenn man aus größerer Entfernung bestrahlt und die verminderte Intensität durch entsprechende Verlängerung der Bestrahlungszeit ausgleicht, wesentlich schwächer aus. Die Erklärung dieser eigenartigen Tatsache ist darin zu suchen, daß die Dosis in einem längeren Zeitraum, also bei größerer Verdünnung verabfolgt wird. Es tritt daher der auf S. 230 als Verzettelung beschriebene Effekt auf. Eine Analogie hat dieser Effekt in der Einwirkung der Strahlung auf die photographische Platte (Schwarzschildsches Gesetz, s. S. 126). Um dennoch die gleiche biologische Reaktion zu erzielen, ist bei Bestrahlung aus größerer Entfernung entweder der Röhrenstrom im Quadrat der Entfernung zu vermehren, oder bei gleichem Röhrenstrom die Dosis um einen bestimmten Prozentsatz zu vergrößern: *Zusatzdosis*. Diese beträgt, wenn wir von der Entfernung von 23 cm ausgehen, für 50 cm 4%, 60 cm 7%, 70 cm 11%, 80 cm 17%, 90 cm 22%, 100 cm 28% Zusatz (Wintz).

Die Mehrfelderbestrahlung.

Auch die härteste erzielbare Röntgenstrahlung erleidet im Gewebe pro Zentimeter Eindringungstiefe eine Abschwächung von 11—12%. Deshalb erreichen wir auch bei der sehr großen FHD von 1 m und dem praktisch größtmöglichen Hautfeld von 25 × 25 cm in 10 cm Tiefe bestenfalls eine Dosis von 40% der Oberflächendosis. Berücksichtigt man, was über die biologische Empfindlichkeit des Karzinoms Röntgenstrahlen gegenüber bekannt ist, so kann nur dann eine hinreichende Wirkung auf das Karzinom in der Tiefe erzielt werden, wenn von *mehreren* Einfallspforten aus Strahlenkegel in die Tiefe geschickt werden. Durch Summation der Einzelwirkungen kommt dann die erstrebte hohe Tiefendosis zustande. Die *Kreuzfeuerdosierung* ist die souveräne Methode der Tiefentherapie, der einfachste und dabei fruchtbarste Gedanke in der therapeutischen Technik.

So einfach er in der Theorie ist, so schwierig gestaltet sich seine exakte Durchführung in der Praxis und so viele Klippen birgt er in sich.

Die Zweiseitenbestrahlung. Wir erstreben, den Krankheitsherd in der Tiefe in seiner ganzen Ausdehung mit nahezu gleichen Dosen zu beschicken, d. h. *homogen zu durchstrahlen*. Durch geeignete Überkreuzung der einzelnen Strahlenkegel läßt sich dies mit einiger Annäherung erreichen. Die einfachsten Verhältnisse haben wir bei der übersichtlichen *Zweiseitenbestrahlung* vor uns (Abb. 134). Doch führt diese nur bei ganz dünnen Körperteilen zur räumlichen Homogenität der Dosis (Handgelenk,

Fußgelenk, Kniegelenk). Wo dickere Körperteile, namentlich der Körperstamm, zu durchstrahlen sind, versagt diese Methode vollkommen; hier wird in der Mitte des Körpers stets eine geringere Intensität herrschen als an den Einfallsflächen. Nehmen wir den Fall, daß ein Uteruskarzinom auf diese Weise bestrahlt wird: auch wenn wir die Bestrahlungsbedingungen so wählen, daß bei härtester Strahlung, sehr großem Einfallsfeld und Fokusabstand die Tiefendosis in 10 cm maximal groß ausfällt (wobei 40 % der Oberflächendosis erreicht werden), so ergibt die Zweiseitenmethode doch nur 80 % der Hautdosis in der Mitte des Bestrahlungsfeldes. Der große Nachteil aber ist der, daß der Herd in der Mitte die geringste Dosis erhält, die näher zu den Einfallspforten gelegenen Gewebsteile hingegen von stärkeren Intensitäten getroffen werden. Die gesunde Umgebung, deren Vitalität ein wichtiger Faktor im Abwehrkampf gegen den Krankheitsherd bedeutet, wird bei diesem Bestrahlungsmodus stärker getroffen, als der Krankheitsherd selbst. Ein solches Vorgehen vernichtet die Umgebung, ohne den Krankheitsherd zu treffen.

Abb. 134. Die Zweiseitenbestrahlung. (Nach H. Holfelder.)

Die Dreiseitenbestrahlung. Viel näher dem Ziele bringt uns die Dreiseitenbestrahlung. Man richtet die 3 Strahlenkegel unter einem Winkel von 120° konzentrisch gegen die Tiefe (Abb. 135a); dabei entsteht im

a   b

Abb. 135. Die Dreiseitenbestrahlung. (Nach H. Holfelder.)
Richtung der Strahlenkegel a bei zentraler, b bei exzentrischer Lage des Herdes.

Zentrum eine rhombische Überschneidungsfigur, die durch Summation dreier Strahlenkegelwirkungen hohe Dosis bei homogener Verteilung in der Überschneidungsfigur gewährleistet. Bei mittlerer Belastung der einzelnen Hautfelder ist eine genügend hohe summarische Tiefenwirkung zu erzielen. Die gesunde Umgebung wird nur wenig in Mitleidenschaft gezogen und noch weiterhin dadurch geschont, daß bei der beschriebenen Anordnung die ausfallenden Strahlenkegel sich gegenseitig ausweichen. Liegt der Krankheitsherd exzentrisch, so ist den Strahlenkegeln eine dementsprechend veränderte Richtung zu geben. Das Hauptfeld ist das dem Krankheitsherd zunächstliegende, die beiden anderen Hilfsfelder sind an der entgegengesetzten Körperseite anzusetzen; ihre Zentralstrahlen stehen in ziemlich spitzem Winkel zueinander und sind gegen die Ränder des Hauptfeldes gerichtet (Abb. 135b).

Das Doppelfernfeld. Liegt der Krankheitsherd der Körperoberfläche von *einer* Seite sehr nahe, so lohnt es nicht mehr, ihn unter Kreuzfeuer zu nehmen und etwa von der entgegengesetzten Seite her zu bestrahlen. Würde man in diesem Falle den Prinzipien der Tiefentherapie untreu werden und durch Verminderung der Filterstärke nach Art der Oberflächentherapie verfahren, so wäre auf diese Weise eine homogene Durchstrahlung des Krankheitsherdes nicht zu erzielen; das Maximum der Absorption läge in den obersten Schichten. Die Aufgabe läßt sich auf zweierlei Art lösen: Entweder wählen wir ein einziges starkgefiltertes Fernfeld; das Intensitätsmaximum liegt dann infolge des Streuzusatzes etwa 2 cm unter der Oberfläche, die Intensität in den obersten Schichten nimmt nur verhältnismäßig langsam ab, es wird aber ein großes Körpervolumen in großen Tiefen mitbestrahlt. Oder (um dies letztere zu vermeiden) wir bestrahlen das eine Feld aus der Ferne mit 2 schräg zueinander stehenden Strahlenkegeln (sog. *Doppelfernfeld*) (Abb. 136). Wir erreichen damit, daß nur die dreieckige Überschneidungsfigur von hohen Dosen getroffen wird, die Umgebung aber verschont bleibt. Bei ganz flach und oberflächlich liegenden Herden greift man diese flankierend an. Dabei werden die Strahlenkegel so gerichtet, daß nur ihre Randpartien den Körper sektorenartig durchsetzen (s. S. 272 und Abb. 141).

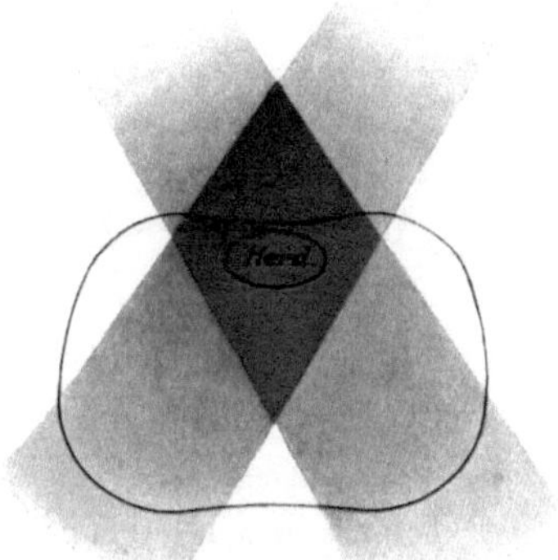

Abb. 136. Das Doppelfernfeld.
(Nach H. HOLFELDER.)

Herde, die tief im Innern des Körpers liegen, müssen unter die Einwirkung mehrerer Strahlenkegel gestellt werden. Man denke nur an das Uteruskarzinom, bei dem bis zu 6 Felder in Anwendung kommen. Das alles geschieht zu dem Zweck, um eine ausreichende Dosis in homogener Verteilung am Krankheitsherd zur Wirkung zu bringen, ohne die für die Prognose der Erkrankung so wichtige Vitalität des umgebenden Gewebes zu schädigen. Dabei ist aber zu bedenken, daß durch die Überkreuzung mehrerer Strahlenkegel in der Körpertiefe ein sehr kompliziertes stereometrisches Gebilde entsteht, das je nach den Einfallswinkeln äußerst variabel ist. Schon eine geringe Änderung des Einfallswinkels kann dem Strahlenkegel eine falsche Richtung geben, eine Verschiebung der Röhre um 1 cm der Wanderung des Strahlenkegels in der Körpertiefe andere Wege vorschreiben und den Wirkungsort der Dosis an eine andere Stelle verlegen.

Der Erfolg der Kreuzfeuerbestrahlung hängt deshalb davon ab, ob es gelingt, die einzelnen Strahlenkegel am Krankheitsherd zu vereinigen. Das gefühlsmäßige Zielen nach Augenmaß wird wohl nur dem sehr Geübten Erfolg bringen. Häufig genug aber wird man mit dem

Zentralstrahl am Herd vorbeischießen. Abgesehen davon, daß der
Erfolg in Frage gestellt ist, besteht die Gefahr, daß durch unrichtiges
Überschneiden verschiedener Strahlenkegel ungewollterweise Schädi-
gungen im gesunden Gewebe gesetzt werden.

Ebenso wie man bei der gewöhnlichen Strahlenapplikation vor
allem eine Verbrennung der Haut zu vermeiden hat, so muß man
bei der Kreuzfeuerdosierung die *tiefe Nekrose* fürchten und vermeiden
lernen.

Wie eine tiefe Nekrose zustande kommen kann, zeigt Abb. 137.
Treffen sich die zueinandergekehrten Kanten zweier Strahlenpyramiden
wenige Zentimeter unter der Einfallsfläche, wo die Intensität der

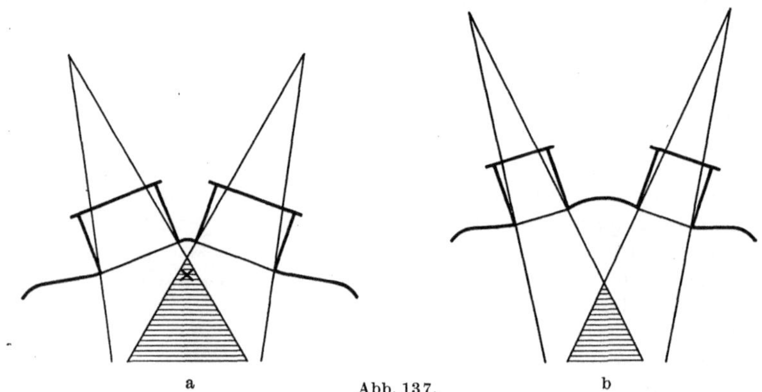

a   Abb. 137.   b

a Falsche Überschneidung zweier Strahlenkegel; die Strahlenkegel treffen sich wenige Zentimeter unter der Haut. An dem mit × bezeichneten Punkt kommt es bei völliger Intaktheit
der Haut, wenn die Strahlenkegel hoch belastet waren, zu einer Nekrose (tiefe Nekrose). b Die
Zentralstrahlen benachbarter Strahlenkegel müssen so gerichtet werden, daß ihre zugekehrten
Ränder sich erst in größeren Tiefen treffen.

Strahlenkegel noch eine hohe ist, so kommt es an der Überkreuzungs-
stelle zu einer Summationswirkung, die die Maximaldosis überschreitet.
Nähert man nun die Felder auch nur um einige Millimeter zueinander,
so rückt der Kreuzungspunkt näher unter die Oberfläche und in das
Gebiet noch größerer Strahlenintensitäten. Die Summationswirkung
fällt jetzt bedeutend stärker aus; schwerste Verbrennungen sind die
Folge. Alle Blasen- und Darmschädigungen bei der Ausführung des
klassischen „Röntgenwertheims" (Bestrahlung des Uteruskarzinoms
durch ein Kreuzfeuer von 6 Strahlenkegeln) sind auf solche fehlerhafte
Überkreuzung zurückzuführen. Vermeiden läßt sich diese Gefahr,
indem man die Zentralstrahlen benachbarter Strahlenkegel um so
spitzwinkliger einstellt, je näher die Felder aneinandergrenzen, und
durch Beschränkung der Feldgröße (maximal 15 × 15 cm). Der sicherste
Weg aber ist die Anlage und exakte Durchführung eines Bestrahlungsplanes (s. S. 267).

VI. Messungen im Tiefentherapiebetrieb.[1]

Bestimmung der prozentualen Tiefendosis (P T). Wir wollen im folgenden nicht an der von SEITZ und WINTZ aufgestellten und auf S. 251 angeführten Definition festhalten, sondern im allgemeinen unter der prozentualen Tiefendosis die in Prozenten der Oberflächendosis ausgedrückte Strahlenintensität in 10 cm Objekttiefe für die jeweils frei gewählten Bestrahlungsbedingungen verstehen. Die von den beiden Autoren gegebenen Bestrahlungsbedingungen sind für die Tiefentherapie jetzt nicht mehr aktuell; die FHD ist zu gering, das Einfallsfeld zu klein; Umrechnungen auf andere Einstellungen sind recht schwierig. Ferner will jeder Therapeut für seine Einstellungsart unmittelbar die Tiefenwirkung seiner Strahlung, *die Nutzdosis*, kennen.

Zur Messung bedient man sich eines Intensimeters (am besten einer Ionisationskammer). Nur ausnahmsweise wird man die Messung am Kranken selbst vornehmen können (Einführung der Kammer in Vagina oder Rectum), meist aber wird man sie an einem Phantom ausführen. Als Phantom dient ein Medium, das den gleichen Schwächungskoeffizienten aufweist wie Gewebe, z. B. Wasser, Paraffin usw. Am besten bewährt hat sich das *Wasserphantom*, da es gestattet, in jeder beliebigen Tiefe und an jedem beliebigen Punkt Messungen auszuführen. In dieser Beziehung steht ihm aber das *Reisphantom*, ein mit gesäubertem Reis angefüllter Kasten, nicht nach. Beide Anordnungen gestatten, in das Innere Knochen (z. B. Beckengurtel) oder Hohlorgane (Darm) unterzubringen und so die Verhältnisse am Lebenden möglichst nachzuahmen.

Die Dimensionen des Phantoms sind wegen der davon abhängigen Größe des Streuzusatzes auf die prozentuale Tiefendosis von großem Einfluß. Entsprechend den Dimensionen des Körperstammes empfiehlt sich ein Quader von $40 \times 40 \times 20$ cm.

Die Messung der prozentualen Tiefendosis wird so ausgeführt, daß die Ablaufszeit des Elektrometerfadens zunächst an der Oberfläche des Phantoms t_0 (Kammerachse in Höhe der Oberfläche. Pos. II der Abb. 118), sodann in 10 cm Tiefe t_{10} festgestellt wird. Dann gibt $\frac{t_0}{t_{10}} \cdot 100$ die PT für die betreffende Strahlenqualität, Feldgröße und FHD. (NB. Bei Benutzung eines Dosismeßgerätes lautet die Formel entsprechend $\frac{d_{10}}{d_0} \cdot 100$.)

Ein Beispiel: Ablauf des Elektrometerfadens an der Oberfläche 48 Sekunden, in 10 cm Tiefe 209 Sekunden, $\mathrm{PT} = \frac{48}{209} \cdot 100 = 23\,\%$. In der gleichen Weise kann man natürlich in jeder beliebigen Tiefe etwa von Zentimeter zu Zentimeter die Intensität in Prozenten der Oberflächendosis bestimmen.

Die am Phantom errechneten Werte sind nicht ohne weiteres auf den Wirklichkeitsfall am Objekt zu übertragen. Nicht so sehr das Knochengerüst spielt hier eine Rolle (der Knochen schwächt bei der

---

[1] Die Bestimmung der Oberflächendosis wurde bereits auf S. 218 ff. abgehandelt.

harten Therapiestrahlung fast in der gleichen Art wie das Gewebe), als vielmehr die Gasblähung der Därme; durch diese kann eine Verminderung der PT um einige Prozent erfolgen.

Bestimmung des Homogenitätspunktes. Die Feststellung geschieht am einfachsten, indem man das Gebrauchsfilter verstärkt und unter sonst unveränderten Bedingungen nochmals die PT, wie oben angegeben, bestimmt. Tritt eine wesentliche Erhöhung der PT ein, so war die Filterung ungenügend und ist so weit fortzusetzen, bis ein Maximum der PT erreicht ist.

Oder aber: man schaltet sukzessive ein stärkeres Filter vor und bestimmt die Quotienten aus den aufeinanderfolgenden Ablaufszeiten.

Beispiel: Eine 180-kV-Strahlung ergibt bei einer Filterung durch 3 mm Al eine Ablaufszeit von 11 Sekunden t_1, bei 0,5 Cu beträgt diese 20 Sekunden t_2, bei 0,8 mm Cu 35 Sekunden t_3, bei 1 mm Cu 61 Sekunden t_4. Welches Filter sollen wir wählen?

$$\frac{t_2}{t_1} = \frac{20}{11} = 1,9. \qquad \frac{t_3}{t_2} = \frac{35}{20} = 1,75. \qquad \frac{t_4}{t_3} = \frac{61}{35} = 1,74.$$

Wir sehen: durch 1 mm Cu wird der Quotient gegenüber den vorhergehenden Filtern nicht mehr verbessert, dagegen sind die Verluste an primärer Strahlenenergie beträchtlich. 0,8 Cu ist für die gegebene Strahlung die erforderliche und aus Gründen der Ökonomie des Betriebes maximal zulässige Filterstärke.

Bestimmung der Halbwertschicht. Die Bestimmung geschieht, um die Streuung als Fehlerquelle auszuschalten, für harte Strahlungen in Cu als absorbierendem Medium. Das zu untersuchende Strahlengemisch wird durch zunehmend dickere Kupferfilter geschickt[1] und dabei seine Ionisationswirkung bestimmt. Diejenige Filterdicke, bei der die Ionisation des Strahlengemisches auf die Hälfte des Anfangswertes herabsinkt, gibt in Millimeter Cu die Halbwertschicht der Strahlung an. Da wir aber nicht über die variabelsten Filterdicken verfügen und namentlich nicht Filter mit einer Genauigkeit bis in Zehntelmillimeter Dicke anfertigen können, so ist man gezwungen, mit den verfügbaren Filtern Messungen anzustellen, die Meßergebnisse in ein Koordinatensystem einzutragen und aus dem Verlauf der Kurve die Halbwertschicht abzulesen. Man kann dabei die Abb. 131 auf S. 250 als Vorbild nehmen, nur daß die Teilstriche der horizontalen Achse des Koordinatensystems jetzt Zehntelmillimeter Kupferfilter zu bedeuten hätten.

Man verfahre wie folgt: Es wird zunächst die Ablaufszeit des Elektrometerfadens unter dem Gebrauchsfilter t_0 bestimmt, sodann wird die Strahlung durch Vorschaltung weiterer Kupferfilter durch immer dickere Kupferschichten geschickt und jedesmal die Entladungszeit des Elektrometers t_f notiert. Die Abnahme der Ionisation wird nach der Formel $\frac{t_0}{t_f} \cdot 100$ in Prozent der zu untersuchenden Strahlung um-

---

[1] Man vermeide es, die Filter in der Nähe der Meßkammer zu justieren, sonst wird die gesamte Streustrahlung, die aus dem Filter austritt, mit gemessen und führt zu falschen Werten. Die Filter sind vielmehr in der Nähe der Röntgenröhre anzuordnen.

gerechnet, die Werte in das Koordinatensystem eingetragen. Die Filterdicke, der nach dem Kurvenbild 50% der ursprünglichen Ionisation entsprechen, gibt die Halbwertschicht der Strahlung an. Die Bestimmung der Halbwertschicht ist deshalb praktisch von Wichtigkeit, weil Strahlungen der gleichen Halbwertschicht gleiche Tiefendosen aufweisen, und weil nach ihr die Korrektur der Dosiswerte, die mit geeichten Instrumenten ermittelt wurden, vorgenommen werden muß.

Durchführung eines Bestrahlungsplanes.

Ebenso wie der Chirurg vor dem operativen Eingriff einen Operationsplan entwirft, muß der Strahlentherapeut für seine Zwecke sich einen Bestrahlungsplan zurechtlegen. Der Strahlentherapeut soll sich Rechenschaft darüber geben können, welche Strahlenquantitäten und in welcher Verteilung sie im Erfolgsorgan zur Absorption gelangen, wieviel Felder, welche Feldgröße und welchen Fokus-Hautabstand er zu wählen hat, um eine optimale Strahlendosis zu erhalten. Die Voraussetzungen für eine solche exakte Tiefentherapie sind:

1. Kenntnis der Tiefenwirkung der Gebrauchsstrahlung,
2. Anwendung einer praktisch homogenen Strahlung,
3. Kenntnis der Lage des Krankheitsherdes im Körperinnern,
4. Genaue Zentrierung des Zentralstrahls auf den Krankheitsherd.

Über die ersten zwei Punkte ist das Nötige bereits in den betreffenden Kapiteln gesagt worden. Bezüglich der Lage des Krankheitsherdes sind wir häufig nur auf Abschätzung auf Grund topographisch-anatomischer Voraussetzungen angewiesen. Nur beim Uterus und bei der Hypophyse werden die bimanuelle Untersuchung bzw. Messungen mit dem Tasterzirkel näheren Aufschluß bringen können.

Die wichtigste und schwierigste Frage ist die: Wieviel Felder sollen für einen bestimmten Fall gewählt, wie sollen sie belastet und wie angeordnet werden? Die Antwort ergibt sich aus Berücksichtigung der Lage des Krankheitsherdes, der Körperdimensionen des Kranken und der Tiefenwirkung der Strahlung.

Um zu einer größtmöglichen Exaktheit zu gelangen, geht man zweckmäßig so vor: Nach Lokalisation des Krankheitsherdes wird in gleicher Höhe mittelst eines biegsamen Bleibandes der Querschnitt des Patienten aufgenommen, in natürlicher Größe auf einen Pappkarton mit Kreide übertragen und auf diesem der Krankheitsherd in seiner vermutlichen Ausdehnung und Lage eingezeichnet. Filmstreifen von der natürlichen Breite des Strahlenkegels, auf denen von Zentimeter zu Zentimeter die Strahlenintensität in Prozent der Oberflächendosis eingetragen ist[1], werden nun am Rande des Querschnittes konzentrisch gegen den Herd angeordnet. Ihre Zahl, Art (Feldgröße, FHD) und gegenseitige Anordnung wird so lange variiert, bis die Summationsdosis

---

[1] Jeder Therapeut tut gut daran, die Tiefenwirkung seiner Gebrauchsstrahlung durch eingehende Messungen am Phantom für verschiedene FHD und Feldgrößen zu bestimmen und in Tabellen oder auf derartigen Zelluloidstreifen festzulegen.

am eingezeichneten Herd eine genügende ist und diesen gleichmäßig deckt. Gleichzeitig ist streng darauf zu achten, daß an keiner Stelle außerhalb des Herdes (besonders sind die Ränder der Überschneidungsfigur gefährdet!) sich eine höhere als 100 proz. Dosis ergibt. Die Lösung solcher Aufgaben ist ein ernstes aber auch amüsantes Spiel, das bei einiger Übung die gleiche Befriedigung gewährt, wie die Lösung eines Zahlenrätsels. Der sinnreiche *„Felderwähler"* von HOLFELDER bringt die ganze Anordnung in eleganter Ausführung.

Stehen die Felder nach Anzahl und Anordnung am Phantome fest, so kommt es nun darauf an, sie in der gleichen Art mit Genauigkeit auf den Kranken zu übertragen. Das bereitet nun noch manche Schwierigkeiten, die überwunden werden können, wenn die Winkelstellungen der einzelnen Zentralstrahlen durch Winkelmesser am Röhrengestell sich festlegen lassen.

Nur gebe man sich trotz aller Bemühungen und aller Exaktheit nicht der Illusion hin, daß man nun auch wirklich den Krankheitsherd mit den am Phantom errechneten Intensitäten homogen durchstrahle. Der menschliche Körper ist — vom therapeutischen Standpunkt müssen wir das bedauern — kein vierkantiger Wasserkasten von homogener Masse und geraden Begrenzungsflächen. Die Unebenheit der äußeren Umhüllung läßt sich allenfalls durch Paraffinumbau noch korrigieren, niemals jedoch die innere Dishomogenität. Dies soll nicht zur Resignation verleiten; im Gegenteil: die größte Sorgfalt in der Durchführung des Bestrahlungsplanes wird uns der theoretischen Strahlenverteilung am nächsten bringen, resignierte Nachlässigkeit aber die bestehende Diskrepanz zwischen Theorie und Praxis vergrößern.

VII. Spezielle Applikationstechnik der Tiefentherapie.

Unter die Technik der Tiefentherapiebestrahlung fallen alle diejenigen Herde, bzw. Organe, die unter der Haut im Körperinnern gelegen sind, sowie alle an der Oberfläche gelegenen Herde, sobald ihre tiefsten Ausläufer sich über das Unterhautzellgewebe in die Tiefe erstrecken.

Die Mannigfaltigkeit der Lokalisation und Verschiedenheit der Fälle erlaubt es nicht, ein allgemein gültiges Schema der Bestrahlungstechnik zu liefern; man muß die Bestrahlungsbedingungen dem Einzelfall anpassen, wobei man nach den im voraufgegangenen Kapitel gegebenen Richtlinien more geometrico verfährt. Nur wo es sich um Organerkrankungen mit typischer Lokalisation handelt, ist es möglich, ein Bestrahlungsschema zu geben. Die Angaben können sich also nur auf einige wenige typische Fälle beziehen. Im übrigen aber wird sich der Therapeut der Freiheit seines Könnens hingeben.

Die Applikation der Strahlung hat so zu erfolgen, daß für das gesunde umgebende Gewebe die Toleranzdosis nirgends überschritten wird. Dies zu erreichen wird dadurch erleichtert, daß die strahlende Energie eines Strahlenkegels, welcher scharf abgegrenzt gegen den Körper gerichtet wird, auch mit ziemlich scharfer Abgrenzung durch das Gewebe in die Tiefe vordringt. Der Streumantel um den Strahlenkegel hat so geringe Intensität, daß wir ihn praktisch vernachlässigen können.

Man kann die Applikation entweder nach dem *starren System* oder nach dem *beweglichen System* vornehmen.

Das starre System bedient sich des Tubus. Die Vorteile des Tubus sind, daß er den Strahlenkegel dem Auge direkt sichtbar, der Hand unmittelbar greifbar macht. Außerdem umgrenzt er scharf die Ausstrahlung aus dem Röhrenbecher und die Einstrahlung in die Körperoberfläche. Durch ausgiebige Kompression kann ferner die Haut (durch Anämisierung) desensibilisiert und die Tiefendosis durch Verringerung des Herdabstandes erhöht werden. Seine Nachteile sind, daß er starr ist und sich den mannigfachen Oberflächengestaltungen und verschiedenen Feldflächen nicht anpassen kann.

Das bewegliche System verschmäht die Anwendung eines Tubus, arbeitet mit völlig offener Blende und grenzt das Feld nur an der Hautoberfläche mit schmalen (8 × 20 cm) Bleigummistreifen ab. Die Bleigummistreifen werden um die Feldgrenzen herum gelagert und mittels Holzklammern miteinander fixiert. Damit sie sich auf der Hautoberfläche nicht verschieben, lagere man den Patienten so, daß das Bestrahlungsfeld zu oberst und horizontal liegt, was sich durch entsprechende Lagerung (Unterstützung mit Sandsäcken) meist erzielen läßt. Der Strahlenkegel wird mittels Zentralstrahlindex gerichtet. Damit man für alle Fälle über die Reichweite des Strahlenkegels unterrichtet ist, photographiere man das Einfallsfeld für mehrere Entfernungen (23 cm, 30 cm, 40 cm, 50 cm) durch Exposition eines Filmes in der entsprechenden Entfernung und behalte die so gewonnenen Bilder als Schablonen, die unter Führung des Zentralstrahlindex auf das Bestrahlungsfeld gelegt jeweils über die Weite des Strahlenkegels belehren. Oder man bediene sich des sog. *Grenzstrahlenindex* (Abb. 138); dies ist ein beweglicher Zentralstrahlzeiger, der bei entsprechend konkav gestalteter Fläche am proximalen Ende an die Röhrenwand angelegt und so herumgeführt werden kann, daß sich mit ihm die Grenzen des Feldes abfahren lassen. Um die Abschirmung des Strahlenkegels bequem kon

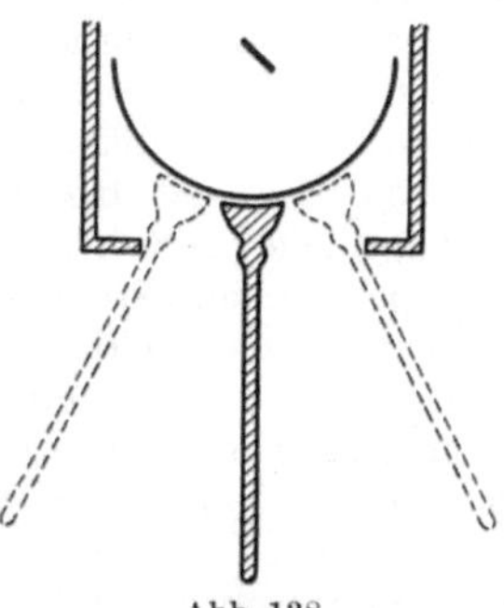

Abb. 138.
Der Grenzstrahlenindex.

trollieren zu können, verwende man sog. „Leuchtbleie", die durch ihre Fluorescenz die Gegenwart unerwünschter Strahlung anzeigen.

Ob man prinzipiell auf die eine oder die andere Art bestrahlt oder von Fall zu Fall sich für das starre bzw. für das bewegliche System entscheidet, bleibe ganz dem Ermessen des Einzelnen überlassen.

Für den speziellen Fall lassen sich die folgenden Angaben machen:

Schädel. Liegt der zu bestrahlende Herd im *Zentrum* der Schädelkapsel, so können wir fünf Felder ansetzen, und zwar 1 Stirnfeld,

2 Schläfenfelder, 1 Hinterhauptsfeld und 1 Scheitelfeld (Abb. 139). Ergibt jedes dieser Felder auch nur 20proz. Dosis am Herd (was bei den Tiefendistanzen von 6—8 cm auch bei geringerer Belastung des Einzelfeldes zu erreichen ist), so ist ihre Summationswirkung einer Maximaldosis gleich.

Bei rechts- oder linksexzentrischer Lage des Herdes verabfolge man nur die der Lage des Herdes entsprechenden Hälften des Stirn-, Scheitel-, Hinterhauptsfeldes und das volle Schläfenfeld der gleichen Seite (Abb. 140).

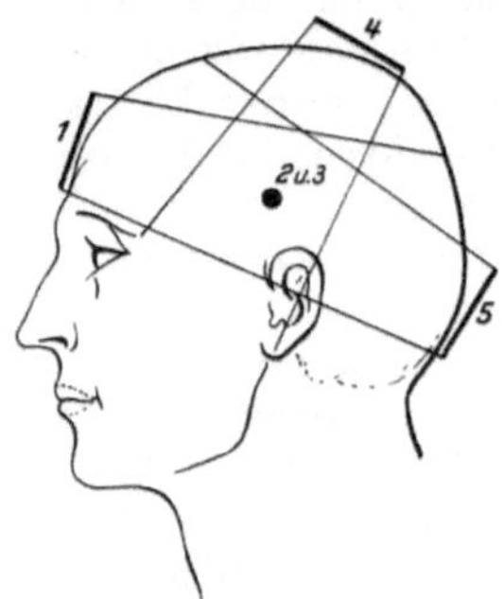

Abb. 139. Bestrahlung eines zentral im Hirnschädel liegenden Herdes.

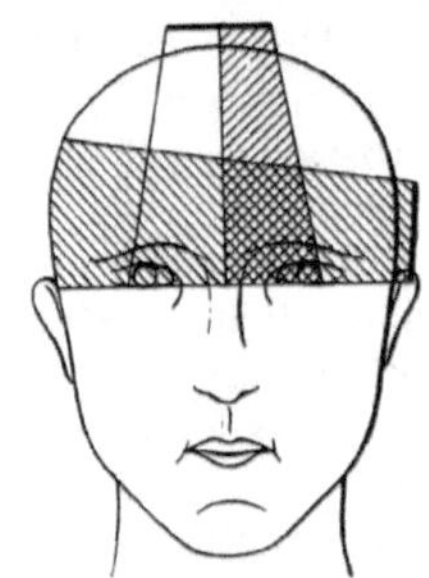

Abb. 140. Bestrahlung eines exzentrisch im Hirnschädel liegenden Herdes.

Das Stirnfeld wird begrenzt: oben durch die ·vordere Haargrenze, unten durch die Bogen der Augenbrauen und die Nasenwurzel, seitlich werden wir bis an die beiden Stirnhöcker gehen. Von diesem Feld aus erreichen wir wohl Herde, die näher der Schädelkonvexität liegen, nicht aber Basistumoren; für diese müssen wir den Strahlenkegel tiefer an der Nasenwurzel eintreten lassen. Wir können in dringenden Fällen die Orbitae ins Strahlenfeld mit einbeziehen. Die Augen scheinen nämlich nach den bisherigen Erfahrungen gegen harte Strahlen nicht empfindlicher zu sein als das Gehirn; wenigstens ist eine Schädigung bei therapeutischen Dosen nicht mit Sicherheit erwiesen worden[1]. Dennoch werden wir das Feld nach Tunlichkeit meiden, schon aus dem Grunde, weil wir uns eines unangenehmen Gefühls bei der Durchstrahlung eines so hochwichtigen Organs nicht erwehren können. (NB. Auch die Wimpern und Augenbrauen sind sehr strahlenfest; ihre Epilationsdosis liegt ziemlich hoch.) *Das Schläfenfeld* wird seitlich begrenzt auf der einen Seite vom Orbitalrand, auf der anderen durch den äußeren Gehörgang. Nach oben und unten wird es je nach der Lage des Herdes höher oder tiefer angesetzt. Verabfolgt wird das Feld in Rücklage bei seitwärts gewendetem Kopfe. Das *Hinterhauptsfeld* hat seinen Mittelpunkt in der Protuberantia occipitalis ext. Es wird bei Bauchlage des Patienten verabfolgt. Um den Bestrahlten durch den Haarausfall nicht zu entstellen, deckt man über das ganze Bestrahlungsfeld 1 cm breite, parallele

---

[1] Über Glaukom nach Bestrahlung der Augen wurde vereinzelt berichtet. Auch Linsentrübungen (hinterer Corticalkatarakt) 1—2 Jahre nach der Bestrahlung werden als Strahlenschädigung beschrieben.

Raine ab, die durch einen ebenso breiten Zwischenraum voneinander getrennt sind. Die in den abgedeckten Rainen stehenbleibenden Haare können die epilierten Zonen überdecken. Das *Scheitelfeld* wird in sitzender Stellung verabfolgt. Patient sitzt am Tisch, Ellenbogen aufgestützt, das Kinn in beide Hände geschmiegt. Auch hier mit Rücksicht auf die Frisur Raine freilassen.

Hypophyse. Eine der wichtigsten Indikationen für die Bestrahlung des Schädels sind die Veränderungen der Hypophyse.

Die Sella turcica liegt ca. $6^1/_2$ cm beiderseits vom Jochbeinbogen und ca. 7 cm von der Nasenwurzel entfernt im Inneren des Schädels. Nach der Seite projiziert findet man sie etwas (ca. $^1/_2$ cm) oberhalb einer Linie, die den seitlichen oberen Orbitalrand mit dem äußeren Gehörgang verbindet, aber meist nicht im Mittelpunkt dieser Linie, sondern näher dem Gehörgang zu, in der Gegend des Jochbeinkörpers. Diese Verhältnisse sind aber individuell sehr variabel und können in einwandfreier Weise nur durch die Röntgenphotographie oder Durchleuchtung festgestellt werden, was sich für jeden Fall empfehlen wird. Verbinden wir die seitlichen Projektionspunkte in der Vertikalebene miteinander, so erhalten wir am Schnittpunkt mit der Sagittalnaht den Mittelpunkt für das Scheitelfeld. Da die Tiefenlage der Sella von allen diesen Punkten nicht sehr groß ist, kommen wir hier mit 4 Feldern aus, und zwar dem Stirnfeld, den beiden Schläfenfeldern und dem Scheitelfeld. Das Stirnfeld ist klein zu wählen und auf die Nasenwurzel anzusetzen, die übrigen Felder wie oben angegeben.

In jedem Falle können wir, auch wenn das Einzelfeld mit nur 80% der Maximaldosis belastet wird, auf genügende Tiefenwirkung der Strahlung am Herd rechnen.

Handelt es sich nicht um maligne Erkrankungen, sondern bestrahlen wir nur, um die innersekretorische Funktion der Hypophyse zu beeinflussen, so lassen wir es bei den beiden Schläfenfeldern sein Bewenden haben.

Thyreoidea. Hauptindikation der Morbus Basedowii. Bestrahlt werden der rechte und der linke Lappen sowie die Thymusgegend. Diese können entweder in ein gemeinsames trapezförmiges Feld gefaßt werden, das vom oberen Rand des Schildknorpels bis etwa 4 Querfinger unter das Jugulum reicht, oder man bestrahlt jedes Gebilde für sich. Den ersten Weg wählt man, wenn man den Basedow durch ganz kleine, in kurzen Intervallen aufeinanderfolgende Dosen zu beeinflussen beabsichtigt (dabei wird der Kehlkopf durch ein zurechtgeschnittenes, mit Heftpflaster befestigtes Bleigummi abgedeckt), die andere Einstellungsart bleibt der massiveren, einmaligen Dosierung vorbehalten.

Die Einstellung geschieht in Rückenlage. Das Großfeld wird auf das Jugulum zentriert, die Kleinfelder auf jeden Drüsenlappen gesondert, wobei der Kranke den Kopf nach der entgegengesetzten Seite wendet. Will man ganz vorsichtig sein, so kann man die Drüsenfelder mit jeder Serie wechselnd einmal sagittal, das andere Mal mehr frontal einstellen, wodurch die Haut geschont wird.

Mamma. Ein viel umstrittenes Gebiet ist die Bestrahlung der Brust. Nicht so sehr das Mammakarzinom (dieses ist die Domäne des Chirurgen), als vielmehr die *postoperative Präventivbestrahlung* kommt praktisch in Betracht. Hier liegen für die Prinzipien der Tiefentherapie insofern ungünstige topographisch-geometrische Bedingungen vor, als wir es mit einem flächenhaft ausgedehnten und dabei seichten Bestrahlungsobjekt zu tun haben.

Als Strahlenziel ist das Gefahrengebiet der Rezidive zu betrachten, also die Haut und das Unterhautzellgewebe der Operationsnarbe und deren Umgebung, die parasternalen, intercostalen, axillaren und supraclavicularen Drüsen der befallenen Thoraxseite. Das Bestrahlungsfeld erstreckt sich demnach von der Mandibula zum Rippenbogen und vom Sternum zur hinteren Achselfalte. Dieses Gebiet ist bis in eine Tiefe von ca. 4 cm mit ausreichender Dosis zu belegen.

Bei der großen Flächen- und geringen Tiefenausdehnung des Feldes nimmt die postoperative Präventivbestrahlung eine Mittelstellung zwischen Oberflächen- und Tiefentherapie ein. Würden wir nach den Prinzipien der ersteren verfahren, so bliebe eine Wirkung auf die tiefgelegenen Drüsen aus; in letzterem Falle dagegen hätten wir eine unerwünschte Wirkung auf die Lunge zu verzeichnen.

Es sind nur zwei Kompromisse möglich: entweder verfahren wir wie in der Oberflächentherapie, vermehren jedoch die Penetranz der Strahlung durch erhöhte Spannung (ca. 150 kV maximal) und Filterung (4 mm Al) (BÉCLÈRE, FORSELL, HOLZKNECHT), oder wir verwenden harte Tiefentherapiestrahlung, setzen aber die Strahlenkegel so an, daß sie sektorenartig die Brustwand durchsetzen, ohne die Lunge zu durchdringen (HOLFELDER) (s. Abb. 141). Für den ersten Fall liegen die Verhältnisse ohne weiteres klar; wir setzen nach den Regeln der Totalbestrahlung (s. S. 245) ein Feld neben das andere (etwa: oberes, unteres Brustfeld, Supraclavicularfeld, Axillarfeld) oder, besser noch, wir erfassen mit *einem* großen Fernfeld (60 cm) das ganze Gebiet auf einmal (verabfolgen aber die Dosis in mehreren Sitzungen) und applizie-

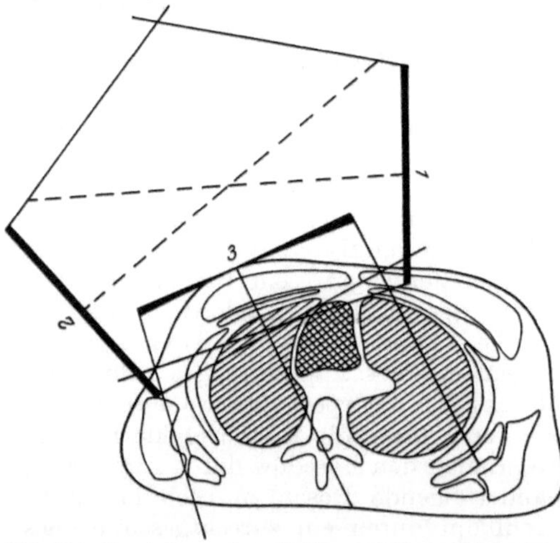

Abb. 141. Darstellung der Strahlenverteilung bei der Tangential- (Flanken-) Bestrahlung. (Nach H. HOLFELDER.)
Die Zentralstrahlen der Felder (1 u. 2) laufen weit außerhalb des Körpers. Die Hauptmasse der Strahlenenergie wird durch Streustrahlenkörper (das sind Säcke, die zu gleichen Teilen mit Bolus und Talkum gefüllt sind und auf die Brustwand gelegt werden) aufgefangen und zu einem Teil dem Körper zugeführt. Nur eine schmale Randstrahlenpartie dringt in die Brustwand selbst ein und infiltriert die Axillar- und Sternalgegend mit einer gleichmäßig hohen Wirkungsdosis. In der Mammillargegend aber ist ein wesentliches Nachlassen der Wirkungsdosis zu verzeichnen; hier ist ein Ergänzungsfeld (3) mit besonderem Keilfilter, das in der Mitte größere Strahlenintensitäten durchläßt als am Rand, erforderlich. Der Körper bleibt im übrigen von Strahleneinwirkung vollständig verschont.

ren nur das Axillarfeld gesondert. Bei der tangentialen Einstellung nach HOLFELDER erhalten die zentralen Feldgebiete etwas zu geringe Intensitäten; diese müssen durch ein Zusatzfeld mit besonderem Filter, das an den Rändern dicker, im Zentrum dünner ist, ergänzt werden.

Häufig kann der Kranke zur Einstellung des Axillarfeldes den Arm nicht genügend hoch heben. In solchen Fällen hilft man sich auf die Weise, daß man entweder von der Seite her durch den angelegten Arm bestrahlt, oder bei der Bestrahlung von vorne ein mit Bolus oder Reis gefülltes Säckchen in die Achselhöhle schiebt und dessen Streustrahlung einwirken läßt.

Nicht rationell ist das Ansetzen eines Rückenfeldes, dessen Strahlenwirkung den von vorne wirkenden Strahlenkegeln zu Hilfe kommen soll. Abgesehen davon, daß die Wirkungsdosis dieses Feldes bei der beträchtlichen Objekttiefe nur gering einzuschätzen ist, kann die Überschneidung der von vorn und hinten einfallenden Strahlenkegel zur Überdosierung im Lungengewebe führen. Als Folge davon kommt es durch Induration des Lungenstützgewebes zur sog. *Lungeninduration.*

Magen. Die Lage des Magens ist recht variabel. Man bestimme sie bei der Durchleuchtung auf dem Trochoskop und richte danach den Bestrahlungsplan ein. Es wird gewöhnlich ein Feld von vorne und eins von hinten angesetzt.

Milz. Die nicht vergrößerte Milz braucht, wenn nur kleine Dosen notwendig sind (zur Stillung von Blutungen) nicht mehr als 1 Feld; wir wählen das Seitenfeld. Bei Bestrahlung einer *vergrößerten* Milz brauchen wir 3 Felder, ein vorderes, seitliches und hinteres Feld. (Bei sehr schlanken Personen kann das Seitenfeld wegfallen.) Reicht die Milz bis in Nabelhöhe herab, so ist es besser, *zwei* Vorderfelder zu geben. Die Lage des Objektes läßt sich jeweils durch Palpation und Perkussion bestimmen.

Ovarien. Die Ovarien liegen beiderseits ca. 5 cm von der Medianlinie entfernt, etwa 4 Querfinger oberhalb des oberen Symphysenrandes in durchschnittlich 6 cm Tiefe unter der vorderen Bauchhaut. Von hintenher ist der Abstand ein größerer. Die Tiefenlage schwankt allerdings sehr beträchtlich, je nach der Dicke der Patienten. Es kommt für jedes Ovar ein vorderes und ein hinteres Feld in Anwendung. Das Vorderfeld wird begrenzt nach unten durch die Symphyse, nach oben reiche es bis in die Höhe der Spina il. ant. sup., medianwärts gehe es bis zu einem Abstand von 2 cm an die Linea alba heran. Das Hinterfeld wird auf den Gluteus aufgesetzt, und zwar so, daß eine durch den unteren Rand des Os sacrum gezogene Linie das Feld halbiert. An die Mittellinie ist es ebenfalls auf 2 cm zu nähern. Der Zentralstrahl steht für beide Felder senkrecht auf der Feldfläche.

Für die *Bestrahlung von Myomen* (soweit sie eine gewisse Größe nicht überschreiten), gilt die gleiche Technik. Sind die Geschwülste aber über kindskopfgroß, so ist damit zu rechnen, daß die Ovarien verlagert sind. Es läßt sich in solchen Fällen ihre Lage überhaupt nicht mit Bestimmtheit angeben. Mit der gewöhnlichen Technik würden sie wohl kaum und dann nur zufällig getroffen werden. Es ist deshalb ratsam, in solchen Fällen mit großen Feldern zu arbeiten (*ein* Feld von 20 × 25 cm, 40—50 cm FHD für *beide* Ovarien *zugleich*).

Ovarialbestrahlungen sind womöglich in der *ersten* Hälfte des Intermenstruums auszuführen; dann ist die Wahrscheinlichkeit sehr groß, daß die Menses mit der vor der Bestrahlung letzten Blutung sistieren. Kann man nicht in diesem Zeitpunkt die Röntgenkastration durchführen, so empfiehlt es sich, zur Sicherung der Blutstillung gleichzeitig die Milz zu bestrahlen.

Uterus. Der Uterus liegt für gewöhnlich in der Körpermittellinie zwischen den für die Ovarien angegebenen Punkten; die Portio reicht allerdings etwas tiefer hinab. Es ergibt sich daraus von selbst der Bestrahlungsmodus. Wir benutzen die gleichen Felder, wie oben für das Ovar angegeben, müssen aber jetzt die Strahlenkegel nach der Körper*mitte* und etwas nach abwärts richten. Zu diesem Zweck setzen wir die Felder mehr seitlich, aber schräger (ca. 35° von der normalen) an und visieren vom Damm aus gegen die Mitte der Vulva, von der Seite gegen den Trochanter (Abb. 142a und b).

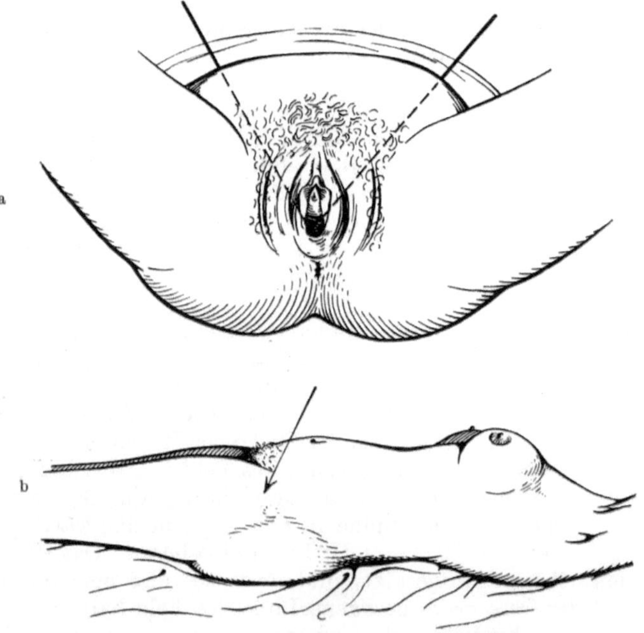

Abb. 142. Richtung der Zentralstrahlen bei Bestrahlung des Uterus a bei Visierung vom Damm aus, b bei Visierung von der Seite.

Die klassische Methode des „Röntgenwertheims", die zwischen die beiden (allerdings kleineren) Seitenfelder je 1 zentrales Vorder- und Hinterfeld setzte, wird jetzt immer weniger geübt, da sie bei geringer Veränderung der Winkelung der Zentralstrahlen zu tiefen Nekrosen an Blase und Darm führen kann. Die Methode ist wohl auch deshalb als überholt zu betrachten, weil wir jetzt in der Lage sind, schon von 4 Feldern aus die nötige Tiefenintensität am Herd zu erreichen.

Vor allen Bestrahlungen in der Unterbauchgegend lasse man die Blase entleeren und reinige den Mastdarm durch kleine Klysmen.

Für die *großen Gelenke* (Hüft-, Schultergelenk) kommen drei Felder in Anwendung, und zwar ein vorderes, seitliches und hinteres Feld. An der *Wirbelsäule* werden wir, wenn kleine Dosen zu verabreichen sind, mit einem normal aufgesetzten Rückenfeld auskommen, maligne Herde dagegen mit einem Doppelfernfeld bestrahlen. Im übrigen siehe auch S. 261 ff.

Nachbehandlung. Eine Nachbehandlung ist nur nach Verabfolgung größerer Dosen notwendig und besteht auch da hauptsächlich in negativen Maßnahmen.

Zunächst muß jeder Patient nach Beendigung der Bestrahlung belehrt werden, daß eine Rötung der Haut und evtl. eine Schwellung der bestrahlten Körperstelle folgen wird (Frühreaktion) und daß diese Erscheinung ohne jedes Zutun im Verlauf von einigen Stunden oder Tagen wieder abklingt, aber in (für den Laien) ähnlicher Art nach weiteren 14 Tagen wieder auftritt.

Bis zum Abklingen der Hauptreaktion sind alle irritativen Maßnahmen (heiße Umschläge, Besonnung, Bepinselung mit Jodtinktur, der Gebrauch von Jod- oder Metallsalben) vom bestrahlten Hautgebiete fernzuhalten. Das Kratzen und Scheuern der bestrahlten Stellen durch Kleidungsstücke ist zu vermeiden; die Kleider sind über ihnen nicht zu schnüren. Das Waschen geschehe vorsichtig und nur mit neutralen, fettreichen Seifen. Fürchtet man eine überstarke Reaktion, so verordne man eine indifferente Salbe, die 14 Tage lang auf die bestrahlten Stellen aufgetragen wird: *Unguentum leniens* (SEITZ): Cerae albae 2,1; Cetac. 2,4; 01. oliv. 18,0; Aqu. dest. 7,5.

VIII. Betriebsweise in der Tiefentherapie.

Sicherung der Dosis.

Kontrolle der Ausfallsstrahlung.

Nach der technischen Vollendung der Apparaturen und der Röntgenröhren sind die meisten Röntgenologen mit einem erleichterten Gefühl der Sicherheit dazu übergegangen, nach Zeit zu dosieren. Die *Dosierung nach Zeit* beruht auf der stillschweigenden Voraussetzung, daß die Röntgenröhre unter den gleichen Betriebsbedingungen auch stets die gleiche Strahlenqualität und -intensität liefere, so daß in der gleichen Bestrahlungszeit auch immer die gleiche Dosis erhalten werde. Das ist zum größten Teil auch richtig, der einzige Haken ist nur der, daß wir es nicht vollständig in der Hand haben, auch wirklich die gleichen Betriebsbedingungen wiederherzustellen oder — was noch schwerer wiegt — ihre Veränderung mit Sicherheit zu erkennen.

Der erste Faktor der Unsicherheit ist die *Inkonstanz der primären Stromspannung.* In allen Großstädten, in denen der enorme Strombedarf zu einer Überlastung des Stadtnetzes führt, kommt es durch An- und Abschalten von größeren Betrieben zu nicht unerheblichen Spannungsschwankungen, die auf die elektrischen Bedingungen der Röntgenapparatur rückwirken. Einer 1 proz. Änderung der Netzspannung entspricht durchschnittlich eine 4 proz. Änderung der Röntgendosis. Die Spannungsschwankungen wirken sich in der Dosis in ca. 4 facher Multiplikation aus.

Aber auch wenn solche Schwankungen durch einen Spannungsregler ausgeglichen werden, bleibt doch noch eine ganze Reihe von Unsicherheiten anderer Art zu berücksichtigen.

Auf die Mängel der elektrischen Meßgeräte ist bereits auf S. 58 hingewiesen worden. Es sei nur nochmals daran erinnert, daß der Zeiger des Milliamperemeters durch Aufladung falsche Werte anzeigen und das am Schalttisch montierte Kilovoltmeter bei längerem Betrieb zu niedrige Werte angeben kann.

Auch der Röntgenröhre können wir nicht unter allen Umständen vertrauen. Es ist erwiesen, daß auch unter konstanten elektrischen Bedingungen die Strahlenausbeute eines Rohres Schwankungen unterworfen ist. Verschiedene Röhren bieten bei gleichen Betriebsbedingungen eine verschiedene Strahlenausbeute, die bis zu 20 % schwankt. Jede Röhre ändert sich allmählich im Betriebe, sie altert. Starke Aufrauhung der Brennfläche, Verbiegung des Antikathodenstiels, Deformierung des Glühdrahtes durch das elektrische Feld führen zu einer Verminderung der Strahlenausbeute. Die Betriebsbedingungen bleiben dabei normal; keines der elektrischen Meßinstrumente zeigt eine Veränderung an. Erst die Kontrolle der Dosis deckt das Manko auf.

Unsere Aufmerksamkeit muß also nach zwei Richtungen geschärft sein. Es soll 1. mit Rücksicht auf die Spannungsschwankungen und die Unverläßlichkeit der elektrischen Meßinstrumente an jedem Kranken während der Bestrahlung die Dosis kontrolliert werden, 2. durch eine von Zeit zu Zeit vorzunehmende Kontrollmessung der freien Ausfallsstrahlung eine etwaige Abnahme der Röhrenleistung oder irgendwelche Mängel in der Apparatur festgestellt werden.

Das letztere ist leicht durchführbar und gehört wohl zu den Betriebsgewohnheiten eines jeden Röntgeninstitutes. Von Woche zu Woche wird die Gebrauchsstrahlung auf ihre Konstanz bezüglich Intensität (durch ein Intensimeter) und Qualität (durch Bestimmung der Halbwertschicht) nachgeprüft. Es ist zweckmäßig, hierbei auch die Größe des Primärstromes und der Primärspannung zu notieren. Ein Abweichen von den gewohnten Werten wird zu einer Nachprüfung der Anlage auffordern, wobei man in gleicher Weise die Röntgenröhre wie die Hochspannungsmaschine samt Zuleitungen berücksichtigen muß. Aus dem gleichen Grunde ist jede neue Röhre vor Einstellung in den Betrieb zu eichen, ihr Eichwert im Verlauf der Arbeitsleistung von Zeit zu Zeit nachzuprüfen.

Dosiskontrolle am Kranken.

Den Luxus einer ständigen Dosiskontrolle am Kranken leisten sich nur die wenigsten Institute. Der Grund ist wohl darin zu suchen, daß vorderhand eine solche Kontrolle nur schwer durchführbar ist mangels eines geeigneten Meßinstrumentes. Unsere physikalischen Dosimeter sind keine Dosismesser im wahren Sinne des Wortes, denn sie geben nur den Strahleneffekt pro Zeiteinheit an, nicht jedoch die verabreichte Gesamtdosis; diese kann erst mit Hilfe von Tabellen errechnet werden, was im praktischen Betrieb sehr zeitraubend ist. Sicherlich kann die gleichzeitige Mitbestrahlung einer Meßkammer von Nutzen sein, indem größere Abweichungen im Zeigerausschlag des Meßinstrumentes eine Veränderung der Strahlenintensität erkennen lassen, die durch Defekte im Apparat oder der Röhre verschuldet sind und durch die gewöhnlichen Meßinstrumente nicht angezeigt werden. Selbstverständlich kann für diese Zwecke nur ein Dosisleistungsmeßgerät gebraucht werden. Man kann mit einem solchen Instrument nach Einstellung der Apparatur durch Kontrolle des Zeigerausschlages die pro Zeiteinheit verabreichte Strahlenintensität kontrollieren. Unbefriedigt läßt uns dagegen, daß wir auf diese Weise nicht die jeweils verabreichte Gesamtdosis feststellen können.

In dieser Hinsicht bedeutet das *Mekapion* (Abb. 143) (von S. STRAUSS konstruiert) einen Fortschritt, indem es eine *fortdauernde* und *selbsttätige* Kontrolle der dem Patienten *verabreichten* Dosis gestattet.

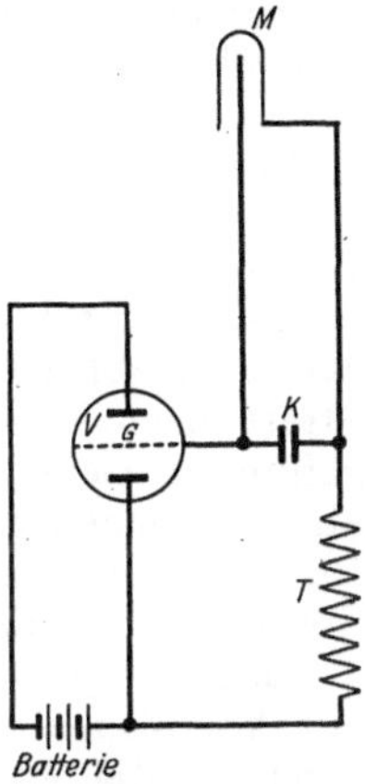

Abb. 143. Das Mekapion von S. STRAUSS.

M = Meßkammer,
K = Kondensator,
T = Transformator,
V = Verstärkerröhre,
G = Gitter der Verstärkerröhre.

Die zahlreichen ineinandergreifenden Relais, die den fast lebendigen Mechanismus dieses Apparates ausmachen, sind in der Abbildung nicht berücksichtigt.

Eine Ionenmeßkammer M ist zu einem kleinen, hochisolierten Kondensator K parallel geschaltet. Die eine Seite dieses Kondensators steht weiterhin mit dem Gitter G einer Verstärkerröhre V, die andere Seite mit einem kleinen Transformator T in Verbindung. Durch letzteren erhält der Kondensator ein hohes, negatives Potential. Dadurch lädt sich das Gitter der Verstärkerröhre negativ auf und der Stromdurchgang durch die Röhre wird gesperrt. (Verstärkerröhren sind ebenso wie Röntgenröhren hochevakuierte Glühkathodenröhren, in denen der Stromdurchgang durch Elektronenflug zustande kommt. Das Gitter, das die Elektronen auf ihrem Wege zur Anode passieren müssen, stößt, sowie es negativ geladen ist, die ebenfalls negativen Elektronen ab und sperrt den Strom. Erst wenn die lebendige Wucht der fliegenden Elektronen die Sperrwirkung der Aufladung zu überwinden vermag, kommt wieder ein Strom zustande.) Fällt aber durch Bestrahlung der Ionisationskammer infolge Ionisierung der Kammerluft die Kondensatorladung und in gleicher Weise die Ladung des Gitters ab, so wird im Moment, wo die Anodenspannung, die von der Batterie geliefert wird, die Gitterladung zu überwinden vermag, ein Strom zustande kommen. Durch diesen aber wird ein Relais in Tätigkeit gesetzt, das den Strom, der gleichzeitig Primärstrom des Transformators ist, unterbricht. Die Stromöffnung erzeugt im Transformator einen Induktionsstoß, der den Kondensator abermals hoch auflädt und den Strom durch die Verstärkerröhre sperrt auf so lange, bis durch Bestrahlung der Kammer die Gitterladung auf einen bestimmten Wert abgesunken ist.

Dann wiederholt sich das gleiche Spiel von neuem. Der kurzdauernde Anodenstrom wird durch ein Licht- und Glockensignal angezeigt, gleichzeitig rückt der Zeiger einer Uhr, die die Aufgabe hat, die Anodenstromstöße zu zählen, um *einen* Teilstrich vor. Die Signale werden um so rascher aufeinanderfolgen, je rascher die Gitterladung abfällt, je intensiver also die Röntgenstrahlung ist. Das Intervall zwischen zwei Signalen entspricht einem bestimmten Intensitätswert der Strahlung und ist unmittelbar in R eichbar. Die Summe der Signale, die von der Uhr angezeigt wird, ist ein Maß der Oberflächendosis. Die Uhr kann auf eine Signalanzahl, also auf eine bestimmte Dosis eingestellt werden, deren Erreichung durch ein Läutewerk signalisiert wird.

Das Mekapion ist also, wie der Erfinder selbst angibt, ein Dosiszähler, der die jeweilige Intensität, sowie die jeweils erreichte Dosis ziffernmäßig anzeigt und die erreichte Gesamtdosis signalisiert.

Zur Messung wird die Ionenkammer in das Bestrahlungsfeld in den Zentralstrahl eingebracht. Wird mit Tubus bestrahlt, so muß die Kammer durch eine seitlich am Tubus ausgestanzte Öffnung eingeführt werden.

Weniger anspruchsvoll auf Genauigkeit, aber um so leichter in der Praxis für die Dosiskontrolle zu handhaben, ist die Sabouraudtablette. Wegen der selektiven Absorption ihres Reagenzkörpers im Bereich der harten Strahlung haben die Physiker sie als ungeeignet zur Messung harter Strahlen erklärt. Wo es sich aber um Vergleich gleichartiger Strahlungen handelt, wie eben zur Kontrolle ein und derselben, stark gefilterten Tiefentherapiestrahlung, stört dieser Fehler nicht, da er für alle Messungen gleich groß ist und damit aufhört ein Fehler zu sein. Im übrigen ist der theoretisch durch die selektive Absorption geforderte Sprung in der Empfindlichkeit der Tablette in der Praxis schon dadurch gedämpft, daß wir es hier niemals mit homogenen, sondern stets mit komplexen Strahlungen zu tun haben. Außerdem wirkt wahrscheinlich die Streustrahlung noch weiter ausgleichend auf die Reaktion, so daß der Gang mit der Wellenlänge viel geringer ist, als er nach theoretischen Überlegungen postuliert wurde. Nach HOLZKNECHT entsprechen bei einer Gebrauchstherapiestrahlung von 180—170 kV max., filtriert durch 0,5 Schwerfilter 12 H, bei 170 kV max. hinter 4 mm Al 11 H und bei 120 kV max. hinter 1 mm Al 10 H einer HED. Wir dürfen danach einen für dieses Spannungsbereich geltenden Mittelwert von 11 H annehmen, der mit praktisch ausreichender Genauigkeit die HED für sämtliche für die Therapie in Betracht kommenden Strahlengattungen definiert. Wir können daher in der gleichen Weise, wie es bei der Hauttherapie geschildert wurde (s. S. 249), die Meßtablette zur Dosiskontrolle in der Tiefentherapie verwenden. Haben wir einmal festgestellt, daß der physikalisch gemessenen Maximaldosis unserer Gebrauchsstrahlung beispielsweise 12 H-Einheiten bei bestimmter Feldgröße und FHD entsprechen, so können wir diese Dosis auf sehr einfache Weise und auch mit einiger Genauigkeit unter Kontrolle der Meßtablette reproduzieren.

Im Feldmittelpunkt wird die Tablette lichtdicht in schwarzem Papier eingewickelt mit Klebestreifen oder Englisch-Pflaster (zinkhaltiges Heftpflaster ist wegen der Sekundärstrahlung zu vermeiden) befestigt und mit bestrahlt. Die Weckuhr wird auf $^3/_4$ der vorgesehenen Bestrahlungszeit aufgezogen. Sobald das Läutewerk signalisiert, wird die Bestrahlung unterbrochen, die Meßtablette unter den bekannten Kautelen (s. S. 79) abgelesen und je nach dem Ergebnis die Bestrahlung entweder abgebrochen, oder um den fehlenden Bruchteil ergänzt. Diese Art der Kontrolle ist in ihrer Anspruchslosigkeit, Einfachheit und Billigkeit nicht zu verschmähen. Sie wird dem, der über kostspielige Meßapparate nicht verfügt, von Nutzen sein.

Applikation der Strahlung.

Einstellung des Feldes. Die Dosierungsfehler, die durch Versäumen der ständigen Dosiskontrolle und bloßer Dosierung nach Zeit entstehen, enden wohl niemals tragisch. Die vernünftig gewählte Maximaldosis ist nach oben durch eine ziemlich weite Reaktionsbreite gesichert, so daß Schwankungen bis 20% keinen dauernden Schaden stiften. Bei Unterdosierung wird der erwartete Effekt in manchen Fällen ausbleiben. Es ist dies wohl zu bedauern, aber ein Unglück ist damit noch nicht geschehen.

Ganz anders sind Unterlassungssünden beim Einstellen zu beurteilen; sie rächen sich fast immer schwer. Deshalb muß der Therapeut bei der Einstellung seine fünf Sinne beisammen haben und nicht durch die Gewohnheit der täglichen Beschäftigung in einen nachlässigen Schlendrian verfallen. Fünf Fragen soll sich der bestrahlende Arzt vorlegen und durch persönliche Nachprüfung selbst beantworten: 1. Ist *überhaupt* ein Filter vorgeschaltet? 2. Ist das *richtige* Filter vorgeschaltet? 3. Wird das *richtige* Feld bestrahlt? 4. Ist der Kranke vor unerwünschter Strahleneinwirkung genügend geschützt? 5. Ist er vor der Hochspannung gesichert?

Bevor wir an die Einstellung herangehen, sind noch einige grundlegende Dinge zu beachten. Es ist selbstverständlich, daß gekabelt ist. Es ist ärgerlich, erst den Apparat in Gang zu bringen und nachher zu bemerken, daß die Röhre an die Leitung nicht angeschlossen ist. Ferner ist auf die Lage der Röhre im Röhrenschutzkasten und ihre Stellung zur Austrittsöffnung zu achten. Es kann die Röhre in ihrer Längsrichtung verschoben sein — dann liegt der Brennpunkt nicht über der Mitte des Tubusausschnittes. Ferner kann die Röhre um ihre Längsachse gedreht sein — dann ist die Brennfläche gegen die Seitenwand des Tubus gerichtet. In beiden Fällen wird die Austrittsstrahlung gegenüber der Intensität, die man unter sonst gleichen Bedingungen aber genauer Zentrierung erhält, weit zurückstehen. Bedient man sich keiner Zentriervorrichtung, so soll mindestens nach Augenmaß die Röhre im Kasten gerichtet werden.

Nun zu den ersten zwei Punkten: Das Schwermetallfilter fängt die hochwirksamen weichen Strahlen und einen großen Teil der mittelharten Strahlung ab. Das Fehlen des Filters kann daher zu 10—30facher Überdosierung führen. Das Vergessen des Filters ist deshalb im Tiefentherapiebetrieb die größte Gefahr, eine Fahrlässigkeit, die der Kranke, wenn nicht mit dem Tode, so mit einem langen und qualvollen Krankenlager, der Arzt aber mit der Gewissensqual und dem Verlust seines guten Namens bezahlen muß. Man betrachte deshalb seine Anordnungen bei der Bestrahlungsapplikation niemals als abgeschlossen, solange man nicht *persönlich* die Filteranbringung überwacht hat. Aber auch dann wird man den peinigenden Gedanken nicht los, es könnte das Filter diesmal doch vergessen worden sein.

Als eine wahre Erleichterung sind alle Vorrichtungen zu begrüßen, die das Vergessen der schützenden Metallschicht unmöglich machen. Eine sehr einfache und ausreichende Anordnung ist diese (Abb. 144):

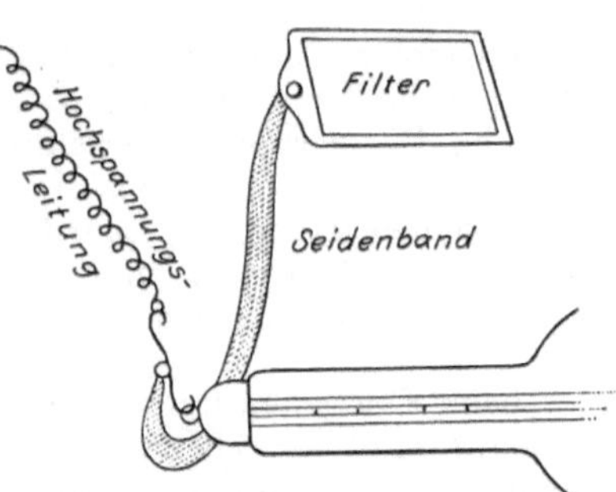

Abb. 144. Einfache, als Filtersicherung dienende Vorrichtung.

Das positive Stromzuleitungskabel endet mit einer Öse. Eine Kabelung ist dabei nur mittelst eines Doppelhakens aus Kupferdraht möglich, der einerseits in den Ring am Ende des Antikathodenhalses, andererseits in die Öse des Zuleitungskabels einhakt und so die Leitung schließt. Indem mit diesem Doppelhaken das Filter fest verbunden ist, kann ein Stromschluß ohne Filter nicht erfolgen. Wird die Verbindung zwischen Kupferdrahtschleife und Filter durch ein farbiges Seidenband besorgt, das für die einzelnen Strahlenfilter von verschiedener Farbe ist, so kann man von fernher erkennen, welches Filter gerade eingeschoben ist. Auch durch Kontrolle der Dosis mit der Sabouraudtablette 5 Minuten nach Beginn der Bestrahlung kann die Gefahr noch rechtzeitig abgewendet werden, indem eine in so kurzer Zeit erreichte, übermäßig große Dosis auf das Fehlen des Filters oder auf falsche Filterung hinweist. Automatische Filtersicherungen, die gegen Vergessen und Verwechseln des Filters schützen, werden jetzt in höchster Vollendung von den Röntgenfirmen hergestellt.

Wird das richtige Feld bestrahlt? Auch hier drohen dem Unachtsamen auf Schritt und Tritt Gefahren. Eine Doppelbestrahlung bedeutet eine 100 proz. Überdosierung und kann, wenn es sich um Maximaldosen handelt, recht unangenehme Folgen zeitigen. Der Gefahr der Doppelbestrahlung begegnet man durch sorgfältiges Führen des Bestrahlungsjournals, in welchem sofort nach erfolgter Einstellung das verabfolgte Feld in ein vorgedrucktes Formular eingezeichnet wird. Doch auch hier sind Irrtümer in der Eintragung nicht ausgeschlossen, meist indem eine Verwechselung der Seiten eintritt, da bei keinem Menschen ein differentes Gefühl für „links“ und „rechts“ absolut festliegt. Man mache sich deshalb zur Gewohnheit, bei typischen Mehrfelderbestrahlungen eine bestimmte Feldreihenfolge einzuhalten, also beispielsweise stets rechts vorne zu beginnen und nach links hinten fortzuschreiten. Aus der Zahl der stattgehabten Sitzungen wird sich dann jeweils von selbst in fraglichen Fällen die Lage des nächsten Feldes ergeben. Manchmal können auch die Angaben des Kranken von Nutzen sein. Namentlich wenn mit aufgesetztem Tubus gearbeitet wurde, wird dem Patienten die Feldstelle meist wohl im Gedächtnis sein, sonst aber wird der Kranke bei der psychischen Erregung während der Bestrahlung wohl kaum mit Bestimmtheit Auskunft geben können. Ein sicheres und objektives Zeichen, ob ein Feld vor kurzem bestrahlt wurde, ist die leichte Röte der Frühreaktion. Ist sie nicht sichtbar, so kann man sie durch eine Bestrahlung mit der Solluxlampe hervorlocken, und auf diese Weise die Entscheidung herbeiführen.

Man muß aber auch mit der Möglichkeit rechnen, daß der Kranke anderwärts bereits vor kurzem bestrahlt worden ist, die Bestrahlung aus irgendwelchen Gründen unterbrochen und sich in andere Behandlung begeben hat. Da der Laie vielfach die Röntgenbestrahlung nicht anders einschätzt, als eine Quarzlichtbestrahlung, wird er die voraufgegangene Behandlung anzugeben häufig genug sich nicht für bemüßigt halten. Man ist deshalb verpflichtet, jeden Kranken nach einer stattgehabten Röntgenbestrahlung zu befragen und auf die Gefahren einer irrtümlichen Doppelbestrahlung aufmerksam zu machen.

Von der barbarischen Forderung, jede bestrahlte Hautstelle durch Tätowierung kenntlich zu machen, können wir vollends absehen, um so mehr, als der kundige Therapeut in jedem Falle eine durch Röntgenstrahlen gefährdete oder bereits geschädigte Hautstelle wird erkennen können.

Die Abdeckung. Der vierte Punkt betrifft die *Abdeckung* des Kranken. Die Abdeckung verfolgt den Zweck, den Körper, soweit er nicht als Eintrittspforte für den Strahlenkegel dient, vor unerwünschter Strahleneinwirkung zu schützen. Unsere Aufgabe wird aber eine ganz verschiedene sein, je nach Art der Unterbringung der Röntgenröhre. Ist diese in einer allseitig geschlossenen, absolut strahlensicheren Bleitrommel untergebracht (Abb. 145), aus der nur an der Blendenöffnung der erforderliche Strahlenkegel Austritt hat, so ist jede Abdeckung des Kranken überflüssig. Diesem offensichtlichen Vorteil steht, abgesehen vom hohen

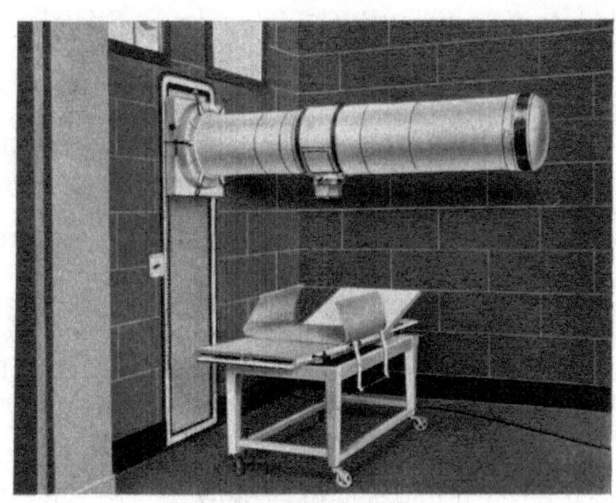

Abb. 145.
Strahlen- und hochspannungssicheres Bestrahlungsgerät
(Siemens-Reiniger-Veifa).

Kostenpunkt, entgegen, daß bei dieser Anordnung die Einstelltechnik etwas erschwert ist. Denn es versteht sich von selbst, daß wir die mehrere Zentner schwere Bleiverschalung nicht nach allen Richtungen bewegen können und die Einstellung eine schwerfällige und primitive wird. Die großen, schwerbeweglichen Bestrahlungskästen sind trotz ihrem absoluten Strahlenschutz bei den Therapeuten nicht sehr beliebt. An vielen Stellen, namentlich in privaten Instituten, wird noch ein leicht und allseitig bewegliches Stativ bevorzugt, das die Röntgenröhre in einer Bleiglashaube trägt.

Die Bleiglashauben waren im Anfang der Tiefentherapie ein völlig ausreichender Schutz. Mit der fortschreitenden Zunahme der Penetranz der Röntgenstrahlung müssen sie schließlich als unzulänglich bezeichnet werden, weshalb die Notwendigkeit einer direkten Bleiabdeckung des Patienten nicht von der Hand zu weisen ist. Messungen haben ergeben, daß durch das 1—2 cm dicke Bleiglas des geschlossenen Röhrenbechers bei harter Therapiestrahlung besonders nach rückwärts Intensitäten hindurchtreten, die 3—10 mal die gefilterte Nutzstrahlung an Menge übertreffen. Bei jeder Seance wird der ganze Körper des Kranken von einem kleinen Bruchteil dieser diffus austretenden Strahlung getroffen, was bei der Serie einer Mehrfelderbestrahlung zwar lange nicht zu einer Verbrennung, wohl aber unnützerweise zu einer beträchtlichen Verstärkung der Allgemeinwirkung der Röntgenstrahlen führen muß. Schon aus diesem Grunde ist den großen strahlensicheren Bleitrommeln unbedingt das Wort zu sprechen.

Direkte Gefahr aber geht von den Stellen des Röhrenbechers aus, die zur Aufnahme des Röhrenhalses ausgeschnitten sind. Hier treten nicht unbeträchtliche Strahlenmengen frei aus und können, da sie unfiltriert sind, lokale Verbrennungen erzeugen. Besonders gefährlich in dieser Hinsicht ist der Ausschnitt, der den Antikathodenhals aufnimmt, da hier die von der Rückseite und vom Stiel der Antikathode ausgehende Strahlung zu einem großen Teil freien Austritt hat. Auf diese Weise sind bei Bestrahlungen am Thorax Verbrennungen am Auge oder am hochgehobenen Arm, bei Abdominalbestrahlungen hinwiederum „rätselhafte" Verbrennungen an der nicht bestrahlten Brust aufgetreten. Schuld an diesen Unglücksfällen ist zu einem Teil auch die mangelhafte Einstelltechnik; das Feld ist bei Verwendung eines Röhrenbechers so einzustellen, daß die Längsachse der Röhre senkrecht zur Körperlängsachse zu stehen kommt. Dabei kann niemals direkte Strahlung aus den gefährlichen Schutzhaubenausschnitten den Körper treffen. Ist eine solche Aufstellung der Röhre nicht möglich, so müssen die durch die aus den Ausschnitten austretende Strahlung gefährdeten Partien durch direkte Bleiabdeckung geschützt werden, wobei man ganz besonders auf die Antikathodenseite achten wird.

Ehe man die Einstellung als beendet betrachtet, vergesse man nicht, noch einen prüfenden Blick auf die Zuleitungskabel zu werfen. Wenn irgendwo die Hochspannungsleitung zu nahe am Kranken vorbeigeführt ist, kann es an diesen Stellen zu einer statischen Funkenentladung kommen. Die Gefahr ist dann vorhanden, wenn die Entfernung der Hochspannungsleistung vom Körper des Patienten gleich oder kleiner ist als die Funkenstrecke, die die Spannung zu überspringen vermag. Da der Körper ein schlechter Leiter ist, kommt es erst bei Abständen, die kleiner als die Funkenstrecke der Spannung sind, zu Funkenübergängen. Läßt sich die Einstellung nicht anders bewerkstelligen und ist ein nahes Vorbeiführen der Zuleitungskabel unvermeidlich, so muß diese Stelle durch Isolationsmaterial, am besten durch Abdecken der gefährdeten Körperteile mittels schwererer Lagen Bleigummi geschützt werden.

IX. Strahlenschutz für Arzt und Personal.

Die professionellen Strahlenschädigungen.

Jeder, der Versuche macht, die Reichweite seiner Therapiestrahlung durch das photographische Verfahren festzustellen, wird, soweit ihm das voraussichtliche Ergebnis derartiger Versuche noch nicht bekannt ist, zunächst erschrecken. In 5 m Entfernung von der im Röhrenbecher steckenden Röntgenröhre lassen sich im darüberliegenden Stockwerk, in den Nebenzimmern oder auf der Straße unter Verwendung von Verstärkungsschirmen bei relativ kurzer Expositionszeit Röntgenbilder der Hand, der Schulter usw. erzielen. Der Schrecken, den solche Experimente einjagen, ist ein recht heilsamer, indem er den betreffenden Röntgenologen die überraschende Reichweite der unsichtbaren Strahlung vor Augen führt und sie veranlaßt, Schutzmaßnahmen, sofern solche noch nicht getroffen sein sollten, zu ergreifen.

Über ungewollte Fernwirkung einer Therapiestrahlung wurde in der Literatur hier und da berichtet. Unter anderem kam es zu einer vorübergehenden Amenorrhoe bei Studentinnen dadurch, daß unter dem Hörsaal, der von den Studentinnen regelmäßig besucht wurde, eine Tiefentherapiestation in Betrieb war. Ein bekannter Chirurg äußerte unter dem Eindruck der auf seinem Schreibtisch exponierten Aufnahme einer Hand, er werde von nun an seine Karzinomkranken nicht zum Röntgentherapeuten schicken, sondern in dem über der Therapiestation liegenden Zimmer zur Kur für einige Zeit unterbringen.

Dieser Scherz beruht sich auf die wohl bestehende aber übertriebene Möglichkeit, die abundierende Röntgenstrahlung zu Therapiezwecken zu benützen. Lassen wir den Scherz beiseite, so bleibt die unbestreitbar große Menge von diffuser Strahlung, die die Räume der Röntgenstation und deren nächste Umgebung durchflutet, als schädlicher Wirkungsfaktor wohl zu bedenken. Die in der Station dauernd beschäftigten Personen, die der chronischen Einwirkung dieser Strahlen ausgesetzt sind, können namentlich durch die Einwirkung auf die blutbereitenden Organe in ihrer Gesundheit schwer geschädigt werden und müssen dann, wenn auch oft erst nach einer Reihe von Jahren, ihre Beschäftigung schließlich mit dauernder Krankheit bezahlen.

Wir beobachten die professionellen Schädigungen als *lokale* und als *Allgemeinschädigungen*.

Die lokale Schädigung äußert sich anfänglich als hyperämischentzündlicher Zustand an der betroffenen Hautstelle, zu dem sich im weiteren Verlauf abnorme Pigmentverschiebungen sowie sklerosierende und atrophische Prozesse im Bindegewebe hinzugesellen; schließlich kommt es dann zur Hyperkeratosen- und Warzenbildung, auf deren Boden sich ein Ca, seltener ein Sa entwickeln kann.

Man sollte meinen, daß die *Radiodermatitis* (so nennt man die Schädigung) heutigestags, nachdem wir im Verlauf von 30 Jahren genügsam Gelegenheit hatten, die chronische Strahlenwirkung zu studieren, endgültig der Vergangenheit angehöre. Die Erfahrung aber zeigt, daß es immer noch tollkühne Radiologen gibt, die sich unnötigerweise dem Röntgenlicht aussetzen, indem sie etwa den Leuchtschirm mit der ungeschützten Hand halten, ebenso ungeschützt palpieren und mit der gleichen Unvorsichtigkeit den Blendenknopf (der sich gar noch in der Nähe der Röhre befindet) betätigen. Sie bezahlen ihren Leichtsinn mit einer Radiodermatitis.

Dieser chronisch entzündliche Zustand der Haut ist für den Befallenen eine stumme Gefahr: er kann (auch nach Aussetzen der Arbeit) selbst nach einer langen Reihe von Jahren (selbst nach 10 Jahren) den Boden für eine Ca-Entwicklung abgeben. Außer der langen Latenzperiode hat das Röntgenkarzinom noch eine Eigentümlichkeit: die *Multiplizität*. Geradezu Erschütterndes weiß uns hier die Literatur zu berichten.

So beschreibt DEPENTHAL den Fall einer Röntgenschwester, bei der zwei Jahre nach Aussetzen der Arbeit an den Fingern beider Hände multiple Karzinome auftraten, die die Amputation beider Hände notwendig machten. Doch damit nicht genug, kam es bei der Unglücklichen nach weiteren sieben Jahren zur Ausbildung neuer Karzinomknoten in beiden Brüsten, die nach der histologischen Untersuchung *nicht* als *Metastasen* anzusehen waren.

Sehr verschieden werden **die Allgemeinschädigungen** angegeben, namentlich soweit es sich um die Veränderung des Blutbildes handelt. Es ist ja auch nicht verwunderlich, daß bei diesen Veränderungen, die den Körper als Ganzen erfassen, die Konstitution mitspricht; die zahlreichen Abweichungen von der Regel sind mit ihrer Verschiedenheit zu erklären. Als Regel aber finden wir folgendes:

Novizen zeigen nach den ersten Monaten ihrer Beschäftigung mit Röntgen- bzw. Radiumstrahlen vermehrtes Schlafbedürfnis, leicht herabgesetzten Blutdruck, manchmal auch Bradykardie; im Blute eine mäßige Leukopenie bei relativer Lymphozytose, eine leichte Polyzythämie und recht häufig Eosinophilie. Nach kurzem Urlaub, Aufenthalt in frischer Luft, schwinden diese leichten Veränderungen wieder. Im weiteren Verlauf schlägt die anfängliche Leukopenie in eine mäßige Leukozytose um, die für gewöhnlich lange Jahre hindurch festgehalten wird. Kommt es aber dabei zu einer Verschiebung des Lymphozyten-Leukozyten-Verhältnisses zugunsten der letzteren, so ist dies (wenn gleichzeitig ein Rückgang des Hämoglobingehaltes zu verzeichnen ist), ein Warnruf, der uns zum Aussetzen der Arbeit für längere Zeit auffordert. Als Endzustand kann sich dann wieder eine Leukopenie ausbilden. — Als die schwersten Veränderungen haben wir (glücklicherweise in seltenen Fällen) die perniziöse Anämie und die Leukämie zu verzeichnen.

Die chronische Einwirkung der Röntgenstrahlen kann sich auch an den Geschlechtsdrüsen, und zwar als *Azoospermie* äußern. Diese geht nach Aussetzen der Schädlichkeit bei jugendlichen Individuen rasch vorbei. Bei längerer Einwirkung dagegen ist bei älteren Personen eine dauernde Azoospermie mit Atrophie der spermabildenden Zellen nicht ausgeschlossen.

Bei allen diesen Schädigungen ist natürlich schwer zu sagen, wieviel auf das Konto der Röntgenstrahlung und wieviel auf die konstitutionelle Prädisposition der Person zu setzen ist. Daß letztere in dieser Frage eine große Rolle spielt, geht schon daraus hervor, daß, während auf der einen Seite eine ganze Reihe von Röntgenologen lange Jahre hindurch bei mangelhaftem (oder ohne jeden) Schutz ohne Nachteile für die Gesundheit ihren Beruf ausübt, auf der andern Seite die Röntgenologie bereits über 100 Todesopfer durch professionelle Schädigung (Karzinom, pern. Anämie, Leukämie) gefordert hat.

Die Strahlenprophylaxe.

Den Berufsschädigungen zu entgehen, ist die *Prophylaxe* die weiseste und beste Maßregel. Unsere Bestrebungen müssen dahin gehen, die bei den Bestrahlungen entstehende schädliche Röntgenstrahlung auf ein Minimum zu reduzieren. Um dies zu erreichen, müssen wir die Quellen dieser Strahlen kennen. Als solche sind zu berücksichtigen 1. die Röntgenröhre, 2. der Patient, 3. die Nutzstrahlung, 4. die Streustrahlung der Umgebung.

ad 1. Von der Röntgenröhre geht schädliche Strahlung aus a) vom unbenutzten Teil der dem Brennfleck gegenüberliegenden Röhrenhalbkugel. Diese ist sowohl in der Diagnostik, wie in der Therapie 10—20mal größer als die Nutzstrahlenenergie, b) vom Antikathodenstiel als Stielstrahlung (s. S. 23) und c) von der Glaswand, die von Röntgenstrahlen getroffen wird. Diese schädlichen Strahlenquellen werden am vollständigsten ausgeschaltet bei Verwendung einer Strahlenschutzröhre, die in einem Metallgehäuse steckt, das nur der Nutzstrahlung Austritt gewährt.

ad 2. Der von Röntgenstrahlen getroffene Patient ist selbst der Ausgangspunkt einer sehr intensiven, nach allen Richtungen sich ausbreitenden Streustrahlung.

ad 3. Die den Körper des Patienten durchsetzende Nutzstrahlung ist bei ihrem Austritt sowohl im diagnostischen als auch im therapeutischen Betrieb noch sehr stark und muß abgefangen werden.

ad 4. Jede Materie, jeder Gegenstand im Röntgenzimmer, der aus einer der angeführten Quellen Röntgenstrahlung erhält, streut einen Teil dieser Strahlung in den Raum zurück.

Die Gefahren der schädlichen Röntgenstrahlung nehmen rasch zu mit der Härte der Gebrauchsstrahlung. Sie sind daher anders zu bewerten bei der Diagnostik und Oberflächentherapie und anders wieder bei der Tiefentherapie. Man unterscheidet danach

Gefahrenklasse A: dazu rechnen Betriebe mit Spannungen bis zu 100 kV (Diagnostik und Oberflächentherapie) und

Gefahrenklasse B: Betriebe mit über 100 kV Spannungen.

Bei der Gefahrenklasse A ist ein Schutz von 2 mm Blei oder Bleiäquivalent genügend. Für die Hauttherapie ist also eine mit 2 mm dickem Blei belegte Schutzwand völlig ausreichend, unter der Voraussetzung, daß die Röhre strahlensicher, d. h. in einem Behälter von 10 bis 15 mm dickem Bleiglas untergebracht ist. Geschützt ist die Warteperson — dies gilt für jede Schutzwand — nur im Schlagschatten der Schutzwand, in ihrer nächsten Nähe.

Ähnlich sind die Schutzmaßnahmen bei der Diagnostik zu handhaben. Für das Hilfspersonal genügt eine Schutzwand wie oben angegeben. Die Hauptgefahrenquelle für den untersuchenden Arzt ist der Patient, dessen Streustrahlung bei großem Durchleuchtungsfeld in der Nähe des Durchleuchtungsschirmes eine Sekundendosis erreicht, die in etwa 200 Stunden ein Erythem erzeugen würde. Durch Bleivorhänge, die neben dem Patienten und über wie unter dem Durchleuchtungsschirm angebracht sind, und durch Benutzung einer 1 m hohen Schutzkanzel kann die Strahlung soweit reduziert werden, daß sie unschädlich wird. Die zweite Gefahrenquelle ist die Röntgenröhre. Ist sie in einem allseitig geschlossenen Bleischutzkasten untergebracht, so ist die Gefahr gering anzuschlagen. Ragen die Röhrenhälse aber weit aus dem Röhrenschutzkasten heraus, und sind die Durchlaßöffnungen groß, so tritt durch diese recht viel Strahlung aus. Besonders ungünstig liegen für diesen Fall die Verhältnisse, wenn Röhren mit Götzebrennfleck in Verwendung stehen, da infolge der zur Röhrenachse fast senkrecht stehenden Brennfläche ein sehr großer Teil der Strahlung nach abwärts gerichtet ist und durch den unteren Halsausschnitt des Schutzkastens ungehindert austreten kann. Bei aufrechter Stellung der Röhre im Stativ ergibt sich bei Durchleuchtungen am Fußboden, in 2 m Entfernung von der Röhre gemessen, die HED in ca. 20 Stunden. Verwendet man hingegen Selbstschutzröhren, die nur ein ausgeblendetes Strahlenbündel austreten lassen, so ist die Strahlensicherheit für den Durchleuchtenden eine sehr hohe. (S. auch S. 108.)

Ganz andere Vorkehrungen müssen bei der Gefahrenklasse B getroffen werden, wenn man eins der üblichen Therapiestative und nicht strahlensichere Bleischutzcaissons verwendet. Denn es ist zu berücksichtigen, daß die Bleiglashauben außer dem therapeutisch verwendeten Strahlenbündel eine recht beträchtliche Strahlungsintensität diffus austreten lassen. Diese diffus austretende Strahlung fällt auf Gegenstände, Wände und Decke des Zimmers und wird von diesen natürlich absorbiert und gestreut. Die retrograd die getroffenen Gegenstände verlassende Streustrahlung vermehrt die Intensität der an sich schon vorhandenen Strahlung; daher kommt es, daß gerade die Nähe streuender Medien besondere Gefährdung bringt. Es kommt noch hinzu, daß die leichtatomigen Stoffe wie Holz, Ziegelwand, die hier hauptsächlich in Betracht kommen, relativ stark streuen. Es ist also ein Schutz gegen die direkte und ein Schutz gegen die gestreute Strahlung notwendig. Die Schutzmaßnahmen im Tiefentherapiebetriebe verlangen mit Rücksicht auf die *von allen Seiten* einwirkende Streustrahlung ein *allseitig geschlossenes* Schutzhaus, das gegen die Seite der Strahlenquelle mit 4 mm Blei oder Bleiäquivalent beschlagen ist.

Wird ein geschlossener Bleischutzcaisson verwendet, so haben wir uns nur gegen die aus dem durchstrahlten Patienten austretende direkte und gestreute Strahlung zu schützen. Das geschieht am einfachsten, indem der Lagerungstisch mit dickem Bleigummi unterlegt wird und zu beiden Seiten des Tisches kleine Schutzwände aus 2 mm Blei aufgestellt werden.

Die Toleranzdosis.

Bei diesen allgemeingültigen Vorschriften sollte unsere Wachsamkeit nicht stehenbleiben, sondern darüber hinaus muß jeder Betriebsleiter die Strahlensicherheit seiner Anlage prüfen. Man kann dabei verschieden vorgehen: Man sucht bei guter Adaption den verdunkelten Therapieraum bei Betrieb der Apparatur mit einem mit Bleimarken hinterlegten Leuchtschirm ab; jede Stelle des Raumes, an der noch eben ein Aufleuchten des Schirmes zu beobachten ist und die Bleimarken sich zu erkennen geben, ist für längeren Aufenthalt als gefährdet zu betrachten. Anstatt dessen, kann man auch lichtdicht verpackte Filme, an denen metallische Gegenstände befestigt sind, an mehreren Stellen des Therapieraumes auslegen und nach einiger Zeit entwickeln. Auch auf diese Weise erhält man den nötigen Aufschluß.

Die exakteste Beurteilung eines ausreichenden Strahlenschutzes geschieht durch Bestimmung der Dosis in R am zu untersuchenden Orte (etwa am Schalttisch). Durch Aufrechnen des R-Wertes auf 600 R wird ersichtlich, in welcher Zeit an dem fraglichen Orte bei normalem Betrieb die Maximaldosis erreicht wird. Aus zahlreichen Beobachtungen in größeren Instituten geht hervor, daß, wenn die im Institut tätigen Personen im Laufe eines Monats $1/_{10}$ der Maximaldosis erhalten, Schädigungen an ihnen festzustellen sind, daß dagegen $1/_{100}$ der Maximaldosis pro Monat auf die Dauer ertragen wird. (*Toleranzdosis.*) Nimmt man einen 8stündigen Arbeitstag und 25 Arbeitstage im Monat an, so kann man die Toleranzdosis aus diesen Daten herleiten. Diese ist $\dfrac{1}{100 \times 8 \times 25}$ HED. Setzen wir in diesem Ausdruck statt HED 600 R ein, so ergibt sich, daß ein an dem zu untersuchenden Arbeitsplatz aufgestelltes Ionimeter in der Stunde nicht mehr als $1/_{300}$ R anzeigen darf, sollen wir den Platz als röntgenstrahlengeschützt bezeichnen können (MUTCHELLER).

Selbstverständlich handelt es sich bei dem Begriff der Toleranzdosis nicht um eine effektive Maximaldosis, da die Strahlung ja in sehr verzettelter Art zur Einwirkung gelangt und eine Summierung im mathematischen Sinne nicht stattfindet. Wert gewinnen die Zahlen dadurch, daß wir uns eine Vorstellung über die Größe der Strahlenintensität am Arbeitsplatze machen und diese auf jenes Maß einschränken können, das eine berufsmäßig mit Röntgenstrahlen beschäftigte Person längere Zeit ohne Folgen für ihre Gesundheit vertragen kann.

Um festzustellen, in welchem Maße die in einem Institut beschäftigten Personen den Strahlen bei Ausübung des Berufes ausgesetzt sind, lasse man kleine, mit einem Kennzeichen versehene Zahnfilme in den Taschen der Arbeitsmäntel $^1/_4$ Monat lang bei der Arbeit herumtragen. Man vergleiche die bei gleicher Entwicklung erhaltenen Schwärzungen dieser Probefilme mit der Schwärzung eines mit $^1/_{400}$ Erythemdosis bestrahlten Testfilmes. Ergeben sich bei einer solchen Untersuchung größere Gefahrenunterschiede, so sind die angestellten Personen in ihrer Tätigkeit öfter auszutauschen. Von Zeit zu Zeit (etwa alle 3 Monate) ist eine Kontrolle des Blutbildes geboten.

Jeder Röntgenologe sei gewissenhaft in der Beachtung der Schutzmaßnahmen. Er möge nicht in Ausübung seiner Pflicht seine eigene Gesundheit unnütz zum Opfer bringen. Besser als jede persönliche Ansicht des Autors vermag die Autorität der Gesetzgebung die Erfordernisse des Strahlenschutzes dem Pflichtgefühl näher zu bringen, weshalb hier das Merkblatt der Deutschen Röntgengesellschaft über die Schutzbestimmungen angeführt sei:

Merkblatt

der Deutschen Röntgengesellschaft über den Gebrauch von Schutzmaßnahmen gegen Röntgenstrahlen vom Jahre 1926.

1. Die öfters wiederholte Bestrahlung irgendeines Teiles des menschlichen Körpers mit Röntgenstrahlen ist gefährlich und hat auch schon mehrfach zu namhaften Schädigungen, ja sogar zum Tode von Röntgenärzten und anderen häufig mit Röntgenstrahlen arbeitenden Personen geführt. Deswegen ist es unbedingt nötig, daß sowohl derartige Personen selbst, wie auch eventuell deren Vorgesetzte oder Arbeitgeber darauf sehen, daß in ihren Betrieben genügende Schutzvorrichtungen vorhanden sind, und daß alle diese Personen auch von der Notwendigkeit und dem Gebrauche dieser Vorrichtungen genügend unterrichtet sind. Letzteres dürfte am zweckmäßigsten dadurch erreicht werden, daß das vorliegende Merkblatt in allen derartigen Betrieben öffentlich ausgehängt wird.

2. Beim Arbeiten mit Röntgenstrahlen bis 100000 Volt Spannung (Diagnostik und Oberflächentherapie) soll die Röhre mit einer möglichst allseitigen Umhüllung aus einem Schutzmaterial von mindestens 2 mm Bleiäquivalent versehen sein. Zum Schutze des Röntgenpersonales genügt in den meisten Fällen eine einfache Schutzwand von mindestens 2 mm Bleiäquivalent.

Beim Arbeiten mit Röntgenstrahlen von mehr als 100000 Volt Spannung (Tiefentherapie) ist nicht bloß ein Schutz gegen die direkte Strahlung der Röhre, sondern auch gegen die von allen bestrahlten Körpern ausgehende Sekundärstrahlung erforderlich. Wenn die Röhre nicht mit einer allseitigen strahlensicheren Umhüllung (einschl. des Bestrahlungstubus) von mindestens 4 mm Bleiäquivalent versehen ist, muß für das Röntgenpersonal ein allseitig geschlossenes Schutzhaus von mindestens 4 mm Bleiäquivalent Wandstärke, welches sämtliche Schaltapparate enthalten soll, aufgestellt werden. Falls neben, über oder unter dem Röntgenzimmer dauernd bewohnte Räume sich befinden, ist ein besonderer Schutzbelag der Wände, des Bodens und der Decke erforderlich, wenn die Wände bzw. Decken nicht aus Beton von mindestens 25 cm Dicke oder aus Ziegelsteinmauern von mindestens 50 cm Dicke bestehen.

Bei allseitiger strahlensicherer Umhüllung der Röntgenröhre mit einem Material von mindestens 4 mm Bleiäquivalent und Belegung der Unterseite des Bestrahlungstisches mit einem Schutzbelag von mindestens 4 mm Bleiäquivalent ist ein ausreichender Schutz des Röntgenpersonales dann vorhanden, wenn die vom bestrahlten Körper ausgehende Streustrahlung durch eine einfache Schutzwand von mindestens 2 mm Bleiäquivalent abgeschirmt wird. Ein besonderer Schutz der

Umgebung des Therapieraumes durch Belegung der Wände, des Bodens und der Decke ist nicht erforderlich.

Bleiglasfenster müssen eine dem Belag der Schutzwände entsprechende Schutzwirkung besitzen und so angebracht sein, daß die Trennfugen vollständig mit Schutzmaterial überdeckt sind.

3. Bei Schutzwänden aus Bleiblech ist wegen der Giftigkeit des Bleies ein Anstrich oder ein Holzbelag zu verwenden. Guter Bleigummi muß etwa dreimal und gutes Bleiglas etwa vier- bis zehnmal so dick sein wie eine Bleischicht von gleicher Schutzwirkung. Eine Bekleidung ist bei diesen Stoffen nicht nötig.

4. Trotz Anwendung einer Schutzschicht ist es empfehlenswert — zumal wenn es sich um länger dauernde Bestrahlungen handelt — sich soweit als möglich von der im Betriebe befindlichen Röhre zu entfernen und sich möglichst im Schatten der Antikathode aufzustellen.

5. Auch der Durchleuchtungsschirm und die übrigen, im direkten Strahlenkegel der Röhre zu benutzenden Apparate, wie Härteskalen, Fokometer u. dgl., müssen in ihren durchlässigen Teilen mit einer Bleiglasschicht hinterlegt sein, jedoch braucht dieselbe in diesen Fällen, da es sich meistens nur um eine vorübergehende Benutzung handelt, im Interesse der Handlichkeit nur etwa halb so dick zu sein wie bei der für den dauernden Schutz bestimmten Schicht, d. h. also bei gutem Bleiglas etwa 5—10 mm.

6. Jede der unter 1. genannten Personen soll ihre Schutzvorrichtungen möglichst selbst prüfen, was am einfachsten vermittelst einer Durchleuchtung oder röntgenographischen Aufnahme, unter Benutzung einer harten Röntgenröhre, geschieht.

Jede Stelle eines Therapieraumes, an der mit gut ausgeruhtem Auge noch ein Aufleuchten des Leuchtschirmes eben wahrgenommen werden kann, ist als gefährlich bei längerem Verweilen unbedingt von röntgenologisch berufstätigen Personen zu meiden.

7. Es wird den Leitern von Röntgenabteilungen empfohlen, eine periodische Prüfung der Schutzvorrichtungen ihres Institutes durch technische Sachverständige vornehmen zu lassen.

8. Von den unter 1. genannten Personen darf niemand wiederholt als Versuchsobjekt zur Beurteilung der Güte eines Röntgenapparates oder einer Röntgenröhre verwandt werden.

9. Jeder Assistent, Praktikant, Volontär, jede Krankenschwester und jeder vom übrigen Hilfspersonal hat das Recht, die Weisung, Röntgenarbeiten ohne genügende Schutzvorrichtungen auszuführen, abzulehnen. Eine solche Weigerung darf niemals den Grund zur Entlassung bilden. Dasselbe gilt für das Personal von Fabriken und Magazinen, die Röntgenapparate, -hilfsapparate und -röhren anfertigen oder verkaufen.

Namenverzeichnis.

Sachverzeichnis.